工商管理硕士(MBA)系列教材

新经济博弈论

XINJINGJI BOYILUN

■ 主编 蒲勇健

U0180947

重庆大学出版社

内容提要

本书是针对 MBA 学生（工商管理专业硕士）学习博弈论课程撰写的教材。较之同类型的教科书，本书在两个方面独具特色：一是在案例选择方面，主要从新经济业态即大数据、人工智能、互联网经济和电力市场改革方面着手；二是在数学推演方面，体现出高度严谨性，这也是适应目前 MBA 学生在学术上的诉求需要。

本书内容涵盖了博弈论的基本知识架构，包括信息对称的一次性单阶段博弈、信息对称的多阶段博弈、信息不对称的一次性单阶段博弈和信息不对称的多阶段博弈、进化博弈、合作博弈。其中，进化博弈部分又分为初级内容和高级内容，供学生选择学习。合作博弈包括纳什讨价还价模型和夏普利值。鉴于 MBA 学生对知识的习惯性表达，本书将学术术语"信息对称""静态博弈"和"动态博弈"替换为"知彼知己""单阶段博弈"和"多阶段博弈"，大大增强了直观性。

本书可作为 MBA、EMBA 和 DBA（工商管理博士）学生学习博弈论的教材，也可作为硕士研究生和博士生学习博弈论的参考用书，还可作为广大博弈论发烧友的高级进阶读物。

图书在版编目（CIP）数据

新经济博弈论／蒲勇健主编. -- 重庆：重庆大学
出版社，2023.3
工商管理硕士（MBA）系列教材
ISBN 978-7-5689-3429-9

Ⅰ.①新… Ⅱ.①蒲… Ⅲ.①博弈论—研究生—教材
Ⅳ.①O225

中国版本图书馆 CIP 数据核字（2023）第 025980 号

新经济博弈论
主　编　蒲勇健
策划编辑：尚东亮

责任编辑：姜　凤　　版式设计：尚东亮
责任校对：关德强　　责任印制：张　策

*

重庆大学出版社出版发行
出版人：饶帮华
社址：重庆市沙坪坝区大学城西路 21 号
邮编：401331
电话：（023）88617190　88617185（中小学）
传真：（023）88617186　88617166
网址：http://www.cqup.com.cn
邮箱：fxk@ cqup.com.cn（营销中心）
全国新华书店经销
中雅（重庆）彩色印刷有限公司印刷

*

开本：787mm×1092mm　印张：19.25　字数：424 千
2023 年 3 月第 1 版　　2023 年 3 月第 1 次印刷
印数：1—2 000
ISBN 978-7-5689-3429-9　定价：59.00 元

习近平总书记在党的二十大报告中指出:加快建设国家人才力量,努力培养造就更多大师、战略科学家、一流科技领军人才和创新团队、青年科技人才、卓越工程师、大国工匠、高技能人才。博弈论是战略研究最重要的基础知识之一。培养战略科学家,需要普及博弈论知识。基于这样的考虑,特别撰写了这本适用于 MBA,EMBA 和 DBA 学生特点的博弈论教科书。本书用了一些人工智能、大数据和互联网经济方面的例子和案例,其中,以作者的一项国家自然科学基金项目作为案例,该项目是研究电力市场改革的。书中的案例都是来自这些年来蓬勃发展的"新经济"业态,因此,将本书命名为"新经济博弈论"。

一般来说,博弈论并不是 MBA 学生的必修课程。大多数大学的 MBA 课程都是一些技术性课程,包括会计、财务管理、市场营销之类。当然,也有一些经济学,比如管理经济学、宏观经济学之类。然而,MBA 学员作为未来的企业管理人员,更重要的是作出决策,是在复杂的环境中作决断的决策者。这些决策过程往往是互动性的、策略式的,也就是说,是博弈。因此,有必要为 MBA 学员开设博弈论课程。学员可以通过选修课的形式为他们讲授博弈论课程。这样就可以培养 MBA 学员的互动性思维能力,从而提升他们的决断能力。决断能力是高级管理者应该具有的能力,是 MBA 学员应该完成的高级培训内容。

MBA 学员的博弈论课程内容与学术型研究生和博士生的信息内容不同,其区别在于简化和减少了数学模型,增加了生动有趣的案例。普林斯顿大学的 Dixit 教授是国际上著名的博弈论经济学家,他也是博弈论通俗写作的大家。他的《策略思维》《策略博弈》是国际上著名的 MBA 案例集。2012 年,我和我的学生团队有幸翻译出版了《策略博弈》。

本书在数学模型上，即使较之学术型研究生和博士生的大多数博弈论教科书还存在一些更加深刻和巧妙的数学分析技巧，主要表现在第 2 章的命题 2.2 的证明和无限连续博弈内容的引入，以及定理 2.3 的证明中。关于无限连续博弈部分的定理 2.3，是后面证明无名氏定理所需的。但是，现有的大多数博弈论教科书都是在没有应用定理 2.3 的条件下证明无名氏定理，其实在数学上是错误的。从这种意义上说，本书在这个问题上，即使与大多数学术型博弈论教科书相比，在数学严格性上也属于更加完美的。

另外，就数学严格性来说，本书在第 8 章还专门介绍了欧氏空间凸分析中的凸集分离定理，因为它是后面推导夏普里值需要的数学基础。同时，欧氏空间的凸集分离定理本身也是经济管理专业研究生需要熟悉的数学基础，所以也作了相应地介绍。

本书可作为其他专业硕士生学习博弈论的教科书和业余读物，也可作为非专业博弈论的发烧友们的参考用书。

需要特别感谢的是，博士生余莎和学术研究生朱紫婧为本书收集整理了大量的案例资料。

是为序！

蒲勇健

2022 年春于重庆南川大观黎香湖

目录

第1章 知彼知己的一次性博弈 ……………………………… 1

1.1 什么是博弈 ……………………………………………… 1

1.2 理性程度的测试与有限理性 ………………………… 7

1.3 纳什均衡 …………………………………………………… 9

1.4 经典模型与案例 ……………………………………… 15

1.5 混合策略博弈与纳什均衡 ………………………… 23

1.6 相关均衡 ………………………………………………… 29

练习题 ……………………………………………………… 40

第2章 知彼知己的多阶段博弈 ……………………… 45

2.1 策略与子博弈精炼纳什均衡 ……………………… 45

2.2 威胁与承诺行动 ……………………………………… 54

2.3 重复博弈与合作行为 ……………………………… 56

2.4 重复博弈的其他一些策略均衡及对中国传统文化核心价值观
的一种解释 …………………………………………………… 67

2.5 供应链协调 …………………………………………… 128

2.6 案例 ……………………………………………………… 138

练习题 ……………………………………………………… 142

第3章 不对称信息单阶段博弈 ……………………… 145

3.1 不对称信息博弈的表述与海萨尼转换 ………… 145

3.2 信息不对称博弈的表述 …………………………… 145

3.3 先验概率与贝叶斯纳什均衡 ……………………… 146

3.4 类型依存策略 ···································· 149

3.5 成本信息不对称的古诺博弈 ········· 150

3.6 拍卖中的博弈论 ····························· 152

3.7 例子与应用 ···································· 161

练习题 ··· 163

第4章 不对称信息多阶段博弈 ············· 165

4.1 不对称信息多阶段博弈的描述 ······· 165

4.2 精炼贝叶斯纳什均衡的一个例子:恋爱博弈 ·········· 166

4.3 信号博弈 ··· 173

练习题 ··· 190

第5章 进化博弈 ································· 192

5.1 进化博弈的基本思想 ····················· 192

5.2 囚徒困境 ··· 195

5.3 胆小鬼博弈 ···································· 200

5.4 物种间的相互作用 ························· 203

5.5 鹰鸽博弈 ··· 205

5.6 某些一般性理论 ···························· 209

5.7 含有三种类型个体的种群动力学 ····· 210

5.8 合作及利他主义的进化解释 ··········· 212

练习题 ··· 214

第6章 进化博弈的高级内容 ··············· 215

6.1 进化稳定 ··· 215

6.2 ESS 与纳什均衡 ···························· 225

6.3 不对称捉对竞争 ···························· 226

6.4 ESS 的存在性 ······························· 228

6.5 复制动态:进化动力学 ··················· 229

6.6 均衡与稳定性 ································ 236

6.7 应用例子 ··· 239

练习题 ··· 242

第7章 合作博弈:纳什讨价还价谈判解 ·············· 246

7.1 纳什讨价还价解 ·············· 246

7.2 纳什讨价还价解的应用 ·············· 253

7.3 基于纳什讨价还价解的几个经济学模型 ·············· 257

练习题 ·············· 261

第8章 合作博弈:夏普利值 ·············· 262

8.1 数学准备:欧氏空间的凸集分离定理 ·············· 262

8.2 合作博弈的特征函数与核(CORE) ·············· 267

8.3 夏普利值(SHAPLEY VALUE) ·············· 273

8.4 夏普利值的一些应用 ·············· 278

练习题 ·············· 289

参考文献 ·············· 291

第1章　知彼知己的一次性博弈

1.1　什么是博弈

在一般性的社会交往中,我们都会面临决策的问题。所谓决策,就是在若干方案中选择最佳的方案。例如,超市对各种各样商品进行标价时,就需要对每一种商品的价格进行决策:一听啤酒的价格应该定在什么样的水平上?一袋方便面应该按照什么价格出售?一桶矿泉水应该卖什么价格?企业在进行各种决策时,会遵循追求最大化利润的原则。经济学家称企业的这种行为为"追求利润最大化"。

类似地,个人在进行各种决策时,也会遵循带来最大化满足的原则。经济学家称个人的这种行为为"追求效用最大化"。如果一个人的行为是遵循"追求效用最大化",则称这个人具有"一阶理性"。如果一个人不仅具有一阶理性,而且他还知道别人也具有一阶理性,那么就称其具有"二阶理性"。如果一个人不仅具有二阶理性,而且他还知道别人也具有二阶理性,那么就称其具有"三阶理性"。以此类推,可以定义更加高阶理性的概念。当某人具有无限高阶的理性程度时,我们就说他知道其他人知道的事情。

在博弈论文献中,通常将一个人群中每一个人都具有任意高理性的场景定义为"理性是共同知识"。如果一群人中每一个人只具有一阶理性,则他们中的每一个人就可能在做某种决策,使得自己的效用最大化。如果其中每一个人具有二阶或者二阶以上的理性,他在进行决策时,就需要考虑其他人的预期反应。他的决策一定是在考虑了其他人预期反应的情况下做出的。我们称此时他们之间在进行"博弈"。

以上定义可以推广到企业、机构甚至国家,国际联盟之间的博弈,因为这些组织也是由个人构成的。

有意思的是,我们在一些电视剧中,也看到了不同理性阶数影响博弈结果的讨论。

按照以上关于博弈的定义,我们要求博弈中的参与人具备至少二阶理性以上的理性。这就排除了诸如"田忌赛马"和"所罗门判案"这样的故事作为博弈的案例。在"田忌赛马"中,孙膑介入前,大将军田忌是非理性的,因为他在第一局里面临齐威王出上马的情况下居然也出了上马。因为,当齐威王出上马时,田忌的最优化决策显然是出下马,而不是上马。因此,"田忌赛马"故事中,据说在孙膑为田忌献计之前,田忌第一局也出上马,意味着田忌是非理性的,连一阶理性都不具备。

琼瑶电视剧中
的博弈论

然后,孙膑介入,他告诉田忌,在第一局齐威王出上马时,应该出下马。但是,这时候

1

的齐威王也是非理性的：因为齐威王居然也在田忌出下马的时候仍然出上马。因为给定田忌出的是下马，齐威王的最优化决策是出下马，上马留着还可以去赢田忌的上马和中马。所以，在"田忌赛马"中，无论是田忌还是齐威王，他们俩都是非理性的。

另外一个故事取自《圣经》。据说拥有非凡智慧的所罗门王有一天面临一个纠纷案的裁决：两个女人为了争夺一个婴儿闹腾到他那里来了。她们俩都说孩子是自己的，图谋占有孩子。她俩要求所罗门王进行裁决，把孩子判给自己。所罗门王叫武士拿来宝剑，称自己也不知道孩子是谁的，反正你俩都要孩子，就干脆把孩子砍为两段，你们俩一人拿走一段即可。说时迟那时快，正待所罗门王举剑打算把孩子一挥两段的瞬间，其中一个女人立即跪下来大声哭喊道："大王住手，孩子不是我的，是她的，请大王不要杀害孩子！"

所罗门王把举起的宝剑缓缓放下来，两眼盯着那女人，说道："不！孩子就是你的，你是孩子真正的母亲！"他随即吩咐左右，把另一个女人拿下。

据说所罗门王是凭着这样的智慧准确识别出哪一个女人是孩子的母亲：当孩子面临被杀的情况下，只有孩子真正的母亲会作出这样的最优化策略选择：宁愿不要孩子，也不要孩子被杀害。于是，所罗门王凭借这样的机制，就诱使孩子的母亲做出了这样的决策，而两个女人不同的决策行动就给所罗门王识别出孩子真正的母亲提供了信息。

然而，这个故事也存在破绽：如果另一个女人也模仿孩子真正的母亲的举动（显然，这是她的最优化决策行动），所罗门王是难以识别出孩子真正的母亲的。此时，孩子难免被杀，从而铸成大错！假如说故事是真实发生的，所罗门王成功识别出孩子真正的母亲也非凭借他的智慧，而是他走运了，因为另一个女人犯了决策错误。

在这里，所罗门王的故事中潜在假定另一个女人没有采取最优化决策行动，从而暴露了自己假母亲的身份，意味着她是非理性的。

按照定义，所谓"博弈"，要求相关参与博弈的个人一定具有二阶以上的理性，而在"田忌赛马"和"所罗门王判案"的故事中，总是有人连一阶理性都没有；显然，"田忌赛马"和"所罗门王判案"并不是博弈，而是属于决策的范畴。

博弈并不是决策，而是互动性决策，是理性（严格来说，是二阶理性以上的）的互动性决策。有许多博弈论教科书和文献想当然地将"田忌赛马"和"所罗门王判案"说成是博弈，这显然是错误的！

其他类似的想当然把《三十六计》甚至《孙子兵法》都说成是博弈论的古代版本，也是不准确的。事实上，《三十六计》和《孙子兵法》也属于决策理论，而非博弈论，因为它们并没有考虑互动性。

有一个阻击价格战的博弈策略在商业中大行其道，让我们对于博弈有着鲜活的感知，这就是下面的一个实例。

案例 1.1　电商价格战的博弈绝杀：苏宁用博弈策略成功阻击京东挑起的价格战

几年前，笔者从苏宁重庆的一位负责人那里得知苏宁易购原副总裁李斌已经荣升苏宁集团的副总裁，据说他的高升与多年前他的一个经历有关，那就是他成功运用博弈论中著名的阻击价格战策略平抑了京东挑起的大家电价格战。

在2012年8月,著名的电子商务公司京东挑起与苏宁的大家电产品价格战,但是消费者发现这场价格战其实并没有打起来,当时人们误以为是炒作,其实是因为苏宁易购采用了返还差价2倍的策略反击,一招制敌的结果,成功避免了价格战。

笔者当时也围观了这场最终没有爆发的价格战,图1.1和图1.2是笔者截取的几条新浪微博片段:

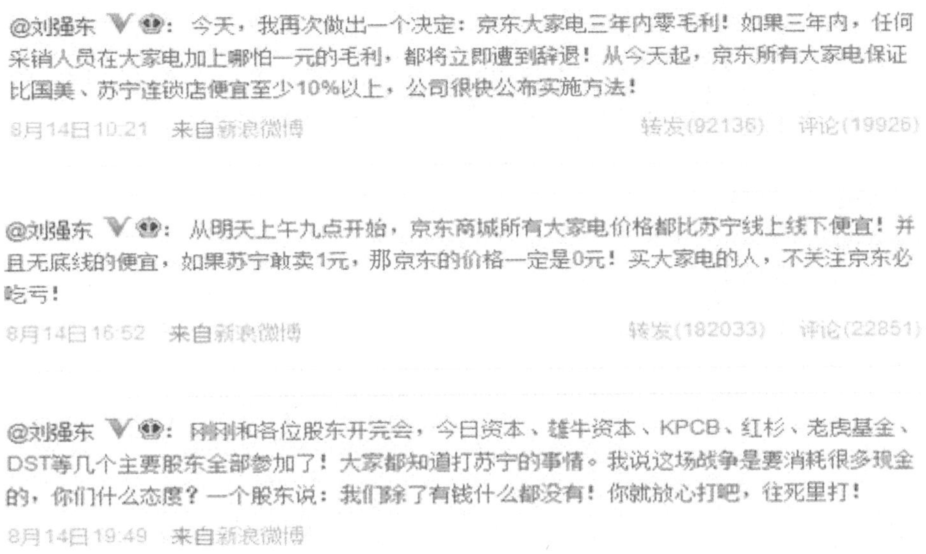

@刘强东　今天,我再次做出一个决定:京东大家电三年内零毛利!如果三年内,任何采销人员在大家电加上哪怕一元的毛利,都将立即遭到辞退!从今天起,京东所有大家电保证比国美、苏宁连锁店便宜至少10%以上,公司很快公布实施方法!

8月14日10.21　来自新浪微博　　　　　　　　　转发(92136)　评论(19926)

@刘强东　从明天上午九点开始,京东商城所有大家电价格都比苏宁线上线下便宜!并且无底线的便宜,如果苏宁敢卖1元,那京东的价格一定是0元!买大家电的人,不关注京东必吃亏!

8月14日16:52　来自新浪微博　　　　　　　　　转发(182033)　评论(22851)

@刘强东　刚刚和各位股东开完会,今日资本、雄牛资本、KPCB、红杉、老虎基金、DST等几个主要股东全部参加了!大家都知道打苏宁的事情。我说这场战争是要消耗很多现金的,你们什么态度?一个股东说:我们除了有钱什么都没有!你就放心打吧,往死里打!

8月14日19.49　来自新浪微博

图1.1　京东前CEO刘强东引爆此次价格战的几条微博

在刘强东意欲挑起价格战的三天之后,京东就偃旗息鼓了。当时很多网友对于这次价格战表现得兴高采烈,以为可以买到便宜货了,但是最终发现网上并没有降价家电产品出现。网友们以为是刘强东在炒作,其实并非如此。

京东摁停了价格战,是因为李斌采用了博弈论中著名的阻击价格战策略:反馈两倍差价!这个策略是20世纪80年代美国的一家销售电子产品的商店发明的。原理如下:

如果你是销售某种商品的商店老板,你的竞争对手也销售相同的商品。如果竞争对手降价,目的显然是打算把你的潜在顾客拉走,拉到他那里去。这是市场竞争。

这时,你可以声明:如果有人在你那里购买了商品,并且他在别处发现可以买到与你的商品相同的商品,并且价格更低,则你承诺他们可以到你这里获得两倍差价的补贴。譬如,有人在你那里买到一台海尔电视机,而竞争对手也在卖同样的海尔电视机。你的标价是每台海尔电视机3 000元,但是那人拿来证据(如拍摄的照片),证明你的竞争对手只以2 900元销售同样的电视机。你可以承诺兑现,退给他200元,是差价的两倍。

这样的策略,不仅阻止了你的顾客跑到竞争对手那里去购买电视机,而且还会将竞争对手的顾客拉到你这里来。也就是说,一旦竞争对手降价,你的价格会自动降低,并且

@苏宁易购李斌 🆅：价格竞争是市场竞争永恒的主题.持续性的价格优势取决于采购规模、供应链效率、运营成本、资金实力。正是基于上述综合优势,苏宁易购保持合理利润,仍然可以确保绝对价格优势,这才是商业规律的真正体现。只有那些没有底气的企业才会在嘴上炒作低价,亏本赚吆喝先考虑自己能否活下去,呵呵。

8月14日 15:51　来自iPhone客户端　　　　　　　转发(39690)　评论(2994)

@苏宁易购李斌 🆅：保持价格优势是我们对消费者最基本的承诺,我重申:苏宁易购包括家电在内的所有产品价格必然低于京东.任何网友发现苏宁易购价格高于京东,我们都会即时调价,并给予已经购买反馈者两倍差价赔付。明天9:00开始,苏宁易购将启动史上最强力度的促销我一定能够帮刘总提前、超额完成减员增效目标。一起努力

8月14日 16:08　来自iPhone客户端　　　　　　　转发(122248)　评论(21455)

@苏宁易购李斌 🆅：8月是苏宁易购三周年庆典月,我们将从明天9:00开始,一直到8月20日,启动为期6天的万款商品超级0元购,818款爆款商品三折起抢购,818个品牌旗舰店全面参与的苏宁易购庆生促销活动,8月就看苏宁易购!

8月14日 21:58　来自新浪微博

图 1.2　苏宁易购前执行副总裁李斌对刘强东的微博回应

比起竞争对手来说还要低。这种策略是你对付潜在的竞争对手意欲通过价格战挖走你市场的策略。也就是说,即使你不知道竞争对手是谁,你也可以通过这样的公开承诺去阻击他们。

当然,当你事前有这样的承诺时,潜在的竞争对手也不敢打价格战了,你也不会因为更多的降价而蒙受损失。在这里,你和竞争对手都是至少二阶理性的,因为你知道当你作出这样的承诺后,对方不敢打价格战。同时,顾客作为第三方博弈参与人,也是至少一阶理性的,因为他们会选择更低价格进行购买。

笔者曾经观察到重庆的屈臣氏和家乐福门店有着类似的承诺策略。譬如,在家乐福门店里的柱子上,会看见这样的承诺:如果你在方圆十公里之内发现能够以比本店更低的价格买到同样的商品,本店可以退还 3 倍差价。

当然,能够采用这种策略的商店应该满足一定的条件,就是商品是标准化的,与竞争对手的商品是完全相同的(完全竞争),因此适用于超市。

当年京东之所以意欲通过价格战把苏宁和国美挤出大家电行业,是因为京东是完全的线上企业,而苏宁和国美除了线上销售还有线下的实体店,经营成本要高一些。因此,京东认为,如果将大家电价格降低到一定的水平,京东还可以赚钱,但是苏宁和国美就出现亏损了。因此,京东预期价格战可以把苏宁和国美挤出大家电行业。当李斌祭起博弈论反击价格战策略时,京东似乎可以通过消耗战继续打价格战,通过消耗战把苏宁和国美拖死,然后京东在挤出苏宁和国美之后完全垄断大家电市场,通过垄断高价利润回收之前的价格战损失,因为李斌的策略一旦实施,会导致苏宁亏损更加严重。然而,存在着一种不对称,使得京东不敢玩消耗战,因为京东作为全线上企业是不能在一段时间没有

流量的。在李斌的阻击策略实施下,顾客都去了苏宁,京东完全没有流量,就先玩完了,哪里还等得到苏宁死后出来垄断经营的机会呢!

下面是博弈论中最著名的一个例子,囚徒困境。

例1.1　囚徒困境(Prisoners' Dilemma)

假设两个小偷1和2联合作案,私闯民宅而被警察抓住。警方将两人分别置于不同的房间内进行单独审讯。对每一个犯罪嫌疑人,警方给出的政策是:如果两人都认罪,交代偷盗的证据,譬如盗取但是已经藏匿起来的银行卡、存折等,则各判刑8年;如果一人认罪,另一人不认罪,则认罪者立即释放(因其成为污点证人),不认罪者加重判刑至10年;如果两人都不认罪,则警方因证据不足不能判两人的偷窃罪,但可以以私闯民宅的罪名将两人各判入狱一年。并且,每个小偷都被告知,他的同伙也面临着同样的抉择。我们假定两个小偷都只在乎各自的刑期,则表1.1给出了这个博弈的支付矩阵。

表1.1　囚徒困境博弈

		2	
		认罪	不认罪
1	认罪	-8,-8	0,-10
	不认罪	-10,0	-1,-1

表1.1给出了一个双变量矩阵,被称为"博弈模型"或者"支付矩阵"。其中,两个嫌疑人1和2,分别称为博弈"参与人(Player)",他们各自可以选择的两个行动"认罪"和"不认罪",称为博弈的"策略"或者"行动"。矩阵里的两个数字称为"支付(Payoff)",其中左端的一个数字是参与人1的获刑期限,右端的一个数字是参与人2的获刑期限。其中,负号表示小偷希望获刑期限越短越好。

我们假设嫌疑人都是至少具有一阶理性的,因此他们的行为是追求获刑期限的最小化(也就是效用最大化)。显然,无论参与人2是否认罪,参与人1选择认罪都是最好的。同样,参与人2也会选择认罪。如果某参与人的某个策略在无论其他参与人选择什么策略情况下都是最优的,称该策略为"占优策略"(严格最优的情形称为严格占优),其他策略则称为"劣策略"。于是,两个小偷都会选择认罪,这种预测结果称为"占优策略均衡"。

显然,在这个囚徒困境模型中,只需要假设参与人具有一阶理性,就可以预测他的行为。似乎这个模型只是一个决策模型,并不是博弈。然而,如果我们将游戏规则的设计者即警方考虑进来,就是博弈了。因为,警方设计的这个游戏规则,就是要获得这样的结果:犯罪嫌疑人交代证据。因此警方显然是具有二阶理性的。

囚徒困境模型是博弈论中最简单的,同时也是最有名的模型,它能解释大量的人类社会现象,例如,军备竞赛、中小学生的刷题、环境破坏等。现在的一个流行词"内卷",其实说的就是"囚徒困境"。运用囚徒困境模型,我们发现企业打广告竞争市场是得不偿失的。

本章假定:所有参与人都知道每一个参与人的支付,因此本章研究的是"知彼知己"的博弈情形,或者说是"信息对称的"博弈。并且,本章讨论的博弈只是单阶段的互动性决策,或者说是静态的互动性决策,也就是说,参与人只玩一次,不像下棋打牌那样多次出招。下棋打牌因此是多阶段的博弈,将在下一章中进行讨论。

例 1.1 中那种采用矩阵形式表达的博弈模型,被称为博弈的"策略式表述"。通常存在两种相互等价的博弈表达方式,即"策略式"和"扩展式"表述,前者用于刻画单阶段博弈比较方便直观,而后者用于多阶段博弈比较直观。

例 1.2 广告竞争

假设两家卖酒的公司 A 和 B 考虑在电视上打广告。当对方没有打广告时,打广告的公司利润会多一些;如果两个公司都打广告,则各自的市场份额并不会因为广告而发生变化(假定打广告并不会将原本并不饮酒的人变为饮酒的人),但是因为广告费用增加了成本,公司的利润是下降的。当然,如果两个公司都没有打广告,那么则利润都没有增加。表 1.2 给出了关于两个公司广告竞争的具体表述。

表 1.2 广告竞争

		B	
		打广告	不打广告
A	打广告	−1,−1	1,−2
	不打广告	−2,1	0,0

观察表 1.2 不难发现。假设 A 具有一阶理性,则它知道,如果 B 选择的策略是"打广告",则 A 的最大化自己的支付的最优策略是"打广告";如果 B 的策略是"不打广告",则 A 的最优策略仍然是打广告。在 A 具有一阶理性假设下,A 会选择"打广告"。基于这个博弈的对称性,当 B 也具有一阶理性时,B 的最优策略也是"打广告"。显然,这是囚徒困境博弈的一种变体。

我们把预测这个策略组合(打广告,打广告)称为博弈的"均衡",其中括弧中左右两个位置的表述"打广告",分别是 A,B 的最优策略选择。在最优策略组合下,支付(−1,−1)被称为博弈的"均衡结果"。

我们发现,事实上均衡并不是有效率的,因为相比两个公司都不打广告的情形,在均衡条件下,两个公司的利润减少了。

参与人可能选择的所有行动或者所有策略构成的集合称为"行动空间"或者"策略空间"。

我们总是假定参与人在博弈中追求的是最大化自己的支付。因为支付通常是个人效用,或者是企业的利润。因此,这个假设就是一阶理性假设。

以上两个博弈模型都有两个潜在的假定,一是参与人仅仅是一次性地选择行动或者策略。在下棋打扑克这样的博弈中,参与人可以有多次选择行动的机会。因此,我们称这种仅仅是一次性的选择行动或者策略的博弈为"单阶段博弈""一次性博弈"或者"静态博弈"，而将多次选择行动的博弈称为"多阶段博弈"或者"动态博弈"。二是我们潜在假定参与人不仅知道自己的支付，还知道其他人的支付。这种假定是很强的假定，因为当支付是个人效用或者企业利润时，这种假设显然不现实。我们称这种假定下的博弈为"对称信息博弈"。相反，如果在博弈中，参与人不知道别人的支付，那么这种博弈就称为"不对称信息博弈"。

1.2　理性程度的测试与有限理性

如果参与人的理性很高，甚至可以达到任意高的阶数，则可能带来灾难性的博弈后果。我们来看下面这个著名的"旅行者悖论"。

例1.3　旅行者悖论

两位好朋友去景德镇旅游。他们在同一个商店各自买了一个相同的小瓷瓶作为纪念品带回家。但是在乘飞机回家的旅途上，飞机颠簸导致瓷瓶都碎了。他们俩要求航空公司赔偿。

航空公司经过调查，得知他们俩购买的小瓷瓶价格都不会超过1 000元。但是也不知道他们俩在购买时享受了多大的折扣。于是，航空公司设计了如下游戏规则：

将两位旅行者分别安排在不同的房间，把他们俩的手机收了，避免串谋。然后要求他们俩各自在一张纸条上写出小瓷瓶的报价。规则是：报价不能超过1 000元。

如果两人写的价格相同，就认为他们俩说了真话，航空公司按照他们俩写的价格赔偿。如果他们俩写的价格不同，由于他们俩在相同的商店相同的时间段购买了相同的商品，价格应该是相同的。因此，他们俩中一定有人说了假话。因为说假话的目的是虚报高价，因此航空公司就认为写较高价格的人说了假话。

游戏规则规定：此时按照低价理赔，并且要惩罚说假话的人，奖励说真话的人。因此，扣罚报高价的人2元钱，用于奖励报低价的人。

在这样的游戏规则下，如果两个人具有很高或者说任意高的理性，则他们俩最终会完全放弃索赔，而这正是航空公司想要的结果。

如果两位都是具有一阶理性的，则他们都会报价1 000元；如果两位都是二阶理性的，则他们都预测对方会报价1 000元，于是他自己的最优报价是999元；如果他们两位都是三阶理性的，则他们都知道对方会报价999元，则他们各自的最优报价是998元。按照这样的逻辑，随着理性程度的提升，他们的最优报价就越低。如果他们俩都具有足够高阶的理性，则会选择放弃航空公司的赔偿。

在这里，结果显然是荒谬的！问题出在两个博弈参与人都具有任意高阶理性的假设。这就自然引出了一个问题：现实中的人们，究竟具有多高阶的理性呢？

下面给出一个著名的博弈论实验，该实验的大多数结果表明：大多数人仅仅具有二

阶理性。也就是说,不仅对于大多数人来说,理性程度是有限的,而且,大多数人的理性程度仅仅是二阶理性。

这个实验就是"猜数字"实验。实验过程是这样的:

实验的主持人挑选出十位实验志愿者。他递给每一位志愿者一张小纸条,要求每一位志愿者在纸条上写出一个整数,这个整数只能是 0 到 100 之间的任一整数,包括 0 和 100 在内。主持人要求每一位志愿者下一个赌注,譬如 100 元钱。如果某位志愿者所写的整数最靠近十位志愿者写出来的所有整数的平均值的一半,那么他就是赢家,并且赢得其他九位志愿者下的赌注(900 元)。如果不止一位志愿者写的数字最靠近平均值的一半,则他们平分其他志愿者的赌注。

对于其中一位志愿者来说,如果他具有最基本的计算能力,他可以基于"10 位志愿者,每一位志愿者在 0 到 100 之间的整数中挑选一个数字(包括 0 和 100)"这样的实验规则信息,作出"平均值不会超过 100"这样的判断。进一步,他知道平均值的一半不会超过 50。

他为了赢得其他人的赌注,会把写出来的数字尽量不超过 50。他这样筹划,就是凭借自己知道的信息和拥有的计算能力最大化自己的效用,他因此就是一阶理性人。

如果进一步,他知道其他 9 名志愿者也是像他一样的一阶理性人,那么,他因此会作出这样的判断"其他 9 名志愿者都会写 50(或者不超过 50)"。给定这种判断,他知道平均值不会超过 50,平均值的一半不会超过 25。他为了最大化自己的效用,会写 25(或者不超过 25)。因此,他就是二阶理性人。

显然,按照这种逻辑,我们可以沿着这样的路径不断推演下去。如果这名志愿者还知道其他 9 名志愿者也是二阶理性人,那么,他知道平均值的一半不会超过 12.5。也就是说,这时他是三阶理性的。如果他具有无限高阶的理性,那么,他最终写出来的数字就是 0。也就是说,如果志愿者的理性程度都是无限高阶的,则所有的志愿者都会写 0。

但是,在作者多年来进行的数百次实验中,每一次基本上都没有多少人写 0。极少数写 0 的志愿者,也从来没有成为赢家。

然而,笔者却发现,存在一种稳定的实验结果:在绝大多数实验中,赢家都是三阶理性的。这个稳定结果表明大多数人是二阶理性人。

为什么大多数人只具有二阶理性呢? 笔者在另一部著作《脑经济学——贯通数学、物理学、行为经济学与艺术的哲学桥》中给出了详细的解释。这部著作中提出了"脑经济学"的理论框架。所谓"脑经济学",是假定人类大脑的工作也是按照经济原则进行的,即最小化信息存储空间占用和能量消耗。在这种假定下,可以解释大多数人具有二阶理性的实验结果。

大多数人只具有二阶理性,或者说人类普遍具有的有限理性,对于避免诸如上述旅行者悖论这样的荒谬结局是有作用的。我们在后面还会看到,有限理性也是人类合作行为的一个原因,而合作是人类进化成功的关键性因素。

1.3 纳什均衡

我们在前面给出的几个例子,其实都是囚徒困境博弈及其变体。在囚徒困境博弈中,每一个参与人都有一个特别的策略或者行动,也就是说,这个特别的策略或者行动,在任何情况下都为参与人带来最大的支付。所谓"任何情况下",是指无论其他参与人选择什么样的策略或者行动,该策略或者行动带来的支付都是最大的。我们称这个特别的策略或者行动为"占优策略"或者"占优行动"。

在一阶理性假设下,参与人一定会选择占优策略或者占优行动的,从而构成占优策略均衡。因此,在囚徒困境中可以预测嫌疑人会选择认罪,因为认罪是占优策略。

然而,并不是所有的博弈中所有的参与人都有占优策略。有可能某些博弈中只是部分参与人有占优策略。在这种部分参与人有占优策略的博弈中,尽管我们不能够像囚徒困境模型中那样通过占优策略均衡来预测博弈的结果,但是,我们仍然可以通过利用参与人的理性来缩小博弈结局可能的范围,甚至预测博弈结局。接下来,就是"智猪博弈"的例子。

例1.4 智猪博弈

在一个猪圈里,养着两头猪。其中一头是大猪,另一头是小猪。在猪圈的一端有一个食槽,另一端的墙角有一个电子按钮。假设两头猪都是具有二阶理性的"智猪"。它们都知道这样一个事实:只要按一下电子按钮,就有一些食物进入食槽,它们就有机会吃到食物。但是,当其中某一头猪跑到食槽对面的墙角去按动电子按钮时,它会发生一些成本。这个成本就是它在猪圈里来回跑动耗费的能量。另外,当它按动按钮后跑回食槽吃食时,另一头猪可能在它去按动按钮的时候早已等在食槽边抢先吃掉一些食物,结果按动按钮后跑回来吃食的猪能够吃到的食物就减少了一些,假定大猪比小猪跑得快一些,见表1.3。

表1.3 智猪博弈

		小猪	
		按	等待
大猪	按	4.5, 0.5	3.5, 3.5
	等待	7.5, -0.5	0, 0

在这个模型里,两头猪分别有两个策略:"按"(电子按钮)和"等待";假设按动一次电子按钮会有 9 个单位的食物(能量)进入食槽;并且,无论哪头猪去按按钮,来回跑动耗费的能量相当于 2 个单位的食物消耗。但是,大猪要比小猪吃得多一些,假设大猪吃掉 2/3 的食物,而小猪只能够吃到 1/3 的食物。同时,先到食槽边等待的猪也要多吃一点。

模型中每一个小方格里的数字表示两头猪在分别选定策略后,各自扣除能量消耗后的剩余食物能量。

我们来看两头猪选择的策略会是什么? 显然,小猪2一定会选择"等待"策略。因为,无论大猪选择什么样的策略,"等待"策略对于小猪来说都是最佳的:"等待"带给小猪的食物(净额)都要比"按"带来的多一些。因此,"等待"是小猪的占优策略。由此,小猪会"剔除"策略"按";当然,因为大猪具有二阶理性,大猪也知道小猪会选择"等待"策略,知道小猪会剔除策略"按";此时就变成表1.4的博弈。

表1.4 小猪剔除了劣策略"按"之后的博弈

小猪

等待

大猪		等待
	按	3.5,3.5
	等待	0,0

在表1.4的博弈中,因为大猪有一个占优策略"按"。所以,给定小猪的这种选择,大猪的最佳策略就是选择"按"。因此,这个博弈的结果是:大猪选择"按",小猪选择"等待"。

用智猪博弈可以很好地解释成都和重庆这两个城市为何在2020年国家推出的成渝地区双城经济圈建设战略前长期难以形成合作机制。

现在,来看另一个智猪博弈模型,见表1.5。在这个模型中,两头猪都是小猪,没有大猪。因此,每一头小猪能够吃到1/2的食物。

如果一头小猪去按按钮,然后跑回到食槽,则另一头等待中的小猪已将食物吃得差不多了。原因是小猪跑得太慢了。

显然,小猪1、2一定会选择策略"等待"。然而,当它们都选择"等待"时,没有哪一个去按按钮,就没有食物进入食槽。这样,当没有大猪的时候,两只小猪都没有食物吃。

表1.5 没有大猪的智猪博弈

小猪2

		按	等待
小猪1	按	2.5,2.5	−1,8
	等待	8,−1	0,0

智猪博弈模型告诉我们:如果其中没有一头大猪,则博弈的结果是大家都没有食物吃,总产出为零。没有合作行为。

如果有一头大猪,则总产出大于零(7),存在合作行为,并且两只猪都有吃的。

以上智猪博弈模型解读了为什么长期以来成渝两地难以合作的原因,因为成都和重庆在经济实力上不分伯仲,没有大猪。现在的问题是:目前正在推进的成渝地区双城经济圈建设战略能否最终打开这个死结?

对此,我们采用另一种博弈即最经典的囚徒困境博弈模型进行分析。

案例1.2 成渝地区双城经济圈建设战略中诱使成渝合作的机制设计

过去的成渝不合作,主要是碍于GDP排位竞争。如果成都在靠近重庆的方向投资建设基础设施,投资产业,将产生有利于重庆的正外溢效应。也就是说,有利于毗邻的重庆区县的就业和市场扩张,还有产业链形成,最终有利于重庆的GDP增长。同样,重庆方面也会存在类似考虑。所以,双方都不合作。但是,如果成渝两地在学术研究方面展开合作,这种合作不会存在GDP排位效应,是成渝两地比较容易合作的领域。也就是说,成渝两地可以先通过高校和研究机构之间的合作,进而推进全方位的合作。

一个问题是,如果说过去成渝两地基于GDP排位的考虑,不合作实属博弈论中的"囚徒困境"。那么,倘若成渝两地在科学研究成果方面也存在排位竞争,岂不是仍然会不合作吗?

这种可能性尽管有,但是并不大。为什么? 因为,GDP排位竞争是短期竞争,每一年都存在。地方政府往往从是从短期考量的。但是,科学研究成果在短期的排位并不是很重要。今年成都创作的学术论文数量,获得的专利数量,比起重庆要多一些,但是,也许重庆在某个领域取得了更加引人注目的创新成果,影响其实还要大一些。应如何排位?

科学研究成果,不只是数量,而且是质量,成果影响力也是十分重要的。同时,科学研究特别是基础科学研究,要取得成果是不确定的。特别是重大成果,需要团队合作。由此,成渝两地的大学和研究机构之间进行合作,共同攀登科学高峰的动机,似乎要比各自算计自己的利益动机要大一些,合作可能性也要大一些。

用经济学语言来说,因为,科学研究的产出是收益递增的,随着团队投入的规模增加,基础条件的提升,前期研究成果的丰富,就越容易产生新的突破。也就是说,如果成渝两地的大学和研究机构各自在自己的一亩三分地上玩,在创新成果产出上,与两地合作,建立成渝两地大学联盟和研究机构联盟相比,是质的不同。合作创造出来的产出,是各自自家玩所达不到的。当然,递增收益还存在于,只有成渝经济区的科研平台足够高大上,才可能吸引到国际一流的科学家来加盟。显然,只有成渝两地集中和抱团学术资源,才可能搭建起高大上的科研平台。

在这种递增收益情况下,就不会出现"囚徒困境"的不合作了。还有,成渝两地的一流大学都隶属教育部,并不是地方高校,不合作的地方主义意识比较淡化,客观上有利于合作。

事实上,即使是其他城市群,也不是都不合作。珠三角、长三角、京津冀,这3个中国最大的城市群,其中的各个城市是合作的。为什么就成渝两地不合作呢? 这是因为,成渝两地经济实力不相上下,在区域经济竞争上还存在谁是"西南老大"的问题。所以,竞争是必然的。但是,珠三角、长三角、京津冀城市群,就不存在这样的问题。在它们那里,老大位置已经坐实,不容竞争。佛山、江门、汕头,当然会承认广州的老大地位,并且乐意融入广州经济圈。昆山、苏州也乐意融入上海经济圈。天津、唐山更加愿意融入北京经

济圈。但是，成渝两地，谁愿意融入对方的经济圈呢？没有一个愿意！所以长期以来，竞争多于合作，硝烟弥漫在巴蜀大地。

在表1.6的博弈中，给定其中一方选择相向发展，会因为投资在对方毗邻地区而带动对方的就业和产业链发展，导致对方GDP排位提升，自己一方GDP排位下降。因为每一方都发现背向发展策略是最优的。结果是双方都选择背向发展。

表1.6　成渝两地的囚徒困境博弈

		成都	
		相向发展	背向发展
重庆	相向发展	1,1	−1,2
	背向发展	2,−1	0,0

2020年中央政府提出了建设成渝地区双城经济圈的战略，这一次，中央政府为了促使成渝走向合作的政策设计，抛出了成渝将联合建设西部科学城（西部科技创新中心）的策略。如果某一方不合作，就难以分享这个大蛋糕，因为国家为建设西部科学城会有巨额投资。

如果成渝两地共建西部科学城，因为双方科学研究力量合作，搭建起强大的学术平台，会获得中央政府的大力支持和国际影响力的增大，吸引国际一流科学家来加盟。相向发展的收益增加到3。我们将在后面给出纳什均衡概念。此时，纳什均衡是（相向发展，相向发展）（双方都背向发展仍然是一个纳什均衡，不过是低效的纳什均衡，因为帕累托最优的纳什均衡是双方都相向发展），见表1.7。所以，成渝两地通过大学和研究机构的合作，成功的可能性更大。

表1.7　共建西部科学城，打破成渝两地的囚徒困境博弈

		成都	
		相向发展	背向发展
重庆	相向发展	3,3	−1,2
	背向发展	2,−1	0,0

但是，在大学和研究机构资源方面，成渝两地是不对称的，成都明显强于重庆。重庆在学术资源方面与成都合作，是获得大于失去。同时，成都方面也要乐于引领重庆。当然，关键是科学研究抱团，是取得重大成果的前提条件，这种获取重大成果的共同愿景，会驱使双方放弃各自一亩三分地的小农意识，团结起来，去争取更大的胜利！

由此看来，中央政府的第三次促使成渝合作的政策设计（之前两次分别是成渝经济区和成渝城市群规划），成功是可以期待的，至少在博弈的游戏规则上，通过抛出西部科学城这个大礼包，有诱使成渝两地走向合作的积极作用。

以上模型在预测博弈结果时，或者是通过寻找每一个参与人的占优策略，获得占优

策略均衡;或者是通过寻找某些参与人的占优策略,通过剔除劣策略的方法获得可以称为"重复剔除劣策略"的均衡。然而,并不是所有的博弈都存在占优策略。见表1.8中的博弈就没有任何占优策略。

表1.8 一个没有占优策略的博弈

		2		
		L	M	R
1	U	3,1	3,10	9,7
	D	7,8	4,3	2,7

对于这种一般性的博弈,引起了1949年暑期中的普林斯顿大学数学系博士生约翰·纳什的兴趣。我们来看他当年解决这种博弈的预测问题的思路。

如果参与人1是二阶理性人,当他选择策略 U 时,他知道参与人2选择策略 M 是最优的。然而,在参与人2选择策略 M 时,参与人1发现自己的最优策略其实是 D,而不是策略 U。也就是说,此时,参与人1会对自己的策略选择感到后悔。基于这种考虑,参与人1对于选择策略 U 感到存在风险。

但是,如果参与人1选择策略 D,1作为具有二阶理性的参与人,他知道参与人2的最优策略是 L。但是,给定参与人2的策略选择 L,参与人1的最优策略是 D。也就是说,参与人1会选择 D。

如果假设参与人2具有三阶理性,他知道参与人的上述推理,因此可以预测参与人1会选择 D;给定参与人1选择 D,参与人2的最优策略是 L。

其实,并不需要假定参与人2具有三阶理性。只要参与人2具有二阶理性,同样类似于参与人1的前述推理分析,可以推出参与人2会选择 L。

也就是说,两个参与人选择的策略组合 (D,L)(我们用括弧来表达一个策略组合,其中左端是参与人1选择的策略,右端是参与人2选择的策略)是一个"僵局"。在这种僵局中,由于每一个参与人选择的策略都是最优的,没有一个参与人存在主动偏离这个组合中的策略选择。这种僵局被称为"纳什均衡"。纳什均衡是一种预测博弈结果的方法,它是普林斯顿大学数学系博士生 Nash(1994年诺贝尔经济学奖,2015阿贝尔奖得主)在1949年夏天发现的。

显然,在例1.1和例1.2中,博弈的结果都是纳什均衡。

在这个例子中,我们看到,纳什均衡中的参与人支付,并不一定是最优的支付。纳什均衡仅仅是僵局而已。在这种僵局下,没有人存在单方面偏离已有策略选择的动机。譬如,在囚徒困境博弈中,(认罪,认罪)是纳什均衡,然而,如果两个犯罪嫌疑人都从(认罪,认罪)同时偏离到(不认罪,不认罪),则他们俩的支付都同时上升。所以,他们俩有同时偏离的动机。但是,没有单方面偏离的动机。因为,任何一个参与人的单方面偏离都会带来他自己的支付下降。

定义 1.1 如果有一个由所有参与人选择的策略所构成的策略组合里，在给定其他参与人选择的策略不变的情况下，任何参与人选择的策略对于他自己来说都是最优策略（最大化其支付，也称为参与人对其他参与人选择的策略的最优反应），则称该策略组合是一个纳什均衡。

很容易验证：囚徒困境博弈和广告博弈中的占优策略均衡也是纳什均衡。

由于这里假定博弈参与人都是独立进行决策的个体，因此，两个人同时偏离这种行为并不是个体决策的结果。我们称这种建立在个体决策假设下的博弈为"非合作博弈"。非合作博弈并不是说一定是研究不合作行为的，我们将在第 2 章给出非合作博弈带来合作均衡的模型。因此，非合作博弈仅仅表明博弈模型是建立在个体决策基础上而已。

我们潜在地认为纳什均衡是这样实现的：博弈的任何一方都在猜测对方碰巧采用了均衡策略的情况下，自己的应对策略也是均衡策略。因此，纳什均衡是"碰巧"实现的。

纳什均衡如果是"碰巧"出现的，那么，它的意义何在？纳什均衡的意义在于，一旦达到均衡，均衡就是稳定的，没有任何参与人会首先偏离均衡策略。

也就是说，纳什均衡这个概念并不意味着参与人会一下子就找到它，而是说一旦找到，参与人就不会离开它。它是一个停留的状态、稳定的状态。

在纳什均衡里，任何人都不会首先改变自己的既有选择。

那么，纳什均衡的普遍性又如何呢？对于参与人的个数和每一个参与人都只有有限个（纯）策略的所谓有限博弈来说，纳什于 1949 年夏天证明了如下定理：

定理 1.1（纳什存在性定理） 有限博弈至少存在一个纳什均衡。

注意，在这个定理中，纳什均衡包括混合博弈纳什均衡，而在前面介绍的博弈却是纯策略（Pure strategy）博弈。关于混合博弈，将在后面进行介绍。

所以，纳什均衡是一种十分广泛的概念，它是博弈论赖以建立的基础。

了不起的纳什就是因为这一发现，奠定了博弈论后来发展的基础，并于 1994 年获得诺贝尔经济学奖。尽管纳什证明的这个定理并不是说所有的博弈都一定存在纳什均衡，但是有限博弈已经涵盖很广，另外，在纳什之后，许多博弈论专家又证明了许多类似的存在性定理，表明包括许多不是有限博弈的博弈也仍然存在纳什均衡。最重要的是，纳什提出的"纳什均衡"概念为博弈论奠定了预测博弈结果的方法论基础，为博弈论后来的发展提供了一个深刻的方法论框架。

有了这个纳什存在性定理，我们可以放心大胆地求解有限博弈的纳什均衡，而毋须去探究博弈是不是存在纳什均衡。

这里介绍一种轻松求解二人有限博弈的简便方法——画线法。

在表 1.9 中，在给定参与人 1 的每一个策略选择下，找到参与人 2 的最大支付所对应的策略，然后在该最大支付的下面画上一条短横线；同样的，我们接着又在给定参与人 2 的每一个策略选择下找到参与人 1 的最大支付所对应的策略，然后在该最大支付的下面画上一条短横线。最后，将那些参与人 1 和 2 的支付下面都画有短横线的对应的策略组合找出来，这就是纳什均衡；于是，在表 1.9 中，策略组合 (H, M) 和 (D, M) 构成了一个纳什均衡。

表 1.9 画线法求解二人有限博弈的纯策略纳什均衡

		2		
		L	M	R
1	U	3,2	4,<u>7</u>	<u>50</u>,1
	H	<u>6</u>,<u>10</u>	2,8	1,1
	D	3,7	<u>8</u>,<u>9</u>	10,4

1.4 经典模型与案例

例 1.5 古诺博弈

假定两个完全相同的企业生产一种相同的商品。第 i 个企业生产 q_i，单位产出的成本为 $C_i(q_i)=cq_i$，$i=1,2$。

进一步假设所有企业生产的总产出为 Q，且需求函数为线性函数：$P(Q)=a-Q$，其中，$a>0,c\geqslant 0$ 皆为常数，且 $c<a$，$P(Q)$ 是商品价格。

参与人在博弈中被假定是追求一个被称为"支付"或者"支付函数"目标的最大化在这里的支付函数就是企业的利润。于是，企业 1 的利润为：

$$\pi_1(q_1,q_2)=q_1[P(Q)-c]$$
$$=q_1(a-c-q_1-q_2)$$

给定企业 2 的产量决策结果 q_2，企业 1 的最优化产量决策结果满足下面的一阶条件：

$$\frac{\partial \pi_1(q_1,q_2)}{\partial q_1}=a-c-2q_1-q_2=0$$

利润最大化的二阶条件成立：

$$\frac{\partial^2 \pi_1(q_1,q_2)}{\partial q_1^2}=-2<0$$

于是

$$q_1=\frac{a-c-q_2}{2} \qquad (1.1)$$

这里潜在假定企业 1 是一阶理性的，因为它追求利润最大化。

进一步假设企业 1 是二阶理性的，并且假设企业 2 也是一阶理性的，则企业 1 猜测企业 2 的最优化决策结果是

$$q_2=\frac{a-c-q_1}{2} \qquad (1.2)$$

因此,企业 1 的最优化决策结果是

$$q_1 = \frac{a-c-q_2}{2} = \frac{a-c-\frac{a-c-q_1}{2}}{2} = \frac{a-c}{3}$$

代入式(1.2),则

$$q_2 = \frac{a-c}{3}$$

因此,均衡的策略组合(q_1^*, q_2^*)就是$\left(\frac{a-c}{3}, \frac{a-c}{3}\right)$。

企业的均衡利润为

$$\pi_1 = \frac{a-c}{3}\left(a-c-\frac{a-c}{3}-\frac{a-c}{3}\right)$$

$$= \frac{(a-c)^2}{9}$$

$$= \pi_2$$

这里,每一个企业的决策都是在给定对方决策的结果情况下的最优决策。给定对方的策略,每一个企业选择的策略都是最优策略。

由这种每一个博弈参与人选择的最优策略构成的策略组合就是"纳什均衡"。

如果两个企业合并为一个大的企业,然后它们平分利润,合并后企业的利润函数为

$$\prod = Q(a-c-Q)$$

其中,Q 是合并后企业的产量。

合并后企业的最优化产量决策结果满足下列一阶条件:

$$\frac{\partial \prod}{\partial Q} = a-c-2Q = 0$$

利润最大化的二阶条件成立:

$$\frac{\partial^2 \prod}{\partial q^2} = -2 < 0$$

因为

$$Q = \frac{a-c}{2} \tag{1.3}$$

于是

$$\prod = \frac{a-c}{2}\left(a-c-\frac{a-c}{2}\right)$$

$$= \frac{(a-c)^2}{4}$$

每一个企业的利润为

$$\pi_1 = \pi_2 = \frac{(a-c)^2}{8} > \frac{(a-c)^2}{9}$$

也就是说,古诺博弈的纳什均衡是低效率的,因为通过合并可以带来帕累托改进。

一般地,在静态博弈的纳什均衡中都是非帕累托最优的(例如,例1.1、例1.2)。这是一个深刻的发现,反驳了古典经济学(包括新古典经济学)的信念。

式(1.1)是企业1的"最优反应函数",式(1.2)是企业2的"最优反应函数"(图1.3)。

一般地,纳什均衡都是最优反应函数的交集。我们在更加复杂的博弈模型分析中,通常是通过寻找最优反应函数的交集去寻找纳什均衡。

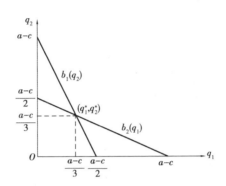

图1.3 最优反应函数:唯一的纳什均衡为(q_1^*, q_2^*),其中$b_i(q_j)$

是企业i的最优反应数,$i, j = 1, 2; i \neq j$。

例1.6 多个企业的古诺博弈

假定有n个生产同样产品的企业在同样的市场竞争性地销售产品。市场需求函数为$P(Q)$,其中P, Q分别是产品价格和市场总需求量。企业$i(1, \cdots, n)$的产量为$q_i(i = 1, \cdots, n)$;$Q = \sum_i q_i$,企业$i(i = 1, \cdots, n)$的成本函数为$c_i(q_i)(i = 1, \cdots, n)$。

企业$i(i = 1, \cdots, n)$的支付函数为利润

$$\pi_i(Q) = q_i p(Q) - c_i(q_i) \quad (i = 1, \cdots, n)$$

纳什均衡意味着有

一阶条件:

$$\frac{\partial \pi_i(Q)}{\partial q_i} = p(Q) + q_i p'(Q) - c_i'(q_i) = 0 \quad (i = 1, \cdots, n) \tag{1.4}$$

二阶条件:

$$\frac{\partial^2 \pi_i(Q)}{\partial q_i^2} = 2p'(Q) + q_i p''(Q) - c_i''(q_i) \leqslant 0 \quad (i = 1, \cdots, n) \tag{1.5}$$

由式(1.4),有

$$\frac{p - c_i'}{p} = \frac{s_i}{|\varepsilon|} \quad (i = 1, \cdots, n) \tag{1.6}$$

其中，s_i，ε 分别是企业的产量份额和需求价格弹性，而 $\dfrac{p-c_i'}{p}$ 是产业组织理论中著名的勒纳指数，它刻画的是企业市场力量或者垄断性的大小。

通过式（1.4）可以把 q_i 限制为 $Q-q_i(i=1,\cdots,n)$ 的隐函数。记为

$$q_i = R_i(Q-q_i)$$

称为最优反应函数或者最优反应曲线。

假设：如果企业 j 增加产量，则导致价格下降，进而导致企业 i 的边际利润下降。所以有

$$\frac{\partial \pi_i^2}{\partial q_i \partial q_j}<0 \quad (i\neq j)$$

由此可知，最优反应曲线是向下倾斜的。

根据式（1.4）及隐函数求导法则，有

$$\frac{\partial q_i}{\partial q_j}=R_i'(Q-q_i)=-\frac{\dfrac{\partial\left(\dfrac{\partial \pi_i}{\partial q_i}\right)}{\partial(Q-q_i)}}{\dfrac{\partial\left(\dfrac{\partial \pi_i}{\partial q_i}\right)}{\partial(q_i)}}=\frac{\dfrac{\partial^2 \pi_i}{\partial q_i \partial q_j}}{\dfrac{\partial^2 \pi_i}{\partial^2 q_i}}<0 \quad (i\neq j)$$

根据式（1.6），边际成本越低，市场力量就越大，市场份额也越大。价格需求弹性越大，市场力量就越小（完全竞争情况下，价格需求弹性无穷大，市场力量为零，价格等于边际成本）。如果所有企业的边际成本相同，且为常数 c，则所有企业都相同，它们的市场份额也一定相同，于是 $s_i=\dfrac{1}{n}$，式（1.6）变为

$$\frac{p-c_i'}{p}=\frac{1}{n\,|\,\varepsilon\,|}$$

如果企业很多，$n\to\infty$，则 $p\to c$。

社会福利为

$$W(Q)=\int_0^Q p(z)\,\mathrm{d}z-cQ$$

行业总利润为

$$\prod(Q)=p(Q)Q-cQ$$

我们做一个两者的加权和函数

$$F(Q)=(n-1)W(Q)+\prod(Q)$$

在该函数的最大值点有一阶条件

$$F'(Q)=(n-1)W'(Q)+\prod{}'(Q)=0$$

即

$$(n-1)\left[p(Q)-c)\right]+p'(Q)Q+p(Q)-c=0$$

有

$$np(Q)+p'(Q)Q-nc=0$$

将式(1.4)对所有企业加总,可得

$$\frac{\partial \pi_i(Q)}{\partial q_i}=p(Q)+q_ip'(Q)-c_i'(q_i)=0 \quad (i=1,\cdots,n) \tag{1.7}$$

这说明,在古诺博弈均衡下,最大化的并不是社会福利,也不是社会总利润,而是两者的一个特定组合。

如果是不同类型企业的古诺博弈,也可以类似建模,但模型相对复杂一些。

案例1.3 博弈论在人工智能中的一个应用:生成对抗网络

人工智能发展史上曾多次展现了博弈论的力量。1956年,一群科学家聚会在美国汉诺思小镇宁静的达特茅斯学院,开始了一场主题为"达特茅斯夏季人工智能研究计划"的会议。此次会议首次提出人工智能的概念。

最小最大解是博弈论的第一个重要思想。"数字时代之父"克劳德·香农发明了Minimax算法并基于这一算法设计了国际象棋机器,让机器学会博弈思想是人工智能史上重要的一步。

人工智能和深度学习领域的领头人之一Yann LeCun认为:生成对抗网络(Generative Adversarial Nets,GANs)是过去20年中机器学习领域最酷的想法,博弈论在GANs中发挥着重要作用。

一个GAN就是两个神经网络的组合,它们是生成器和鉴别器。

生成器是一个产生随机图像的神经网络。鉴别器则试图对生成的随机图像进行分类——应属于给出的数据集,或只是一个生成的假图像,如图1.4所示。

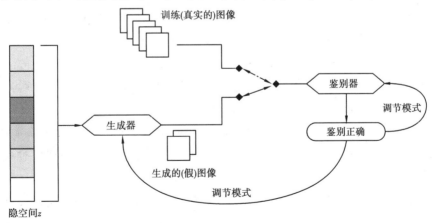

图1.4 生成对抗示意图

如果鉴别器将生成的图像分类为假图像,那么生成器将调整其参数;另外,如果鉴别器将生成的图像分类为来自数据集,那么鉴别器将调整其参数。

这种竞争过程将一直进行,并持续到无法再改进的状态。这个状态就是"纳什均衡"。这是两个神经网络之间的竞争博弈,但在竞争中,它们不断地优化自己以得到纳什均衡状态。

人工智能绘画。这种生成对抗人工智能技术的一个十分有意思的应用是在绘画风格合成方面。如果你打算画一幅画,同时希望这幅画具有某个著名画家众所周知的风格,比如,梵·高的风格,但是又不是简单地对梵·高作品的临摹,生成对抗的人工智能技术就可以实现你的想法。

你现在打算画一只狗,并且是梵·高的"星空"那幅油画的风格。你在计算机上开始绘画,同时,你绘画的数据实时传输到鉴别器中,而来自对梵·高作品"星空"的学习数据也同时传输到鉴别器里。生成器将你的绘画数据传输到鉴别器中,鉴别器从真实的梵·高"星空"油画中取得真实的数据。鉴别器将生成器传输来的数据与真实的数据进行比较。

生成器与鉴别器之间展开博弈:

鉴别器从比较中找出生成数据与真实数据最大化的差别,也就是说,生成的画与真实的画(在某些方面)存在的最大化差别。这种"差别"是设定的某种指标(如色彩)刻画的。鉴别器告诉生成器存在这种最大化差别。生成器就修改你的画,使得这种差别尽量缩小。

因此,博弈是这样进行的:鉴别器的策略是找出最大化差别;生成器的策略是最大化缩小这个差别。当鉴别器发现某个差别是最大化时,并且不管生成器怎么缩小,该差别仍然是最大化差别;同时,生成器也只有缩小这个差别的策略了,并且这个差别再也不能进一步缩小了。此时,就出现了纳什均衡。

因此,在纳什均衡中,生成器生成的数据与真实数据之间存在某种差别,这种差别再也不能进一步缩小了。这就是人工智能绘画作品尽管看起来很像真实作品,但绝不是真实作品的原因。这种差别是人工智能技术局限决定的。

鉴别器在比较生成数据与真实数据的差异时,是按照特定的指标进行的。也就是说,生成数据与真实数据只是在某些方面进行比较。如果在所有的方面进行比较,则最终在纳什均衡时生成数据与真实数据之间基本上就没有差异了。

同样的道理,利用这一技术,可以随意变换一幅画作的风格,比如达·芬奇的《蒙娜丽莎》可以随心所欲地变成毕加索的立体主义画风、梵·高的表现主义画风,抑或是莫奈的印象主义画风。

这种生成对抗人工智能技术还可以把人脸转换为与某个明星非常相似的脸。例如把你的脸转换为一个极像你的偶像明星的脸,但是看起来既不完全是你的脸也不完全是你偶像明星的脸,是你们俩的综合!

博弈参与人是生成器和判别器。生成器的目标函数是将阿冷的脸变成非常像明星的脸(机器无法识别)。策略是通过不断产生假照片进入判别器识别,然后依据判别器给出的反馈不断改进,调整参数,最后生成能够成功骗过机器的"假明星"照片。

判别器的目标函数是识别真假。策略是持续性鉴定生成器形成的"假明星"照片与系统输入的真实明星照片之间的差异并给出反馈,指出能从哪里鉴别出是假的。

在这个过程中,生成器和判别器相互博弈,生成器要不断改进产生能蒙骗判别器的"假明星"照片;判别器要不断改进自己的数据,提高自己的鉴别能力。在这种持续性的博弈下,生成最优解。

案例1.4 阿尔法狗中的博弈论

谷歌 AlphaGo(阿尔法围棋)在与棋手李世石的人机大战中,最终以 4:1 赢得胜利。这一人类智慧和人工智能的对决在世界各地掀起了对人工智能空前的关注热潮。

AlphaGo 是一款围棋人工智能程序,由谷歌 Deep Mind 团队开发。AlphaGo 将多项技术很好地集成在一起:通过深度学习技术学习了大量的已有围棋对局,接着应用强化学习通过与自己对弈获得了更多的棋局,然后用深度学习技术评估每一个格局的输赢率(即价值网络),最后通过蒙特卡洛树搜索决定最优落子。同时谷歌用超过 1 000 个 CPU 和 GPU 进行并行学习和搜索。

在过去 20 多年中,人工智能在大众棋类领域与人类的较量一直存在。1997 年,IBM 公司研制的深蓝系统首次在正式比赛中战胜人类国际象棋世界冠军卡斯帕罗夫,成为人工智能发展史上的一个里程碑。然而,一直以来,围棋却是个例外,在这次 AlphaGo 取得突破性胜利之前,计算机围棋程序虽屡次向人类高手发起挑战,但其博弈水平远远低于人类,之前最好的围棋程序(同样基于蒙特卡洛树搜索)被认为达到了业余围棋五、六段水平。

原因之一就是围棋的棋局难于估计,对局面的判断非常复杂。另外一个更主要的原因是围棋的棋盘上有 361 个点,其搜索的宽度和深度远远大于国际象棋,因此,求出围棋的均衡策略基本是不可能的。AlphaGo 集成了深度学习、强化学习、蒙特卡洛树搜索,并取得了成功。

我们这里顺便说一说人工智能和人类在另一项棋类项目——德州扑克的较量。德州扑克在 20 世纪初发端于得克萨斯洛布斯镇,随后在全美大流行。德州扑克因其易学难精的特点,受到各国棋牌爱好者的青睐。世界德州扑克系列大赛(WSOP)是一个以无上限投注德州扑克为主要赛事的扑克大赛,自 20 世纪 70 年代登陆美国以来,比赛在赌城拉斯维加斯的各大赌场举行。其中,以冠军大赛的奖金额最高,参赛人数最多,比赛最为隆重,北美各地的体育电视频道都有实况转播。有史以来,第一次人类和计算机无限注德州扑克比赛于 2015 年 4 月 24 日至 5 月 8 日在美国宾夕法尼亚匹兹堡的河边赌场举行,组织者为卡内基梅隆大学的 Tuomas Sandholm 教授,包括微软研究院等多家机构提供了奖金支持。该比赛共有两组玩家,一组是电脑程序"Clau-do",另一组是该类扑克游戏的顶级专家 Dong Kim、Jason Les、Bjorn Li 和 Doug Polk。Clau-do 是之前 Tartanian(2014 美国人工智能大会电脑扑克大赛冠军所用的程序)的改进版本。该比赛一共进行了 8 万回

合,最后扑克专家以微弱的优势获得了胜利,学术界认为 Clau-do 取得了很大的成功。

和 AlphaGo 不同的是,Clau-do 的策略基于扑克博弈的近似均衡。围棋比赛本身是一种完全信息博弈,而扑克是不完全信息博弈(玩家不能观测到对手手中的牌),因此比完全信息博弈更难解决。Clau-do 通过下面三个步骤决定其策略。第一步,原始博弈被近似为更小的抽象博弈,保留了最初博弈的战略结构。第二步,计算出小的抽象博弈中的近似均衡。第三步,用逆映射程序的方法从抽象博弈的近似均衡建立一个原始博弈的策略。Clau-do 的成功必须归功于算法博弈论最近几年的进展。在 2015 年年初《科学》杂志发布的一篇论文中,加拿大阿尔伯塔大学计算机科学教授 Michael Bowling 领衔的研究小组介绍了求解有上限投注德州扑克博弈均衡的算法,基于该均衡策略的程序 Cepheus 是接近完美的有上限投注德州扑克计算机玩家,以至于人类玩家终其一生也无法战胜它。这并不是说 Cepheus 一局都不会输,但是从长期来看,结果只能是平手,或者计算机获胜。需要注意的是,有上限投注德州扑克博弈比无上限投注德州扑克博弈更容易求解。由于围棋和扑克在本质上都是博弈问题,我们这里谈谈博弈论以及作为求解扑克博弈的算法博弈论。1944 年,John von Neumann 与 Oskar Morgenstern 合著《博弈论与经济行为》,标志着现代系统博弈理论的初步形成,因此他被称为“博弈论之父”。尽管历年来,博弈论与计算学科学不时有显著的重叠,但在早期,博弈论主要为经济学家所研究应用。事实上,博弈论现在也是微观经济学理论的主要分析框架。博弈论在经济教科书中的应用非常广泛。在经济科学领域,很多杰出的博弈理论家曾荣获诺贝尔奖,如 2012 年诺贝尔经济学奖得主罗斯和夏普利。

就在博弈论面世后不久,人工智能领域紧随其后得到开发。事实上,人工智能的开拓者如 von Neumann 和 Simon 在两个领域的早期都有杰出贡献。博弈论和人工智能实际上都基于决策理论。例如,有一个著名观点把人工智能定义为“智能体的研究和构建”。20 世纪 90 年代中后期,博弈论成为计算机科学家的主要研究课题,所产生的研究领域融合计算和博弈理论模型,被称为算法博弈论。近几年来,算法博弈论发展尤为迅速,得到了包括哈佛大学、剑桥大学、耶鲁大学、卡内基梅隆大学、加州伯克利大学、斯坦福大学等世界各大著名研究机构的重点研究,该领域的会议如雨后春笋般涌现,并与多智能系统研究融合,其普及程度已在迎头追赶人工智能。算法博弈论的主要研究领域包括各种均衡的计算及复杂性问题、机制设计(包括在线拍卖、在线广告)、计算社会选择等,并在包括扑克等很多领域得到应用。过去几年,算法博弈论在安全领域的资源分配及调度方面的理论——安全博弈论逐渐建立并且在若干领域得到成功应用。

与算法博弈论求解均衡策略或者近似均衡策略不同,基于学习以及蒙特卡洛树搜索的 AlphaGo 无法在理论上给出赢棋的概率。考虑到将博弈抽象的思想应用到扑克博弈上的成功,是否可能将围棋博弈抽象成小规模的博弈,求解(近似)均衡策略,并产生原始博弈问题的策略? 即使这种策略不能有赢棋概率的保证,这些基于均衡产生的策略有可能对提高 AlphaGo 的性能提供帮助。从另一个角度看,深度学习技术能否为求解大规模博弈问题提供帮助也值得探索。也许我们无法证明基于深度学习的策略能够形成某种均衡,但是可能会从实验模拟结果来说接近均衡策略。因此,AlphaGo 不仅成功引爆了人工智能研究的热潮,也会促进人工智能与算法博弈论的进一步交融与发展。

1.5 混合策略博弈与纳什均衡

我们来考虑足球比赛中的罚点球博弈。设罚球的运动员是 A,守门员是 B。A 的各种策略就是把球沿着不同方向射向球门的不同位置,譬如左上角、右上角、左下角、右下角、正中。一共有 5 种选择。

因此,A 的策略空间是左上角、右上角、左下角、右下角、正中。

当然,B 的策略也是准备朝着这 5 个方向的来球扑去。

所以,B 的策略空间是左上角、右上角、左下角、右下角、正中。

在罚点球的过程中,A 和 B 中任何一方都不能事先准确判断对方的策略选择。

在表 1.10 中,我们给出了博弈的策略式表述。除了矩阵对角线之外的策略组合,都是罚球进了的情形,A 得 1 分。在对角线上的策略组合,是守门员 B 扑到了罚球,B 得 1 分。

显然,画线法告诉我们,似乎这个博弈没有纳什均衡!

但是,我们可以设想,这种罚点球博弈之所以没有纳什均衡,是由于考虑的策略空间太小的原因。在实际的罚点球过程中,罚球的运动员和守门员能够选择的策略远不止以上 5 种。

事实上,运动员 A 在踢出罚球的那一瞬间,他心中对守门员 B 会扑向什么方向是有一种预测的。这种预测可以用概率密度刻画。比如,A 预测 B 会扑向集合(左上角,右上角,左下角,右下角,正中)中各个方向的概率组合是

$$\gamma = (\gamma_1, \gamma_2, \gamma_3, \gamma_4, \gamma_5)^{\mathrm{T}}, \text{其中} 0 \leqslant \gamma_i \leqslant 1, \sum_{i=1}^{5} \gamma_i = 1, \text{T 表示向量转置。}$$

表 1.10 罚点球博弈

				B		
		左上角	右上角	左下角	右下角	正中
	左上角	0,1	1,0	1,0	1,0	1,0
	右上角	1,0	0,1	1,0	1,0	1,0
A	左下角	1,0	1,0	0,1	1,0	1,0
	右下角	1,0	1,0	1,0	0,1	1,0
	正中	1,0	1,0	1,0	1,0	0,1

假定 A 的最大化目标函数是期望（平均）支付函数：

设 B 的上述 5 个策略（按照左上角、右上角、左下角、右下角、正中这个顺序）可以表示为 $a_{Bj}, j=1, \cdots, 5$；A 的上述 5 个策略可以表示为 $a_{Ai}, i=1, \cdots, 5$。

当 A，B 选择的策略组合为 $(a_{Ai}, a_{Bj})(i, j=1, \cdots, 5)$ 时，A，B 的支付分别为

$$u_A(a_{Ai}, a_{Bj}), u_B(a_{Ai}, a_{Bj}) \quad (i, j=1, \cdots, 5)$$

A 在选择策略 a_{Ai} 时的期望支付函数的定义为

$$U_A(a_{Ai}) = \sum_{j=1}^{5} \gamma_j u_A(a_{Ai}, a_{Bj})$$

如果 A 是一阶理性的，A 会选择某个策略 a_{Ai}，使得 $U_A(a_{Ai}) = \sum_{j=1}^{5} \gamma_j u_A(a_{Ai}, a_{Bj})$ 最大。

如果只有一个这样的 a_{Ai}，则当 B 是二阶理性时，B 就会猜到 A 的策略选择。

此时，B 的策略选择会使得 A 射出的点球被扑住。

如果 A 进一步还有三阶理性，则 A 就猜出 B 的策略，因此，A 不会选择这个策略 a_{Ai}。

当然，如果 B 还具有四阶策略，B 也不会选择那个策略，……在理性是共同知识假定下，这个过程会无限持续下去。显然，这种情形是没有稳定的均衡出现的。

因此，如果存在均衡，则至少存在两个策略 a_{Ai}, a_{A1}，使得

$$U_A(a_{Ai}) = \sum_{j=1}^{5} \gamma_j u_A(a_{Ai}, a_{Bj}) = U_A(a_{A1}) = \sum_{j=1}^{5} \gamma_j u_A(a_{A1}, a_{Bj})$$

$$= \max_{k=1, \cdots, 5} \left[\sum_{j=1}^{5} \gamma_j u_A(a_{Ak}, a_{Bj}) \right]$$

这样，B 才猜不出 A 的策略选择。

当然，此时对于那些 a_{Ah}，作为一阶理性的 A 是不会选择的，其中

$$U_A(a_{Ah}) = \sum_{j=1}^{5} \gamma_j u_A(a_{Ah}, a_{Bj}) < \max_{k=1, \cdots, 5} \left[\sum_{j=1}^{5} \gamma_j u_A(a_{Ak}, a_{Bj}) \right]$$

也就是说，如果存在均衡，则 A 对于 B 选择策略的概率密度信念必须满足这样的性质。

这种情况对于 B 来说，也是类似的。

设 A 的混合策略为 $\theta = (\theta_1, \cdots, \theta_5)^T$，其中 $0 \leq \theta_i \leq 1, i=1, \cdots, 5$；$\sum_{i=1}^{5} \theta_i = 1$。

则 B 选择纯策略 a_{Bj} 时获得的期望支付是

$$\sum_{i=1}^{5} \theta_i u_B(a_{Ai}, a_{Bj})$$

博弈论抑或经济学是建立在决定论方法论基础上的。也就是说，假设人类行为是基于某种目的性。比如，经济学假设人类行为是由最大化效用这种目的性引导的。当然，在博弈论中，就是最大化支付函数。在大多数的博弈论教科书中，面对诸如这种罚点球博弈中的不稳定问题，是通过引入"混合策略博弈"思路处理的。也就是说，假设参与人

A 采用"随机选择纯策略 θ"的方式,最大化如下的期望支付函数:

$$U_{\mathrm{A}}(\theta,\gamma) = \sum_{i,j=1}^{5} \theta_i \gamma_j u_{\mathrm{A}}(a_{\mathrm{A}i}, a_{\mathrm{B}j}) \qquad (1.8)$$

参与人 B 采用"随机选择纯策略 γ"的方式,最大化如下的期望支付函数:

$$U_{\mathrm{B}}(\theta,\gamma) = \sum_{i,j=1}^{5} \theta_i \gamma_j u_{\mathrm{B}}(a_{\mathrm{A}i}, a_{\mathrm{B}j}) \qquad (1.9)$$

双方都是在给定对方随机选择纯策略情况下最大化自己的期望支付函数。显然,期望支付函数(1.8)和(1.9)都是连续函数,根据外尔斯特拉斯定理,给定 B 的混合策略 γ,A 存在某个混合策略 θ,使得自己的期望支付函数最大化,记这样的混合策略 θ 构成的集合为 $B_{\mathrm{A}}(\gamma)$,称为 A 的最优反应函数。同样,B 的最优反应函数是 $B_{\mathrm{B}}(\theta)$。根据外尔斯特拉斯定理,这些最优反应函数都是非空集合。我们定义最优反应函数的交集为"纳什均衡"。

如果这样定义的纳什均衡存在,记为 (θ,γ)。如果 (θ,γ) 不是边界点,则由一阶条件:

$$\frac{\partial U_{\mathrm{A}}(\theta,\gamma)}{\partial \theta_i} = \sum_{j=1}^{5} \gamma_j u_{\mathrm{A}}(a_{\mathrm{A}i}, a_{\mathrm{B}j}) - \sum_{j=1}^{5} \gamma_j u_{\mathrm{A}}(a_{\mathrm{A}5}, a_{\mathrm{B}j}) = 0 \quad (i=1,\cdots,4)$$

$$\frac{\partial U_{\mathrm{B}}(\theta,\gamma)}{\partial \gamma_j} = \sum_{i=1}^{5} \theta_j u_{\mathrm{B}}(a_{\mathrm{A}i}, a_{\mathrm{B}j}) - \sum_{i=1}^{5} \theta_i u_{\mathrm{A}}(a_{\mathrm{A}i}, a_{\mathrm{B}5}) = 0 \quad (j=1,\cdots,4)$$

即

$$\sum_{j=1}^{5} \gamma_j u_{\mathrm{A}}(a_{\mathrm{A}i}, a_{\mathrm{B}j}) = \sum_{j=1}^{5} \gamma_j u_{\mathrm{A}}(a_{\mathrm{A}5}, a_{\mathrm{B}j}) \quad (i=1,\cdots,4)$$

$$\sum_{i=1}^{5} \theta_j u_{\mathrm{B}}(a_{\mathrm{A}i}, a_{\mathrm{B}j}) = \sum_{i=1}^{5} \theta_i u_{\mathrm{A}}(a_{\mathrm{A}i}, a_{\mathrm{B}5}) \quad (j=1,\cdots,4)$$

也就是说,此时得到上述条件:参与人在选择多个纯策略时,获得的期望支付相等。因为是在最优反应函数中,所以显然它们也是最大的期望支付函数。

然而,按照决定论,参与人在博弈中并不是随机性进行决策的。决定论要求参与人深思熟虑地选择策略,并且,实际选择的策略都是纯策略,而不是随机性的选择。

尽管如此,可以"假设"参与人是按照最大化期望支付函数(1.8)和(1.9)进行混合策略博弈的。这种方法论被称为"工具理性"假设。所谓"工具理性",就是无视背后的形而上学问题,直接从某种假设推演出结果,只要结果是漂亮的,就可以这样干。这种工具理性方法事实上是现代科学的一种重要方法。比如,牛顿无视引力传播的瞬间效应问题,提出了万有引力模型。普朗克无视能量传递的非连续性问题,提出了量子力学理论。当然,后来由爱因斯坦提出的广义相对论解决了引力问题,而量子力学的哲学基础目前仍然是有待研究的问题。

接下来,如何用这种工具理性地解决混合策略的均衡问题。

下面,我们证明,罚点球博弈存在唯一的混合策略纳什均衡,即双方都以相同的概率 $\frac{1}{5}$ 选择每一个纯策略。

首先证明,如果存在纳什均衡,在纳什均衡状态下,每一个参与人以正概率选择每一个纯策略获得的期望支付都是最大期望支付。

反证法:

不妨设 B 的第一个纯策略"左上角"带来的期望支付小于第二、第三个纯策略带来的期望支付(因为在纳什均衡状态,至少存在两个纯策略带来相同的最大期望支付,不妨设第二、第三个纯策略是其中之二),则

$$\sum_{i=1}^{5} \theta_i u_B(a_{Ai}, a_{B2}) = \sum_{i=1}^{5} \theta_i u_B(a_{Ai}, a_{B3}) > \sum_{i=1}^{5} \theta_i u_B(a_{Ai}, a_{B1})$$

根据表 1.2,有

$$\theta_2 = \theta_3 > \theta_1 \geqslant 0$$

意味着 a_{A2}, a_{A3} 给 A 带来的期望支付是最大化的,并且有

$$\sum_{j=1}^{5} \gamma_j u_A(a_{A2}, a_{Bj}) \geqslant \sum_{j=1}^{5} \gamma_j u_A(a_{A1}, a_{Bj})$$

$$\sum_{j=1}^{5} \gamma_j u_A(a_{A3}, a_{Bj}) \geqslant \sum_{j=1}^{5} \gamma_j u_A(a_{A1}, a_{Bj})$$

$$\sum_{j=1}^{5} \gamma_j u_A(a_{A2}, a_{Bj}) = \sum_{j=1}^{5} \gamma_j u_A(a_{A3}, a_{Bj})$$

即

$$\sum_{j=1, j\neq 2}^{5} \gamma_j \geqslant \sum_{j=2}^{5} \gamma_j \Rightarrow \gamma_1 \geqslant \gamma_2$$

$$\sum_{j=1, j\neq 3}^{5} \gamma_j \geqslant \sum_{j=2}^{5} \gamma_j \Rightarrow \gamma_1 \geqslant \gamma_3$$

这是不可能的,因为违反了假设,还有如下结果:

$$\sum_{j=1, j\neq 2}^{5} \gamma_j = \sum_{j=1, j\neq 3}^{5} \gamma_j \Rightarrow \gamma_1 + \gamma_3 = \gamma_1 + \gamma_2$$

于是 $\gamma_2 = \gamma_3$。

然而,因为在最优反应函数中,应该有 $\gamma_1 = 0$。并且,我们可以按照这样的方法证明所有的 $\gamma_j = 0$,因为在这里选择给 B 带来最大期望支付的纯策略 a_{B2}, a_{B3} 是任意的。

因为这是不可能的。所以,反证法成立。也就是说,B 的所有纯策略带来的期望支付都是最大的,由此是相等的。

既然 B 的所有纯策略带来的期望支付都是相等的,那么

$$\sum_{i=1}^{5} \theta_i u_B(a_{Ai}, a_{Bj}) = \sum_{i=1}^{5} \theta_i u_B(a_{Ai}, a_{B1}) \quad (j=2, \cdots, 5)$$

即

$$\theta_j = \theta_1 = \frac{1}{5} \quad (j=2, \cdots, 5)$$

这说明 A 的所有纯策略带来的期望支付也是相等的,同理可得

$$\gamma_j = \gamma_1 = \frac{1}{5} \quad (j = 2, \cdots, 5)$$

于是,唯一的混合策略纳什均衡是

$$(\theta^*, \gamma^*) = \left[\left(\frac{1}{5}, \cdots, \frac{1}{5}\right), \left(\frac{1}{5}, \cdots, \frac{1}{5}\right)\right]$$

我们把罚点球博弈模型拓展到一般性的混合策略博弈情形:

设参与人 A,B 的纯策略空间分别为

$$\{a_{Ai} : i = 1, \cdots, m\}, \{a_{Bj} : j = 1, \cdots, n\}$$

在纯策略组合 $(a_{Ai}, a_{Bj})(i = 1, \cdots, m; j = 1, \cdots, n)$ 时,A,B 的支付分别是 $u_A(a_{Ai}, a_{Bj})$, $u_B(a_{Ai}, a_{Bj})(i = 1, \cdots, m; j = 1, \cdots, n)$;A,B 的(工具理性意义上)期望支付函数分别是

$$U_A(\theta, \gamma) = \sum_{i,j=1}^{m,n} \theta_i \gamma_j u_A(a_{Ai}, a_{Bj}), \ U_B(\theta, \gamma) = \sum_{i,j=1}^{m,n} \theta_i \gamma_j u_B(a_{Ai}, a_{Bj}) \tag{1.10}$$

其中 $\theta = (\theta_1, \cdots, \theta_m)^T, \gamma = (\gamma_1, \cdots, \gamma_m)^T$ 分别是 A,B 的混合策略。假定 A,B 独立选择各自的纯策略。则有定义 1.2。显然,这样的期望支付函数是连续函数,根据外尔斯特拉斯定理,可以定义 A,B 的最优反应函数。

定义 1.2 称根据式(1.10)定义的最优反应函数的交集为纳什均衡。

注意,在定义 1.2 中,已经把纯策略纳什均衡包括进去了。

这样,混合策略实际上是把纯策略作为特殊的混合策略加以拓展的策略概念。

把定义 1.2 推广到更加一般的情形:

设 n 个参与人独立选择混合策略分别是 α_i,纯策略空间分别是 A_i,第 i 个参与人的纯策略选择分别是 a_i,其被选择的概率是 $\alpha_i(a_i)$,$i = 1, \cdots, n$,构成纯策略组合 $a = (a_1, \cdots, a_n)$,纯策略组合空间是笛卡儿空间 $\prod = \prod_{i=1}^{n} A_i$。

则参与人 i 的期望支付函数为

$$U_i = \sum_{a \in \Pi} \prod_{j=1}^{n} \alpha_j(a_j) u_i(a) \tag{1.11}$$

这样的期望支付函数显然是连续函数,根据外尔斯特拉斯定理,存在最优反应函数。

设混合策略组合为 $\alpha = (\alpha_1, \cdots, \alpha_n)$,参与人 i 的最优反应函数为 $B_i(\alpha)$,最优反应函数向量为

$$\boldsymbol{B}(\boldsymbol{\alpha}) = (B_1(\alpha), \cdots, B_n(\alpha))$$

则定义纳什均衡为混合策略组合 α^*,满足

$$\alpha^* \in B(\alpha^*) \tag{1.12}$$

在集合论中,式(1.8)意味着纳什均衡是最优反应函数的不动点。

显然,在混合策略博弈中,参与人的最优混合策略一定具有这样的性质:所有的以非零(大于零)概率选择的纯策略带来的期望支付都是相等的,否则,就存在带来严格最大期望支付的纯策略,一阶理性的参与人会剔除其他带来较小期望支付的纯策略,也就是说,参与人以大于零概率选择的纯策略一定是带来相同支付的纯策略。如果经过剔除后

剩下的纯策略带来的期望支付不同,同样的逻辑,可以推出会存在进一步的剔除。这种过程一直进行下去,直到只剩下唯一一个纯策略被以大于零的概率选择。具有二阶理性的对手会预测到该参与人只选择某个纯策略,因此该混合策略博弈的纳什均衡其实是纯策略均衡。如果不是纯策略均衡,当然剔除过程不会进行到只剩下唯一一个纯策略,而是带来同样期望支付的多个纯策略就停止了。这个结论可以用类似于罚点球博弈的方法严格证明。

我们称这个规律为"等支付原理"。等支付原理是计算混合策略纳什均衡的基本方法。作为等支付原理的应用,有一个著名的例子。

例 1.7 "石头剪子布"博弈

这是一个人们都熟悉的游戏,可以用表 1.11 的博弈模型表达。

表 1.11 "石头剪子布"博弈

		石头	剪子	布
			2	
	石头	0,0	1,−1	−1,1
1	剪子	−1,1	0,0	1,−1
	布	1,−1	−1,1	0,0

我们观察到,这个大家非常熟悉的博弈里面,没有前面所提到的那种僵局。事实上,任何一个参与人选择任何一个纯策略,对方都会选择某一个纯策略去赢他。也就是说,任何参与人都不会选择任何的纯策略,因为他做任何选择都将导致他会输。因此该博弈没有纯策略纳什均衡。

现在来计算"石头剪子布"博弈的混合策略纳什均衡。我们发现这个博弈是对称的,因而猜测其混合策略纳什均衡必然是一种对称型的均衡(α_1^*, α_2^*),其中 α_1^*, α_2^* 分别表示参与人 1 的混合策略,他们选择石头、剪子和布的概率分别是 α_i^*(石头)= α_i^*(剪子)= α_i^*(布)= 1/3, i = 1,2。除此均衡外,是否还有别的均衡呢?下面来证明该博弈只有这一个均衡。

假设有一个均衡(α_1, α_2),其中 α_1(石头)= p_1, α_1(剪子)= p_2, α_1(布)= $1-p_1-p_2$, α_2(石头)= q_1, α_2(剪子)= q_2, α_2(布)= $1-q_1-q_2$。$p_1, p_2, q_1, q_2 \geq 0$, $p_1+p_2 \leq 1$, $q_1+q_2 \leq 1$。给定参与人 2 的策略,参与人 1 通过选择 3 种纯策略分别可以获得 q_1+2q_2-1, $-2q_1-q_2+1$ 和 q_1-q_2 的期望支付。根据等期望支付原理,在均衡状态下,参与人 1 要么觉得 3 个纯策略一样好,要么觉得其中某两个纯策略一样好而第三个纯策略是严格劣策略(有唯一最优反应的情况是不存在的,因为我们已经知道该博弈没有纯策略纳什均衡)。

情形一:参与人 1 觉得 3 个纯策略一样好,即 3 种纯策略带来的支付一样多。当且仅当 $q_1=q_2=1/3$ 这种情况出现。要让参与人 2 选择这 3 种纯策略,意味着参与人 2 也觉得 3 个纯策略一样好,同样的理由,必须有:参与人 1 在 3 种纯策略之间随机选择并且 $p_1=$

$p_2=1/3$。这正是我们猜测的对称均衡结果。

情形二:参与人1觉得其中某两个纯策略一样好,而第三个纯策略是严格劣策略。不失一般性地,我们假设这两个纯策略是"石头"和"剪子"。于是就有:$q_1+2q_2-1=-2q_1-q_2+1>q_1-q_2$。所以,$q_1<1/3$,$q_2>1/3$,$q_1+q_2=2/3$。参与人2以正的概率随机选择后两个纯策略,而选择第一个行动的概率未必为正。作为最优反应,参与人1以正的概率随机选择前两个纯策略,而选择第三个纯策略的概率未必为正。参与人2选择3个纯策略的期望支付分别是p_2,$-p_1$和p_1-p_2。为了和$q_1<1/3$,$q_2>1/3$,$q_1+q_2=2/3$ 3个条件一致,必须有:$p_1-p_2=-p_1\geqslant p_2$。该弱不等式在$q_1=0$时是严格不等式,而在$0<q_1<1/3$时是等式。但是无论如何,我们有假设$p_1+p_2=1$,右边这个不等式意味着$1=p_1+p_2\leqslant0$,这是不可能的。

于是我们证明:不存在一个混合策略纳什均衡从而让参与人1仅以正的概率选择其中任意两个策略。

这个均衡结果与我们的经验是一致的。在玩"石头剪子布"这个游戏时,就要尽量随机地、平均地在"石头""剪子"和"布"之间选择,给对方不留痕迹的和无规律的信号。

1.6 相关均衡

到目前为止,在混合策略博弈中我们总假定参与人独立地选择纯策略,选择每一个纯策略,每一个概率密度都与选择其他纯策略概率密度之间不存在相互依赖的关系。现在,我们来考查这样一种可能性,即允许概率密度函数之间有着相关性。

1.6.1 参与人看见相同信号

例1.8 一个相关均衡的例子

考虑下面这个例子,见表1.12。该博弈有两个纯纳什均衡:(U,L)和(D,R),对应的支付分别为$(5,1)$和$(1,5)$,还有一个混合策略均衡,其中每个参与人都以相同的概率选择两个纯策略。不难验证,此混合策略均衡的支付为$(2.5,2.5)$。

表1.12 一个相关均衡的例子

		2	
		L	R
1	U	5,1	0,0
	D	4,4	1,5

现在,假定他们同意通过抛硬币达成了一项非强制性协议,若出现硬币的正面,参与人1选择U,参与人2选择L;若出现硬币的反面,参与人1选择D,参与人2选择R。也就是说,当出现硬币的正面时,要求参与人选择纳什均衡(U,L);当出现硬币的反面时,

则要求参与人选择纳什均衡(D,R)。

然后开始博弈。假定硬币现在是正面。给定参与人 2 选择 L，参与人 1 的最优反应就是选择 U，且给定参与人 1 选择 U，参与人 2 的最优反应就是选择 L。即没有一个参与人会有动机偏离事前（非强制性）协议。类似地，倘若是出现硬币的反面，基于同样的理由，没有一个参与人会有动机偏离事前（非强制性）协议。

因此，结果(U,L)以概率 1/2 和(D,R)以概率 1/2 出现是这个扩充后博弈的一个纳什均衡，该均衡的期望支付为$(3,3)$。（注：不存在参与人独立地随机选择会生成这一结果的可能性）到目前为止，我们假定结果(U,L)和(D,R)是以概率$(0.5,0.5)$随机出现的。一般地，我们可以满足任意 $p \neq 0.5$ 的概率$(p,1-p)$使其随机出现。然而，还能使其以任何概率在这两个纯策略均衡与第三个混合策略均衡之间随机出现。例如，考虑下列的一个建议：假定有一个公开的信号，它有 3 种结果，分别以概率 λ_1, λ_2 和 $\lambda_3 = 1 - \lambda_1 - \lambda_2$ 发生，其中 $\lambda_1 > 0, \lambda_2 > 0, \lambda_3 > 0$。在第一种情形，两个参与人选择$(U,L)$；在第二种情形，两个参与人选择$(D,R)$；在第三种情形，其中每一个参与人以同样的概率在这两个行动之间进行随机选择。由于给定结果下规定的策略组成一个纳什均衡，整个协议就成了这个扩充后的博弈中的一个纳什均衡。在这个均衡里，两个参与人分别获得 $\lambda_1 \times 5 + \lambda_2 \times 1 + \lambda_3 \times 2.5$ 和 $\lambda_1 \times 1 + \lambda_2 \times 5 + \lambda_3 \times 2.5$。通过改变权重 $\lambda_j(j = 1,2,3)$，对任何等于原有博弈的 3 个均衡支付之某种凸组合的支付向量，我们总是可以构造这个扩充后博弈的一个纳什均衡，使得它具有这样的均衡支付。

在数学中，这样的一个集合被称为这 3 个点的凸组合，记为 convexhull$\{(1,5),(5,1),(2.5,2.5)\}$。一般地，给定欧氏空间中的一个子集 X，称 X 中的点所构成的所有凸组合的集合为其凸包 convexhull(X)，即

$$\text{convexhull}(X) = \left\{ y : y = \alpha_1 x_1 + \cdots + \alpha_n x_n \mid \alpha_i \geqslant 0, \sum_i \alpha_i = 1, x_i \in X, \forall i \right\}$$

在图 1.5 中，画出了原有博弈的 3 个均衡下的相应支付。这 3 个点一起决定了一个区域，其中，每个点都是 3 个点中某些点的凸组合。任何位于该集合的支付向量都可通过让参与人按照某个可观察向量选择纯策略协调行动而得到。进一步，只有这些结果才是可得的。

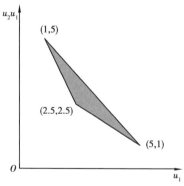

图 1.5　阴影部分为 convexhull$\{(1,5),(5,1),(2.5,2.5)\}$

1.6.2 参与人看见不同信号

至此,我们考虑了所有人都可以公开准确地观察到的信号。现在要指出的是,通过设计一个可发送不同但是相关的信号,参与人还可获得更好的结果。为了说明这一点,假定存在3种同样可能出现的状态:A,B 和 C,它们以相同的概率出现。还假定参与人 1 的信息集为 $\{A\},\{B,C\}$,参与人 2 的信息集为 $\{A,B\},\{C\}$。假定他们协议按照如下规则行动:

①参与人 1: $\{A\}\rightarrow U,\{B,C\}\rightarrow D$;

②参与人 2: $\{A,B\}\rightarrow L,\{C\}\rightarrow R$。

不难证明,这是一个纳什均衡:若状态 A 发生,参与人 1 的最优反应为选择 U。若状态 B 或者 C 发生(即参与人 1 没有看见 A 出现),则参与人 1 不知道到底是哪一种状态出现。他可以按照如以下方式计算参与人 2 看见 $\{A,B\}$ 的条件概率:

$$\mathrm{Prob}(\{A,B\}\mid\{B,C\})=\frac{\mathrm{Prob}(\{A,B\}\cap\{B,C\})}{\mathrm{Prob}(\{B,C\})}=\frac{\frac{1}{3}}{\frac{1}{3}+\frac{1}{3}}=\frac{1}{2}$$

因此,他估计参与人 2 将选择 L 的概率为 $1/2$,于是选 D 是最优反应(显然,U 也是最优反应)。读者可自行验证关于参与人 2 的行动规定也是最优反应。注意:

$$\mathrm{Prob}(U,L)=\mathrm{Prob}(\{A\}\cap\{A,B\})=\frac{1}{3}$$

$$\mathrm{Prob}(U,R)=\mathrm{Prob}(\{A\}\cap\{C\})=0$$

$$\mathrm{Prob}(D,L)=\mathrm{Prob}(\{B,C\}\cap\{A,B\})=\frac{1}{3}$$

$$\mathrm{Prob}(D,R)=\mathrm{Prob}(\{B,C\}\cap\{C\})=\frac{1}{3}$$

它给每一个参与人带来的期望支付是 $10/3$,且位于纳什均衡支付凸包之外(读者可以自行验证)。

1.6.3 相关博弈的一般性理论

到目前为止,我们研究的博弈有一个潜在的假定,即参与人是独立进行策略行动选择的。然而在实际生活中,参与人的策略行动选择可能会根据博弈之外的某种因素来进行,因此参与人的策略行动之间是相关的。我们以红绿灯为例:当一个驾驶员把车开到一个十字路口时,他需要决定是开过十字路口呢? 还是让其他方向的车先过十字路口。如果驾驶员采用混合策略决定是否过十字路口,就存在正的概率发生碰撞,出现交通事故。在美国的某些州,有这样的交通规则:由先抵达十字路口的车先通过。但是红绿灯却提供了另一种规则:红绿灯决定给定时刻每一辆车选择的纯策略,因此,红绿灯建立起参与人的纯策略之间的相关性。

需要注意的是,红绿灯并没有选择参与人的纯策略,而只是向参与人推荐他们可以选择的纯策略。参与人只是基于自己的利益来决定是否采纳红绿灯的推荐策略,即使闯红灯并不会被监控系统记录的情况下也如此。

1）一些相关均衡的例子

相关均衡的概念,就是指在均衡中参与人的策略之间是具有相关性的。下面的例子表明相关性是有利于参与人的。

例 1.9　性别战

在表 1.13 中的博弈有 3 个纳什均衡。

表 1.13　性别战博弈

女孩

		F	C
男孩	F	2,1	0,0
	C	0,0	1,2

① (F,F),支付为 $(2,1)$;

② (C,C),支付为 $(1,2)$;

③ 混合策略均衡: $\left[\left(\frac{2}{3},\frac{1}{3}\right),\left(\frac{1}{3},\frac{2}{3}\right)\right]$,支付为 $\left(\frac{2}{3},\frac{2}{3}\right)$。

第一、第二个均衡是非对称的,两个参与人的支付不相等。第三个均衡是均衡的,两个参与人的支付相等,但是支付偏低,低于 1,低于其他两个均衡中每一个参与人得到的支付。

参与人可以按照下述方式协调他们的行动:发送 3 个不同的信号,让参与人选择上述三个不同的均衡策略。因此,在抛硬币的这种拓展中,这个过程就是一个均衡。

通过相关博弈,参与人可以获得原来博弈的所有均衡构成的凸组合形成的支付。一个自然而然的问题是,能否找到某种相关博弈使支付向量位于原来博弈的均衡构成的凸组合之外。下列例子表明,答案是肯定的。

例 1.10　考虑表 1.14 所示的 3 人博弈。 其中参与人 1 选择行策略,参与人 2 选择列策略,参与人 3 选择其中某一个博弈。

表 1.14　例 1.8 的博弈支付矩阵

l:

2

		L	R
1	T	0,1,3	0,0,0
	B	1,1,1	1,0,0

$c:$

		L	R
		2	
1	T	2,2,4	0,0,0
	B	2,2,0	0,0,0

$r:$

		L	R
		2	
1	T	0,1,0	0,0,0
	B	1,1,1	1,0,3

我们将证明该博弈只有一个均衡支付向量$(1,1,1)$，但是存在一个相关博弈机制，支付向量为$(2,2,2)$。也就是说，某一个参与人在该相关博弈机制中获得改善。因为$(1,1,1)$是原来博弈唯一的均衡，所以$(2,2,2)$显然位于原来博弈均衡的凸组合之外。

第一步：每一个均衡一定是如下形式。

$(B,L,[\alpha(1),(1-\alpha)(r)])$，其中$0\leqslant\alpha\leqslant1$。这种形式的策略组合带来的支付向量显然为$(1,1,1)$，并且这种形式的策略组合是均衡的。

事实上，在任何均衡中，参与人1都不会选择T，因此，可以剔除策略T。给定剔除了T，我们可以看出，参与人3的策略r就优于c。所以在均衡中，参与人3不会选择策略c，但在剔除c后，参与人2就不会选择策略R了，因为L占优于R。

现在只剩下两个策略组合：(B,L,l)和(B,L,r)。两者带来的支付向量都是$(1,1,1)$。这两个矩阵的任意凸组合都是均衡的，没有其他均衡。

第二步：构造一个带来支付向量$(2,2,2)$的相关博弈机制。

假设参与人1与参与人2一起抛硬币，并且根据抛硬币的结果决定选择(T,L)和(B,L)；他俩玩这个游戏时不让参与人3看见；假设此时参与人3选择c。显然，支付向量是$(2,2,2)$。

显然，没有任何一个人可以通过单方面改变策略选择而获得改善，因为给定参与人3选择c，(T,L)和(B,L)都是纳什均衡。给定参与人1与参与人2一起抛硬币，显然参与人3选择c是最优的。尽管此时他选择L也是最优的，但他选择L时，参与人1与参与人2一起抛硬币并不是最优的，因此并不是均衡的。

我们可以把抛硬币的结果视为一种信号。在这里，要求这个策略组合是一个均衡，就要求参与人1与参与人2知道参与人3不知道他俩抛硬币的结果。也就是说，我们可以看出，公开信号的相关博弈带来的均衡是原来博弈均衡的凸组合，而超出这个凸组合之外的均衡要求信号是非公开的。

例 1.11　胆小鬼博弈

两个人驾驶汽车相向行驶在一条公路上。当两人相互靠近时,如果他俩继续沿着原来的方向前进,则最终会发生相撞事故而双双受损。这是策略组合 (B,R);如果有一个人改变方向避开对方,则他是胆小鬼,这时策略组合分别是 (T,R) 和 (B,L);如果双方都选择避开对方甚至把车停下来,则策略组合为 (T,L),见表 1.15。

表 1.15　胆小鬼博弈

2

		L	R
1	T	6,6	2,7
	B	7,2	0,0

不难验证,该博弈存在以下 3 个均衡:

① (T,R),支付为 $(2,7)$;

② (B,L),支付为 $(7,2)$;

③混合策略博弈均衡: $\left(\left[\frac{2}{3}(T),\frac{1}{3}(B)\right],\left[\frac{2}{3}(L),\frac{1}{3}(R)\right]\right)$,支付为 $\left(4\frac{2}{3},4\frac{2}{3}\right)$。

下面考虑一种相关博弈机制,其中一个第三方参与人给每一个参与人推荐一种策略,但是不让另外的参与人知道他给某一个参与人推荐的策略是什么。第三方在下面的纯策略组合中按照相同的概率进行随机推荐:

$$(T,L),(T,R),(B,L)$$

见表 1.16。

表 1.16　第三方选择的概率分布

2

		L	R
1	T	$\frac{1}{3}$	$\frac{1}{3}$
	B	$\frac{1}{3}$	0

当第三方推荐给参与人 1 的策略是 T 时,参与人 2 选择 L 和 R 的条件概率都是 $\dfrac{\frac{1}{3}}{\frac{1}{3}+\frac{1}{3}}=\dfrac{1}{2}$。但是当参与人 1 收到第三方的推荐策略是 B 时,他知道参与人 2 一定选择了 L。

下面证明任意一个参与人都不可能通过单方面偏离第三方推荐的策略而获益。

例如,当第三方建议参与人 1 选择 T 时,参与人 1 预期参与人 2 选择 L,R 策略的概率分别为 0.5,因此他选择 T 的平均支付是 4,偏离到选择 B 的平均支付是 3.5。因此,偏离会降低平均支付。

如果第三方建议参与人 1 选择 B,他会预期参与人 2 选择 L,他获得支付 7;当他偏离到 T 时,支付下降到 6。

类似地,根据对称性,参与人 2 的任何偏离第三方推荐策略的选择也会降低自己的平均支付。因此,该机制带来拓展后博弈的一个均衡。均衡支付向量为

$$\frac{1}{3}(6,6)+\frac{1}{3}(7,2)+\frac{1}{3}(2,7)=(5,5)$$

其位于原来博弈的 3 个均衡 $(2,7),(7,2),\left(4\frac{2}{3},4\frac{2}{3}\right)$ 构成的凸组合之外。因为,该支付向量的分量之和为 10,而那 3 个均衡的分量之和或者是 9,或者是 $9\frac{1}{3}$。如果把 3 个均衡的凸组合的两个分量相加,是小于等于 $9\frac{1}{3}$,那么 $(5,5)$ 在凸组合的外面。

例 1.9 和例 1.11 表明,我们可以通过避免选择支付向量 $(0,0)$ 来使得两个参与人都获得改善,这在独立选择的混合策略博弈中是不可能做到的。

关于拓展博弈,有如下假定:

①有一个观察者(第三方),其向参与人提供策略选择建议;

②观察者随机选择策略推荐,并且是基于其他参与人都知道的概率分布的基础上的;

③推荐的策略是私人性质的,仅仅是参与人自己知道推荐给自己的策略;

④机制是参与人之间的共同知识。

以上假定并不排除某些相关博弈中参与人知道其他参与人接收到的策略推荐,也不排除参与人能够推导出其他参与人接收到的策略推荐情形,正如例 1.11 的情形。

2)相关均衡的定义与性质

用矩阵形式表述的博弈称为"策略式表述"的博弈。策略式表述的博弈通常可以用以下一种符号表达:

$$G=(N,(S_i)_{i\in N},(u_i)_{i\in N})$$

式中 N——参与人集合;

$\qquad S_i$——第 i 个参与人的行动或者策略集合;

$\qquad u_i$——第 i 个参与人的支付函数。

设 $S=X_{i\in N}S_i$ 是行动或者混合策略组合的向量集。

对一个 S 上的每一个概率分布密度 p,定义一个博弈 $\varGamma^*(p)$:

①一个外部观察者按照 p 随机在 S 中选择一个行动组合向量;

②外部观察者对每一个参与人 i 显示 s_i,但是不对他显示 s_{-i},也就是说,外部观察者

向参与人 i 推荐策略 s_i；

③每一个参与人选择策略 $s_i' \in S_i, s_i'$ 可以不同于 s_i；

④参与人 i 获得支付 $u(s_1', \cdots, s_N')$。

我们将参与人不确定其具体位置但知道一定位居其中的集合称为"信息集"。在图 1.16 中，给出了胆小鬼博弈加上相关博弈的一种附加信息集的扩展式博弈表达。

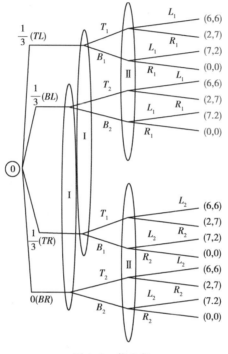

图 1.6　信息集

T_1, T_2 分别对应于策略式博弈中的 T；T_1 是当观察者推荐的策略是 T 时可能的策略 T；T_2 是当观察者推荐的策略是 B 时可能的策略 T；B_1, B_2 有类似的理解。

图中的观察者显示给参与人的策略被称为"推荐"；参与人是自由地在策略集（包括混合策略集）中选择策略的，并不是必须选择观察者推荐的策略。

在扩展式博弈中一个参与人的纯策略就是把信息集映射到某个行动。由于 $\Gamma^*(p)$ 中每一个信息集都与观察者的某个推荐相联系，并且参与人 i 的每一个信息集上的行动集合是 s_i。由此获得 $\Gamma^*(p)$ 中纯策略的下列定义。

定义 1.2　博弈 $\Gamma^*(p)$ 中参与人 i 的一个纯策略是函数 $\tau_i: S_i \to S_i$，其将观察者的每一个推荐 s_i 映射到一个行动 $\tau_i(s_i) \in S_i$。

假定观察者向参与人 i 推荐了策略 s_i，这一事实使得参与人 i 对其他参与人接收到的推荐进行如下推理：

由于参与人 i 接收到策略推荐 s_i 的概率是

$$\sum_{t_{-i} \in s_{-i}} p(s_i, t_{-i}) \tag{1.13}$$

观察者选择了策略向量(s_i, s_{-i})的推荐概率是

$$p(s_{-i} \mid s_i) = \frac{p(s_i, s_{-i})}{\sum\limits_{t_{-i} \in S_i} p(s_i, t_{-i})} \qquad (1.14)$$

当式(1.14)中的分母为正时,即参与人i接收到策略s_i时,条件概率被定义。当分母为0时,参与人i接收到策略s_i时,条件概率为0。此时条件概率$p(s_{-i} \mid s_i)$没有定义。

参与人i的一个可用策略就是观察者推荐的策略。对每一个参与人i,定义一个策略

$$\tau_i^*(s_i) = s_i, \forall s_i \in S_i \qquad (1.15)$$

这个纯策略组合$\tau^* = (\tau_1^*, \cdots, \tau_N^*)$是不是一个均衡? 答案取决于概率分布密度$p$,正如下面的定理所言。

定理1.2　策略组合向量τ^*是博弈$\Gamma^*(p)$的一个均衡,当且仅当

$$\sum_{s_i \in S_i} p(s_i, s_{-i}) u_i(s_i, s_{-i}) \geqslant \sum_{s_i \in S_i} p(s_i, s_{-i}) u_i(s_i', s_{-i}), \forall s_i', s_i \in S \qquad (1.16)$$

证明:只需证明每一个参与人不可能单方面偏离τ^*而改善自己的支付。式(1.14)意味着在策略组合τ^*下选择策略为s_i时,参与人i的支付为

$$\sum_{s_{-i} \in S_{-i}} \frac{p(s_i, s_{-i})}{\sum\limits_{t_{-i} \in S_{-i}} p(s_i, t_{-i})} \times u_i(s_i, s_{-i}) \qquad (1.17)$$

假设参与人i偏离,改为选择策略s_i',而其他参与人仍然按照τ_{-i}^*选择策略,则其他参与人选择行动的概率由式(1.4)给出,故参与人i的预期支付为

$$\sum_{s_{-i} \in S_{-i}} \frac{p(s_i, s_{-i})}{\sum\limits_{t_{-i} \in S_{-i}} p(s_i, t_{-i})} \times u_i(s_i', s_{-i}) \qquad (1.18)$$

因此,τ^*是纳什均衡当且仅当对每一个参与人i,每一个满足$\sum\limits_{s_{-i} \in S_{-i}} p(s_i, s_{-i}) > 0$的行动$s_i \in S_i$和$s_i' \in S_i$,有

$$\sum_{s_{-i} \in S_{-i}} \frac{p(s_i, s_{-i})}{\sum\limits_{t_{-i} \in S_{-i}} p(s_i, t_{-i})} \times u_i(s_i, s_{-i}) \geqslant \sum_{s_{-i} \in S_{-i}} \frac{p(s_i, s_{-i})}{\sum\limits_{t_{-i} \in S_{-i}} p(s_i, t_{-i})} \times u_i(s_i', s_{-i}) \qquad (1.19)$$

当该不等式的分母为正时,可以化简该不等式的两端而获得式(1.8)。当分母为0时,不等式不严格成立。

由于$(p(s_i, t_{-i}))_{t_{-i} \in S_i}$非负,必然有$p(s_i, t_{-i}) = 0$,对所有的$t_{-i} \in S_i$成立。因此式(1.8)的两端等于0。现在我们可以定义相关均衡的概念了。

定义1.3　行动向量S集上概率密度分布p被称为一个相关均衡,如果策略向量τ^*是博弈$\Gamma^*(p)$上的纳什均衡。即对每一个i,

$$\sum_{s_{-i} \in S_{-i}} p(s_i, s_{-i}) u_i(s_i, s_{-i}) \geqslant \sum_{s_{-i} \in S_{-i}} p(s_i, s_{-i}) u_i(s_i', s_{-i}), \forall s_i, s_i' \in S_i \qquad (1.20)$$

每一个策略向量σ在行动向量集S上诱导出一个概率密度分布p_σ

$$p_\sigma(s_1, \cdots, s_n) = \sigma_1(s_1) \times \sigma_2(s_2) \times \cdots \times \sigma_n(s_n) \qquad (1.21)$$

在一个纳什均衡 σ^* 下，参与人以正的概率选择的行动一定是在其他参与人选择给定的策略向量 σ_{-i}^* 时，给他带来最大支付的行动：

$$u_i(s_i,\sigma_{-i}^*) \geq u_i(s_i',\sigma_{-i}^*), \forall s_i \in \text{supp}(\sigma_i^*), \forall s_i' \in S_i \qquad (1.22)$$

于是有如下定理（证明留给读者）：

定理 1.3 对每一个纳什均衡 σ^*，概率密度分布 p_{σ^*} 是相关均衡。

正如定理 1.3 表明，相关均衡是纳什均衡的一种拓展。当把纳什均衡 σ^* 与一个相关均衡联系起来时，我们是指式（1.21）给出的概率密度分布 p_{σ^*}。例如，纳什均衡的凸组合集合是：

$$\text{conv}\{p_{\sigma^*}:\sigma^* \text{ 是一个纳什均衡}\} \subseteq \Delta(S) \qquad (1.23)$$

由于每一个有限博弈存在纳什均衡，因此有如下推论：

推论 1 每一个有限策略式博弈都存在相关均衡。

定理 1.4 有限博弈的相关均衡集是凸的和紧的。

证明：R^m 的一个半空间定义为一个向量 $\alpha \in R^m$ 和一个实数 $\beta \in R$，根据下列方程式定义

$$H^+(\alpha,\beta) = \left\{x \in R^m : \sum_{i=1}^{m}\alpha_i x_i \geq \beta\right\} \qquad (1.24)$$

半空间是凸的和紧的。式（1.20）意味着一个博弈的相关均衡集由有限个半空间的交给出。由于凸的和闭的半空间的交也是凸的和闭的，所以相关均衡集也是凸的和闭的。因为相关均衡集是概率密度分布集 S 的一个子集，是有界集，所以它为一个凸紧集。

R^d 中的多面体是 R^d 中有限个点的凸包（凸组合）。那些多面体是自己的凸包的点的最小集合，被称为多面体极点集。由有限个半空间的交定义的有界集是一个多面体，由此可知，博弈的相关均衡集是一个多面体。由于存在找出多面体极点的有效算法，相对于计算纳什均衡来说，计算相关集合是相对简单的。

例 1.12 再次来看例 1.9 的性别战博弈。

我们来计算该博弈的相关均衡。用 $p=[\alpha(F,F),\beta(F,C),\gamma(C,F),\delta(C,C)]$ 表示行动向量集上的概率密度分布。表 1.17 给出了该概率的表示。

表 1.17 性别战博弈

女孩

男孩		F	C
	F	α	β
	C	γ	δ

概率密度分布

$$p=[\alpha(F,F),\beta(F,C),\gamma(C,F),\delta(C,C)]$$

要成为相关均衡,就要求下列不等式成立:

$$\alpha u_1(F,F)+\beta u_1(F,C)\geqslant\alpha u_1(C,F)+\beta u_1(C,C) \qquad (1.25)$$

$$\gamma u_1(C,F)+\delta u_1(C,C)\geqslant\gamma u_1(F,F)+\delta u_1(F,C) \qquad (1.26)$$

$$\alpha u_2(F,F)+\gamma u_2(C,F)\geqslant\alpha u_2(F,C)+\gamma u_2(C,C) \qquad (1.27)$$

$$\beta u_2(F,C)+\delta u_2(C,C)\geqslant\beta u_2(F,F)+\delta u_2(C,F) \qquad (1.28)$$

$$\alpha+\beta+\gamma+\delta=1 \qquad (1.29)$$

$$\alpha,\beta,\gamma,\delta\geqslant0 \qquad (1.30)$$

将博弈支付矩阵中的数值代入,得

$$2\alpha\geqslant\beta,\delta\geqslant2\gamma,2\delta\geqslant\beta,\alpha\geqslant2\gamma$$

换句话说,α 和 δ 必须大于 2γ 和 $\dfrac{\beta}{2}$。图 1.7 显示了博弈可能的支付集合[由$(0,0)$,$(1,2)$,$(2,1)$3 个点构成的三角形]、3 个纳什均衡支付集合$(1,2)$,$(2,1)$,$(2/3,2/3)$,以及相关均衡集合[$(1,2)$,$(2,1)$,$(2/3,2/3)$构成的灰色三角形]。这时,相关均衡支付集是纳什均衡支付的凸包。

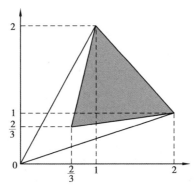

图 1.7　博弈可能的支付集合

例 1.13　胆小鬼博弈

		L	R
		2	
1	T	6,6	2,7
	B	7,2	0,0

行动集上的概率密度分布是

$p=[\alpha(T,L),\beta(T,R),\gamma(B,L),\delta(B,R)]$,见表 1.18。

表1.18　概率密度

		L	R
		2	
1	T	α	β
	B	γ	δ

要成为相关均衡,就要求下列不等式成立:

$$6\alpha+2\beta\geq 7\alpha,7\gamma\geq 6\gamma+2\delta,6\alpha+2\gamma\geq 7\alpha,7\beta\geq 6\beta+2\delta \qquad (1.31)$$

因此,β 和 γ 必须大于 2δ 和 $\frac{\alpha}{2}$。博弈的可能支付集合[图1.8中$(0,0)$,$(7,2)$,$(2,7)$和$(6,6)$ 4 个点构成的菱形],以及博弈的 3 个纳什均衡支付$(7,2)$,$(2,7)$,$\left(4\ \frac{2}{3},4\ \frac{2}{3}\right)$及它们的凸包和相关均衡支付集合$\left[\left(3\ \frac{2}{5},3\ \frac{2}{5}\right),(7,2),(2,7)\right.$和$\left.\left(5\ \frac{1}{4},5\ \frac{1}{4}\right)$构成的灰色菱形$\right]$。

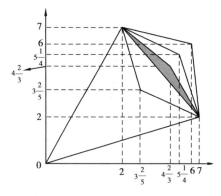

图1.8　博弈的可能支付集合

练习题

1. 试给出下列博弈的纳什均衡。

		c	d
		2	
1	a	2,−3	5,10
	b	10,1	1,9

2. 试给出下列策略式博弈化的纯策略纳什均衡。

		L	M	R
			2	
1	U	2,3	4,1	-1,3
	D	4,2	6,2	3,6

3. 试问题 1 中的博弈有没有混合策略纳什均衡？为什么？

4. 假定两个完全相同的企业生产相同的一种商品。第 i 个企业生产 q_i 单位产出的成本为 $C_i(q_i)=cq_i+d_i,i=1,2$。进一步，假设所有企业生产的总产出为 Q，且需求函数为：$P(Q)=\dfrac{e}{Q}$，其中 $d_i>0,e>0,i=1,2$ 皆为常数。试计算古诺博弈纳什均衡时的企业利润。

5. 在下列博弈中，x 取什么数值时存在混合策略纳什均衡？

		2	
		c	d
1	a	x,5	0,1
	b	10,2x	0,-1

6. 两个合伙人打算联合主办一个中小企业，每一年的货币收入生产函数是 $Q=\sqrt{ab}$，其中，a,b 分别是合伙人 A 和合伙人 B 的资金投入。假设 A 与 B 的股份比例分别是

$$\rho_A=\frac{a}{a+b},\rho_B=\frac{b}{a+b}$$

A 与 B 的收入分配分别是 $R_A=\rho_A Q,R_B=\rho_B Q$。

假设 A 与 B 之间股份比例分别是 ρ_A,ρ_B，资金的年利率是 0.05。问这个公司能否成功组建起来？为什么？

7. 两个合伙人打算联合主办一个中小企业，每一年的货币收入生产函数是 $Q=\sqrt{ab}$，其中，a,b 分别是合伙人 A 和 B 的资金投入。假设 A 与 B 的股份比例分别是

$$\rho_A=\frac{a}{a+b},\rho_B=\frac{b}{a+b}$$

A 与 B 的收入分配分别是 $R_A=\rho_A(1+t)Q,R_B=\rho_B(1+t)Q$，其中 t 是政府补贴比例；假设 A 与 B 之间股份比例分别是 ρ_A,ρ_B，资金的年利率是 0.05。问：为了保证公司能够成功组建起来，政府补贴的比例至少应是多少？如果政府补贴不超过公司产值，该公司能够组建起来吗？为什么？

8. 给定下列博弈支付矩阵

	2	
	L	R
U	3,3	1,3
D	2,4	6,4

（表左侧标注 1，第一行 U，第二行 D）

如果存在第三方发送信号 A,B，并且建议参与人 1 和参与人 2 按照以下的规则进行纯策略选择：

①当出现信号 A，参与人都选择纯策略纳什均衡 (U,L)；

②当出现信号 B，参与人都选择纯策略纳什均衡 (D,R)；

③假定信号 A,B 出现的概率都是 0.5，试计算相关博弈均衡下两个参与人的支付。

9. 在第 8 题中，如果第三方发送 3 个信号 A,B,C。A 出现的概率是 0.2，B 和 C 出现的概率都是 0.4，第三方建议：

①当出现信号 A，参与人都选择混合策略纳什均衡 $[(0.5,0.5),(5/6,1/6)]$；

②当出现信号 B，参与人都选择纯策略纳什均衡 (U,L)；

③当出现信号 C，参与人都选择纯策略纳什均衡 (D,R)。

试计算相关博弈均衡下两个参与人的支付。

10. 一对男女青年谈恋爱。假设参与人的支付为收益与成本之差。收益是约会带来的愉悦感 R，成本是追求对方的物质花费和精神焦虑 C。参与人的纯策略是主动追求对方 PE 和被动接受对方追求 PA。

	女	
	PE	PA
PE	2,2	1,3
PA	3,1	0,0

（表左侧标注 男）

试问该博弈有没有混合策略博弈？为什么？

11. 有两个人上了同一辆公共汽车。有两个毗邻但是狭窄的座位是空着的。每一个人必须决定是坐下还是站着。一个人单独坐比旁边同时坐着另一个人更加舒适，当然，两个人挤在一起坐总比都站着舒服。

①假如每个人只关心自己的舒适。试将这种情形建模为策略式博弈。这个博弈是"囚徒困境"吗？请计算其纳什均衡。

②假如每个人都是利他主义的，按照别人的舒适程度对结局排序，出于礼貌，如果另一个人站着，他宁愿站着而不去坐。将该情形建模为策略式博弈。这个博弈是"囚徒困境"吗？请计算其纳什均衡。

③比较在两个博弈均衡中人们的舒适状况。

12. 计算下列存在成本差异的古诺博弈纳什均衡。有两个企业,市场需求曲线为

$$P(Q)=\begin{cases}a-Q, & Q\leqslant a\\0, & Q>a\end{cases}$$，其中,$a>0$ 是常数;Q 是市场需求量,P 是市场价格。企业 $i(=1,2)$ 的成本函数为 $C_i(q_i)=C_iq_i$,其中 q_i 是企业 i 的产量,$C_i>0$ 是常数;并且 $a>C_1>C_2$;在均衡中,哪一家企业生产较多的产品? 当技术进步导致企业2的单位成本 C_2 降低时(但不影响企业1的单位成本),对各个企业的均衡产出,总产出以及价格有何影响?

13. 在题 12 中,如果两个企业的成本函数是 $C_i(q_i)=q_i^2$,试计算纳什均衡。

14. 两个参与人当且仅当他们俩都尽力时,可以共同完成一项任务。如果他们俩都尽力完成了任务,比起都不尽力(并且什么都没有完成)这种情况,两个人的境况要好一些;对于每个参与人,最糟糕的结局莫过于他尽力了而另一个人却没有尽力(在这种情况下,仍然是什么都没有完成)。参与人的偏好由下面的支付矩阵给出,其中 c 是小于 1 的正数,它可以解释为尽力的成本。试计算这个博弈的全部混合策略博弈纳什均衡。当 c 增加时,均衡如何变化? 解释变化的原因是什么。

	不尽力	尽力
不尽力	0,0	0,$-c$
尽力	$-c$,0	$1-c$,$1-c$

（表上方标注 2，表左侧标注 1）

15. 假如你和你的朋友正在海滩度假,并且都喜欢游泳。你们都相信海水中鲨鱼成灾的概率是 π,如果鲨鱼出现,游泳者肯定受到袭击。你们都具有可以用支付函数期望值来刻画的偏好,该支付函数指定"受到鲨鱼攻击"为 $-c$;($c>0$)"坐在沙滩上"为 0;一天不受到干扰游泳的价值为 1。

如果游泳者在第一天受到鲨鱼的攻击,那么你们俩都推断游泳者在第二天肯定会遭到鲨鱼的攻击,因而第二天不去游泳。如果你们中至少有一人在第一天游泳并且没有遭到袭击,那么你们俩都推断海里没有鲨鱼。如果你们中没有人在第一天游泳,每个人都保留"海水中鲨鱼成灾的概率为 π"的信念,因而在第二天,如果 $-\pi c+1-\pi>0$,就游泳;如果 $-\pi c+1-\pi<0$,则坐在沙滩上并接受期望支付 $\max(-\pi c+1-\pi,0)$。

试将这种情形建立策略式博弈,其中,你和你的朋友各自决定在海滩是第一天是否去游泳。例如,如果你第一天去游泳,你(和你的朋友,假如他去游泳的话)以概率 π 受到攻击,如果发生这情况,你在第二天就不下游泳,你(和你的朋友,假如他去游泳的话)游泳并且以概率 $1-\pi$ 不受干扰。如果发生这种情况的话,你会在第二天去游泳。因此,假如你在第一天去游泳,你在第二天的期望支付是 $\pi(-c+0)+(1-\pi)(1+1)=-\pi c+(1-\pi)$。它与你朋友的行动无关。试计算这个博弈的混合策略纳什均衡(依赖于 c 和 π)。朋友的存在会使你有多大可能性决定第一天去游泳?

16. 一位老人有两个儿子。当他去世时有价值为 1 000 000 元的税后遗产留给后人

分配。假定由两个儿子各自提出自己要求得到的遗产数量。老人给出的规则是:如果两个儿子各自提出的遗产要求之和小于等于 1 000 000 元,则遗产就按此分配。如果两个儿子要求的分配数量小于 1 000 000 元,则按照他们的要求分配,余下的交给慈善组织。如果两个儿子要求的分配数量大于 1 000 000 元,则把所有的遗产都交给慈善组织,儿子们分文没有。试计算两个儿子在纳什均衡下提出的分配数量。

第2章   知彼知己的多阶段博弈

许多博弈的特点是参与人在选择行动的时候,存在着一定的时间顺序,是多个阶段进行的,而后行动的参与人在选择自己的行动时,已经观察到先行动参与人所选择的行动。譬如,打牌、下棋等。我们称这种博弈为"多阶段博弈"或者"动态博弈"。

2.1   策略与子博弈精炼纳什均衡

2.1.1   扩展式表述

对于多阶段博弈,通常采用扩展式表述比较直观。

例2.1   市场进入博弈(连锁店博弈)

有两家连锁店沃尔玛 W 和麦德龙 M,它们考虑是否进入同一个小区这一个区域市场(开一家连锁店)的决策问题。W 先决策,然后是 M 决策。W 已经完成了投资的可行性分析,并且融资条件和管理团队都已经具备,当前仅剩是否进入小区的决策问题。但是 M 目前还没有做好准备工作,它只是在考虑明年是否进入该小区的决策问题。

图2.1 是用博弈树状图(博弈树)表示的这个博弈,被称为博弈的"扩展式表述"。

W 是先行动者,M 是后行动者。W 的两个"纯策略"是"进入,不进入"。M 的"纯策略"就比较复杂。在动态博弈中,"策略"是参与人在不同时刻在不同情形下行动选择的一个完整的规定。对于先行动的 W 来说,它只有一个"时刻"和"情形"进行行动的选择。但

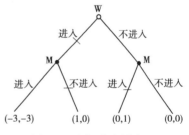

图2.1   市场进入博弈

是,对于 M 来说,它存在一个"时刻"和两个"情形"。两个情形分别是 W 之前选择了"进入"和"不进入"的情形。

在博弈树中,我们用一些节点表示"情形",而用从这些节点发出的"树枝"表示参与人在节点选择的行动,我们称该节点为"决策节"。在一些没有下一步行动选择的节点(被称为终点结),有一个支付向量。我们约定,在支付向量中,从左向右的数字是对应于博弈行动先后的同样顺序参与人的支付,即博弈进行到这里参与人获得的支付。

我们假定参与人支付向量是共识,因此博弈是知彼知己多阶段博弈。

倘若每家连锁店都进入，则供给太多，售价下跌，每家公司在每一个经营周期里都亏损 3 单位(如 30 万元)。若只有一家公司在此经营，则进入者获 1 单位的垄断利润。这些假定的利润或者亏损是按照连锁店长期经营寿命期中总的贴现利润。

对于多阶段博弈，我们把从初始节点即博弈开始的节点到某一个节点的连续路径称为一个"历史"。我们定义所有的历史数量有限的博弈为多阶段博弈的"有限博弈"。

2.1.2　纳什均衡

对于上述市场进入博弈，我们接下来找出它的纳什均衡。可以通过把博弈的扩展式表述转换成策略式表述来寻找纳什均衡。事实上，博弈模型的两种表述，策略式表述和扩展式表述是等价的。只不过扩展式表述对于动态博弈的表述来说比较直观一些。

策略式表述首先需要给出参与人的纯策略空间。W 的纯策略显然是"进入，不进入"。M 的纯策略是在所有的由 M 进行行动选择的节点上的可能的行动选择的一揽子规定计划。显然，在图 2.1 中，在左右两个由 M 选择行动的节点上，M 都有两个选择：进入，不进入。因此，M 存在 4 个纯策略：(进入，进入)、(进入，不进入)、(不进入，进入)、(不进入，不进入)。这里，约定左端的位置表示 W 已经进入的情形，右端表示 W 没有进入的情形。

下面，用表 2.1 表示图 2.1 给出的多阶段博弈。

表 2.1　策略式表述的市场进入博弈

		M		
		（进入，进入）	（进入，不进入）	（不进入，进入）	（不进入，不进入）
W	进入	-3, -3	-3, -3	1,0	1,0
	不进入	0,1	0,0	0,1	0,0

用画线法找到 3 个纯策略纳什均衡：

｛不进入，(进入，进入)｝、｛进入，(不进入，进入)｝和｛进入，(不进入，不进入)｝。

2.1.3　序贯理性

多阶段博弈是参与人按照时间推移而轮流进行行动选择的过程。多阶段博弈的纯策略，是参与人对未来每一个时刻，在由自己进行行动选择时节点上选择什么样行动的事前规定。

然而，与单阶段博弈不同。这里，事前规定的未来行动选择不一定会在未来得到实施。因为，一旦博弈进行到未来某个节点，参与人存在重新选择行动的可能性，没有必要一定按照纯策略在之前规定的行动选择计划进行行动选择。也就是说，在多阶段博弈中，参与人存在"机会主义行为"的空间。

按照理性人假定，参与人在任何节点上进行的行动选择一定是符合其理性要求的。

但是,纯策略事前的规定不一定满足这个要求。

如果我们把从任何一个节点开始的博弈称为一个从该节点开始的"子博弈",则当博弈进行到某个子博弈时,过去成为历史,开始了新的一个博弈。

如果坚持理性要求,就自然要求纯策略需要满足这样的性质,即理性不仅仅在博弈开始的第一个节点成立(整个博弈也是一个子博弈,当然,是最大的子博弈),而且,在任何一个节点开始的子博弈,理性都是成立的。我们称这种要求为"序贯理性"。

当然,以下分析都是建立在这种序贯理性的基础上。

在市场进入博弈的3个纯策略纳什均衡中,第一和第三个均衡是不可信的,因为不满足序贯理性要求。第一个均衡含有"不可置信"的威胁:M威胁W——无论W是否进入,M都会进入。但事实上,一旦W进入,M的最优选择是"不进入"而不是"进入"。所以,在W已经进入的那个节点开始的子博弈中,M的纳什均衡策略不满足序贯理性要求。

第三个均衡含有"不可置信"的许诺——M向W许诺,无论W是否进入,M都"不进入"。但事实上,一旦W不进入,M的最优选择是"进入"而不是不进入。因此,在W不进入的那个节点开始的子博弈中,M的纳什均衡策略不满足序贯理性要求。

所以,第一和第三个纳什均衡是不可信的,不能作为理性人行为的预测。因此,这种纳什均衡不能作为建立在理性人基础上的预测,我们将其去掉。剩下的第二个均衡就没有这些问题,我们在后面将看到,它是可以用于预测的均衡。

由此可见,用策略式表述多阶段博弈可能存在一个问题:即含有不合理预测的均衡,或者说纳什均衡是一个太宽泛的概念。也就是说,在多阶段博弈中,如果我们不能简单地采用纳什均衡作为博弈结果的预测,那么,应该用什么样的方法来预测多阶段博弈的结果呢?首先,博弈结果的预测还是应该在纳什均衡中去寻找,但并不是所有的纳什均衡都可以用于预测,需要剔除一些含有不可置信行动的纳什均衡,这个问题,就是纳什均衡的"精炼"问题。

2.1.4 子博弈精炼纳什均衡

显然,在多阶段博弈中,在序贯理性假定下,纯策略理应在所有的子博弈上面都是理性的。对于纳什均衡来说,要求所有的均衡策略在所有的子博弈上面都是符合理性要求的,这就是谢林提出的"子博弈精炼纳什均衡"(sub-game perfect nash equilibrium)的概念,而后Selten在数学上给出了具体框架。

定义2.1 一个策略在一个子博弈上的限制,是指该策略在子博弈中所有决策结上规定的行动所构成的子博弈上的策略。

定义2.2 一个纳什均衡在一个子博弈上的限制,是指所有均衡策略在该子博弈上的限制所构成的策略组合。

定义2.3 一个纳什均衡是子博弈精炼纳什均衡,是指该纳什均衡在所有子博弈上面的限制都是对应子博弈上面的纳什均衡。

显然，子博弈精炼纳什均衡所规定的行动，一定会得到实施，不存在机会主义行为。

如果将博弈树图视为一个行进路线图，那么动态博弈过程就是从博弈树的第一个节点（博弈树是一棵倒置的树，第一个节点是树根）出发，沿着不同的树枝行进的过程。

给定所有的参与人的一个纯策略组合，就相当于在每一个十字路口（即节点）规定了下一步行进方向（下一步沿着哪一个方向走）的"路标"。因此，在每一个节点开始的子博弈中，存在唯一的一条路径。如果这个路径存在终点，则存在对应的支付向量，给出了该子博弈中所有的参与人的支付。如果没有终点，博弈模型通常也会根据情景规定某个对应的支付向量。

于是，给定任意的纯策略组合，也就同时给定了所有参与人在任意一个子博弈上面的支付。

在任意的一个子博弈上面，如果在该子博弈开始的节点上进行行动选择的参与人，仅仅改变其在第一个节点上面的行动选择，所带来的对应支付不严格大于之前他在该子博弈上面的支付。我们就说该策略组合满足一次偏离性质。

我们称在仅仅改变某个子博弈开始的节点上的行动选择为"一次偏离"。

引理2.1　满足一次偏离性质的博弈的所有子博弈也满足一次偏离性质。

证明：因为子博弈的子博弈也是博弈的子博弈，所以引理显然成立。

我们可以将子博弈精炼纳什均衡这个概念重新进行表述，见下面的命题2.1。

命题2.1　一个策略组合是子博弈精炼纳什均衡的充分必要条件是：在任意子博弈上面，任何一个参与人改变自己在该子博弈上面的策略后，给他带来的支付都小于等于他在该子博弈上在策略改变之前获得的支付。

证明：必要性是显然的。

充分性的证明：按照定义，只要证明在任意子博弈上面，策略组合规定的任何一个参与人在该子博弈上面的策略限制是最优策略就可以了。因为在任意子博弈上面，任何一个参与人改变自己的策略带来的支付都小于等于原来策略限制带来的支付，当然这个结论是成立的。

接下来，有命题2.2。

命题2.2　如果一个对称信息动态博弈的策略组合满足一次偏离性质，则任何一个参与人在有限个节点上面改变自己的行动选择，从而形成一个新的策略，该参与人在新策略下任意一个子博弈上面的支付都小于等于原来策略带来的支付。

在证明这个命题之前，先证明下面的引理。

引理2.2　在一个子博弈上，如果某个参与人仅仅一次性地在某个节点上面改变自己的行动选择从而形成该参与人的一个新的子博弈策略，并且这个改变并不给参与人带来任何子博弈上面支付的增加，则在所有节点所构成的子博弈上，该参与人新的子博弈策略带来的支付都小于等于之前策略带来的支付。

证明：记改变行动的节点为 A。注意，动态博弈的一个特点是，所有的节点都位于某一个时间顺序时刻点，因此行动的选择存在先后顺序。

注意:子博弈的支付完全由子博弈开始的节点之后的行动选择决定,与之前的行动无关。这是子博弈支付的后向决定性质。

可以将所有的子博弈分为下面几类:

①子博弈开始的节点 B 位于 A 之后,即在时间顺序上发生在其后,则显然支付与 A 点发生的行动改变无关,故支付是不变的。

②子博弈开始的节点 B 位于 A 同样的时刻,但是并不是 A 点,显然支付与 A 点发生的行动改变无关,支付不变。

③子博弈开始的节点 B 位于与 A 同样的时刻,并且就是 A 点,显然根据假设,支付没有增加。

④子博弈开始的节点 B 位于 A 之前的时刻,则存在某条路径,使得从该子博弈开始沿该路径进行下去的博弈,会经过与 A 同样的时刻上的某个节点 C。显然,该节点开始的子博弈的支付与所考虑的原子博弈 B 的支付相同。如果 C 就是 A,则支付没有增加;如果 C 不是 A,则支付不变。

综合以上结论,命题成立。

根据这个引理,我们可以证明命题2.2。

证明:我们采用数学归纳法证明,对改变行动选择的节点个数进行归纳。

如果参与人仅仅在一个节点上改变行动选择,则根据引理2.2及一次偏离性质,结论是成立的。

归纳法假设:假定参与人在 T 个节点上改变行动选择时,结论成立。

则当参与人在 $T+1$ 个节点上改变行动选择时,我们来构造该参与人除原来策略 S 之外的另外3个策略:

①策略 S_{T+1}:即当参与人在 $T+1$ 个节点上改变行动选择时形成的策略。

②策略 S_T:$T+1$ 个节点,一定位于 N 个不同时刻,不排除其中有一些节点位于同样的时刻。也就是说,$N \leqslant T+1$;从其中选择 T 个节点,留出一个节点 D,其位于最后一个时刻(最后一个时刻也可能存在这 $T+1$ 个节点中的某一些节点)。显然,从节点 D 开始的子博弈中,就不含有这 $T+1$ 个节点中除了 D 之外的其他节点。

该策略 S_T 是在除了 D 之外的其他节点上的行动选择,与 S_{T+1} 规定的相同。

③策略 S_D:该策略与 S 唯一的不同,是在 D 节点选择的行动与策略 S_{T+1} 规定的行动相同,而在其他所有节点上,行动选择都与 S 一样。

下图2.2就是这些策略的示意图。图中,我们用一条曲线表示策略 S,而曲线上的那些短线分支表示偏离行动。

显然,根据归纳法假设,在所有的节点开始的子博弈上,参与人由策略 S_T 获得的支付都小于等于他由策略 S 获得的支付,这是其一。

从子博弈支付的后向决定性质不难看出,参与人从策略 S_{T+1} 在节点 D 开始的子博弈上获得的支付,等于从策略 S_D 在节点 D 开始的子博弈上获得的支付,根据一次偏离性质,它小于等于参与人从策略 S 在节点 D 阶段开始的子博弈上获得的支付。

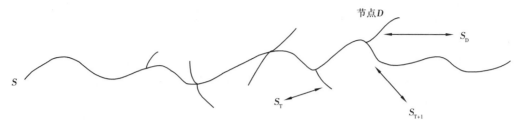

图 2.2 策略的示意图

显然,策略 S_{T+1} 与策略 S_T 唯一的不同就是在节点 D 上选择的行动不一样;并且,参与人从策略 S_T 在节点 D 开始的子博弈上获得的支付,等于原来策略 S 在节点 D 开始的子博弈上获得的支付。

由此,参与人从策略 S_{T+1} 在节点 D 开始的子博弈上获得的支付,小于策略 S_T 在节点 D 开始的子博弈上获得的支付。

这样,再使用一次引理 2.2,在所有的节点开始的子博弈上,参与人从策略 S_{T+1} 获得的支付小于等于他从策略 S_T 获得的支付。

再根据归纳法假设,命题就获得了证明。

根据这个命题,我们就有应用价值颇大的定理 2.1:

定理 2.1(一次偏离定理) 设 Γ 是一个有限对称信息动态(扩展式)博弈,则策略组合 s^* 是一个子博弈精炼纳什均衡,当且仅当其满足一次偏离性质。

证明:必要性是显然的。

充分性的证明:考虑到有限博弈里,任何偏离都一定是有限次改变行动选择的,直接根据命题 2.2 和定义 2.3 就能得到。

该定理的含义是:假定我们已经给定一个有限对称信息扩展式博弈均衡,且我们需要考察其是否真是一个子博弈精炼均衡,此时我们只需要检查所有策略是否满足一次偏离性质即可。

例如,考虑仅有一个参与人的对称信息扩展式博弈(图 2.3),$s^* = (A, C, F)$ 一定是一个子博弈精炼均衡。为什么?根据子博弈精炼均衡的定义,需将 s^* 与所有其他策略加以验证(存在 $2 \times 2 \times 2 - 1 = 7$ 种这样的其他纯

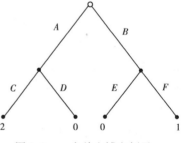

图 2.3 一个单人博弈例子

策略)。然而,根据一次偏离原理,只要将 s^* 与其中 3 个加以比较即可,它们分别是:(B, C, F),(A, D, F) 以及 (A, C, E)。只要这 3 个策略中每一个都不可能在偏离发生的子博弈中给出一个严格较高的支付,则 s^* 就是子博弈精炼均衡。尽管这个例子看起来很简单,以至于人们在不自觉中都可以运用一次偏离性质,但是这个命题对于求解更为复杂的扩展式博弈来说是非常有利的。

求解信息对称的有限多阶段博弈的子博弈精炼均衡的方法是采用"逆向归纳法"。

2.1.5　逆向归纳法

一次偏离性质也有助于我们运用逆向归纳法（backward induction）去构造一个子博弈完美均衡。我们先来看图 2.4 给出的对称信息扩展式博弈，存在 3 个参与人 A，B 和 C，他们轮流进行行动选择。

例 2.2　逆向归纳法

所谓"逆向归纳法"，就是按与博弈顺序相反的方向逐一找出每一个交代参与人在其所有决策结上的最优行动选择，直到博弈树的第一个决策结为止。我们指出，由所有参与人最优行动选择构成的一条路径就是一个子博弈精炼均衡结果。首先，在倒数第一个进行行动选择的参与人顺序开始，如图 2.4 所示，最后进行选择的是参与人 A，他在所有倒数第一个决策结上进行最优行动选择，并在选出的最优行动 a_4，a_6，a_7，a_{10}，a_{11}，a_{14}，a_{16}，a_{18} 所对应的枝上画一条短线。

注意，a_4 不是严格最优的行动选择（意味着存在多重均衡）。然后，我们在倒数第二个行动顺序的参与人 C 的所有决策结上进行类似的最优行动选择，并在选出的最优行动 c_1，c_3，c_6 和 c_7 所对应的枝上画一条短线。按这种步骤，我们完成了剩下的 B 和 A 在第一次行动选择时的决策结上的最优行动选择，并在相应的代表最优行动的枝上画一条短线。

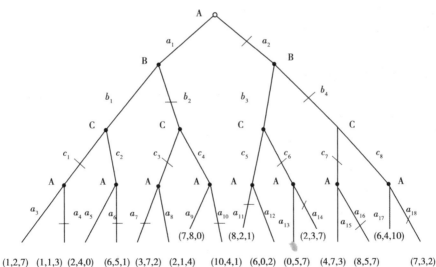

图 2.4　用逆向归纳法求解有限完美信息博弈的纯策略纳什均衡

根据已完成的各个决策结上的最优行动选择，来看该博弈模型将会作出什么样的预测。首先，当博弈开始时，参与人 A 面临在两个行动 a_1 和 a_2 之间进行选择的问题。他知道，如果选择 a_1 则 B 将选择 b_2，c 将选择 c_3，最后轮到 A 自己再次选择时，他将选择 a_7，获得支付 3；相反，如果他开始选择的是 a_2，则 B 将选 b_4，C 将选择 c_7，最后轮到 A 自己再次选择时，他将选 a_{16}，获得支付 8。因此，A 在博弈开始时会选择 a_2，因为 a_2 是他在第一次

进行行动选择时的最优行动。正如 A 所预料的是随后 B 选 b_4，C 选 c_7，最后再由 A 选 a_{16}，博弈结束。

这样，根据一次偏离性质，策略组合 $\{(a_2,a_4,a_6,a_7,a_{10},a_{11},a_{14},a_{16},a_{18}),(b_2,b_4),$ $(c_1,c_3,c_6,c_7)\}$ 是一个子博弈精炼均衡。其中，我们在 A 的策略表达中按其进行行动选择的顺序写出对应的行动选择，而在同一行动选择顺序中，我们按博弈树从左到右的顺序写出对应的最优行动。该 Γ 子博弈精炼均衡导致唯一的均衡结果在均衡路径 $(a_2,b_4,$ $c_7,a_{16})$ 上。

例 2.3　私奔博弈

姑娘爱上小伙，但其父反对，声称若女儿不与小伙断绝关系，他就要与女儿断绝父女关系。断绝恋爱关系使女儿伤心，她的支付为 $(-a)$，$a>0$。而父亲很得意，其支付为 b，$b>0$；若已成婚，断绝父女关系使女儿伤心，支付为 $-c$，$c>0$，而父亲默认已婚事实将使其难受，支付为 $-g$，$g>0$；女儿的支付为 $e>0$。但无论是否断绝父女关系，女儿与小伙已成婚了，父亲的难受 $(-g)$ 总存在，但断绝父女关系失去女儿会加大父亲的伤心程度，其支付再加上一个 $(-d)$，$d>0$。

但是，父亲的威胁是不可置信的。若已成婚，父亲的最优选择是默认事实，生米已煮成熟饭 $(-g>-d-g)$。所以，聪明的女儿一般不理会这类威胁，如图 2.5 所示。

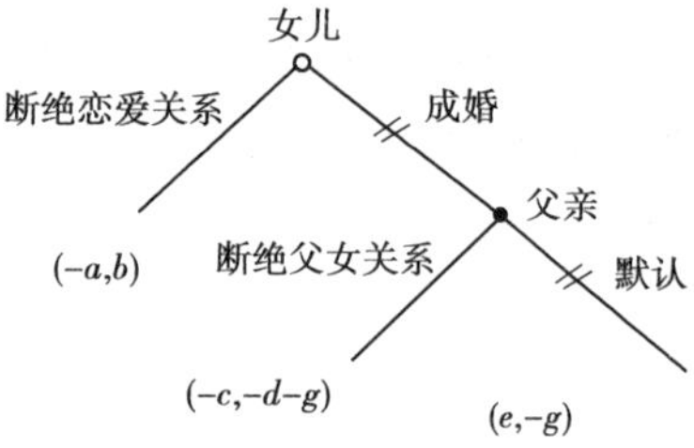

根据逆向归纳法及一次偏离性质就获得下列结果：

定理 2.2（Kuhn,1953）　每个有限对称信息扩展式博弈具有一个子博弈精炼均衡。

证明：显然，对于有限对称信息扩展式博弈，我们可

图 2.5　私奔博弈模型

以采用逆向归纳法获得一个策略组合，并且显然是满足一次偏离性质的，所以该策略组合就是一个子博弈精炼均衡。

换句话说，一个有限对称信息扩展式博弈的子博弈精炼均衡集合是通过逆向归纳法所挑选出来的策略组合集合。一般地，对于所有有限的对称信息多阶段博弈，我们都可以运用逆向归纳法求出子博弈精炼均衡，该方法实际上是重复剔除劣策略方法在扩展式博弈中的应用，是从倒数第一个决策结开始剔除劣行动（dominated action），然后依次倒推至初始结。但是，无限博弈却无倒数第一个决策结，并不适用逆向归纳法。尽管如此，一次偏离性质对于求解某些无限的对称信息多阶段博弈也是继续有用的。

2.1.6　无限博弈情形的一次偏离定理

对于定理 2.1 来说，一个很容易想到的推广就是考虑无限动态博弈的情形。对于无限次偏离的情形，是否也存在类似的定理？在无限长度的动态博弈里，定理 2.1 不成立，但是，如果对博弈加上一些限制条件，那么也存在着类似的推广定理。

为了介绍这样的定理，我们先引入支付函数"无限连续性"的概念。

定义 2.4 如果参与人的支付函数满足下列性质,就称支付函数是无限连续的:

对于任意参与人的任意两个这样的策略,它们在时刻 T 及之前的所有时刻都选择相同的行动,在之后的时刻选择的行动可以不一样。当 T 足够大时,这两个策略带来的支付之间的差别可以小于事前给定的任意正数。

无限连续的意思是,当决策的时刻很遥远时,决策带来的重要性(支付)就不再那么重要了。

引理 2.3 无限连续博弈的任意子博弈也是无限连续的。

证明:给定某个时刻 t 的某个节点 A 开始的子博弈,我们考察该子博弈上的任意一个参与人的任意两个策略。该策略在时刻 T 之前的任意节点上的行动规定是相同的。

现在,我们将整个博弈从初始节点开始,对所有的参与人在时刻 t 之前的节点上的行动选择作出一个规定,使得博弈从初始节点开始能够走到 A。同时,对 t 和 t 之后在该子博弈外的其他节点上的行动选择做任意的规定。

显然,如果我们将该参与人在子博弈上的两个策略,附加上该参与人在 t 之前的各个节点上的行动规定,以及 t 和 t 之后在该子博弈外的其他节点上的行动规定,就获得了该参与人在整个博弈上的两个策略。并且,在时刻 T 之前,两个策略在任意节点上的行动选择是相同的。

根据博弈的无限连续性,当 T 趋于无穷大时,两个策略给该参与人带来的支付趋于相等。

由于两个策略都使得博弈经过 A,因此子博弈上的两个策略带来的子博弈支付也趋于相等。故子博弈也是无限连续的。

定理 2.3 如果无限对称信息动态博弈是无限连续的,并且策略组合满足一次偏离性质,则对于任意参与人的任意偏离策略来说,在任意节点开始的子博弈上获得的支付都小于等于原来策略获得的支付。

证明:反证法。

若不然,存在一个时刻 t 的某个节点,偏离策略带来更高的支付。选择博弈开始节点到该节点的一条路径,由此寻找所有参与人的另外策略,这些策略在时刻 t 之前的所有节点上的行动选择是这样规定的:使得博弈从开始走下去到时刻 t 就到达该节点。在时刻 t 以及之后的所有时刻都选择与原有的策略相同的行动。

因为子博弈上的参与人支付完全由子博弈开始时刻之后的行动选择决定,所以,从时刻 t 开始的所有子博弈仍然是满足一次偏离性质的。

考虑从该节点开始的子博弈。原来的偏离策略在该子博弈上仍然使得支付升高。从该节点出发的博弈路径上必然存在偏离原来策略的行动选择,否则不会导致这种结果。

我们考虑该子博弈上这样的一个策略 S_∞^*:在该路径上节点上的行动选择与偏离策略相同,但是在其他所有节点上的行动选择与原来的相同。该策略在子博弈上的支付与偏离策略是一样的,高于原来策略支付的一个固定数值。

如果这个策略的行动选择只是有限次偏离原来的策略,则由命题 2.2 知,这是不可能的。所以,一定是存在无限多个节点上的行动选择是偏离的。现在在该子博弈上构造一个新的策略 S_T,其与上述策略在时刻 T(包括时刻 T)之前所有的节点上的行动选择相同,但是在 T 之后的节点上的行动选择与原来的(未偏离)策略相同。由于无限连续博弈的子博弈也是无限连续的。当 T 趋于无穷大时,该策略 S_T 与偏离策略 S_∞^* 之间的支付之差趋于零。

因此,子博弈上的支付之差也趋于零。但是,在子博弈上,根据定理 2.1,策略 S_T 的支付低于原来策略的支付,而根据反证法假设,策略 S_∞^* 的支付是高于原来支付一个固定数值的,这是不可能的。

由此获得如下定理 2.4。

定理 2.4 支付函数无限连续的对称信息动态博弈,它的一个策略组合是子博弈精炼纳什均衡的充分必要条件,是它满足一次偏离性质。

2.2 威胁与承诺行动

例 2.4 连锁店博弈的威胁与承诺行动

在连锁店博弈中,倘若 M 欲使其威胁变得可以令 W 置信,这样就会使 M 得以进入并且赚 1 单位收入。他可以这样操作:与第三方 C 订立一个合约,并且当着 W 的面公证。它规定 M 届时若不进入,则输给 C 4 单位收入。这样,博弈就变成了如图 2.6 所示的样子。

此时,子博弈精炼纳什均衡就是 M 进入而 W 不敢进入的纳什均衡:(不进入,(进入,进入))。

M 不仅未输掉 4 单位收入,而且还赚 1 单位收入,称 M 的这种行动为"承诺行动"。承诺行动在政治、军事及经济管理中大量出现,它通过减少交代参与人自己的可选择策略(缩小自己的策略空间)反而使自己获利。

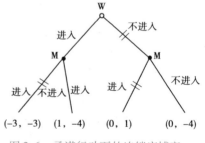

图 2.6 承诺行动下的连锁店博弈

有一些例子,如破釜沉舟,企业过剩生产能力,欧共体在空中客车与波音公司的竞争中对空中客车公司的策略性补贴。项羽破釜沉舟,沉了过河的船,砸了做饭的锅,使得士兵没有逃回老家和迟疑不战的选择,于是选择拼死战斗,这是给予秦军的承诺行动,即起义军会拼死向前。企业选择过剩产能,说明其盈亏平衡点比较高,因此,在竞争对手进入行业时,企业不会降低产量,从而导致产品价格下降,进入者因此会遭遇价格战。由于在位的企业在行业中存在的时间较进入者长久,很可能已经达到经济规模,平均成本较进入者低,在价格战中会赢。这种过剩产能就是在位企业在面临竞争者进入行业时做出的绝不将市场份额让出一部分给进入者的承诺行动。欧共体当年补贴空中客车的就是给予竞争对手波音公司的承诺行动,也就是说,即使波音公司使用过剩产能承诺行动阻止空中客车进入行业,欧共体的补贴是空中客车仍然会进入行业的承诺行动。

实体商店是商品高质量的承诺,所以电子商务的发展并不会让所有的实体店都倒闭,但是淘宝会使高质量商品销售的实体店因投机需求的减少而受到影响,从而转型为销售低质量商品的线上商业,大街上的商业文化会萧条,政府投资的基础设施回报会下降,银行不良资产率会上升,金融危机和经济危机就会发生,就业必然受到影响,所以应该像国外那样约束电子商务。例如,有一部电影《奇爱博士》讲的是冷战时期,苏联安装了一种"末日装置"。一旦苏联遭到核打击,这种装置就自动发射核弹到美国;并且,一旦"末日装置"安装了,就不能更改反击指令。也就是说,苏联会核反击来犯的任何核打击,是可置信的承诺。

例2.5　Stackelberg 博弈

假定有两个企业在同一产品市场上进行竞争。我们假定前面已讨论过的古诺竞争中的相关假设在这里仍然成立,但是与前面不同的是它们的产量决策在时间上有先后之分,且后行动者能观察到先行动者的产量决策结果。企业 1 是先行动者,企业 2 在看到 1 的产量 q_1 后决定其产量 q_2。也就是说,企业 1 是领导者(leader)、企业 2 是追随者(follower)。

这是一个对称信息动态博弈,但策略空间是连续性空间。正式的表述如下:$N=\{1,2\}$,$H=\{\varphi\}\cup[0,a]\cup[0,a]\times[0,a]$,$P(\varphi)=1$;$P(q_1)=2$,其中 $q_1\in[0,a]$,并且 $U_i(q_1,q_2)=(a-q_1-q_2-c)q_i$,其中 $q_i\in[0,a]$。Z 和 A 都可从上述导出:$Z=[0,a]\times[0,a]$ 且 $A(\varphi)=A(\varphi,q_1)=[0,a]$,其中 $q_1\in[0,a]$。唯一的子博弈精炼均衡为 $q_1=(a-c)/2$ 和 $q_2=\max\{(a-q_1-c)/2,0\}$,其中 q_1 是企业 2 观察到企业 1 的选择(注意,$q_2=\max\{(a-q_1-c)/2,0\}$ 就是我们在古诺竞争中导出的企业 2 的反应函数,见第 1 章)。唯一的子博弈精炼均衡就是 $(q_1^*,q_2^*)=((a-c)/2,(a-c)/4)$。Stackelberg 在 1934 年提出这个 Stackelberg 博弈并求解出这一均衡,它可以被视作子博弈精炼纳什均衡(Selten,1965)的最早版本。

将此例与前述古诺模型相比较。古诺博弈均衡结果为 $q_1^*=q_2^*=(a-c)/3$,而 Stackelberg 博弈均衡结果为 $q_1^*=(a-c)/2>(a-c)/3$,$q_2^*=(a-c)/4<(a-c)/3$,即领导者的产量变大了,追随者的产量变小了(不难证明,领导者的支付变大了而追随者的利润却减小了)。这是因为博弈中存在"先动优势"(不难证明当企业进行价格而非产量竞争时,反而是"后动优势")。

企业 1 先生产产量就是一种承诺行动,生产出来的产量是沉淀成本,从而使企业 2 不得不认为它的威胁是可置信的。如果企业 1 只是宣布将生产 $q_1^*=(a-c)/2$,企业 2 不会相信它的威胁,若因企业 2 相信它的威胁而选 $q_2=(a-c)/4$,不难证明给定此 q_2,企业 1 的最优选择是 $q_1=3(a-c)/8$ 而不是 $q_1=(a-c)/2$(图2.7)。按照这种逻辑调整下去,均衡就回到古诺博弈均衡了。

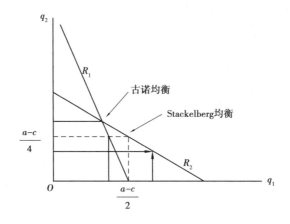

图 2.7　Stackelberg 均衡与古诺均衡的比较

2.3　重复博弈与合作行为

前面介绍的"囚徒困境"博弈,总是有些令人不快——这么简单的道理:两个小偷都不交代罪行不是对他们都有利吗? 为什么他们会选择交代罪行呢? 人们会怀疑是博弈论本身出了问题,而不是小偷的脑子有问题。

的确,这是一个问题。博弈论专家很早就注意到了。博弈论专家奥曼认为,在长期的重复博弈中,参与人为了获得长期利益,可能宁愿在短期选择非最优的行动,从而让利给对方,诱使对方也选择合作性行动。譬如,"囚徒困境"中的小偷,可能宁愿在短期选择抵赖而吃亏,但是获得一个长期的声誉。这种声誉让对方或者未来的其他合作者也在未来选择抵赖,从而双方获得未来的高支付。如果未来的高支付能够覆盖甚至超过目前因为选择抵赖所带来的短期损失,理性的参与人就会作出这样的选择。

这样的思想是很直观的,但是在数学模型上要证明这一点却并不简单。尽管如此,研究重复博弈却意义重大。因为,由于重复博弈给予参与人在行动选择的时候需要权衡目前的损失与未来的收益,或者目前的收益与未来的损失。这种权衡就有可能让参与人在目前选择让利给对方的"合作性"行动。如果所有的参与人都在目前选择合作性行动,那么,博弈就展现出持续合作行为。这种持续合作行为是我们在人类社会,甚至生物界都广泛观察到的(注意,这一点很重要,博弈论已经延伸到生物学领域了)。

一个经典的问题是:为什么只有人类才进化到如此高等的社会? 要知道,在生物界,人类可能被归入体能最为弱小的那一类! 奔跑比不过马儿,格斗比不过狮子,体重比不过大象,活动范围比不过鸟儿,下水比不过鱼儿,即使是脑容量也不比海豚大多少! 那么,为什么人类做出的事情远远超越了其他动物呢? 答案是人类比其他所有的动物都善于"合作"。即使是蜜蜂或者蚂蚁,甚至狼群,他们也可以合作,但是比起人类,那也是小巫见大巫! 因为蜜蜂和狼群的合作仅限于同一个家族,而在同一个家族的不同蜜蜂之间,不同狼之间,存在共同的基因。这种家族内的合作与人类的非家族跨基因合作是不可同日而语的! 由此可见,合作行为的重要性。重复博弈的重要性在于,它可以提供为什么人类会有跨基因合作性行为的理性解释。

2.3.1　重复博弈中的合作均衡

重复博弈就是一个博弈多次重复。这是什么意思呢? 就拿“囚徒困境”博弈来说吧。如果两个小偷多次重复作案,即使被警察逮住,判刑入狱,他们出来后又联手作案,并且这样的行为是多次重复的。这就是重复博弈。还有,我们每天都在与差不多相同的其他人在一起工作、生活和交流,也是重复博弈的例子。两个谈判对手你来我往地讨价还价,当然也是重复博弈。

重复博弈的参与人在面临一次具体的行动选择时,会考虑自身选择对未来的影响。因为参与人在重复博弈中能够预见未来,所以参与人的支付函数也需要包括未来的收益或者损失。

重复博弈可以看作某个“阶段博弈”的多次反复。例如,在重复进行的“囚徒困境”博弈中,阶段博弈就是两个小偷去联手作案一次。

设参与人的支付函数为 u,并且在第 $t(t=0,1,2,\cdots)$ 次阶段博弈中参与人获得的阶段博弈支付是 π_t,则

$$u = \pi_0 + \delta\pi_1 + \delta^2\pi_2 + \cdots + \delta^t\pi_t + \cdots \tag{2.1}$$

其中,δ 是参与人的贴现因子,通过它,参与人将未来的支付贴现在现在,所以可以将不同时期的支付贴现后加总在一起。

理性的参与人在博弈中的目标是最大化这种各个阶段支付的贴现和 u。

当然,不同的参与人其贴现因子可能不同。我们在下面的分析中假定不同参与人的贴现因子相同,是为了简化模型。讨论不同参与人贴现因子的不同情形是有趣的,但是,即使是简化情形,我们也可以获得重要的结果。

2.3.2　有限次重复博弈

与前面预期的不一样,即使博弈是重复多次的,如果重复博弈重复的次数是有限的,信息也是完全的,则不会出现合作性的博弈均衡。譬如,如果“囚徒困境”博弈重复100次,参与人也知道博弈在重复100次后就终止了(假设参与人知道博弈在第100次停止,这样的假设叫作完全信息假设。不完全信息就是指参与人不知道某些信息,而是否知道这些信息会影响博弈的结果。不完全信息不同于不对称信息。不对称信息是指不同的参与人知道的信息是不一样的,而不完全信息的情形里,不同的参与人知道的信息可能是一样的,但是都不完全的。譬如,两个囚徒都不知道博弈会在第100次停止,虽然信息是对称的,但是是不完全的)。那么,参与人预见到在第100次阶段博弈的时候,最优的行动选择一定是“交代罪行”,或者说是选择不合作的,出卖背叛对方的行动。参与人知道在第100次阶段博弈的时候,选择背叛是占优的。因为,在最后一次阶段博弈中让

利给对方是没有意义的,因为那之后没有"未来"了,当"英雄好汉"是没有意义的。所以,参与人知道在第 100 次阶段博弈的时候,双方都会选择"交代罪行"的背叛行为。

既然在第 100 次阶段博弈中,双方的行动选择是既定的,那么,在第 99 次阶段博弈中,让利给对方也是没有意义的,因为,第 99 次阶段博弈的未来已经是既定的了,任何行动选择都对未来(第 100 次阶段博弈)没有影响。所以,第 99 次阶段博弈中,双方也一定会选择占优行动——交代罪行。

当然,以此类推,我们可以预见第 98 次,97 次,…,第 2 次,第 1 次阶段博弈中,也就是说,在每一次阶段博弈中,双方都会选择占优行动——背叛对方的"交代罪行"。这其实就是逆推法获得的"子博弈精炼纳什均衡"——每一次阶段博弈中,双方都是背叛对方的。这样的结果与一次性"囚徒困境"是完全一样的。

这样看来,在有限次的完全信息重复博弈中,合作均衡也是不可能出现的。在完全信息条件下,我们只有寄希望于无限次重复博弈了,看看在无限次重复博弈中,能否出现合作性的均衡。

2.3.3 无限次重复博弈与合作性行为

什么情况下的博弈会出现无限次重复呢? 要知道,即使是宇宙的年龄,也是有限的,在有限时空的宇宙里面,所发生的所有事情都应该是有限的。其实,我们在这里研究的是博弈。只要参与人认为博弈是无限的就可以设定无限次博弈,而不需要假定物理时间意义上的无限次博弈,也就是说,无限次重复博弈可以是参与人心理时间上的"无限次"。比如,人们的日常生活博弈一般就是无限次重复博弈。尽管人们都知道自己的生命会有结束的那一天,但是人们一般并不知道具体在什么时候自己的生命会走到尽头。所以,人们每一天都预期还有明天,人们在日常生活中总是会为未来做一些事情,比如,学习和读书基本上是为了未来。人们不知道自己的生命具体在未来什么时刻终止,所以他们的行为总是表现出预期还有未来。也就是说,人们的日常生活就是无限次重复博弈。

当然,人们都知道自己在未来的任何时刻都有可能离开这个世界,从而结束博弈。当然,也有继续在这个世界进行博弈的可能。在海德格尔的名著《存在与时间》里,他说:"正是人们对于大限到来的恐惧,而导致人们的焦虑。"

假设参与人认为自己在每一次重复博弈中会死去的概率为 p,则他在 t 时刻还活着的概率是 $1-p$,在时刻 t 的平均(期望)支付是 $(1-p)^t \pi_t$,他的重复博弈支付是

$$u = \pi_0 + \delta(1-p)\pi_1 + \delta^2(1-p)^2\pi_2 + \cdots + \delta^t(1-p)^t\pi_t + \cdots$$

$$= \pi_0 + [\delta(1-p)]\pi_1 + [\delta(1-p)]^2\pi_2 + \cdots + [\delta(1-p)]^t\pi_t + \cdots$$

如果令

$$\delta_0 = (1-p)\delta$$

则有

$$u = \pi_0 + \delta_0\pi_1 + \delta_0^2\pi_2 + \cdots + \delta_0^t\pi_t + \cdots$$

这与式(2.1)在形式上是完全相同的,意味着我们完全可以将博弈看作是无限次重

复的。可以这样说，我们所说的无限次重复博弈就是基于这种意义上来说的。其实，我们在这里已经假定信息是不完全的了。参与人对于博弈在什么时候结束这个信息是不完全的，而这种不完全信息重复博弈又可以被表征为信息完全的无限次重复博弈。我们来考察这种不完全信息的重复博弈，或者说无限次重复博弈是否会带来合作性均衡。我们可以设想：如果对不合作的行为加以惩罚，对合作行为加以奖赏，可能就会带来合作的均衡。惩罚的方式就是对不合作行为的不合作，奖赏就是对合作行为的合作。但是，如果惩罚是有限次的不合作，可能让背叛者选择机会主义行为——在某些情形选择不合作，从而获得投机收益，而当这种投机收益大于对方未来的有限次不合作惩罚时，现在背叛对方就是合理的。所以，为了获得合作均衡，我们或许应该假定参与人采用的策略是对背叛行为的永远惩罚。也就是说，一旦对方出现背叛行为，就会对他进行无限次的不合作惩罚。当然，如果对方在过去没有出现背叛行为，就一直选择与他的合作行为。这种策略叫作冷酷策略，也就是说，对背叛行为加以永不饶恕的惩罚、冷酷的惩罚。这样能保证对方永远不会背叛，从而带来合作均衡。下面将证明这种设想是正确的。在一定的条件下，冷酷策略可以带来合作均衡。

例2.6 无限次重复的"囚徒困境"博弈与冷酷策略合作均衡

假定小偷 A 和 B 的贴现因子为常数 δ，博弈重复无限次。我们将证明，当 δ 充分大时，合作均衡结果每一阶段都为（抵赖，抵赖），这将是一个子博弈精炼均衡。

对应该均衡结果的均衡是什么？下面将证明，当两个参与人都选择"冷酷策略"时，所得的子博弈精炼均衡将生成这一结果。冷酷策略是指：

①在博弈开始选"抵赖"。

②若之前没有任何一方选"交代"，就选"抵赖"，当之前至少有一方一旦"交代"，之后永远选"交代"["冷酷"是任何一方一次不合作就触发了永远的报复（不合作），这是必要的；因为若事后可以饶恕不合作行为的话，事前就会出现机会主义行为，合作行为就不会出现]。注意，在该策略中，一方一旦选了"交代"，之后他永远选"交代"。下面证明两人都选冷酷策略时可能会构成一个精炼纳什均衡。

显然，这是一个无限连续的博弈，我们使用一次偏离性质定理证明。

若子博弈的开始节点是之前没有人选"交代"的，A 若一次偏离，选"交代"，该阶段得 0 单位收入，但此举将触发 B 之后永远的报复，B 会在之后永远选"交代"，故之后 A 每一阶段最好是选择交代，支付为 -8，其总的贴现收入为

$$0+(-8)\delta+(-8)\delta^2+\cdots=\frac{-8\delta}{1-\delta}$$

而当 A 此时不偏离，选"抵赖"，其总收入为

$$-1+(-1)\delta+(-1)\delta^2+\cdots(-1)\delta^k+\cdots=-\frac{1}{1-\delta}$$

当 $\frac{-8\delta}{1-\delta}\leqslant\frac{-1}{1-\delta}$ 时，即 $\delta\geqslant\frac{1}{8}$ 时，A 选偏离会降低子博弈支付。

故当 $\delta \geqslant \dfrac{1}{8}$ 时，A 在之前没有人选"交代"的子博弈上，偏离会降低支付。

现在来看之前有人选择交代的子博弈。则对方会在该子博弈以及未来都选择交代。如果 A 偏离，显然降低支付。

由此证明：当 $\delta \geqslant \dfrac{1}{8}$ 时，即参与人有足够耐心或足够关注长远利益时，参与人都选冷酷策略构成无限次囚徒困境重复博弈的子博弈精炼纳什均衡，其均衡结果显然就是每阶段都为（抵赖，抵赖），它是帕累托最优的。这样，囚徒们走出了一次性博弈的困境。

注意，这个博弈还存在另外的子博弈精炼均衡，就是每一次的阶段博弈双方都选择背叛对方，即无限次重复一次性的"囚徒困境"阶段博弈。

2.3.4 合作行为的博弈论定义

粗看起来，"合作"一词的含义是不言自明的，是人们再熟悉不过的词。但是，一旦仔细琢磨，什么是"合作"，应该如何给"合作"下一个准确的定义，特别是按照博弈论的思路来定义，还真是一个问题！

你可以这样定义什么是"合作"：一群人之间的合作是指他们协同行动，取得最大的收益。但是，仔细想想，这个"定义"其实存在问题，因为词义很模糊。首先，什么是"协同行动"，其次，"最大的收益"是指每个人都取得最大的收益，还是所有人的总收益最大？如果是指所有人的总收益最大，那么就带来进一步的问题：有时候不同人的收益是难以加总的，例如，用经济学中的效用来评价个人的收益，则效用是不能够相加的。如果按照博弈论的思路来定义，则可以这样描述"合作行为"：我们先需要引入经济学中"帕累托最优"的概念。

定义 2.5 如果一群人按照一定的规则分配一定数量的财富或者资源，当任意改变这个规则时，都会使得其中一些人的收益（所得、效用、收入等）减少，则称这种分配规则是帕累托最优规则（或者帕累托最优状态）。

由于资源或者财富都是有限的，而人们的欲望往往是没有止境的，所以一般来说不可能同时完全满足所有人的欲望；财富和资源在不同人之间的分配是此消彼长的关系，一些人的收入增加必然导致其他人的收入减少，而我们永远没有理由说某些人的收入就应该增加，而其他人的收入就应该减少，因为这涉及价值判断，是永远都存在争议的领域。当然，也有这样的情形，某种分配规则的改变可以使得所有人的收益同时增加，而所有人收益都增加显然是好事，被称为分配效率的增加，也叫作"帕累托改善"。然而，这样的场合只限于某些特定时候。通常是一些人收益增加的同时会导致其他人收益减少。由于难以判断哪些人收益应该增加，哪些人收益应该减少，所以意大利经济学家帕累托提出，在这样的分配状态或者分配规则下，任何改变都会伤害一些人的利益，所以任何改变都不是应该的。他建议这样的状态就是不能够改变的状态，可以称为"最优"的分配状态或者最优的分配规则。后来人们就称其为"帕累托最优"状态。

因此,帕累托最优就是指一种分配状态或者分配规则是不能够改变的,任何改变都会伤害一些人的利益。帕累托最优完全将价值判断排除在外,是一种完全的"效率"标准。

我们设想,如果一群人之间在财富或者资源分配上处于帕累托最优的状态,按照完全的"效率"标准,就是处于一种"最优"的状态,这种状态的任何改变都是不允许的,或者说是偏离最优的。我们就可以将这样的帕累托最优状态或者分配规则称为处于一种"合作"的状态。于是我们就可以这样定义"合作"的概念。

定义 2.6　如果一群人(或者企业、组织团体甚至国家、国际联盟等)之间就某种财富或者资源分配处于一种帕累托最优状态,我们就称其中的人们是"合作"的。

也就是说,任何偏离帕累托最优状态的,就是不合作的状态。任何偏离帕累托最优行为的,就是不合作的行为。

给定其他人的行动或者策略,某个特定的参与人选择使得自己的利益最大化的行动或者策略,这样通常会偏离帕累托最优。或者说,在帕累托最优状态,通常每个人选择的行动或者策略并不是他们最优的选择,或者说不一定是他们最优的选择。所以,不合作的行为通常就是给定其他人的策略或者行动,参与人最大化自己利益的策略或者行动。

当然,在逻辑上存在这种可能——参与人选择的行动或者策略并不是最大化自己利益的行动或者策略,甚至是相当于每个人选择自己最优行动或者最优策略的帕累托改善但并不是帕累托最优的。我们可以说这样的状态是合作的吗? 不可以! 为什么? 因为,尽管相当于每个人选择自己最优行动或者最优策略,是帕累托改善,但是相对于继续帕累托改善后的帕累托最优来说,这种状态仍然是低效率的,所以是不合作的。因此,我们就可以将任何偏离帕累托最优的状态或者分配规则称为不合作的状态或者规则。

下面以"囚徒困境"为例来说明这样的定义,见表2.2。

表 2.2　囚徒困境博弈

		B	
		坦白	抵赖
A	坦白	−8,−8	0,−10
	抵赖	−10,0	−1,−1

显然,唯一的帕累托最优就是每个人都选择抵赖,这是两个小偷合作的状态;任何偏离,比如,小偷选择自己的最优行动或者策略——选择坦白,这就是不合作的状态。

2.3.5　对称信息下有限次重复博弈中不存在合作均衡

通过本书的学习发现,有限次重复博弈难以带来合作行为。不过要注意的是,在那里,假定重复博弈的阶段博弈里面只存在唯一的一个纳什均衡。可以证明,如果阶段博弈存在唯一的一个纳什均衡,则有限次重复博弈也存在唯一的子博弈精炼纳什均衡——

就是每一阶段都重复阶段博弈的纳什均衡。在有限次重复"囚徒困境"中，参与人每一阶段都相互出卖对方。

定理 2.5　如果阶段博弈存在唯一的一个纳什均衡，信息是完全的，则有限次重复博弈也存在唯一的子博弈精炼纳什均衡，即每一阶段都重复阶段博弈的纳什均衡。

运用逆推法，我们很容易证明这个结论。在最后一个阶段博弈里，双方都知道这是最后的一个阶段博弈，所以会选择纳什均衡行动。在倒数第二个阶段博弈中，因为双方都知道下一个阶段博弈的结果并不受这一阶段博弈的影响，所以都会把该阶段博弈视为最后一个阶段博弈，于是选择纳什均衡行动，……因此，我们可以预测从第一个阶段博弈开始，每一个阶段博弈里，都会重复阶段博弈的纳什均衡。

我们看到，就有限次重复博弈来说，在完全信息的情况下，是难以获得合作性均衡的。

这个结论不仅在阶段博弈只有一个纳什均衡的情形下成立，而且具有一般性。比如，如果阶段博弈存在两个或者多个纳什均衡，这样的结论也一定成立，只不过我们需要就子博弈精炼均衡的可信度加以质疑。当然，以上分析是建立在参与人具有充分高理性基础上的。如果假定参与人的理性是有限的，比如二阶理性，则有限次重复博弈也可能出现合作均衡。

下面，我们看一个例子，见表2.3。

表2.3　貌似带来合作均衡的两阶段重复博弈的阶段博弈

		2		
		合作	不合作1	不合作2
1	合作	4,4	0,5	0,0
	不合作1	5,0	1,1	0,0
	不合作2	0,0	0,0	3,3

这个阶段博弈存在两个纳什均衡，即双方都不合作（不合作1，不合作1），双方都选择不合作（不合作2，不合作2）。

可以证明，当假定贴现因子为1时，双方都采用这样的策略，貌似会产生合作均衡：

在第一阶段选择合作，在第二阶段，如果第一阶段有人没有选择合作，则选择不合作1，如果第一阶段没有人选择不合作（即都选择了合作），则选择不合作2。根据一次偏离定理，这是一个子博弈精炼均衡。因为，在第一个子博弈的开始节点（第一阶段），任何参与人的一次偏离都会降低支付，在第二阶段的两个子博弈也是如此。所以，双方都选择该策略是子博弈精炼纳什均衡。

之所以这个策略貌似可以使得参与人选择合作，是因为背叛行为会受到惩罚。比如，给定一个参与人选择该策略，其他参与人如果在第一阶段选择了不合作，在第二阶段就会遭到对方惩罚，因为对方选择不合作1，而给定对方不合作1，自己只有选择不合作1

才能够获得最大支付*1*,但是这个支付1小于双方都选择不合作2带来的支付3。对方的惩罚是选择纳什均衡(不合作1,不合作1)中的均衡策略。这个纳什均衡称为"纳什威胁点"。正是因为存在带来低支付的纳什均衡,或者说纳什威胁点,才迫使自己在第一阶段选择合作行为。

我们自然想到,这种通过对背叛行为潜在惩罚的威胁,不一定要通过纳什均衡。给定其他参与人的策略,特定参与人会选择最大化自己支付的策略。

设参与人 i 的支付函数是 $u(s_1,\cdots,s_i,\cdots,s_n)=u(s_i,s_{-i})$,其中 s_i 是参与人 i 的策略,s_{-i} 表示除参与人 i 之外的其他参与人的策略组合,n 是参与人的个数。

用 $\max\limits_{s_i}u(s_i,s_{-i})$ 表示给定其他参与人的策略,参与人 i 选择最大化自己支付的策略时所得到的支付;用 $\arg\max\limits_{s_i}u(s_i,s_{-i})$ 表示给定其他参与人的策略,参与人 i 选择最大化自己支付的策略集合。给定参与人 i 选择 $\max\limits_{s_i}u(s_i,s_{-i})$ 中的策略,其他参与人如果选择最小化 $\max\limits_{s_i}u(s_i,s_{-i})$ 的策略组合,则参与人 i 得到的支付就是 $\min\limits_{s_{-i}}\max\limits_{s_i}u(s_i,s_{-i})$,被称为"最小最大支付";$\arg\min\limits_{s_{-i}}\max\limits_{s_i}u(s_i,s_{-i})$ 就表示其他参与人选择最小化 $\max\limits_{s_i}u(s_i,s_{-i})$ 的策略组合,被称为"最小最大策略"。$\min\limits_{s_{-i}}\max\limits_{s_i}u(s_i,s_{-i})$ 是参与人 i 在博弈中得到的最小支付,或者说,参与人 i 在博弈中获得的支付绝不会小于 $\min\limits_{s_{-i}}\max\limits_{s_i}u(s_i,s_{-i})$,包括纳什威胁点的支付也不会小于 $\min\limits_{s_{-i}}\max\limits_{s_i}u(s_i,s_{-i})$(在这个博弈里,最小最大策略与纳什威胁策略是相同的,但是一般情况下它们并不相同)。

可以通过选择 $\arg\min\limits_{s_{-i}}\max\limits_{s_i}u(s_i,s_{-i})$ 中的策略来惩罚参与人 i 的不合作行为。如果通过选择 $\arg\min\limits_{s_{-i}}\max\limits_{s_i}u(s_i,s_{-i})$ 中的策略,而不是选择纳什均衡点来惩罚参与人 i 的不合作行为,是否也能够带来合作行为? 这个问题的答案是肯定的,我们将在后面讨论无限次重复博弈时重新回到这个问题上来。

现在,继续讨论上述博弈。我们看到,通过纳什威胁点的威胁,参与人都不敢选择不合作的背叛行为,所以带来合作性的均衡。但是,经过仔细观察该博弈存在一个问题,即该博弈的阶段博弈存在两个纯策略纳什均衡——双方都不合作1和双方都选择不合作2的均衡。当博弈进行到第二阶段时,如果双方进行再谈判,就会选择这个帕累托最优的均衡策略,而不管过去的历史如何才是理性的。然而,如果第二阶段选择的一定是这个帕累托最优纳什均衡,则在第一阶段就会有偏离合作的动机,第一阶段的合作就不可能。

所以,这里得到的子博弈精炼均衡其实是不合理的!

在这里,问题出在第二阶段会出现再谈判的可能性或动机,而这种可能性就导致子博弈精炼均衡具有不合理性。看来,麻烦就出在有限次重复博弈那里。如果考虑重复博弈没有结尾,也就是说,考虑无限次重复博弈,就可能带来合作性均衡? 这就是我们在下面要考察的。

2.3.6 无限次重复博弈中的合作性均衡

在无限次重复博弈里,合作性均衡的获得是比较容易的,只需参与人具备足够强的

耐心即可,这一令人惊讶的结果在非常一般的情形里都成立。即使阶段博弈中没有纳什均衡,或者只有一个纳什均衡,或者存在多重均衡,这一结果都成立。这样的结果在博弈论中被称为"无名氏定理"(这是奥曼的贡献,但是他谦虚地称为"无名氏定理")。为了证明无名氏定理,首先需要引入"可行支付组合"的概念。

阶段博弈所有可能的支付的凸组合构成的集合就是"可行支付组合"或"可行集",产生可行集中的点的策略组合就是"可行组合"。

进一步我们假设,参与人就按照某个信号发生器发出的随机信号选择某个规定的混合策略,则期望的支付就是博弈所有可能带来的混合策略支付的某个凸组合。

定义 2.7 阶段博弈的所有可能支付组合(包括混合策略下)的凸组合构成的集合被称为可行集。

显然,因为不同的混合策略组合达成的支付的凸组合,相当于参与人的某一个参与人混合策略的同样凸组合,因为混合策略的凸组合也是混合策略。因此,可行集就是所有混合策略组合带来的支付组合集,包括纯策略组合支付。

下面定义无限次重复博弈的平均支付概念,这个概念帮助我们形成下面的无名氏定理所需要的其他相关概念。

定义 2.8 一个无限次重复博弈,如果将某个参与人在每一阶段博弈中得到的阶段博弈支付换成某个固定的常数支付,其贴现和等于原来的博弈阶段支付贴现和,则称该常数支付为该参与人在原来博弈中的平均支付。

如果参与人在第 t 阶段的支付是 $u_t, t=0,1,2,\cdots$,其贴现因子为 δ,则其阶段支付的贴现和为 $U_i = u_0 + \delta u_1 + \delta^2 u_2 + \cdots + \delta^t u_t + \cdots$。

设平均支付为 $\bar{u}_i$,则有

$$\bar{u}_i + \delta \bar{u}_i + \delta^2 \bar{u}_i + \cdots + \delta^t \bar{u}_i + \cdots = \frac{1}{1-\delta} \bar{u}_i = U_i, i = 1, \cdots, n$$

$$\bar{u}_i = (1-\delta) U_i$$

我们断言,如果所有参与人的贴现因子是相同的,那么可行集里的所有点,也就是阶段博弈所有可能的支付组合(包括有一些支付是混合策略组合带来的支付组合),都是重复博弈的某个策略组合的平均支付组合;反过来,重复博弈的任何策略组合的平均支付组合,都一定是可行集里的点。

这是因为,如果重复博弈的平均支付是

$$\bar{u}_i = (1-\delta) U_i$$

则有

$$\bar{u}_i = (1-\delta) U_i$$
$$= (1-\delta) u_0 + (1-\delta) \delta u_1 + (1-\delta) \delta^2 u_2 + \cdots + (1-\delta) \delta^t u_t + \cdots$$

显然有

$$(1-\delta) + (1-\delta)\delta + (1-\delta)\delta^2 + \cdots + (1-\delta)\delta^t + \cdots = (1-\delta)(1+\delta+\delta^2+\cdots+\delta^t+\cdots) = 1$$

并且 $0<(1-\delta)\delta^{t}<1$，$t=0,1,\cdots$，而 u_{t} 无非是阶段博弈的某个支付。

这样，$\overline{u_{i}}$ 就是可行集里的某个点的分量，而由于假定所有参与人的贴现因子是相同的，所以 $\{\overline{u_{i}},i=1,\cdots,n\}$ 就是可行集里的某个点。

反过来，给定可行集里的任意点，我们可以通过某个随机信号发生器发送的信号来规定各个参与人在阶段博弈中的策略选择，这样就获得阶段博弈的支付组合，而这个支付组合就是给定可行集中的那个点。然后，我们规定参与人不断重复这个阶段博弈，并且无限次重复，就获得重复博弈。显然，在这个重复博弈的每个阶段博弈中，参与人选择的策略都完全一样。平均支付也就是这个点的分量，平均支付的组合就是这个点。

当然，尽管可行集中的所有点都可以通过某个策略组合得到，但是这样的策略组合可能不一定是纳什均衡。进一步，这样的点不一定可以通过子博弈精炼均衡实现！

然而，下面这个著名的无名氏定理却给出了非常强的结果——对于有限博弈的阶段博弈来说，只要参与人有足够的耐心，可行集里的大多数点都可以通过均衡策略组合实现。

定理 2.6（无名氏定理，Friedman，1971）　如果阶段博弈 G 是有限博弈，而 G 存在纳什均衡，均衡支付向量为 $e=(e_{1},\cdots,e_{n})$；可行集里的任意点为 $x=(x_{1},\cdots,x_{n})$，并且 $x>e$（即 $x_{i}>e_{i}$，$i=1,\cdots,n$），则存在 $\delta^{*}>0$；使得 $\delta>\delta^{*}$ 时，重复博弈存在子博弈精炼纳什均衡，其平均支付组合等于 $x=(x_{1},\cdots,x_{n})$。

证明：因为阶段博弈是有限博弈，所有阶段博弈的支付绝对值存在共同的上限。所以，该博弈是无限连续博弈（见后面的推论 9.1），只要证明某个带有支付组合使得 $x=(x_{1},\cdots,x_{n})$ 的策略组合满足一次偏离性质即可。

可以通过冷酷策略来证明：

因为存在一个阶段策略组合使得 $x=(x_{1},\cdots,x_{n})$ 是其支付组合向量，我们不妨称这个阶段策略组合为"合作性策略组合"，其中的策略为"合作性策略"（注意，这里说的合作与之前定义的基于帕累托最优的合作似乎是不同的，因为在这里的合作性策略并不一定是带来帕累托最优的策略，只不过是带来帕累托改善的策略）。假设所有参与人采用这样的冷酷策略：

①一开始选择合作性策略规定的行动（合作性行动）。

②当所有参与人在之前的每一个阶段都选择合作性策略规定的行动，则选择合作性策略规定的行动；当之前有人（包括他自己）选择了偏离该合作性策略规定的行动（背叛），则选择该纳什均衡策略规定的行动，并且之后永远选择该纳什均衡策略规定的行动。

考虑这样的子博弈，之前参与人 i 在阶段博弈里当其他参与人都选择合作性策略规定的行动时，他如果偏离一次，自己选择背叛获得的最大阶段支付为 $d_{i}>x_{i}$（其实，并不需要这样的假定，同样可以证明定理）。如果不偏离，该子博弈贴现支付和为

$$v_{i}=\frac{x_{i}}{1-\delta}$$

如果他选择背叛偏离，他在该子博弈上的支付贴现和为

$$v_i = d_i + \delta \frac{e_i}{1-\delta}$$

使得其选择偏离会降低子博弈支付，存在合作性解的条件是

$$v_i = \frac{x_i}{1-\delta} > d_i + \delta \frac{e_i}{1-\delta}$$

也就是说

$$x_i > d_i(1-\delta) + \delta e_i$$

$$\delta > \frac{d_i - x_i}{d_i - e_i}$$

如果对所有的 i，该条件都成立，也就是说，如果有

$$\delta > \frac{d_i - x_i}{d_i - e_i}, i = 1, \cdots, n$$

则所有参与人在所有子博弈上偏离都会降低子博弈支付。也就是说，在之前没有参与人选择不合作的子博弈上，偏离会降低子博弈支付，此时选择冷酷策略是最优的。当 $x_i > e_i$，$i = 1, \cdots, n$ 时，上述不等式是有意义的。

显然，如果 $\delta > \delta^* = \max\left\{\frac{d_i - x_i}{d_i - e_i}, i = 1, \cdots, n\right\}$，那么其中 $\max\left\{\frac{d_i - x_i}{d_i - e_i}, i = 1, \cdots, n\right\}$ 表示在所有的 $\frac{d_i - x_i}{d_i - e_i}$ 中最大的一个。此时，在之前没有人偏离的子博弈上，不偏离是最优的。而在之前有人背叛的子博弈上，偏离会降低子博弈支付，该参与人的最优还是不偏离。因为对方在之后的每一个阶段都选择纳什均衡策略。此时，合作性子博弈精炼纳什均衡就存在。

2.3.7 有关无名氏定理的其他一些结论

如果参与人通过最小最大威胁点而不是纳什均衡威胁点来惩罚背叛行为，能否带来合作性均衡呢？或者说，用最小最大支付而不是纳什威胁点来惩罚背叛行为，能不能使重复博弈可行集里的点成为某个子博弈精炼均衡的平均支付？关于这个问题，有如下的结果：

定理 2.7（Aberu，1988）   如果阶段博弈 G 是有限博弈，最小最大支付组合向量为 $y = (y_1, \cdots, y_n)$；可行集里的任意点为 $x = (x_1, \cdots, x_n)$，并且 $x > y$（即 $x_i > y_i$，$i = 1, \cdots, n$），则存在 $\delta^* > 0$；当 $\delta > \delta^*$ 时，重复博弈存在纳什均衡，其平均支付组合等于 $x = (x_1, \cdots, x_n)$。

注意，在这里我们只能够获得纳什均衡，而不是子博弈精炼纳什均衡的结果。但是，如果任何两个参与人的支付函数都不相同，或者说都不是正的仿射变换等价时，则该定理中的纳什均衡就可以改为子博弈精炼纳什均衡。

所谓正的仿射变换等价,是指如果参与人1和参与人2的支付函数分别是 u_1 和 u_2,则存在常数 $a,b>0$,使得 $u_1=a+bu_2$。然而在二人博弈中可以获得下列结果:

定理 2.8(Fudengberg and Maskin,1986) 如果阶段博弈 G 是二人有限博弈,最小最大支付组合向量为 $y=(y_1,y_2)$;可行集里的任意点为 $x=(x_1,x_2)$,并且 $x>y$(即 $x_i>y_i$,$i=1$,2),则存在 $\delta^*>0$;当 $\delta>\delta^*$ 时,重复博弈存在子博弈精炼纳什均衡,其平均支付组合等于 $x=(x_1,x_2)$。

2.4 重复博弈的其他一些策略均衡及对中国传统文化核心价值观的一种解释

2.4.1 无限次重复博弈的一次偏离定理

即使对"囚徒困境"阶段博弈重复无限次的博弈,我们也从未判定一定只有冷酷策略带来的合作性均衡。我们猜想,重复博弈可能还存在其他惩罚背叛行为的方式所带来的精炼均衡。

为了进行下面的分析,我们把定理2.4具体应用在无限次重复博弈中,也就是说,我们将证明对贴现方式表达支付的无限次重复博弈,在一定条件下一次偏离定理也是成立的。根据定理2.4,我们只要证明如果无限次重复博弈的支付函数满足无限连续性,就可以运用一次偏离定理来检验策略组合是不是子博弈精炼纳什均衡。

定理 2.9 如果无限次重复博弈的阶段博弈中,任意两个不同的策略组合给任意参与人带来的支付之差绝对值存在上限,则一个策略组合是子博弈精炼纳什均衡的充分必要条件,是该策略组合满足一次偏离性质。

证明:设任意一个参与人的支付函数是 $U_i(S)=u_i(a_0)+\delta u_i(a_1)+\delta^2 u_i(a_2)+\cdots+\delta^t u_i(a_t)+\cdots$,其中 $u_i(a_t)$ 是阶段博弈的支付函数,a_t 是在 t 阶段所有参与人选择的行动组合。假设有两个策略组合 S,S',他们在阶段博弈中规定的行动组合分别是 a_t,a'_t,并且有 $a_t=a'_t$,$t\leq T$,则

$$|U_i(S)-U_i(S')|=|\delta^{T+1}(u_i(a_t)-u_i(a'_t)+\cdots)|$$

$$\leq\delta^{T+1}(1+\delta+\delta^2+\cdots)M=\frac{\delta^{T+1}M}{1-\delta},0<\delta<1$$

其中,M 是在无限次重复博弈的阶段博弈中,任意两个不同的策略组合给任意参与人带来的支付之差绝对值的上限,即 $|u_i(a_t)-u_i(a'_t)|\leq M$,$t=1,2,\cdots$。

根据 $|U_i(S)-U_i(S')|=\frac{\delta^{t+1}M}{1-\delta}$,$0<\delta<1$;显然当 T 充分大的时候,不同策略组合给参与人带来的支付差可以小于任何一个正数。

所以定理成立。

推论 2.1 如果无限次重复博弈的阶段博弈是有限博弈，则一个策略组合是子博弈精炼纳什均衡的充分必要条件是该策略组合满足一次偏离性质。

证明: 因为对有限博弈的阶段博弈，任意两个不同的策略组合给任意参与人带来的支付之差绝对值存在上限，所以根据定理 2.17，结论成立。

例 2.7 连锁店 1 和 2 之间长期就进入区域性市场进行重复博弈，并且每一次的阶段博弈就是下面的支付矩阵描绘的情形，见表 2.4。

表 2.4 市场进入博弈

		2	
		进入	不进入
1	进入	−1，−1	1，0
	不进入	0，1	0，0

假设他们的贴现因子都为 δ，$0<\delta<1$，问贴现因子满足什么条件时，它们之间可能达成合作，从而实现支付向量 $(0.5,0.5)$？

解 显然，过原点与两个坐标轴夹 45°角的射线，与两个纯纳什均衡连线的交点就是 $(0.5,0.5)$。

该阶段博弈存在 2 个纳什均衡:（进入，不进入）、（不进入，进入），2 个参与人分别以 0.5 的概率选择两个纯策略，支付向量分别是:(1.0)，(0.1)，$(0,0)$。通过相关博弈策略组合 S:参与人分别以 0.5 的概率选择（进入，不进入）、（不进入，进入）两个均衡，可以实现支付向量 $(0.5,0.5)$。

因此，支付向量 $(0.5,0.5)$ 是阶段博弈纳什均衡的凸组合，即相关博弈的纳什均衡。每一个阶段博弈都选择这种均衡策略，显然构成重复博弈的精炼均衡（这个重复博弈是无限连续的），对任意的贴现因子都成立。

以下是具体证明:在阶段博弈中，给定参与人 2 选择 S 给定的策略，参与人 1 如果选择的不是相关博弈策略的混合策略 $(\theta,1-\theta)$，其中 θ 是参与人 1 选择进入的策略，参与人 1 的期望支付是 $-\frac{1}{2}\theta+\frac{1}{2}\theta=0$，如果他选择与参与人 2 进行相关博弈，则最大期望支付就是 0.5，因为 $(0.5,0.5)$ 是纳什均衡。因此，参与人 1 不会偏离相关博弈策略。

给定参与人 1 选择 S 给定的策略，参与人 2 如果不选择相关博弈策略的混合策略 $(\gamma,1-\gamma)$，其中 γ 是参与人 2 选择进入的策略，参与人 2 的期望支付是 $-\frac{1}{2}\gamma \times 1+\frac{1}{2}(1-\gamma)\times 0+\frac{1}{2}\gamma\times 1+0=0$。如果他选择与参与人 1 进行相关博弈，则最大期望支付就是 0.5，因为 $(0.5,0.5)$ 是纳什均衡。因此，参与人 2 不会偏离相关博弈策略。

故该期望支付 $(0.5,0.5)$ 在任何 $\delta>\delta^{*}=0$ 时总是能够通过该相关博弈策略组合实现。

2.4.2　重复博弈的其他一些策略均衡

关于这个问题,可以得到下列结果:

在无限期重复博弈中,已经能够从数学推演出来的合作解是所谓的"冷酷策略子博弈精炼均衡",但是,我们并没有证明这个合作解就是最有效率的合作解(即帕累托最优解),也许还有其他的更加有效率的合作解? 它们是什么? 如果存在其他的更加有效率的合作解,它们的相应博弈策略又是什么?

由于数学的复杂性,博弈专家就运用计算机来模拟实验。首先,在进行这样的实验之前,心理学家们已经通过大量实验证明人类行为并非表现出普遍的理性特征,而是存在多种非理性特点,从而形成所谓行为经济学的基本出发点。

我们来看密歇根大学的计算机模拟结果:

爱克斯罗德教授首先邀请全世界的学者递交自认为最优的策略程序,然后将这些策略相互之间交替进行不特定次数的"重复囚徒博弈",根据最终排名来判定优劣。第一轮14个程序之间的竞赛结果显示,"一报还一报"的简单策略获得第一。之后,又有63位科学家递交了改进版程序,进行第二轮竞赛,其中包括多个以"一报还一报"策略为基础的改良程序。令人惊讶的是,第二轮比赛的优胜者仍然是"一报还一报"。后来,全世界多所大学进行过类似的实验,结果都是类似的,"一报还一报"策略是最好的策略。

潜在的博弈策略应该包括多种多样的,如"一报还无穷次报""一报还二报""一报还三报"……但是,所有的实验结果都表明"一报还一报"是最佳策略。这种发现,即"一报还一报"策略是最优策略的结论,似乎可以用来解释为什么《三国演义》中的关羽最终成为中华文化中的武神。按道理讲,在《三国演义》中的诸多英雄好汉里,虽然关羽的武功并不是第一,战绩也因为败走麦城而得分很低,但是却成为《三国演义》中唯一封神的角色,因为遍布华人世界的关帝庙说明了这一点。这是因为,关羽在华容道义释曹操,还了曹操当年纵容关羽过五关斩六将有意包装关羽的人情。关羽这种宁愿冒着被诸葛亮砍头的风险也要坚持"一报还一报",不欠曹操人情的人品,是暗合了博弈论的最优化策略。也就是说,中华文明中的讲究"义"的价值观,从遵从关帝和关羽的故事中,反映出精准落在"一报还一报"这样的最优化策略上。关于这一问题,读者可以去网上读我的一篇文章《是谁在华容道放走了曹操,博弈论破解"三国"中的千古之谜》。也可以观看电视连续剧《三国演义》第39集,该集是关羽在华容道义释曹操的故事。

案例 2.1　电力市场博弈

基于售电行业放开的电力市场改革,主要是政府将原来单纯由电力公司和发电商直接垄断销售给用户的电力,释放一定的额定电量给予电力市场,由电力市场按照市场化机制销售。这样,电力市场改革中的电力销售,就由既往的电力公司和发电商垄断销售,改革为一部分仍然是电力公司和发电商直接销售(发电商直接供电主要是大用户与发电商之间进行谈判签约的方式,而电力公司直接销售是按照统一的固定睌电价销售,主要是提供给居民和公共事业单位用户),另一部分由售电公司从发电商那里批发购买电量

后再零售给用户(主要是企业用户)。这样,售电行业就从原有的垄断性行业改革为竞争性行业,因为售电公司是可以相对自由进入和退出的。

在售电市场放开后,发电厂和电力公司把原来的市场营销部门注册为售电公司,但是,这些售电公司与其母体发电厂或电力公司在财务报表上暂时还没有分离。这些售电公司的成本仍然归入原来的母体公司,也就是说,这些售电公司的边际成本其实可以视为零。我们称这种售电公司为"寄生公司"。其他的主要由民间资本进入售电行业经营售电业务的公司被称为"独立售电公司"。在这种情况下,独立售电公司还可进入市场与这些公司进行竞争吗?因为,从发电厂或者电力公司的市场营销部门分离出来,并且边际成本为零的寄生公司进行价格战优势明显,因为它们可以在理论上将价格降到零,而独立售电公司却没有这种优势。

但是,自售电市场放开后,已经有相当一部分的独立售电公司进入市场与寄生公司展开竞争。独立售电公司大多数来自民营资本的投资。为什么独立售电公司能够与边际成本为零的寄生公司进行竞争呢?这是因为,独立售电公司可以为购电客户同时提供其他增值服务,例如,电力维修和节能管理咨询等,这是从发电厂或者电力公司原来的营销部门独立出来的寄生公司不具有的优势。

如果客户在市场上去寻找专门提供这类服务的公司,当然也可以获得这些服务,但是与直接从独立售电公司那里获得服务相比较,存在额外的交易成本(存在寻找信息、签约、违约惩罚等方面的额外成本)。因此,独立售电公司也拥有自身独有的竞争优势。因为,寄生公司作为从母体市场营销部门变身而来的售电公司,通常不具有提供这类增值服务的资源和团队。客户一旦与独立售电公司签订购电合约,就顺带由独立售电公司提供增值服务,客户由此省去了额外寻找其他专门提供增值服务的公司以及询价谈判和签约的交易成本。

因此,如果寄生公司将电价降到独立售电公司的电价以下,但是这种电价差如果小于客户额外寻找增值服务公司的交易成本,则客户会选择独立售电公司作为购电供给方。所以,寄生公司只有把电价降到独立售电公司电价以下,并且两者的差距大于交易成本节省的情况下,客户才会选择寄生公司购电。也就是说,用户选择与寄生公司还是独立售电公司签约(购电合同),从表面上看,可以根据售电公司的零售电价决定。然而,决定用户选择售电公司的因素不仅仅是零售电价,还有用户获得的其他收益,包括独立售电公司捆绑式提供增值服务从而节省了交易成本的收益等。

事实上,在我们的实际调研中发现,尽管寄生公司由于低成本经营似乎存在价格竞争优势,其实不然。由于独立售电公司存在为用户提供增值服务的优势,它们不仅可以与寄生公司竞争,在售电行业中得以生存,而且还可以高于寄生公司的零售电价与用户签约。这种相对高的独立售电公司零售电价不仅高于寄生公司的零售电价,偶尔还发现存在高于目录电价的独立售电公司零售电价。

我们采用经济学的标准方法假定用户选择售电公司的准则如下:

用户根据与售电公司签约带来的"经济剩余"相对大小决定签约对象。即用户选择与为其带来较大"经济剩余"的售电公司签约。并且假定,在一个给定的运行周期内,一家用户只与一家售电公司签订购电合约。

经济剩余是指用户与售电公司签订购电合约后,预期获得的消费者剩余(范里安,2015)与节省的交易成本之和(当用户与寄生公司签约时,没有交易成本节省)。

这种情形是售电行业在电力市场改革初期或者近期存在的现象。在电力市场改革的未来或者说远期,预期随着电力市场改革的持续深化,存在于售电行业的所有售电公司都应是独立售电公司。到那时,寄生公司就彻底退出行业或者消失。

我们将售电行业产业组织结构分为近期和远期两个阶段进行研究,通过运用产业组织理论中的博弈论方法预判售电行业在这两个不同阶段中的企业竞争特征与影响电价表现的各种因素以及影响方式。

1)近期售电行业产业组织与电价分叉效应

在目前售电行业开放初期,电力市场改革还处于早期阶段,售电行业产业组织也处于动态演化的初始阶段。在这一初始阶段,售电行业既存在独立售电公司,也存在寄生公司。由于两类企业存在成本上的差别,在零售电价上也存在不同价格水平,这就是零售电价的分叉效应。我们调研发现,独立售电公司由于具有节省用户交易成本的优势,可以高于寄生公司零售电价与用户签约。尽管寄生公司具有零边际成本优势,可以通过价格优势与独立售电公司竞争,但经调研发现,独立售电公司相对高的零售电价仍然可以与寄生公司共存于售电行业。

我们将通过构造一个 Stackelberg—Bertrand 价格竞争博弈模型对此给予解释,并且,基于该模型,我们刻画了独立售电公司与寄生公司的零售电价之间的数量关系。

寄生公司和独立售电公司都从发电商那里获取电力,即按照批发价格获得电力。不过,由于寄生公司的财务没有独立于发电商,所以寄生公司的收益也是发电商的收益且寄生公司的批发价格为零。在独立售电公司与寄生公司的竞争中,给定任何一方的报价,双方的收益是什么,取决于在这个批发电价的条件下,双方的零售定价策略和批发购买电量策略。当然,寄生公司的零售电量是发电厂或者电力公司可以决定的。但是,尽管寄生公司的边际成本为零,寄生公司的母体发电厂或者电力公司却存在大于零的边际成本。

在理论上存在的博弈均衡,不一定出现在现实情况中。如果寄生公司将成本计入母公司发电厂,自己的边际成本为零,尽管独立售电公司存在配套增值服务的优势,但在与寄生公司的市场竞争中,也可能因为没有均衡而出现无休止的价格调整博弈。这种没有均衡的价格调整也会导致独立售电公司退出市场,因为不断进行的没有预期均衡水平的价格调整也会导致独立售电公司发生额外的交易成本。目前,一些独立售电公司退出售电市场也许正是这种原因。这里将通过一个博弈模型证明这一点。

2) 模型

(1) Stackelberg 博弈

在模型中,假定只有一个发电商。在现实的经济区域里,往往存在多个发电公司。为了避免数学上的复杂性,我们把考虑的一个经济区域里的所有发电企业合并起来,视为单个发电商。这意味着事实上的多个发电企业之间没有策略性行动,这是一个假设。

下面先考虑独立售电公司与一个寄生公司之间的竞争。由于我们的假定只有一个发电商,并且寄生公司是发电商原有的市场营销部门变身而来的公司,所以只有一个寄生公司的假定是自然而然的推论。

设发电厂给予独立售电公司的批发电价为 P,独立售电公司和寄生公司的零售电价分别为 p_i, p_p,独立售电公司和寄生公司的零售电量分别为 q_i, q_p,如果独立售电公司的零售电价为 p_i,零售电量为 q_i,其销售收入为 $r_i = p_i q_i$;如果寄生公司的零售电价为 p_p,零售电量为 q_p,其销售收入为 $r_p = p_p q_p$。假设经济区域中存在不确定数量的多个电力用户(即购电企业;售电放开的市场是针对企业用户而不是居民户的)。

每一个用户对电力的需求函数是

$$p = h(q)$$

其中,p, q 分别是电力市场价格和需求量,$h(\cdot)$ 是严格递减函数,于是存在逆函数 $h^{-1}(\cdot)$。我们假定所有的用户都有相同的电力需求函数。

现实中,发电商存在产能上限,因此发电量是存在上限的。但是,在目前以及未来相当长的新常态时期,由于总需求相对低迷,电力行业的产能存在富余的情况下,相对于电力需求来说,在数学模型中可近似地把发电商的发电能力设定为能够满足任何需求量的产能。

先假设只存在一个独立售电公司和一个寄生公司、一个发电厂(或者说,在多个独立售电公司、多个寄生公司和发电商中挑选出单个主体进行分析),先只考虑这种简单情形。在后面的分析中,将放开只有一个独立售电公司的假定。

当用户从寄生公司购买电力获得的消费者剩余大于从独立售电公司购买电力获得的消费者剩余与交易成本节省之和时,则寄生公司成为市场完全垄断者。寄生公司的利润是

$$\prod_p = p_p q_p \tag{2.2}$$

因为寄生公司的边际成本为零。同时,因为寄生公司的财务没有从发电厂独立出来,所以总的成本也为零。

发电厂的利润是

$$\prod_e = p_p q_p - c_e(q_p)$$

其中,$c_e(q_p)$ 是发电厂的成本函数。

由此可知,独立售电公司利润为零。

当用户从寄生公司购买电力获得的消费者剩余小于从独立售电公司购买电力时获

得的消费者剩余与交易成本节省之和时,则独立售电公司成为市场完全垄断者。发电厂的利润是

$$\prod = Pq_i - c(q_i) \qquad (2.3)$$

独立售电公司的利润是

$$\pi_i = p_i q_i - Pq_i - c + z(q_i) \qquad (2.4)$$

其中,$z(q_i)$是独立售电公司为客户提供增值服务获得的利润,c是独立售电公司在购售电过程中的固定成本。因为独立售电公司的售电业务主要是售电交易,其售电成本除了从发电商那里获得电力的批发电价外,还有由员工薪酬以及固定资产折旧构成的固定成本,所以c是常数。

同时,假设独立售电公司在购售电过程中发生的变动成本只由购电成本构成。当用户从寄生公司购买电力获得的消费者剩余与从独立售电公司购买电力获得的消费者剩余与交易成本节省之和相等时,用户在独立售电公司和寄生公司之间购电是无差异的,此时,用户以相等的概率随机性地选择独立售电公司或寄生公司签约。

独立售电公司和寄生公司都是根据零售价和自己的成本函数决定零售电量,从而共同决定市场上的总电量供给量。零售价也决定市场对电力的需求量。只有当总供给量与需求量相等时才出现均衡。

售电公司之间,以及售电公司与发电商之间的博弈是动态的,博弈的进行顺序如下:

第一轮,发电商决定给予独立售电公司的批发价。

第二轮,一旦决定了批发价P,独立售电公司与寄生公司之间就开始了市场博弈(在后面假设存在多个独立售电公司的情况下,独立售电公司之间也存在竞争),各自决定自己的零售价和零售电量,零售电量也就是它们各自从发电厂或电力公司购买的批发电量(寄生公司并不是从发电厂购买电量,而是发电厂直接决定提供给寄生公司零售电量的数量)。

在目前的电力市场改革中,发电商生产的电力一部分仍然是按照目录电价销售给一部分大企业和居民户,具有部分公共产品性质。余下部分供给电力市场,按照市场机制销售给企业用户。由于电力市场改革还处于早期阶段,提供给电力市场的电量基本上还处于卖方市场,所以我们假定第一阶段博弈中,批发电价由发电商单方面决定。发电商按追求利润最大化原则决定批发电价。

这是一种Stackelbergy博弈。采用逆推法求解。首先在给定的P下计算寄生公司与独立售电公司之间的博弈纳什均衡。通过最优反应函数进行计算。

寄生公司以及独立售电公司的策略可以是零售价(Bertrand博弈)和零售电量(古诺博弈)。假设当用户与独立售电公司签约时,用户节省的交易成本为T。

(2)用户选择售电公司签约的条件

在给定的时间周期里(例如,用户的一个生产周期。售电放开的用户都是企业单位,并不是居民户),对于独立售电公司来说,如果用户按照价格p_i购买电力,也就是说,用户

与独立售电公司签署购电合约，设购买的电量为 q_i，则用户实际的花费为 $p_i q_i - T$，其中 T 是用户在设定周期中的交易成本节省。在这个周期里，用户从独立售电公司那里购买的电量为 q_i。

于是，平均每一单位电量的购买价格实际上为 $\dfrac{p_i q_i - T}{q_i} = p_i - \dfrac{T}{q_i}$，在这个实际价格下，用户对电力的需求量为

$$q_i = h^{-1}\left(p_i - \frac{T}{q_i} \right)$$

于是

$$h(q_i) = p_i - \frac{T}{q_i}$$

$$p_i \equiv v(q_i) = h(q_i) + \frac{T}{q_i} \tag{2.5}$$

也就是说，面对独立售电公司，用户的需求曲线右移，如图 2.8 所示。

根据式（2.5），在同样的价格水平，用户可从独立售电公司购买较之寄生公司更多的电量，因为节省了交易成本（假设用户总是存在增值服务的需求）。

给定电力需求曲线是严格递减的，对于寄生公司来说，降低电价显然增加了用户的剩余，如图 2.9 所示。

对于独立售电公司来说，显然降低电价 p_i 也会增加用户的电量需求，在后面可以看出，也增加了用户的剩余。因此，独立售电公司的决策是通过降低电价与寄生公司竞争用户。

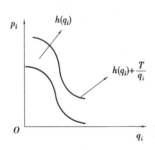

图 2.8 独立售电公司面临的需求曲线右移

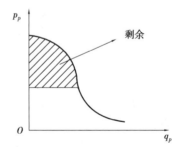

图 2.9 用户在寄生公司购买电力获得的剩余

用户在与独立售电公司签约后的经济剩余是

$$R_i = \int_0^{q_i} h(q)\,\mathrm{d}q - p_i q_i + T$$

$$= \int_0^{q_i} h(q)\,\mathrm{d}q - \left[h(q_i) + \frac{T}{q_i} \right] q_i + T$$

$$= \int_0^{q_i} h(q)\,\mathrm{d}q - h(q_i)q_i，如果用户在独立售电公司购买电力 \tag{2.6}$$

其中，$p_i = h(q_i) + \dfrac{T}{q_i}$；用户决定在独立售电公司还是寄生公司购买电力，是根据其消

费者剩余的大小决定的。设用户的消费者剩余为 R，则

$$R = \begin{cases} R_i = \int_0^{q_i} h(q)\mathrm{d}q - h(q_i)q_i = R_i(q_i), p_i = h(q_i) + \dfrac{T}{q_i}, & \text{如果用户在独立售电公司购买电力} \\ R_p = \int_0^{q_p} h(q)\mathrm{d}q - h(q_p)q_p = R_p(q_p), p_p = h(q_p), & \text{如果用户在寄生公司购买电力} \end{cases}$$

$$(2.7)$$

给定用户需求函数递减，R_p，R_i 分别是 q_p，q_i 的递增函数。

由于 $p_i = h(q_i) + \dfrac{T}{q_i}$，$p_p = h(q_p)$；故 p_i，p_p 分别是 q_i，q_p 的递减函数。因此，R_p，R_i 分别是 p_p，p_i 的递减函数。

如果 $R_p > R_i$，也就是说，用户在寄生公司购买电量的经济剩余大于从独立售电公司购买电量的经济剩余时，用户会在寄生公司购买电量，因此，寄生公司成为完全垄断企业。

独立售电公司与寄生公司竞相向用户销售电力。我们可以考虑这种竞争是 Bertrend 价格竞争，也可以是古诺博弈电量竞争。在这里仅考虑价格竞争。

下面，我们来分析这样一个问题：

给定一个潜在的用户，一个独立售电公司与一个寄生公司通过价格竞争获取与该用户的签约机会。

两个公司通过价格竞争争取用户签约。用户根据不同公司开出不同电价后的经济剩余大小，决定与哪一家公司签约。

因为用户的经济剩余是售电公司开出的零售电价的递减函数，所以售电公司通过降低电价就可以增加用户的剩余，这就意味着寄生公司与独立售电公司之间存在价格竞争的可能性。

两家公司在价格竞争中降低价格意味着存在价格下限。寄生公司的价格下限是 0，而独立售电公司的价格下限由其成本决定，因为独立售电公司的利润不可能小于 0。

因为

$$p_i = h(q_i) + \frac{T}{q_i}, p_p = h(q_p)$$

如果 $p_i = p_p$，则 $h(q_i) + \dfrac{T}{q_i} = h(q_p) \to q_i > q_p$（交易成本节省被潜在假定 $T > 0$），此时有 $R_i > R_p$。于是寄生公司存在降低电价的动机，以便竞争到用户签约。因此，存在 $p_i > p_p$ 的可能性，使独立售电公司与寄生公司给用户提供同样大小的经济剩余，即存在两类售电公司的零售电价分叉效应。

（3）等剩余曲线

以上分析说明，存在这样的可能性：

$$p_i > p_p$$

并且寄生公司与独立售电公司在这种情况下给用户提供同样的剩余：

这是我们观察到的现象，即独立售电公司与寄生公司的零售电价分叉效应。

然而，存在这样的约束：

$$p_i > p_p \geqslant 0$$

我们称独立售电公司与寄生公司给用户带来同样剩余的电价 p_i 与 p_p 满足的曲线为"等剩余曲线"。

定义 2.9 如果独立售电公司的零售电价与寄生公司的零售电价的某个组合，使得用户无论在独立售电公司还是在寄生公司购买电量，都获得相同的剩余，则称由独立售电公司与寄生公司的这种零售电价组合构成的曲线为等剩余曲线。

令

$$R_i(q_i) = R_p(q_p)$$
$$\rightarrow q_p = R_p^{-1}\left[R_i(q_i)\right]$$
$$= R_p^{-1} \circ R_i(q_i)$$

因为

$$q_p(p_p) = R_p^{-1} \circ R_i(q_i(p_i))$$

上式隐含着 p_p 与 p_i 之间存在某种函数关系，设为

$$p_p = f(p_i) \tag{2.8}$$

其中，f 是严格递增函数。

式(2.8)是等剩余曲线满足的方程。

$R_i(q_i)$，$R_p(q_p)$ 分别是 q_i 和 q_p 的严格递增函数，且 q_i 和 q_p 分别是 p_i 和 p_p 的严格递减函数。

所以，当 $p_p < f(p_i)$，有 $R_p(q_p) > R_i(q_i)$。但是，p_i 下降也会导致 $R_i(q_i)$ 上升。这意味着独立售电公司与寄生公司之间存在价格竞争的博弈。

对任意电量 q，有 $R_p(q) = R_i(q)$，并且函数 $R_p(q)$，$R_i(q)$ 都是严格递增函数。因此 $R_p(q_p) = R_i(q_i)$ 意味着 $q_p = q_i$。

根据 $p_i = h(q_i) + \dfrac{T}{q_i}$，$p_p = h(q_p)$，于是在等剩余曲线上有 $p_i = h(q_i) + \dfrac{T}{q_i}$，$p_p = h(q_p) = h(q_i) < p_i$，即 $p_i > p_p$。这意味着在等剩余曲线上，如果 $p_p = 0$，则 $p_i > 0$。

因为 $p_p \geqslant 0$，所以存在约束：$p_p = f(p_i) \geqslant 0$，即 $p_i \geqslant p_{i0} \geqslant 0$，其中 p_{i0} 是常数，使得 $f(p_{i0}) = 0$。也就是说，当独立售电公司将电价降到 p_{i0} 时，寄生公司就退出售电行业。然而，独立售电公司的利润不会小于零，因此，为了保证独立售电公司的利润非负，可能有 $p_i > p_{i0}$，这意味着寄生公司有可能与独立售电公司共存于售电行业。

根据式(2.7)，在等剩余曲线上

$$R_i(q_i) = R_p(q_p)$$

于是有 $q_p = q_i$，

$$p_i = h(q_i) + \frac{T}{q_i} = h(q_p) + \frac{T}{q_p} = p_p + \frac{T}{h^{-1}(p_p)} = f^{-1}(p_p)$$

由此可以看出, f^{-1} 是严格递增函数,因此 f 是严格递增函数。

于是,有下列命题:

命题2.3 等剩余曲线方程为

$$p_i = f^{-1}(p_p) = p_p + \frac{T}{h^{-1}(p_p)}$$

(4)售电公司之间的价格竞争与售电行业产业组织

售电公司只能与一个用户签约的情形如下:

独立售电公司利润

$$\pi_i = p_i q_i - P q_i - c + z(q_i)$$

设独立售电公司为用户提供增值服务获得的利润与销售电量无关(因为一旦独立售电公司与用户签约就能提供增值服务,这种增值服务与电量没有关系),则 $z(q_i)$ 为常数 $z>0$。

并且设 $h(q) = a - bq$,其中 $a>0$ 是目录电价;意味着当零售电价高于 a 时,用户放弃从售电公司购买电力,转向电力公司或者发电商购买电力。$b>0$ 为常数。

$$\begin{aligned}
\pi_i &= p_i q_i - P q_i - c + z \\
&= \left(h(q_i) + \frac{T}{q_i} - P \right) q_i - c + z \\
&= -b\left(q_i - \frac{a-P}{2b} \right)^2 + \frac{(a-P)^2}{4b} + T + z - c
\end{aligned} \tag{2.9}$$

电力售电公司利润最大化的零售电量为

$$\begin{aligned}
q_i^* &= \underset{q_i}{\operatorname{argmax}}\ \pi_i \\
&= \frac{a-P}{2b}
\end{aligned}$$

最大化利润为

$$\max_{q_i} \pi_i = \frac{(a-P)^2}{4b} + T + z - c$$

令

$$\pi_i = 0 \rightarrow \begin{cases} q_i = \frac{a-P}{2b} \pm \sqrt{\frac{\frac{(a-P)^2}{4b} + T + z - c}{b}}\ ;\ \frac{(a-P)^2}{4b} + T + z - c \geq 0 \\[3mm] 无解, \frac{(a-P)^2}{4b} + T + z - c < 0 \end{cases}$$

如果

$$\frac{(a-P)^2}{4b} + T + z - c < 0$$

则对所有的 q_i,$\pi_i < 0$,此时行业里没有独立售电公司;接下来不予考虑这种情况。

因此可以假设 $\dfrac{(a-P)^2}{4b}+T+z-c \geq 0$，则当 $q_i = \dfrac{a-P}{2b} \pm \sqrt{\dfrac{\dfrac{(a-P)^2}{4b}+T+z-c}{b}}$；$\pi_i=0$；记使得独立售电公司利润为 0 的电量为

$$q_{i1}^* = \frac{a-P}{2b} + \sqrt{\frac{\dfrac{(a-P)^2}{4b}+T+z-c}{b}}, q_{i2}^* = \frac{a-P}{2b} - \sqrt{\frac{\dfrac{(a-P)^2}{4b}+T+z-c}{b}}$$

由于 $p_i = a-bq_i+\dfrac{T}{q_i}$，所以使得独立售电公司利润为 0 的电价分别为

$$p_{i1}^* = a-bq_{i1}^* + \frac{T}{q_{i1}^*}, p_{i2}^* = a-bq_{i2}^* + \frac{T}{q_{i2}^*}$$

为了使以下的分析有意义，假定 $\sqrt{\dfrac{\dfrac{(a-P)^2}{4b}+T+z-c}{b}}>0$（否则独立售电公司的利润最多为 0，无意义）。

此时 $q_{i2}^* < q_{i1}^*$，根据式(2.9)，当 $q_{i2}^* \leq (<)q_i \leq (<)q_{i1}^*$，有 $\pi_i \geq (>)0$。所以当 $p_{i1}^* \leq (<)$ $p_i \leq (<)p_{i2}^*$（因为 $q_{i1}^* > q_{i2}^*$，所以 $p_{i2}^* > p_{i1}^*$）时，有 $\pi_i \geq (>)0$。

我们假定售电行业是自由进入和退出的，并且假定进入售电行业的独立售电公司都具有相同的成本函数和通过为用户提供增值服务获得的利润。这意味着如果某个独立售电公司在行业里经营，并且利润大于零，即 $p_i \in (p_{i1}^*, p_{i2}^*)$，则这种盈利状态会吸引新的资本进入售电行业，形成新的独立售电公司。

不同的独立售电公司之间会出现价格竞争，这种价格竞争使得售电公司相继降低零售电价以争取用户。

在行业是自由进入的假定下，独立售电公司之间的价格竞争会导致每一个独立售电公司的零售电价都等于 p_{i1}^*。

设 $f(p_{i0}) = p_{p0} = 0$，它是独立售电公司把电价降低到某个水平，使得寄生公司只有将电价降低到 0 时，其给用户带来的经济剩余才会与独立售电公司给用户带来的经济剩余相等。

也就是说，此时寄生公司被独立售电公司挤出了售电行业。

如果 $p_{i0} \geq p_{i1}^*$，则独立售电公司在价格竞争中将寄生公司挤出售电行业，垄断了售电行业并且获得正的利润。

如果 $p_{i0} < p_{i1}^*$，则独立售电公司之间的价格竞争使得独立售电公司的零售电价为 p_{i1}^* 时，寄生公司仍然在行业里并且获得正的利润（销售收入或者正的零售电价）。此时寄生公司不仅能够与独立售电公司共存于售电行业，而且还存在进一步降低零售电价将独立售电公司挤出行业的动机。因为此时寄生公司如果进一步降低零售电价，则独立售电公司的零售电价因为已经触底（进一步降低零售电价会导致亏损），不可能跟进，于是寄生公司垄断用户，独立售电公司被挤出售电行业。

但是,这种情形有可能并不是博弈均衡。因为,此时有可能寄生公司并没有最优化的零售电价。也就是说,在低于 $p_p=f(p_{i1}^*)$ 水平的价格取值区域里,寄生公司可能总是存在提高零售电价的动机。随着零售电价的不断提高,寄生公司的利润是不断增加的。但是一旦零售电价提高到 $p_p=f(p_{i1}^*)$,寄生公司和独立售电公司都能给用户带来相同的经济剩余,因此,用户在寄生公司和独立售电公司之间是无差异的,独立售电公司又能够进入行业。寄生公司随着零售电价的提高,从完全垄断企业变为与独立售电公司平等竞争的企业。所以,寄生公司没有最优化的零售电价。在这种情形下,没有均衡出现。

下列数学分析证明了这一结论。

$$p_{i1}^* = a - bq_{i1}^* + \frac{T}{q_{i1}^*}$$

$$= a - b\left(\frac{a-P}{2b} + \sqrt{\frac{\frac{(a-P)^2}{4b} + T + z - c}{b}}\right) + \frac{T}{\frac{a-P}{2b} + \sqrt{\frac{\frac{(a-P)^2}{4b} + T + z - c}{b}}}$$

$$= \frac{a+P}{2} + \frac{-\frac{(a-P)^2}{4} + b(c-z) - \frac{a-P}{2}\sqrt{\frac{(a-P)^2}{4} + b(T+z-c)}}{\frac{a-P}{2} + \sqrt{\frac{(a-P)^2}{4} + b(T+z-c)}}$$

如果 P 的选择使 $\frac{(a-P)^2}{4} + b(T+z-c) = 0$,则 $bT = -\frac{(a-P)^2}{4} - b(z-c) > 0$,

$$p_{i1}^* = \frac{a+P}{2} + \frac{-\frac{(a-P)^2}{4} - b(z-c)}{\frac{a-P}{2}} > \frac{a+P}{2} \geq P$$

显然,这是不可能的。

因为

$$p_i = p_p + \frac{T}{h^{-1}(p_p)} = f^{-1}(p_p)$$

$$p_i = p_p + \frac{T}{\frac{a-p_p}{b}} = p_p + \frac{bT}{a-p_p}$$

$$-ap_p + p_p^2 - bT + ap_i - p_i p_p = 0$$

$$p_p^2 - (a+p_i)p_p - bT + ap_i = 0$$

因为 $(a+p_i)^2 - 4(-bT+ap_i) = (a-p_i)^2 + 4bT > 0$,并且 a 是最高价格(目录电价,用户电力需求曲线的截距),所有的电价不可能大于 a。所以,$p_i \leq a$,$p_p \leq a$。

$$p_p = \frac{a+p_i \pm \sqrt{(a+p_i)^2 - 4(-bT+ap_i)}}{2}$$

由于

$$\frac{a+p_i+\sqrt{(a+p_i)^2-4(-bT+ap_i)}}{2}=\frac{a+p_i+\sqrt{(a-p_i)^2+4bT}}{2}>a$$

这与 $p_p\leq a$ 的假定矛盾。于是

$$p_p=f(p_i)=\frac{a+p_i-\sqrt{(a-p_i)^2+4bT}}{2}$$

$$f(p_{i0})=\frac{a+p_{i0}-\sqrt{(a-p_{i0})^2+4bT}}{2}=0$$

$$(a+p_{i0})^2=(a-p_{i0})^2+4bT$$

$$p_{i0}=\frac{bT}{a}$$

如果 $\frac{bT}{a}>a$，那么根据 f 的严格递增性质，说明独立售电公司在任何电价下，都可以挤出寄生公司。

此时，行业里只有独立售电公司。

当 $p_i\leq p_{i0}$ 时，寄生公司会被独立售电公司挤出行业，当且仅当 $p_i\in[p_{i1}^*,p_{i2}^*]$，独立售电公司才有非负利润。所以，独立售电公司能挤出寄生公司且自身能够存活于售电行业的充要条件是

$$p_{i0}\geq p_{i1}^* \tag{2.10}$$

于是，根据上述结果得出如下定理：

定理 2.10　如果独立售电公司的零售电价为 p_{i1}^*，则等剩余线上的寄生公司零售电价为

$$p_p=f(p_{i1}^*)=\frac{a+p_{i1}^*-\sqrt{(a-p_{i1}^*)^2+4bT}}{2}$$

根据前述结果有

$$p_{i1}^*=a-b\left(\frac{a-P}{2b}+\sqrt{\frac{\frac{(a-P)^2}{4b}+T+z-c}{b}}\right)+\frac{T}{\frac{a-P}{2b}+\sqrt{\frac{\frac{(a-P)^2}{4b}+T+z-c}{b}}}$$

于是

$$p_p=\frac{2a-b\left(\frac{a-P}{2b}+\sqrt{\frac{\frac{(a-P)^2}{4b}+T+z-c}{b}}\right)+\frac{T}{\frac{a-P}{2b}+\sqrt{\frac{\frac{(a-P)^2}{4b}+T+z-c}{b}}}}{2}$$

$$-\frac{\left[\dfrac{a-P}{2}+\sqrt{\dfrac{(a-P)^2}{4}+b(T+z-c)}+\dfrac{bT}{\dfrac{a-P}{2}+\sqrt{\dfrac{(a-P)^2}{4}+b(T+z-c)}}\right]}{2}$$

$$=a-\left(\frac{a-P}{2}+\sqrt{\frac{(a-P)^2}{4}+b(T+z-c)}\right)$$

$$=\frac{a+P}{2}-\sqrt{\frac{(a-P)^2}{4}+b(T+z-c)}\leqslant a$$

如果寄生公司的售电量为 q_p，则寄生公司的售电利润为

$$\pi_p=(a-bq_p)q_p$$

利润最大化的一阶条件：

$$\frac{\mathrm{d}\pi_p}{\mathrm{d}q_p}=a-2bq_p=0$$

$$q_p=\frac{a}{2b}$$

最大化利润为

$$\max_{q_p}\pi_p=\frac{a^2}{4b}>0$$

利润最大化的零售电价为

$$p_p^*=a-b\frac{a}{2b}=\frac{a}{2}$$

此时在等剩余曲线上的寄生公司零售电价为

$$p_p=\frac{a+P}{2}-\sqrt{\frac{(a-P)^2}{4}+b(T+z-c)}$$

①如果 $\dfrac{a+P}{2}-\sqrt{\dfrac{(a-P)^2}{4}+b(T+z-c)}>\dfrac{a}{2}$，则 $p_p>p_p^*$，此时 $\dfrac{(a-P)^2}{4}+b(T+z-c)<\dfrac{P^2}{4}\leftrightarrow P>$
$\dfrac{2}{a}\left[\dfrac{a^2}{4}+b(T+z-c)\right]$。

此时寄生公司将零售电价降到 $\dfrac{a}{2}$，既可将独立售电公司挤出行业，同时又可获得最大化利润。

因此，如果限制售电公司只能与一家用户签约，那么寄生公司则能获得与一家用户签约的机会。

其余的用户与独立售电公司签约，并以较高的零售电价 p_{i1}^* 购买电量（假设释放给电力市场的电量充分大，能够满足不只一家的多用户需求）。

②如果 $P<\dfrac{2}{a}\left[\dfrac{a^2}{4}+b(T+z-c)\right]$，则 $p_p<p_p^*$。

此时寄生公司有降低零售电价从而将独立售电公司挤出行业的动机。但是，它没有最优化的零售电价，因为一旦寄生公司将独立售电公司挤出行业后，它又有把零售电价提升到 p_p^* 的动机，而一旦提升到 p_p^*，它会失去客户，如果提升到 p^p，它又与独立售电公司并存于行业，因此，又重新出现降低零售电价将独立售电公司挤出行业的动机。显然，这种情况是不稳定的，因此没有均衡状态。

③$P = \dfrac{2}{a}\left[\dfrac{a^2}{4} + b(T+z-c)\right]$，则 $p_p = p_p^*$。

此时与情形②一样，寄生公司有降低零售电价将独立售电公司挤出行业的动机，但是没有最优化的零售电价，所以没有均衡状态。

根据

$$p_{i1}^* = \frac{a+P}{2} - \sqrt{\frac{(a-P)^2}{4} + b(T+z-c)} + \frac{bT}{\dfrac{a-P}{2} + \sqrt{\dfrac{(a-P)^2}{4} + b(T+z-c)}}$$

$$= \frac{\dfrac{a^2-P^2}{4} + \left(\dfrac{a+P}{2} - \dfrac{a-P}{2}\right)\sqrt{\dfrac{(a-P)^2}{4} + b(T+z-c)} - \left[\dfrac{(a-P)^2}{4} + b(T+z-c)\right] + bT}{\dfrac{a-P}{2} + \sqrt{\dfrac{(a-P)^2}{4} + b(T+z-c)}}$$

$$= \frac{b(c-z) + \dfrac{aP}{2} - \dfrac{P^2}{2} + P\sqrt{\dfrac{(a-P)^2}{4} + b(T+z-c)}}{\dfrac{a-P}{2} + \sqrt{\dfrac{(a-P)^2}{4} + b(T+z-c)}}$$

$$\geq \frac{b(c-z)}{\dfrac{a-P}{2} + \sqrt{\dfrac{(a-P)^2}{4} + b(T+z-c)}} \quad (\text{因为 } a \geq P)$$

当 $c \geq z$，$p_{i1}^* \geq 0$。

因为如果有 $c < z$，则独立售电公司不用售电就可通过增值服务获得正的利润，所以这是没有意义的情形。大量独立售电公司因此无压力地进入售电行业会导致 z 下降。因此，假定总是有 $c \geq z$，所以 $p_{i1}^* \geq 0$。

于是，独立售电公司能通过价格战挤出寄生公司的条件是

$$p_{i0} = \frac{bT}{a} \geq p_{i1}^* \Leftrightarrow \frac{bT}{a} \geq \frac{a+P}{2} - \sqrt{\frac{(a-P)^2}{4} + b(T+z-c)} + \frac{T}{\dfrac{a-P}{2b} + \sqrt{\dfrac{\dfrac{(a-P)^2}{4b} + T+z-c}{b}}}$$

$$= g(P)$$

函数 $g(P)$ 是 P 的严格递增函数，存在唯一一个最大值在 $P = a$，取得

$$\max_P g(P) = a - \sqrt{b(T+z-c)} + \frac{bT}{\sqrt{b(T+z-c)}} = a + \frac{b(c-z)}{\sqrt{b(T+z-c)}} \geq a \qquad (2.11)$$

由于有约束：$p_{i1}^* \leq a$，所以当 P 太高时，使得 $g(P)>a$，则独立售电公司在任何零售电价上都亏损，不会存在于行业中。函数 $g(P)$ 在 $P=0$ 时取得最小值：

$$\min_P g(P) = g(0) = \frac{b(c-z)}{\dfrac{a}{2} + \sqrt{\dfrac{a^2}{4} + b(T+z-c)}} \qquad (2.12)$$

要求 $g(0) \leq a$，否则独立售电公司在任何零售电价水平上都亏损。

于是要求有约束：$\dfrac{b(c-z)}{\dfrac{a}{2} + \sqrt{\dfrac{a^2}{4} + b(T+z-c)}} \leq a$

即

$$I(a) = \frac{a^2}{2} + a\sqrt{\frac{a^2}{4} + b(T+z-c)} \geq b(c-z)$$

函数 $I(a)$ 是 a 的严格递增函数，并且 $\lim\limits_{a \to +\infty} I(a) = +\infty$，$I(0) = 0 \leq b(c-z)$。于是存在某个 $a_0 \geq 0$，使得当且仅当 $a \geq a_0 (I(a_0) = b(c-z))$，

$$I(a) \geq b(c-z) \qquad (2.13)$$

仅当不等式（2.13）成立时，本研究才有意义。我们假定有关参数满足不等式（2.13），设 P_0 满足条件

$$g(P_0) = a \qquad (2.14)$$

因为函数 $g(P)$ 是 P 的严格递增函数，并且因为式（2.12）和式（2.13），因此存在唯一的 P_0 满足式（2.14），当且仅当 $P \leq P_0$，有 $p_{i1}^* \leq a$。

因此，批发价格 P 存在约束：

$$P \leq P_0 \qquad (2.15)$$

在约束式（2.15）下，独立售电公司能通过价格战挤出寄生公司的条件是

$$p_{i0} = \frac{bT}{a} \geq p_{i1}^*$$

即

$$\frac{bT}{a} \geq g(P)$$

如果 $\dfrac{bT}{a} \geq a$，即 $a \leq \sqrt{bT}$，则独立售电公司能通过价格战挤出寄生公司。

如果 $a > \sqrt{bT}$，即

$$\frac{bT}{a} < g(0) = \frac{b(c-z)}{\dfrac{a}{2} + \sqrt{\dfrac{a^2}{4} + b(T+z-c)}}$$

则独立售电公司不能通过价格战挤出寄生公司。

如果

$$\frac{bT}{a} \geq g(0) = \frac{b(c-z)}{\frac{a}{2} + \sqrt{\frac{a^2}{4} + b(T+z-c)}}$$

即

$$\left[\frac{a}{2} + \sqrt{\frac{a^2}{4} + b(T+z-c)} \right] T \geq a(c-z)$$

令 P_1 满足 $\frac{bT}{a} = g(P_1)$，显然 P_1 是唯一存在的，则当且仅当 $P \leq P_1$，独立售电公司能通过价格战挤出寄生公司。

因为当 $\frac{bT}{a} \geq a$ 时，无论批发价格 P 是多少，独立售电公司都能通过价格战挤出寄生公司；此时，行业里只有独立售电公司。并且因独立售电公司之间的价格竞争，零售电价在 p_{i1}^* 水平上取得均衡，独立售电公司的利润为零。

如果 $a > \sqrt{bT}$，即

$$\frac{bT}{a} < g(0) = \frac{b(c-z)}{\frac{a}{2} + \sqrt{\frac{a^2}{4} + b(T+z-c)}}$$

则独立售电公司不能通过价格战挤出寄生公司。

如果

$$\frac{bT}{a} \geq g(0) = \frac{b(c-z)}{\frac{a}{2} + \sqrt{\frac{a^2}{4} + b(T+z-c)}}$$

即

$$\left[\frac{a}{2} + \sqrt{\frac{a^2}{4} + b(T+z-c)} \right] T \geq a(c-z)$$

则当且仅当 $P \leq P_1$，独立售电公司能通过价格战挤出寄生公司。

此时，发电商与独立售电公司之间进行 Stackelberg 博弈。在第一阶段，发电商决定最优化的批发价格 P，然后进入第二阶段的博弈，包括寄生公司与独立售电公司，以及独立售电公司之间的博弈。

发电商可以把批发价格 P 定在 $P_0 \geq P > P_1$ 区域，此时独立售电公司不能将寄生公司挤出行业，两种类型的公司出现；寄生公司不断降低零售电价将独立售电公司挤出行业，然后又提高零售电价导致独立售电公司回流行业的不稳定非均衡状态。

发电商也可把批发价格 P 定在 $P \leq P_1$ 区域，独立售电公司能通过价格战挤出寄生公司。但是由于独立售电公司之间的价格竞争，导致零售电价都是 p_{i1}^*，利润为零。当寄生公司存在于行业中时，利润大于零。独立售电公司的均衡利润总是为零，是由于竞争性假设。

在 $P_0 \geq P > P_1$ 区域，行业中寄生公司与独立售电公司之间的竞争没有均衡状态，导致

寄生公司不断调整零售电价，造成零售电价的波动。基于此，发电商不能对第二阶段的博弈结果形成稳定预期，因而不能进行第一阶段博弈的最优化决策。政府有关部门应制订相关的政策法规，对发电商在第一阶段作出的批发价格 P 进行上限规制，也就是说，政策法规把批发价格限制在 $P \leqslant P_1$ 区域。这样，就自然得出寄生公司应该退出售电行业的政策建议。至少对电力市场改革的远期目标，寄生公司应退出售电行业，或者说发电商原有的下属部门——市场营销部门应在财务上独立出来，变成独立售电公司。

在电力市场改革的近期，寄生公司是存在的。

① $P_0 \geqslant P > P_1$，此时行业里有一个寄生公司，也有一些独立售电公司。独立售电公司的零售电价为 p_{i1}^*。

如果寄生公司不打算通过降低零售电价将独立售电公司挤出行业，则寄生公司与独立售电公司一起分享行业，各自与一些用户签约售电。寄生公司的零售电价为

$$p_p = f(p_{i1}^*) = \frac{a + p_{i1}^* - \sqrt{(a - p_{i1}^*)^2 + 4bT}}{2}$$

发电商从寄生公司的电力销售中获得的收益为

$$p_p q_p = \frac{\dfrac{a + p_{i1}^* - \sqrt{(a - p_{i1}^*)^2 + 4bT}}{2} a - \dfrac{a + p_{i1}^* - \sqrt{(a - p_{i1}^*)^2 + 4bT}}{2}}{b}$$

如果行业里存在 n 个独立售电公司，则 $Q = (n+1)q_p$（因为此时 $q_p = q_i$），其中，Q 为政府设定的释放给电力市场的额定总电量（给定时间周期里）。如果 $(n+2)q_p > Q > (n+1)q_p$，则政府可以调整释放给电力市场的额定总电量，使得 $Q = (n+1)q_p$ 或者 $Q = [(n+1)+1]q_p$。

因此，一般可以假设 $Q = (n+1)q_p$。

所以发电商的总收益为

$$R = p_p q_p + nP q_p = (p_p + nP)q_p$$

设发电商的成本函数为 $C_e(Q)$，则发电商的利润为

$$\prod = R - C_e(Q) = (p_p + nP)q_p - C_e(Q) \tag{2.16}$$

② $P \leqslant P_1$，此时独立售电公司将寄生公司挤出行业，但是独立售电公司之间的价格竞争使得零售电价为 p_{i1}^*。行业中存在 $n+1$ 个独立售电公司。因为政府设定的释放给电力市场的总电量 $Q = (n+1)q_i$。

则发电商的利润为

$$\prod = R - C_e(Q) = (n+1)P q_p - C_e(Q) \tag{2.17}$$

在情形①中，

$$Q = (n+1)q_p$$
$$= (n+1)\frac{a - p_p}{b}$$

$$= (n+1) \frac{a - \dfrac{a+p_{i1}^* - \sqrt{(a-p_{i1}^*)^2 + 4bT}}{2}}{b}$$

其中,$p_{i1}^* = \dfrac{a+P}{2} - \sqrt{\dfrac{(a-P)^2}{4} + b(T+z-c)} + \dfrac{T}{\dfrac{a-P}{2b} + \sqrt{\dfrac{\dfrac{(a-P)^2}{4b} + T+z-c}{b}}}$

发电商根据在约束条件 $P_0 \geq P > P_1$ 下,最大化式(2.16)决定最优化的批发价格 P,并且决定了最大化利润。

在情形②中,发电商在约束条件$(0 \leq P \leq P_1)$下,最大化式(2.17)决定最优化的批发价格 P,并且决定了最大化利润。

比较①和②两种情形下的最大化利润,选择其中最大化的一种情形作为发电商的最优化选择,从而决定最优化的批发价格。

定理2.11　设发电商分别在情形①和情形②中取得最大化利润的批发价格为 P_1,P_2;则发电商的利润最大化批发价格为

$$P = \underset{P_1, P_2}{\operatorname{argmax}} \left[\max_{P_1} \prod, \max_{P_2} \prod \right]$$

无论相关参数在什么范围取值,批发价格一定满足条件:

$$P_0 \geq P$$

而零售电价由独立售电公司的零售电价和寄生公司的零售电价构成:

$$p_{i1}^* = \frac{a+P}{2} - \sqrt{\frac{(a-P)^2}{4} + b(T+z-c)} + \frac{T}{\dfrac{a-P}{2b} + \sqrt{\dfrac{\dfrac{(a-P)^2}{4b} + T+z-c}{b}}}$$

$$p_p = f(p_{i1}^*) = \frac{a+p_{i1}^* - \sqrt{(a-p_{i1}^*)^2 + 4bT}}{2}$$

因为两类零售电价都是批发电价的一个递增函数,所以 P_0 就制约着零售电价的上限。

根据定义

$$g(P_0) = a$$

其中,$g(P) = \dfrac{a+P}{2} - \sqrt{\dfrac{(a-P)^2}{4} + b(T+z-c)} + \dfrac{T}{\dfrac{a-P}{2b} + \sqrt{\dfrac{\dfrac{(a-P)^2}{4b} + T+z-c}{b}}}$。

由于 $g(P)$ 是 P 的严格递增函数,也是 z 的严格递减函数。因此,目录电价越低,批发电价的上限也就越低,零售价格就越低。独立售电公司获得的增值服务利润越高,批发价格的上限也就越低,零售价格就越低。

这是因为独立售电公司获得较高的增值服务利润,吸引了更多的独立售电公司加入售电行业,使得独立售电公司参与竞争,而竞争导致零售价格下降。

电力市场改革的目标是通过市场机制配置资源。目前处于电力市场改革的早期阶段,释放给电力市场的额定电量还是有限的,有可能并不满足市场的需要。

在这种情形下,有可能发电商能够通过电力市场按照市场化销售的电量并不能满足用户的需要。此时,在模型上,还不能简单地按照用户需求曲线来决定用户的电力需求量。因为,有可能发电商的市场化销售额定电量小于用户的市场需求量。也就是说,可能出现 $Q < q_p$ 的情形,即释放给电力市场的总电量不足以满足一个用户的需求。

此时,处理独立售电公司与用户之间的交易合约时,需要使用非线性规划的方法。但是,为了减少分析的复杂性,我们只考虑电力市场改革达到一定深化阶段的情形,此时,发电商能够通过市场化销售的额定电量充分大,能够满足用户的需求。

这样,我们就可以不考虑发电商生产的电量额度上限约束,可通过用户的需求曲线直接决定用户的需求量。

如果先不考虑不同发电商之间的互动或者竞争,就假设只存在一个发电商,完全垄断性的一个发电商,因此就只有一个寄生公司。但是独立售电公司可以潜在存在多个。

考虑在经济下行的情况下,电力需求偏低的情形,用户的电力需求量一般低于发电商的产能水平。也就是说,在分析中总是假定用户按照电力需求曲线决定的电力需求量都是在发电商的产能范围以内。

(5)售电行业的产业组织

假设售电公司(包括寄生公司和独立售电公司)可以向多个用户售电,我们将证明,售电行业就会趋向于垄断性产业组织结构。

如果独立售电公司与 m 个用户签约售电,则独立售电公司利润为

$$\pi_i = \sum_{j=1}^{m} p_{ij} q_j - P \sum_{j=1}^{m} q_j - c + \sum_{j=1}^{m} z(q_j) \tag{2.18}$$

与前面的分析一样,设独立售电公司为用户提供增值服务获得的利润与销售电量无关,则 $z(q_j)$ $(j=1,\cdots,m)$ 为常数,$z > 0$。

同样设每一个用户的电量需求函数为 $h(q) = a - bq$,其中 $a > 0$ 是目录电价;意味着当零售电价高于 a 时,用户放弃从售电公司购买电力,而转向电力公司或者发电商购买电力。$b > 0$ 为常数。

$$
\begin{aligned}
\pi_i &= \sum_{j=1}^{m} (p_{ij} - P) q_j - c + mz \\
&= \sum_{j=1}^{m} \left(h(q_j) + \frac{T}{q_j} - P \right) q_j - c + mz \\
&= -b \sum_{j=1}^{m} q_j^2 + (a - P) \sum_{j=1}^{m} q_j + mT - c + mz \\
&= -b \sum_{j=1}^{m} \left[q_j^2 - \frac{a - P}{b} q_j + \frac{(a - P)^2}{4b^2} \right] + \frac{m(a - P)^2}{4b} + mT - c + mz
\end{aligned}
$$

$$= -b\sum_{j=1}^{m}\left(q_j - \frac{a-P}{2b}\right)^2 + \frac{m(a-P)^2}{4b} + mT - c + mz(j=1,\cdots,m)$$

$$(2.19)$$

给定 m ，电力售电公司利润最大化的零售电量为

$$q_j^* = \operatorname*{argmax}_{q_j,j=1,\cdots,m} \pi_j = \frac{a-P}{2b} \quad (j=1,\cdots,m)$$

最大化利润为

$$\max_{q_i} \pi_i = \frac{m(a-P)^2}{4b} + mT + mz - c$$

令 $\pi_i = 0$ ，

$$-b\sum_{j=1}^{m}\left(q_j - \frac{a-P}{2b}\right)^2 + \frac{m(a-P)^2}{4b} + mT - c + mz = 0 \qquad (2.20)$$

如果 $\frac{m(a-P)^2}{4b} + mT + mz - c \geq 0$ ，则

$$b\sum_{j=1}^{m}\left(q_j - \frac{a-P}{2b}\right)^2 = \frac{m(a-P)^2}{4b} + mT + mz - c \quad (j=1,\cdots,m)$$

如果 $\frac{m(a-P)^2}{4b} + mT + mz - c < 0$ ，无解［由式（2.19）可知，此时售电公司是亏损的，不考虑这种情形］。考虑满足这种性质的最大化利润解为

$$\left(q_j^* - \frac{a-P}{2b}\right)^2 = \left(q_k^* - \frac{a-P}{2b}\right)^2 \quad (j,k=1,\cdots,m) \qquad (2.21)$$

我们记这个售电电量为式（2.21）决定的独立售电公司 C_M 。

因此，如果 $0 \leq \frac{(a-P)^2}{4b} + T + z - \frac{c}{m} \leq \frac{(a-P)^2}{4b}$ （当 m 足够大时，左端的不等式成立）

$$q_j^* = \frac{(a-P)}{2b} \pm \sqrt{\frac{\frac{(a-P)^2}{4b} + T + z - \frac{c}{m}}{b}} \quad (j=1,\cdots,m)$$

记

$$q_{j1}^* = \frac{a-P}{2b} + \sqrt{\frac{\frac{(a-P)^2}{4b} + T + z - \frac{c}{m}}{b}}, q_{j2}^* = \frac{a-P}{2b} - \sqrt{\frac{\frac{(a-P)^2}{4b} + T + z - \frac{c}{m}}{b}} \qquad (2.22)$$

因为零售电价为 $p_{ij} = a - bq_j + \frac{T}{q_j}$ ，所以使得独立售电公司利润为 0 的两个电价分别是

$$p_{ij1}^* = a - bq_{j1}^* + \frac{T}{q_{j1}^*}, p_{ij2}^* = a - bq_{j2}^* + \frac{T}{q_{j2}^*} \qquad (2.23)$$

$$p_{ij1}^* \leq p_{ij2}^*$$

$$\frac{(a-P)^2}{4b} + T + z - \frac{c}{m} > 0 \qquad (2.24)$$

$$p_{ij1}^* < p_{ij2}^*$$

只要 m 足够大，该条件就成立。

根据式(2.22)和式(2.23)，因为 q_{j1}^* 是 m 的严格递增函数，所以 p_{ij1}^* 是 m 的严格递减函数。独立售电公司的零售电价竞争力是随着其签约用户的数目而递增的。这是因为独立售电公司的固定成本与签约用户的多少没有关系，因此与多家用户签约，随着销售电量的增加，固定成本被更多地分摊，平均成本下降。这是一种规模经济。这种规模经济导致售电行业具有趋于完全垄断的特性。在完全垄断的最终行业均衡状态下，整个售电行业最终由一家大的售电公司（即 C_M）垄断。此时，$M \stackrel{\Delta}{=} m$ 就是整个行业的用户数量。

这种完全垄断存在产业组织理论中熟悉的限制性定价现象，因为垄断企业把零售电价维持在 p_{ij1}^* 水平上。这是因为，假设该经济区域中所有的用户数目为 M，如果一个与整个行业里所有的 M 个用户签约的售电公司把零售电价定在 p_{ij1}^* 水平上（哪怕是稍稍高于 p_{ij1}^* 水平），一个潜在的投资者（C_M）就可通过向用户承诺按照零售电价 p_{ij1}^* 销售电力从而将该垄断企业挤出行业。而在零售电价 p_{ij1}^* 的水平上，售电公司的利润为零。

因此，我们可以预测在允许电力售电公司可以与多个用户签约或者不对独立售电公司签约用户的数量加以限制的情况下，售电行业就因为存在规模经济而存在完全垄断的趋势。但是，这种完全垄断是有效率的，因为完全垄断企业是限制性定价的。

当然，上述结论是在假定式(2.21)的情况下取得的。然而，我们下面将证明只有在式(2.21)的假定下，独立售电公司才最具竞争力，因此我们的分析总是假定式(2.21)成立。否则，不满足这个假定式(2.21)的独立售电公司已经被竞争对手（即 C_M）淘汰出局了。

定理 2.12　给定售电公司可以与多个用户签约的情况下，在售电行业自由进出的条件下，如果某独立售电公司给予某些用户的零售电价 $p_{ij} \neq p_{ij1}^*$（$j = 1, \cdots, M$），其中 p_{ij1}^* 满足式(2.21)，则这些用户将被其他独立售电公司通过价格竞争方式挖走，从而导致该独立售电公司完全失去价格竞争力被挤出行业。

证明　记与所有的 M 个用户签约并按照零售电价 p_{ij1}^* 售电给用户 j 的独立售电公司为 C_M，与 $m(\leqslant M)$ 个用户签约的独立售电公司为 C_m。设公司 C_m 售电给某些用户的零售电价为 $p_{ij} > p_{ij1}^*$，则这些用户显然会被售电公司 C_M 从公司 C_m 挖走，因为 C_m 的零售电价过高。

下面证明那些以零售电价 $p_{ij} \leqslant p_{ij1}^*$ 从公司 C_m 购买电力的用户也会被公司 C_M 挖走。事实上，以零售电价 $p_{ij} > p_{ij1}^*$ 从公司 C_m 购买电力的用户已经被公司 C_M 夺走，故余下的用户数量小于 M，设 $m < M$；根据式(2.19)，公司 C_m 的利润是 m 的严格递增函数，设公司 C_m 与 $j = 1, \cdots, m$ 个用户签约。

对于公司 C_M 来说，有

$$-bM\left(q_{j1}^* - \frac{a-P}{2b}\right)^2 + \frac{M(a-P)^2}{4b} + MT - c + Mz = 0$$

于是

$$\frac{(a-P)^2}{4b}+T+z=b\left(q_{j1}^*-\frac{a-P}{2b}\right)^2+\frac{c}{M}$$

代入式 (2.19)，公司 C_m 的利润

$$\pi_m = -b\sum_{j=1}^{m}\left(q_j-\frac{a-P}{2b}\right)^2 + mb\left(q_{j1}^*-\frac{a-P}{2b}\right)^2 + \left(\frac{m}{M}-1\right)c$$

$$= b\sum_{j=1}^{m}\left[\left(q_{j1}^*-\frac{a-P}{2b}\right)^2-\left(q_j-\frac{a-P}{2b}\right)^2\right] + \left(\frac{m}{M}-1\right)c < 0$$

这是因为，当 $p_{ij}\le p_{ij1}^*$，有 $q_j\ge q_{j1}^*$，因为 $q_{j1}^*\ge\frac{a-P}{2b}$ [见式 (2.22)]，所以 $\left(q_j-\frac{a-P}{2b}\right)^2\ge$

$\left(q_{j1}^*-\frac{a-P}{2b}\right)^2$；在 $m<M$ 假设下，上述不等式成立。

此时，由于公司 C_m 的利润为负，被挤出行业，因此所有的用户被公司 C_M 夺走。

也就是说，我们的论证可以简化如下：

因为公司 C_m 本来就没有一个用户是以零售电价 $p_{ij}>p_{ij1}^*$ 购买电力的 (早已被 C_M 挤出市场)，则对其他所有的用户有 $p_{ij}\le p_{ij1}^*$，因此 $q_j\ge q_{j1}^*$，即 $j=1,\cdots,m$，

$$\pi_m = b\sum_{j=1}^{m}\left[\left(q_{j1}^*-\frac{a-P}{2b}\right)^2-\left(q_j-\frac{a-P}{2b}\right)^2\right] + \left(\frac{m}{M}-1\right)c$$

因为 $m\le M$，如果 $m<M$，则 $\pi_m<0$，公司 C_m 被挤出行业，所有的用户被公司 C_M 挖走。如果 $m=M$，因为公司 C_m 并不是公司 C_M，所以必定存在某个 j，使得 $q_j>q_{j1}^*$ ($p_{ij}<p_{ij1}^*$)，则 $\pi_m<0$，公司 C_m 被挤出行业，所有的用户被公司 C_M 挖走。

设整个售电行业中的用户数量为 M。

如果有一个售电公司已经与所有的 M 个用户签约，并且给予第 j 个用户的零售电价为

$$p_{ij1}^* = a-bq_{j1}^* + \frac{T}{q_{j1}^*}$$

其中，$q_{j1}^* = \frac{a-P}{2b} + \sqrt{\dfrac{\dfrac{(a-P)^2}{4b}+T+z-\dfrac{c}{M}}{b}}$。

假设售电行业存在足够多的用户，因此 M 充分大，使得 $\frac{(a-P)^2}{4b}+T+z-\frac{c}{M}>0$，如果有一个售电公司与 m 个用户签约，则有 $m\le M$。

因此，对于该售电公司来说，式 (2.19) 成立：

$$\pi_i = -b\sum_{j=1}^{m}\left(q_j-\frac{a-P}{2b}\right)^2 + \frac{m(a-P)^2}{4b} + mT - c + mz \quad (j=1,\cdots,m)$$

根据前述分析，

$$\pi_i \begin{cases} =0, \text{当 } q_j=q_{j1}^*(j=1,2) \\ >0, \text{当 } q_{j2}^*\le q_j\le q_{j1}^*, \text{并且存在某个 } q_j\ne q_{j2}^* \text{ 或者 } q_j\ne q_{j1}^* \quad (j=1,\cdots,m) \quad (2.25) \\ <0, q_j<q_{j2}^* \text{ 或者 } q_j>q_{j1}^* \end{cases}$$

式(2.25)等价于

$$\pi_i \begin{cases} =0, & \text{当 } p_{ij}=p_{ij}^*(j=1,2) \\ >0, & \text{当 } p_{ij1}^* \leqslant p_{ij} \leqslant p_{ij2}^*, \text{并且存在某个 } p_{ij} \neq p_{ij1}^* \text{ 或者 } p_{ij} \neq p_{ij2}^* \quad (j=1,\cdots,m) \\ <0, & p_{ij}<p_{ij1}^* \text{ 或者 } p_{ij}>p_{ij2}^* \end{cases} \quad (2.26)$$

因此该售电公司的零售电价满足 $p_{ij} \geqslant p_{ij1}^*$，并且 p_{ij1}^* 是 m 的严格递减函数。

因此，当且仅当 $m=M, p_{ij1}^*$ 达到最小值。

所以，与所有的用户签约的售电公司 C_M 是不可能被其他售电公司通过价格竞争挤出行业的。

显然，如果假定 $0 \leqslant \dfrac{(a-P)^2}{4b}+T+z-\dfrac{c}{m} \leqslant \dfrac{(a-P)^2}{4b}$ 不成立，当 $\dfrac{(a-P)^2}{4b}+T+z-\dfrac{c}{m}<0$ 时，则根据式(2.19)，与 m 个用户签约的售电公司在任何售电量水平上都是亏损的，因此这种情形是可以不予考虑的。当 $\dfrac{(a-P)^2}{4b}+T+z-\dfrac{c}{m}>\dfrac{(a-P)^2}{4b}$ 时，因为 $q_{j2}^* \geqslant 0$，所以

式(2.20)中的 $q_{j2}^*=\dfrac{a-P}{2b}-\sqrt{\dfrac{\dfrac{(a-P)^2}{4b}+T+z-\dfrac{c}{m}}{b}}$ 不成立。但是这种情形不影响上述分析，因为该售电公司的零售电价满足 $p_{ij} \geqslant p_{ij1}^*$，因为 p_{ij1}^* 是 m 的严格递减函数这一结论仍然成立。

下面考察寄生公司与独立售电公司之间的博弈。

如果 $p_{i0} \geqslant p_{ij1}^*$，则寄生公司被独立售电公司挤出行业。此时整个售电行业被严格限制定价的完全垄断售电公司垄断，并且是在最高效率(最低成本)上经营的。

如果 $p_{i0}<p_{ij1}^*$，则寄生公司似乎能够与独立售电公司并存于售电行业。然而，如果一个独立售电公司与寄生公司竞争原本是寄生公司用户的某个用户，则独立售电公司可以进一步降低零售电价，因为 p_{ij1}^* 是独立售电公司签约用户数量的严格递减函数。当然，在这种价格竞争过程中，独立售电公司陆续将寄生公司的用户争取成为自己的用户。如果在寄生公司已有的最后一个用户被独立售电公司竞争过去时，仍然有 $p_{i0}<p_{ij1}^*$，则寄生公司可通过进一步降低零售电价将其争夺回来。但是，不管寄生公司将零售电价降到什么水平成功地将用户争夺回来，之后寄生公司有可能存在提高零售电价的动机，这与前面假定的售电公司只能与一家用户签约的情形是一样的。

当寄生公司与某个用户签约时，其利润最大化的零售电价为 $\dfrac{a}{2}$，最大化利润为 $\dfrac{a^2}{4b}>0$。

前述结果有

$$p_{i1}^* = a-b\left(\frac{a-P}{2b}+\sqrt{\frac{\dfrac{(a-P)^2}{4b}+T+z-\dfrac{c}{M}}{b}}\right) + \frac{T}{\dfrac{a-P}{2b}+\sqrt{\dfrac{\dfrac{(a-P)^2}{4b}+T+z-\dfrac{c}{M}}{b}}}$$

于是

$$p_p = \cfrac{2a - b\left(\cfrac{a-P}{2b} + \sqrt{\cfrac{\cfrac{(a-P)^2}{4b} + T + z - \cfrac{c}{M}}{b}}\right) + \cfrac{T}{\cfrac{a-P}{2b} + \sqrt{\cfrac{\cfrac{(a-P)^2}{4b} + T + z - \cfrac{c}{M}}{b}}}}{2}$$

$$\cfrac{\left[\left(\cfrac{a-P}{2} + \sqrt{\cfrac{(a-P)^2}{4} + b\left(T+z-\cfrac{c}{M}\right)}\right) + \cfrac{bT}{\cfrac{a-P}{2b} + \sqrt{\cfrac{(a-P)^2}{4} + b\left(T+z-\cfrac{c}{M}\right)}}\right]}{2}$$

$$= a - \left(\cfrac{a-P}{2} + \sqrt{\cfrac{(a-P)^2}{4} + b\left(T+z-\cfrac{c}{M}\right)}\right)$$

$$= \cfrac{a+P}{2} - \sqrt{\cfrac{(a-P)^2}{4} + b\left(T+z-\cfrac{c}{M}\right)}$$

①如果 $\dfrac{a+P}{2} - \sqrt{\dfrac{(a-P)^2}{4} + b\left(T+z-\dfrac{c}{M}\right)} > \dfrac{a}{2}$，则 $p_p > \dfrac{a}{2}$。

此时 $\dfrac{(a-P)^2}{4} + b\left(T+z-\dfrac{c}{M}\right) < \dfrac{P^2}{4}$，$P > \dfrac{2}{a}\left[\dfrac{1}{4}a^2 + b\left(T+z-\dfrac{c}{M}\right)\right]$。

此时寄生公司将零售电价降至 $\dfrac{a}{2}$，既可将独立售电公司挤出行业，同时又获得最大化利润。

当独立售电公司原有的一家用户被寄生公司抢走后，由于独立售电公司签约用户减少一家，其价格竞争力下降（因为 p_{ij1}^* 是签约用户数目的严格递减函数）；因此，基于同样的价格竞争，寄生公司能将独立售电公司原有的签约用户逐一抢走，最后由寄生公司完全垄断售电行业。

②如果 $P < \dfrac{2}{a}\left[\dfrac{1}{4}a^2 + b\left(T+z-\dfrac{c}{M}\right)\right]$，则 $p_p < \dfrac{a}{2}$。

此时寄生公司有降低零售电价从而将独立售电公司挤出行业的动机。但是，它没有最优化的零售电价，因此没有均衡状态。

③如果 $P = \dfrac{2}{a}\left[\dfrac{1}{4}a^2 + b\left(T+z-\dfrac{c}{M}\right)\right]$，则 $p_p = \dfrac{a}{2}$。

此时与情形②一样，因为寄生公司有降低零售电价将独立售电公司挤出行业的动机，但是没有最优化的零售电价，所以没有均衡状态。

而 $p_{ij1}^* = a - bq_{j1}^* + \dfrac{T}{q_{j1}^*}$

$$=a-b\left[\frac{a-P}{2b}+\sqrt{\frac{\frac{(a-P)^2}{4b}+T+z-\frac{c}{M}}{b}}\right]+\frac{T}{\frac{a-P}{2b}+\sqrt{\frac{\frac{(a-P)^2}{4b}+T+z-\frac{c}{M}}{b}}}$$

$$=a-\frac{a-P}{2}-\sqrt{\frac{(a-P)^2}{4}+b\left(T+z-\frac{c}{M}\right)}+\frac{bT}{\frac{a-P}{2}+\sqrt{\frac{(a-P)^2}{4}+b\left(T+z-\frac{c}{M}\right)}}$$

$$=\frac{a+P}{2}-\sqrt{\frac{(a-P)^2}{4}+b\left(T+z-\frac{c}{M}\right)}+\frac{bT}{\frac{a-P}{2}+\sqrt{\frac{(a-P)^2}{4}+b\left(T+z-\frac{c}{M}\right)}}$$

$$=\frac{\frac{a^2-P^2}{4}+P\sqrt{\frac{(a-P)^2}{4}+b\left(T+z-\frac{c}{M}\right)}-\left[\frac{(a-P)^2}{4}+b\left(T+z-\frac{c}{M}\right)\right]+bT}{\frac{a-P}{2}+\sqrt{\frac{(a-P)^2}{4}+b\left(T+z-\frac{c}{M}\right)}}$$

$$=\frac{-\frac{1}{2}P^2+\frac{aP}{2}+P\sqrt{\frac{(a-P)^2}{4}+b\left(T+z-\frac{c}{M}\right)}-b\left(z-\frac{c}{M}\right)}{\frac{a-P}{2}+\sqrt{\frac{(a-P)^2}{4}+b\left(T+z-\frac{c}{M}\right)}}$$

因为$p_{i0}=\frac{bT}{a}$,如果$p_{ij1}^{*}\leqslant\frac{bT}{a}$,则由一个售电公司完全垄断售电行业,零售电价为$p_{ij1}^{*}$。售电公司的均衡利润为0。

如果$p_{ij1}^{*}>\frac{bT}{a}$,则寄生公司存在降低零售电价在$f\left(\frac{bT}{a}\right)$以下,从而将独立售电公司挤出行业的动机,但是寄生公司没有最优化的零售电价,因为任何低于$f\left(\frac{bT}{a}\right)$以下的零售电价都可将独立售电公司挤出行业。

3)远期电力市场产业组织与电价

目前,中国的售电市场放开仍然处于近期。所谓"近期"和"远期",并非仅仅从时间上定义,而是根据电力市场改革的深度来确定。

"近期"意味着电力市场改革尚未完成,还处于初期阶段,还存在尚未完成的改革,改革还处于浅表层次。"远期"意味着电力市场改革已基本完成,处于深度改革进程中。

因此,既然目前电力市场改革还处于近期阶段,远期的电力市场产业组织研究就带有预测性质,是对未来的产业组织进行预判性质的研究。

我们设定,在远期,随着售电市场的改革深化,寄生公司将退出市场。这是因为,随着电力市场改革的不断推进,发电商与其电力营销部门逐渐脱钩,原来的营销部门财务将独立出来,成为独立核算、自主经营的独立售电公司。并且,随着市场竞争加剧,这些公司也必须具备为用户提供增值服务的业务能力,否则将被迫退出市场。

当然，我们在前面的分析证明，如果行业中存在寄生公司，则在某些场合，有可能将独立售电公司挤出行业，由寄生公司完全垄断售电市场。显然，这种博弈结果违背了电力市场改革的宗旨。因此，仅仅基于这种理由的话，寄生公司也会在不久的将来退出行业。

在远期，售电行业只存在独立售电公司这一种类型的公司。他们之间进行市场竞争，从而决定了售电行业的产业组织和零售电价。

显然，在远期，我们的模型预测售电行业由一家独立售电公司完全垄断，并且是限制性定价。

根据前面的分析，在远期的均衡中，行业应由独立售电公司完全垄断。设整个经济区域中存在 M 个用户，则在均衡中的零售电价为

$$p_{ij1}^* = \frac{-\frac{1}{2}P^2 + \frac{aP}{2} + P\sqrt{\frac{(a-P)^2}{4} + b\left(T+z-\frac{c}{M}\right)} - b\left(z-\frac{c}{M}\right)}{\frac{a-P}{2} + \sqrt{\frac{(a-P)^2}{4} + b\left(T+z-\frac{c}{M}\right)}}$$

每一个用户购买的电量为

$$q_{j1}^* = \frac{a-P}{2b} + \sqrt{\frac{\frac{(a-P)^2}{4b} + T+z-\frac{c}{M}}{b}}$$

独立售电公司的利润为

$$\pi = 0$$

在远期，由于行业中不存在寄生公司，因此，只是独立售电公司之间的价格竞争，就导致与所有的用户签约成为最优化的竞争策略，因为在此策略下，与所有的 M 个用户签约的独立售电公司能够开出最低的零售电价。于是，有下面的定理：

定理 2.13 给定售电公司可以与多个用户签约的情况下，在售电行业自由进出的条件下，如果某独立售电公司与所有的 M 个用户签约，给予用户的零售电价为 $p_{ij1}^*(j=1,\cdots,M)$，其中 p_{ij1}^* 满足式(2.19)，则该独立售电公司就完全垄断了行业。

设发电商的成本函数为

$$C_e = \frac{1}{2}Q^2 + bQ + d$$

其中，Q 是售出的电量，$b \geq 0, d \geq 0$，都是常数。

发电商的利润为

$$
\begin{aligned}
\prod &= PMq_{j1}^* - \frac{1}{2}(Mq_{j1}^*)^2 - bMq_{j1}^* - d \\
&= -\frac{1}{2}M^2\left[(q_{j1}^*)^2 - \frac{2(P-b)}{M}q_{j1}^* + \frac{(P-b)^2}{M^2}\right] + \frac{1}{2}(P-b)^2 - d \\
&= -\frac{1}{2}M^2\left[q_{j1}^* - \frac{(P-b)}{M}\right]^2 + \frac{1}{2}(P-b)^2 - d
\end{aligned}
$$

$$= -\frac{1}{2}M^2\left[\frac{a-P}{2b} + \sqrt{\frac{\frac{(a-P)^2}{4b} + T + z - \frac{c}{M}}{b}} - \frac{(P-b)}{M}\right]^2 + \frac{1}{2}(P-b)^2 - d$$

$$= -\frac{1}{2}M^2\left[\frac{a}{2b} + \frac{b}{M} - \left(\frac{1}{2b} + \frac{1}{M}\right)P + \sqrt{\frac{\frac{(a-P)^2}{4b} + T + z - \frac{c}{M}}{b}}\right]^2 + \frac{1}{2}(P-b)^2 - d$$

$$(2.27)$$

4) 反垄断政策对零售电价的影响

如果政府制定反垄断政策,对售电行业中的垄断售电公司进行拆分,将对零售电价产生怎样的影响? 我们将在近期和远期的电力市场改革环境中对这个问题进行分析。

如果政府的反垄断政策对行业中售电公司的市场集中度进行规制,要求售电行业中售电公司的市场集中度不得超过某个规定的比例,则售电公司之间的价格竞争格局就会发生某种变化。显然,如果政策规定售电公司的市场集中度不能超过 ξ,则能与售电公司签约的用户数量最多为 $[\xi M]$,它是 ξM 的整数部分(取整)。因为 p_{ij1}^* 是与售电公司签约的用户个数的严格递减函数,因此,售电公司之间的价格竞争将使最具竞争力的公司拥有 $[\xi M]$ 个用户,其他的 $M-[\xi M]$ 个用户市场由其他售电公司分享。

由于拥有 $[\xi M]$ 个用户的售电公司是用户最多的售电公司(之一),它没有必要把零售电价降到能把其他售电公司挤出行业的程度。所以,市场最大的售电公司的零售电价一定是恰好能够使得其获得 $[\xi M]$ 个用户的零售电价。

如果所有的用户数目中可以容纳多个拥有 $[\xi M]$ 个用户的售电公司,则这些售电公司都会与 $[\xi M]$ 个用户签约。如果市场只能容纳一个拥有 $[\xi M]$ 个用户的售电公司,则行业中只有一个售电公司与 $[\xi M]$ 个用户签约。市场里剩下的用户与另一个售电公司签约。也就是说,在行业中最多也只有两个售电公司存在。

在近期,存在寄生公司将独立售电公司挤出市场的可能性,也存在没有均衡的情况。这与前面讨论的近期情形一样。但是,如果是独立售电公司将寄生公司挤出行业,则行业中最多只有两个售电公司存在。不过,政府制定行业市场集中度限制政策,也一般在电力市场改革充分成熟的远期才会出现。

在远期,如果市场只能容纳一个拥有 $[\xi M]$ 个用户的售电公司,在行业中最多也只有两个售电公司存在。

只要由 $\xi<1$(此时政府的规制政策才有意义),行业里的均衡一定是多个售电公司之间的价格竞争状态,并且每一个售电公司都会竞争性地与 $[\xi M]$ 个用户签约。因为,任何一个售电公司如果只是与小于数量 $[\xi M]$ 个用户签约,则其零利润零售电价 p_{ij1}^* 就没有竞争力,高于与 $[\xi M]$ 个用户签约的售电公司零利润零售电价 p_{ij1}^*,从而失去客户。当然,由于政策规制,任何售电公司不可能与大于 $[\xi M]$ 数目的多个用户签约。

相反,如果每一个售电公司都与其他售电公司竞争客户,则与$[\xi M]$个用户签约,开出来的零售电价都是相同的有$[\xi M]$个用户签约时的零售电价p_{ij1}^*。此时用户在每两个售电公司之间都是无差异的。因此,假定每一个用户都与每一个售电公司以相同的概率签约。

如果进入行业的售电公司数目足够多,则每个售电公司能够获得某一个用户签约的概率就足够小,从而预期的平均收益就足够小,难以抵消其成本。因此,在行业处于均衡的状态,行业里的售电公司数目肯定是某个有限的整数。在该整数数目下,行业里的售电公司都处于零利润状态。显然,行业里所有的售电公司都处于与其他售电公司就客户进行价格竞争中,并且预期获得的平均收益等于成本。

如果有L个售电公司在行业里进行价格竞争,则每一个售电公司都开展与$[\xi M]$个用户签约的市场营销活动。每一个用户与该售电公司签约的概率为$\frac{1}{L}$,该售电公司能够成功与某$[\xi M]$个用户成功签约的概率是$\left(\frac{1}{L}\right)^{[\xi M]}$。该售电公司可能与$M$个潜在用户中的任意一个由$[\xi M]$个用户构成的用户群成功签约,而这种用户群存在$C_{[\xi M]}^M$个($M$个潜在用户中抽取$[\xi M]$个用户的组合数)。

因此,一个售电公司的预期销售收入为

$$R = C_{[\xi M]}^M \left(\frac{1}{L}\right)^{[\xi M]} p_{ij1}^* q_{j1}^* \text{（因为不同的用户购买的电量和支付的零售电价显然是相同的）}$$

$$= C_{[\xi M]}^M \left(\frac{1}{L}\right)^{[\xi M]} \left[a - bq_{j1}^* + \frac{T}{q_{j1}^*}\right] q_{j1}^*$$

$$= C_{[\xi M]}^M \left[aq_{j1}^* - b(q_{j1}^*)^2 + T\right]$$

$$= C_{[\xi M]}^M \left(\frac{1}{L}\right)^{[\xi M]} \left\{-b\left[(q_{j1}^*)^2 - \frac{a}{b}q_{j1}^* + \frac{a^2}{4b^2}\right] + \frac{a^2}{4b} + T\right\}$$

$$= C_{[\xi M]}^M \left(\frac{1}{L}\right)^{[\xi M]} \left[-b\left(q_{j1}^* - \frac{a}{2b}\right)^2 + \frac{a^2}{4b} + T\right]$$

$$= C_{[\xi M]}^M \left(\frac{1}{L}\right)^{[\xi M]} \left\{-b\left[-\frac{P}{2b} + \sqrt{\frac{\frac{(a-P)^2}{4b} + T + z - \frac{c}{[\xi M]}}{b}}\right]^2 + \frac{a^2}{4b} + T\right\}$$

因为$M>0,L>0$,所以R是L的严格递减函数(假定参数的选择满足$R>0$,否则无意义),并且$\lim\limits_{L \to +\infty} R = 0$。所以存在某个$L^*$,使售电公司的利润(假设$c>z$)

$$\pi = R - c + z \begin{cases} \geq 0, L \leq L^* \\ < 0, L > L^* \end{cases}$$

这里的L^*就是行业均衡,即行业中售电公司的数量。

在这里,我们假定$c>z$,而不是之前的较宽松的假定$c \geq z$,是因为在售电行业自由进入的假设下,售电公司对用户的竞争会导致售电公司的营销成本上升。因此,营销部门的固定成本随之上升。事实上,我们可以假定,售电公司除了固定成本外,还存在变动成

本 v，它是售电公司竞争用户过程中花费的成本。v 随着 L 的增加和售电公司签约的用户数量的增加而增加。因为 L 的增加会加剧售电公司之间的竞争激烈程度，而签约客户数量的增加显然会增加交易成本。所以，v 是一种交易成本，并且是变动成本。

因为给定每一个售电公司都在竞争 $[\xi M]$ 个用户，所以，v 随 L 的变动而变动。并且，v 是 L 的严格递增函数 $v(L)$。故上述售电公司的利润函数可以拓展为

$$\pi = R - c - v(L) + z \begin{cases} \geq 0, L \leq L^* \\ < 0, L > L^* \end{cases}$$

随着 L 的增加，R 是 L 的严格递减函数，而 $v(L)$ 是 L 的严格递增函数。

然而，我们看到，行业均衡时的零售电价总是为

$$p_{ij1}^* = a - b\left[\frac{a-P}{2b} + \sqrt{\frac{\frac{(a-P)^2}{4b} + T + z - \frac{c}{[\xi M]}}{b}}\right] + \frac{T}{\frac{a-P}{2b} + \sqrt{\frac{\frac{(a-P)^2}{4b} + T + z - \frac{c}{[\xi M]}}{b}}} \quad (2.28)$$

也就是说，零售电价完全由政府的市场集中度规制政策参数 ξ 决定（给定批发价格 P）。并且，零售电价是市场集中度 ξ 的严格递减函数。政府规定的市场集中度上限越低，零售电价就越高。

这与直觉是一致的。市场集中度规制与零售电价之间的这种严格递减函数关系，其实就是经济学中通常的效率与公平的替代关系。较低的零售电价意味着效率，而较低的市场集中度则意味着公平。

发电商的利润为

$$\prod = PMq_{j1}^* - \frac{1}{2}(Mq_{j1}^*)^2 - bMq_{j1}^* - d$$

$$= -\frac{1}{2}M^2\left[(q_{j1}^*)^2 - \frac{2(P-b)}{M}q_{j1}^* + \frac{(P-b)^2}{M^2}\right] + \frac{1}{2}(P-b)^2 - d$$

$$= -\frac{1}{2}M^2\left[q_{j1}^* - \frac{(P-b)}{M}\right]^2 + \frac{1}{2}(P-b)^2 - d$$

因为 $q_{j1}^* = \dfrac{a-P}{2b} + \sqrt{\dfrac{\frac{(a-P)^2}{4b} + T + z - \frac{c}{[\xi M]}}{b}}$

所以

$$\prod = -\frac{1}{2}M^2\left[\frac{a-P}{2b} + \sqrt{\frac{\frac{(a-P)^2}{4b} + T + z - \frac{c}{[\xi M]}}{b}} - \frac{(P-b)}{M}\right]^2 + \frac{1}{2}(P-b)^2 - d$$

$$=-\frac{1}{2}M^2\left[\frac{a}{2b}+\frac{b}{M}-\left(\frac{1}{2b}+\frac{1}{M}\right)P+\sqrt{\frac{\frac{(a-P)^2}{4b}+T+z-\frac{c}{[\xi M]}}{b}}\right]^2+\frac{1}{2}(P-b)2-d$$

$$(2.29)$$

发电商通过最大化利润式(2.29)来决定最优化的批发价格 P。

式(2.29)决定了批发价格 P 是市场集中度规制政策 ξ 的函数,而式(2.28)中的 ξ 与 P 共同决定了零售电价。因此,市场集中度规制政策 ξ 决定了零售电价。

这说明,政府的市场集中度规制政策对远期电力市场的零售电价存在决定性的影响。这是本研究的主要结果。

政府的市场集中度规制政策对零售电价的具体影响机制,完全由式(2.28)和式(2.29)给出。我们可以通过数值模拟对这种影响机制进行描述。

5)数字模拟

根据目前电力市场的基本情况,发电商生产单位电力的成本为 180 元/MW·h,因此设定 $e=0.001$,$k=0.1$,$d=180$。电力市场上有 20 个用户,其电力需求弹性较小,设定 $b=0.01$。按照国家发改委、国家能源局联合下发的《售电公司准入与退出管理办法》,售电公司的最低资产总额在 2 000 万元,并且拥有至少 10 名专业人员。因此,假定用户的一个生产周期里(如一个月),独立售电公司开展售电业务的固定成本 c 为 100 万元,其中,包括员工薪酬和资产折旧等费用。

(1)售电公司签约一个用户的情形

图 2.10 和图 2.11 分别表示了增值服务利润 z、目录电价 a 与批发电价 P 及其独立售电公司零售电价 p_i 之间的关系。

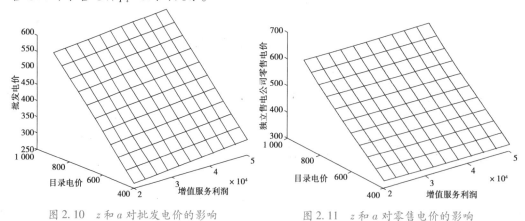

图 2.10　z 和 a 对批发电价的影响　　　图 2.11　z 和 a 对零售电价的影响

由图 2.10 和图 2.11 可知,随着目录电价的增加,批发电价和零售电价都会上升,表明售电市场放开后,目录电价会促使市场参与者形成价格预期,当其增加时,市场化交易下的电价会上升,因此,目前监管部门降低目录电价的措施能促使市场化电价的下降;同时随着增值服务利润的增加,批发电价会缓慢上升,零售电价会维持在一定的水平,表明当增值服务能给独立售电公司带来更多利润时,发电商会通过提高批发电价以争夺利润,而目前售电公司的利润主要来自购售电的价差,因此,增值服务利润对零售电价的影响并不大。另外,寄生售电公司由于要保持足够的竞争力,会在等剩余曲线上选择电价,所以其零售电价的变化与独立售电公司零售电价基本一致,这里略去分析。

接下来,分析独立售电公司固定成本 c、增值服务成本节省 T 对批发电价、零售电价带来的影响。

由图2.12和图2.13可知,由于独立售电公司固定成本增加,独立售电公司会提高其零售电价,批发电价也会相应提高;当增值服务的成本节省增加时,两类均衡电价都会降低,表明随着售电市场的发展,增值服务的不断改进为用户节省的成本越多时,用户会更加倾向于从独立售电公司购电,当购电规模增加时,电价也呈下降的趋势,这说明在售电市场引入竞争会降低市场均衡电价。

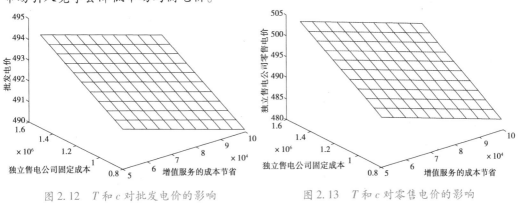

图2.12 T 和 c 对批发电价的影响   图2.13 T 和 c 对零售电价的影响

再分析发电商在独立售电公司垄断市场和两类售电公司共存下的利润,如图2.14和图2.15所示。由图2.14和图2.15可知,发电商在两类售电公司共存的情形下的利润更大,因此发电商会更倾向于从两个途径售电,但根据前文的分析,寄生公司的存在会导致不稳定的市场均衡,会增加交易成本,独立售电公司可能会退出市场。所以目前售电

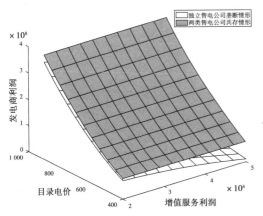
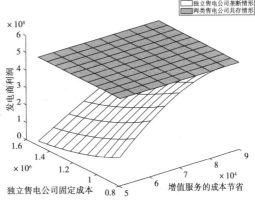

图2.14 售电公司签约单用户时发电商在   图2.15 售电公司签约单用户时发电商在
两种情形下利润的比较(1)   两种情形下利润的比较(2)

市场上两类售电公司竞争共存,且又存在部分独立售电公司并不参与市场交易的现象正是这两个方面的原因造成的。

（2）售电公司签约多个用户的情形

在售电公司签约多个用户的情形下,首先对独立售电公司完全垄断售电市场的情形进行模拟,图2.16和图2.17分别表示了增值服务利润z、目录电价a与批发电价P及零售电价p_{ij1}^{*}的关系。

由图2.16和图2.17可知,随着目录电价的提高,批发和零售电价都会上升,随着增值服务利润的增加,批发和零售电价随之降低。表明当独立售电公司限制性垄断时,目录电价会促使市场参与者形成价格预期,且有正向影响。同时随着增值服务的不断改进,其利润越高时,批发和零售电价将呈下降趋势,说明售电侧开放后,随着电力市场的不断发展,增值服务会使独立售电公司赚取更多的利润,且电价也会呈下降趋势。

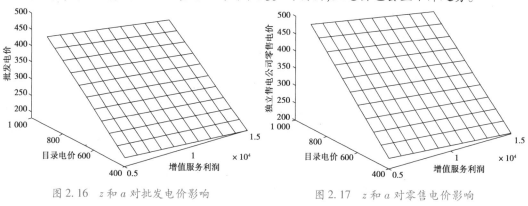

图2.16　z和a对批发电价影响　　　　图2.17　z和a对零售电价影响

同样分析增值服务给用户带来的成本节省和独立售电公司固定成本对批发电价和零售电价的影响,如图2.18和图2.19所示。

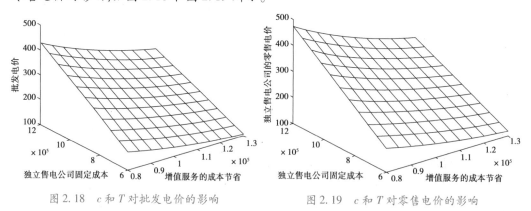

图2.18　c和T对批发电价的影响　　　　图2.19　c和T对零售电价的影响

由图2.18和图2.19可知,随着独立售电公司固定成本的增加,批发和零售电价都会上升,表明当独立售电公司固定成本增加,会提高零售电价,发电商也会随之提高批发电价;而随着增值服务带来的成本节省增加时,用户将更倾向于从独立售电公司购电,批发和零售电价也会随之下降,这同样说明了随着电力市场的发展和改革的推进,独立售电公司提供的增值服务更加完善时,电价会呈现下降的趋势。

图2.20和图2.21表示发电商在独立售电公司垄断市场和寄生售电公司垄断市场两种情形下的最优利润比较,可知当独立售电公司垄断售电市场时,发电商能获得更大的利润,因此发电商也会更倾向由独立售电公司售电,从而随着售电侧改革的不断深入,寄生售电公司会退出市场,或者变成独立售电公司,但寄生售电公司的出现会在一定程度上造成市场的不稳定,迟滞市场改革,因此在政策上,也应要求寄生售电公司成为独立的经营实体。

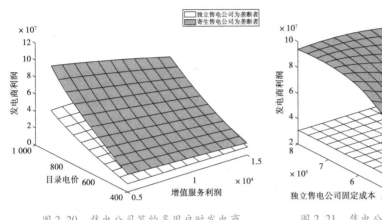

图2.20 售电公司签约多用户时发电商两种情形下的利润比较

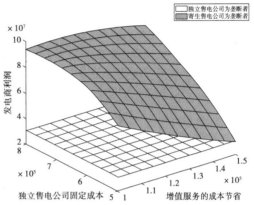

图2.21 售电公司签约多用户时发电商两种情形下的利润比较

6)总结

以售电行业放开为标志的中国电力市场改革目前已进入深水区,是深化改革阶段的一个重要领域。就目前改革初期来说,售电市场呈现没有完全与发电商脱钩的寄生公司与独立售电公司之间的竞争为售电行业的主要产业组织格局。这种二元结构的产业组织是近期电力市场竞争的主要特色。

在远期,电力市场预期进入改革成功的阶段,售电行业完全由独立售电公司构成卖方,寄生公司不再存在于售电市场中,而产业组织构架也以独立售电公司之间的竞争与合作组成。

我们的研究将售电市场放开后的近期和远期售电市场的产业组织为对象,采用博弈论方法研究具体的产业组织构架,预测批发和零售定价的决定因素,以及提出以集中度为代表的规制政策设计理论依据。

我们获得的主要发现是:近期市场上存在的寄生公司可能会影响售电市场的均衡形成,导致零售电价波动,影响社会资本进入售电市场的投资者预期形成,继而影响社会资本进入售电市场的进度,迟滞电力市场改革。

在远期,售电市场将出现由一家独立售电公司完全垄断的情形,但是这种垄断是高效率的限制性定价垄断。垄断企业以给定批发电价基础上的最低零售电价销售电力。

这种完全垄断的均衡产业组织形态来自关于独立售电公司只有固定成本、变动成本

为零的假设。这种假设在一定程度上反映了独立售电公司的实际情况。独立售电公司具有常数成本的假设并不意味着没有考虑独立售电公司在为用户提供增值服务方面存在的成本,因为在考虑增值服务利润 z 中已经扣除了增值服务成本。但是,本文假定增值服务利润 z 为常数,与电力销量没有关系。这种假设在一定程度上也符合现实,因为只要在电力设备的负荷范围里,增值服务利润只是与电力设备规模有关,而这种规模潜在的假定对我们考虑的所有用户都是一样的。

当然,我们可以进一步考虑在行业中的独立售电公司是具有不同规模的企业,这种考虑将成为进一步研究的主题。不过可以预料,具有规模经济的大公司也许会在均衡中完全垄断行业,但不一定是限制性定价的高效率垄断。

（资料来源:蒲勇健.售电侧放开后中国电力市场产业组织重构模式与基于市场博弈的最优差价合约设计模型研究(国家自然科学基金项目,项目号:71673034)）

案例2.2　存在差价合约的多发电商拓展古诺博弈模型与市场力抑制效应测度

随着电力市场改革的不断推进,我国电力市场越来越多地引入了竞争机制,但是,由于电力市场特有的技术特征,例如电力能量不能存储,发电商和输变电设施的投资大等,电力市场更具有寡头垄断市场的性质。在寡头垄断市场中的电力企业具备强大的市场力量,它能获得高于边际成本的利润。发电商通过行使市场力会导致市场价格偏高、峰值电价出现尖峰,甚至引发电力危机的出现,进一步危及电网安全运营。20世纪80年代的美国加州电力市场危机就是发电商利用其市场力采用持留电量和改变竞标曲线各段的斜率来抬高电价造成的后果。

设计某种机制来限制电力企业的市场力量,成为电力市场规制研究中的重要内容。在文献中提出的采用差价合约的机制限制电力企业市场力量的发挥,是一种具有启发性的思路,一些文献就差价合约抑制电力企业的市场力效应进行了研究。差价合约是指交易双方为了回避现货交易风险而签订的一类中长期合约。差价合约的功能是调整合约双方利益,降低市场成员由于现货价格大幅度波动造成的风险。差价合约中规定了合约电量和合约电价,在结算时,发电公司的发电量在合约以内的部分,如果市场电价高于合约价时,发电公司将把按市场价格结算比按合约价格结算多收入的部分返还给购电公司;如果市场电价低于合约电价时,购电公司将付给发电公司按合约少收入的部分,如果合约约定的按照固定的合约价格交易的电量部分是以绝对量结算,则为绝对量差价合约;如果合约约定的按照固定的合约价格交易的电量部分是以交易量的固定比例结算的,则为相对量差价合约。

赵波、卢志刚和张洪青、范晓音分别用简单的完全信息古诺博弈算例表明差价合约可以降低电价。胡军峰等运用Bertrand博弈的一种变体模型,在设定电力需求量与电价无关的固定负荷以及市场规制要求发电商针对单个交易时段采用截距为零线性报价函数为条件,研究了差价合约对市场力的抑制效应,并且在分别假定发电商边际成本为常数,截距为零线性边际成本和线性边际成本情况下分析了模型结果。该研究得到的主要结论是:电网公司通过与发电商签订差价合约即可实现发电市场的均衡,使电力市场处于稳定的状态。但差价合约却需要满足极其严格的条件,即合约电价和合约电量比例的乘积在一定范围内,该范围取决于发电商成本和电力需求负荷。当发电商为常数边际成本时,该乘积越大,电网公司购电成本就越小;当发电商为截距是零线性边际成本或线性边际成本时,该乘积越小,电网公司购电成本越小。因此,在单边开放电力市场的情况下,电网公司设计差价合约交易机制时,应充分考虑发电商成本和电力需求负荷的影响,以实现电网公司购电成本最优。该研究是以相对量差价合约为假设合约的。现有的有关电力市场差价合约抑制市场力效应的研究存在一个问题,几乎所有的文献都未用到产业经济学中的勒拿指数(Lerner Index)。在产业经济学中,标准的衡量市场力的指标是勒拿指数,它被定义为

$$L = \frac{p-c}{p}$$

其中,L 是企业的勒拿指数,p 是商品价格,c 是企业的边际成本。在完全竞争的长期均衡中,有 $p=c$,从而 $p=0$。在不完全竞争的长期均衡中,如垄断情况下,有 $p>c$,从而 $L>0$。勒拿指数越高,企业的垄断程度也越高,市场力量也就越强。在经济学中,勒拿指数是测度市场力的标准指标,现有的研究电力市场力的文献基本上未见采用该指数的模型,而只是提供差价合约具有降低市场价格作用的算例,缺乏规范性。因为,降低价格不一定会降低勒拿指数。测度市场力变化的指标是勒拿指数而不是价格本身。同时,现有的电力市场差价合约抑制市场力效应研究还需进一步拓展,包括在多发电商竞争(不仅仅假定2个发电商)、动态博弈、不对称信息博弈和非固定需求量负荷等方面的一般化。基于这样的考虑,本文基于多发电商和非固定需求量负荷方面的构建模型进行分析。

1) 存在差价合约的电力市场多发电商博弈模型与市场力抑制效应:拓展古诺博弈

当在经典古诺博弈中植入差价合约电量时,经典古诺博弈模型就得到了一种拓展。假定:

① 电力市场中存在 N 个发电商,它们的成本函数分别为

$$C_i = \frac{1}{2}k_i q_i^2 + s_i q_i + e_i \quad (i=1,\cdots,N; k_i \geq 0, s_i \geq 0) \tag{2.30}$$

其中,C_i, q_i, e_i 分别是第 i 个发电商的总成本、发电量和固定成本。

② 市场需求曲线

$$p = a - hQ \quad (a>0, h>0) \tag{2.31}$$

其中 p, Q 分别是市场价格和市场需求电量;a, h 是常系数。为了使下面的分析有意义,假定最高价格不低于发电商最低边际成本,否则某些发电商在任何情况下都不会供电,该发电商就不在考虑之中。于是 $a \geq s_i, i=1,\cdots,N$。

③ 差价合约:可分别研究绝对量和相对量差价合约的不同情形。

绝对量差价合约:企业 i 与购电电网之间签订的差价合约规定,如果电网向企业购电量为 q_i,当 $q_i \leq q_{ic}$ 时,交易价格按照合约规定的固定价格 p_c 执行;当 $q_i > q_{ic}$ 时,则超出 q_{ic}

的购电量 q_i-q_{ic} 以市场价格交易，其中，$q_{ic} \geq 0$ 为常数。这里，假定发电商生产合约电量 q_{ic} 时的成本低于收益，即

$$p_c q_{ic} > \frac{k_i}{2} q_{ic}^2 + s_i q_{ic} + e_i$$

因为边际成本递增，这一假定意味着发电商生产销售任何不超过合约电量 q_{ic} 的电量的成本都低于其收益。

相对量差价合约：企业 i 与购电电网之间签订的差价合约规定，如果电网向企业购电量为 q_i，其中的电量 $\alpha_i q_i$ 的交易价格按照合约规定的固定价格 p_c 执行；超出 q_{ic} 的购电量 $(1-\alpha_i) q_i$ 以市场价格交易，其中 α_i 为常数，$i = 1, \cdots, N$。在这里，我们假定不同企业的合约价格 p_c 是相同的。

由于电力市场中发电商的发电量是不可储存的，所以发电商根据市场需求决定发电量，并且是与竞价过程同时决策的。可以采用古诺博弈刻画发电商的这种互动决策，由于此处提出的模型中含有差价合约电量，因此是对经典古诺模型的一种扩充和拓展。

差价合约要有意义，一定有 $p_c < a$，否则，如果 $p_c \geq a$，电网的购电需求量为零。于是假定 $p_c < a$，如果 $p_c \geq a-hQ_c$，其中 $Q_c = \sum\limits_{i=1}^{N} q_{ic}$，则电网购电量为 Q，它满足：$p_c = a - hQ$，于是 $Q = \dfrac{a - p_c}{h}$。

电网从 N 个发电商那里按照价格 p_c 分别购得电量 q_i，$q_i \leq q_{ic}$，$i = 1, \cdots, N$；$\sum\limits_{i=1}^{N} q_i = Q$，因为

$$p_c \geq a-hQ_c$$

$$Q_c \geq \frac{a-p_c}{h} = Q$$

所以电网可按照合约价格购得所需的电量，因为，根据前面的假定，此时所有发电商生产市场需要的电量的成本是低于其成本的。

如果 $p_c \geq a-hQ_c$，则电网先从 N 个发电商那里按照价格 p_c 分别购得电量 q_{ic}，然后再按照市场价格 p 从 N 个发电商那里购买余下的电力需求量，记 $\widetilde{q_i} \geq 0$，$i = 1, \cdots, N$ 分别是从发电商 i 购买的电量。

设发电商 i 的预期利润为

$$\pi_i = p_c q_{ic} + p\widetilde{q_i} - C_i$$

$$= p_c q_{ic} + \left[a - h\left(Q_c + \sum_{i=1}^{N} \widetilde{q_i} \right) \right] \widetilde{q_i} - \left[\frac{1}{2} k_i (q_{ic} + \widetilde{q_i})^2 + s_i (q_{ic} + \widetilde{q_i}) + e_i \right]$$

$$(2.32)$$

在这里，因为电网已按照合约价格 p_c 购买了电量 Q_c，还有额外的需求量 $\sum\limits_{i=1}^{N} \widetilde{q_i}$，这就

意味着市场价格为 $a - h\left(Q_c + \sum\limits_{i=1}^{N} \widetilde{q}_i\right)$，这是根据需求曲线的性质得出的结论。

发电商 i 的预期利润最大化一阶条件为

$$\frac{\partial \pi_i}{\partial \widetilde{q}_i} = p_c q_{ic} + p\widetilde{q}_i - C_i$$

$$= (-2h - k_i)\widetilde{q}_i + \left[a - h\left(Q_c + \sum_{j=1,j\neq i}^{N} \widetilde{q}_j\right)\right] - k_i q_{ic} - s_i$$

$$= 0 \quad (i = 1, \cdots, N)$$

于是

$$\widetilde{q}_i = \frac{\left[a - h\left(Q_c + \sum\limits_{j=1,j\neq i}^{N} \widetilde{q}_j\right)\right] - k_i q_{ic} - s_i}{2h + k_i} \tag{2.33}$$

$$= \frac{-h\sum\limits_{j=1,j\neq i}^{N} \widetilde{q}_j}{2h + k_i} + \frac{a - hQ_c - k_i q_{ic} - s_i}{2h + k_i} \quad (i = 1, \cdots, N)$$

根据式 (2.33)，有

$$\widetilde{q}_i = -h(\vec{\eta}_i - \eta_{ii}\vec{1}H_i)\vec{q} - h\eta_{ii}\vec{1}\vec{q}_c - k_i\eta_{ii}\vec{1}_i\vec{q}_c + \lambda\vec{1}_i^{\tau}$$

$$\vec{\eta}_i = (\eta_{i1}, \cdots, \eta_{iN}), \eta_{ij} = \frac{1}{2h+k_i} \quad [\vec{\lambda} = (\lambda_1, \cdots, \lambda_N)]$$

$$\lambda_i = \frac{a-s_i}{2h+k_i} \quad (i = 1, \cdots, N) \tag{2.34}$$

其中 $\vec{1}$ 是单位行向量，$\vec{1}_i$ 是第 1 个分量为 1，其他分量皆为零的 N 维行向量。$\vec{q}_c = (q_{ic}, \cdots, q_{Nc})^{\tau}, \vec{q} = (q_1, \cdots, q_N)^{\tau}, \vec{\eta}_i, \vec{\lambda}$ 是 N 维向量，其中，$\vec{\eta}_i, \vec{\lambda}(i = 1, \cdots, N)$ 是 N 维行向量，τ 表示向量的转置。

将式 (2.35) 改为向量形式：

$$\widetilde{q}_i = -h(\vec{\eta}_i - \eta_{ii}\vec{1}_i)\vec{q} - h\eta_{ii}\vec{1}\vec{q}_c - k_i\eta_{ii}\vec{1}_i\vec{q}_c + \lambda\vec{1}_i^{\tau}$$

$$\vec{q} = -hH\vec{q} - M\vec{q}_c + \vec{\lambda}^{\tau}$$

$$(E + hH)\vec{q} = -M\vec{q}_c + \vec{\lambda}^{\tau}$$

$$\Phi\vec{q} = -M\vec{q}_c + \vec{\lambda}^{\tau}$$

$$\Phi = E + hH \tag{2.35}$$

$$H = (h_{ij})_{N\times N}, h_{ij} = \frac{1}{2h+k_i} \quad (i \neq j, h_{ii} = 0)$$

$$M=(m_{ij})_{N \times N}, m_{ij}=hh_{ij} \quad (i \neq j), m_{ii}=\frac{(h+k_i)}{2h+k_i}$$

$$\Phi=(\phi_{ij})_{N \times N}, \phi_{ij}=hh_{ij} \quad (i \neq j, \phi_{ii}=1)$$

$$M=\Phi+K, K=(k_{ij})_{N \times N} \quad (k_{ij}=0, i \neq j)$$

$$k_{ii}=\frac{h+k_i}{2h+k_i}-1=-\frac{h}{2h+k_i}=-\phi_{ij} \quad (i,j=1,\cdots,N)$$

其中, H, M, Φ, K 是 N 阶方阵。

下面证明矩阵 Φ 是可逆的。否则, 存在不同时为零的 $N-1$ 个数 α_i, 以及自然数 n, $1 \leqslant n \leqslant N, i \neq n$ 使得

$$1=\sum_{i=1,i \neq n}^{N} \alpha_i \frac{h}{2h+k_i}$$

$$\frac{h}{2h+k_n}=\sum_{i=1,i \neq n,j}^{N} \alpha_i \frac{h}{2h+k_i}+\alpha_j \quad (j=1,\cdots,N,j \neq n)$$

于是

$$\alpha_j=\frac{h}{2h+k_n}-\sum_{i=1,i \neq n,j}^{N} \alpha_i \frac{h}{2h+k_i}$$

$$=\frac{h}{2h+k_n}-\sum_{i=1,i \neq n}^{N} \alpha_i \frac{h}{2h+k_i}+\alpha_j \frac{h}{2h+k_j}$$

$$=\frac{h}{2h+k_n}-1+\alpha_j \frac{h}{2h+k_j}$$

$$\alpha_j=\frac{\frac{h}{2h+k_n}-1}{1-\frac{h}{2h+k_j}}<0 \quad (j=1,\cdots,N,j \neq n)$$

于是有

$$1=\sum_{i=1,i \neq n}^{N} \alpha_i \frac{h}{2h+k_i}<0$$

这是荒谬的! 所以 Φ 是可逆的。

根据式 (2.35), 有

$$\vec{q}=-\Phi^{-1} M \vec{q_c}+\Phi^{-1} \vec{\lambda}^{\tau}$$

$$=-\Phi^{-1}(\Phi+K) \vec{q_c}+\Phi^{-1} \vec{\lambda}^{\tau}$$

$$=-(E+\Phi^{-1} K) \vec{q_c}+\Phi^{-1} \vec{\lambda}^{\tau}$$

(2.36)

于是

$$\begin{aligned}
p &= a - h\left[\vec{1} \cdot (\vec{q_c} + \vec{q})\right] \\
&= a - h\left[\vec{1} \cdot (\vec{q_c} - (E + \Phi^{-1}K)\vec{q_c} + \Phi^{-1}\vec{\lambda}^{\tau})\right] \\
&= a - h\left[\vec{1} \cdot (-\Phi^{-1}K)\vec{q_c} + \vec{1} \cdot \Phi^{-1}\vec{\lambda}^{\tau})\right] \\
&= h\vec{1} \cdot (\Phi^{-1}K)\vec{q_c} - h\vec{1} \cdot \Phi^{-1}\vec{\lambda}^{\tau} + a \\
&= h\Theta\vec{q_c} - h\vec{1} \cdot \Phi^{-1}\vec{\lambda}^{\tau} + a \\
\Theta &= \vec{1} \cdot (\Phi^{-1}K) = (\theta_1, \cdots, \theta_N), \\
Q &= \vec{1} \cdot (\vec{q_c} + \vec{q}) = -\Theta\vec{q_c} + \vec{1} \cdot \Phi^{-1}\vec{\lambda}^{\tau}
\end{aligned} \tag{2.37}$$

其中,Θ 是 N 维行向量。

设 $\Phi^{-1} = (\varphi_{ij})_{N \times N}$,由于

$$\Phi^{-1}K = (\Delta_{ij})_{N \times N}, \Delta_{ij} = \varphi_{ij}\left(-\frac{h}{2h + k_j}\right) \quad (i, j = 1, \cdots, N)$$

因为 $\Phi\Phi^{-1} = E$ 可以写成

$$\sum_{i \neq j}^{N} \frac{h}{2h + k_j}\varphi_{ij} + \varphi_{jj} = 1$$

$$\sum_{i \neq j}^{N} \frac{h}{2h + k_j}\varphi_{il} + \varphi_{jl} = 0 \quad (j \neq l; j, l = 1, \cdots, N)$$

于是

$$\sum_{i=1}^{N} \frac{h}{2h + k_j}\varphi_{ij} + \varphi_{jj} = 1 + \frac{h}{2h + k_j}\varphi_{jj}$$

$$\sum_{i=1}^{N} \frac{h}{2h + k_j}\varphi_{il} + \varphi_{jl} = \frac{h}{2h + k_j}\varphi_{jl} \quad (j \neq l; j, l = 1, \cdots, N)$$

于是

$$\left(\frac{h + k_j}{2h + k_j}\right)\varphi_{jj} = 1 - \frac{h}{2h + k_j}\sum_{i=1}^{N}\varphi_{ij} \tag{2.38}$$

$$\frac{h + k_j}{2h + k_j}\varphi_{jl} = -\frac{h}{2h + k_j}\sum_{i=1}^{N}\varphi_{il} \quad (j \neq l; j, l = 1, \cdots, N) \tag{2.39}$$

在式(2.38)中,令 $j = l$,

$$\left(\frac{h + k_l}{2h + k_l}\right)\varphi_{ll} = 1 - \frac{h}{2h + k_l}\sum_{i=1}^{N}\varphi_{il}$$

如果 $\sum_{i=1}^{N}\varphi_{il} \leqslant 0$,则有 $\varphi_{jl} \geqslant 0, j, l = 1, \cdots, N_{\circ}$

于是 $\sum_{i=1}^{N}\varphi_{il} \geqslant 0$,所以 $\sum_{i=1}^{N}\varphi_{il} = 0$,由式(2.38)知,$\varphi_{jl} = 0, j \neq l, j, l = 1, \cdots, N_{\circ}$

由式 (2.39) 知, $\varphi_{jj} = \dfrac{2h + k_j}{h + k_j} > 1 > 0$,

于是, $0 < \sum\limits_{i=1}^{N} \varphi_{il} = 0$, 这是不可能的。

所以不会有 $\sum\limits_{i=1}^{N} \varphi_{il} \leqslant 0$。

因此, $\sum\limits_{i=1}^{N} \varphi_{il} > 0 \quad (l = 1, \cdots, N)$

故根据式 (2.38), 有

$$\theta_j = \sum_{i=1}^{N} \Delta_{ij}$$

$$= \sum_{i=1}^{N} \varphi_{ij}\left(-\frac{h}{2h + k_j} \right)$$

$$= -\frac{h}{2h + k_j} \sum_{i=1}^{N} \varphi_{ij} < 0$$

显然, 价格随着差价合约电量的增加而减少。

第 $i(i = 1, \cdots, N)$ 个企业的勒拿指数为

$$L_i = 1 - \frac{k_i(-\Theta \vec{q_c} + \vec{1} \cdot \Phi^{-1} \vec{\lambda}) + s_i}{h\Theta \vec{q_c} - h\vec{1} \cdot \Phi^{-1} \vec{\lambda} + a}$$

$$= 1 + \frac{k_i\theta_i q_{ic} + k_i \sum\limits_{j=1,j\neq i}^{N} \theta_j q_{jc} - k_i \sum\limits_{j=1}^{N} \theta_j - s_i}{h\theta_i q_{ic} + h \sum\limits_{j=1,j\neq i}^{N} \theta_j q_{jc} - h\vec{1} \cdot \Phi^{-1} \vec{\lambda} + a}$$

$$= 1 + \frac{\dfrac{k_i\theta_i}{h\theta_i}\left(h\theta q_{ic} + h \sum\limits_{j=1,j\neq i}^{N} \theta_j q_{ic} - h\vec{1} \cdot \Phi^{-1} \vec{\lambda} + a \right) + k_i \sum\limits_{j=1,j\neq i}^{N} \theta_j q_{jc}}{h\theta_i q_{ic} + h \sum\limits_{j=1,j\neq i}^{N} \theta_j q_{jc} - h\vec{1} \cdot \Phi^{-1} \vec{\lambda} + a} -$$

$$\frac{k_i \sum\limits_{j=1}^{N} \theta_j + s_i + \dfrac{k_i\theta}{h\theta_i}\left[h \sum\limits_{j=1,j\neq i}^{N} \theta_j q_{ic} - h\vec{1} \cdot \Phi^{-1} \vec{\lambda} + a \right]}{h\theta_i q_{ic} + h \sum\limits_{j=1,j\neq i}^{N} \theta_j q_{jc} - h\vec{1} \cdot \Phi^{-1} \vec{\lambda} + a}$$

$$= 1 + \frac{k_i}{h} + \frac{k_i \sum\limits_{j=1,j\neq i}^{N} \theta_j q_{jc} - k_i \sum\limits_{j=1}^{N} \theta_j - s_i}{h\theta_i q_{ic} + h \sum\limits_{j=1,j\neq i}^{N} \theta_j q_{jc} - h\vec{1} \cdot \Phi^{-1} \vec{\lambda} + a} - \frac{\dfrac{k_i\theta}{h\theta_i}\left[h \sum\limits_{j=1,j\neq i}^{N} \theta_j q_{ic} - h\vec{1} \cdot \Phi^{-1} \vec{\lambda} + a \right]}{h\theta_i q_{ic} + h \sum\limits_{j=1,j\neq i}^{N} \theta_j q_{jc} - h\vec{1} \cdot \Phi^{-1} \vec{\lambda} + a}$$

$$= 1 + \frac{k_i}{h} + \frac{\prod}{h\theta_i q_{ic} + \Lambda}$$

$$\Lambda = h\sum_{j=1,j\neq i}^{N}\theta_j q_{jc} - h\vec{1}\cdot\Phi^{-1}\vec{\lambda} + a$$

$$\prod = k_i\sum_{j=1,j\neq i}^{N}\theta_j q_{jc} - k_i\sum_{j=1}^{N}\theta_j - s_i - \frac{k_i\theta_i}{h\theta_i}\left[h\sum_{j=1,j\neq i}^{N}\theta_j q_{ic} - h\vec{1}\cdot\Phi^{-1}\vec{\lambda} + a\right]$$

因此,有

$$\frac{\partial L_i}{\partial q_{ic}} = -\frac{h\theta_i\prod}{(h\theta_i q_{ic}+\Lambda)^2}$$

因为

$$\prod = k_i\sum_{j=1,j\neq i}^{N}\theta_j q_{jc} - k_i\sum_{j=1}^{N}\theta_j - s_i - \frac{k_i\theta_i}{h\theta_i}\left[h\sum_{j=1,j\neq i}^{N}\theta_j q_{jc} - h\vec{1}\cdot\Phi^{-1}\vec{\lambda} + a\right]$$

$$= k_i\sum_{j=1,j\neq i}^{N}\theta_j q_{jc} - k_i\sum_{j=1}^{N}\theta_j - s_i - k_i\sum_{j=1,j\neq i}^{N}\theta_j q_{jc} + k_i\vec{1}\cdot\Phi^{-1}\vec{\lambda} - a\frac{k_i}{h}$$

$$= k_i\sum_{j=1,j\neq i}^{N}\theta_j q_{jc} - k_i\sum_{j=1}^{N}\theta_j - s_i - k_i\sum_{j=1,j\neq i}^{N}\theta_j q_{jc} + k_i\sum_{j=1}^{N}\sum_{l=1}^{N}\lambda_j\varphi_{lj} - a\frac{k_i}{h}$$

$$= k_i\sum_{j=1,j\neq i}^{N}\theta_j q_{jc} - k_i\sum_{j=1}^{N}\theta_j - s_i - k_i\sum_{j=1,j\neq i}^{N}\theta_j q_{jc} + k_i\sum_{j=1}^{N}\sum_{l=1}^{N}\frac{h}{2h+k_j}\varphi_{lj} - a\frac{k_i}{h}$$

$$= k_i\sum_{j=1,j\neq i}^{N}\theta_j q_{jc} - k_i\sum_{j=1}^{N}\theta_j - s_i - k_i\sum_{j=1,j\neq i}^{N}\theta_j q_{jc} + k_i\sum_{j=1}^{N}\theta_j - a\frac{k_i}{h}$$

$$= -s_i - a\frac{k_i}{h} < 0$$

因此,得

$$\frac{\partial L_i}{\partial q_{ic}} = -\frac{h\theta_i\prod}{(h\theta_i q_{ic}+\Lambda)^2} < 0$$

故勒拿指数是差价合约电量的减函数。差价合约具有抑制市场力量的效应。由此得出下列定理:

定理 2.14　在存在 N 个发电商的电力市场中,在拓展古诺博弈纳什均衡中,每一个发电商的差价合约电量越大,其勒拿指数就越低,市场力量就越弱。

2)对称双发电商的情形

如果所有发电商具有相同的成本函数,即

$$k_i = k_j = k, s_i = s_j = s, e_i = e_j = e \quad (i,j=1,\cdots,N)$$

则称此情形为对称发电商情形。

当只有两个对称发电商时,可以导出矩阵 Φ^{-1} 的解析式。因为

$$\Phi = (\phi_{ij})_{N\times N}, \phi_{ij} = \frac{h}{2h+k_i} \quad (i\neq j; \phi_{ii}=1; i,j=1,\cdots,N)$$

来看 $N=2$ 的情形

$$\varphi_{11}+\frac{h}{2h+k}\varphi_{21}=1$$

$$\frac{h}{2h+k}\varphi_{11}+\varphi_{21}=0$$

$$\varphi_{12}+\frac{h}{2h+k}\varphi_{22}=0$$

$$\frac{h}{2h+k}\varphi_{12}+\varphi_{22}=1$$

设 $\rho=\dfrac{h}{2h+k}$ 解得

$$\varphi_{11}=\frac{1}{1-\rho^2},\varphi_{22}=\frac{1}{1-\rho^2}$$

$$\varphi_{21}=-\frac{\rho}{1-\rho^2},\varphi_{12}=-\frac{\rho}{1-\rho^2}$$

显然

$$\sum_{i=1}^{2}\varphi_{i1}=\frac{1}{1-\rho^2}-\frac{\rho}{1-\rho^2}$$

$$=\frac{2}{1+\rho}>0$$

$$\sum_{i=1}^{2}\varphi_{i2}=-\frac{\rho}{1-\rho^2}+\frac{1}{1-\rho^2}$$

$$=\frac{2}{1+\rho}>0$$

3）关于差价合约电量的上限

差价合约电量 $q_{ic}(i=1,\cdots,N)$ 的大小是由发电商与电网之间谈判决定的。影响谈判结果的因素有很多，可以运用博弈论中的谈判理论构造模型进行研究，例如，纳什讨价还价博弈或者动态博弈中的鲁宾斯坦讨价还价博弈模型等。这将是下一步研究的课题，这里需要指出的是，$q_{ic}(i=1,\cdots,N)$ 存在上限，因为，如果 $Q_c=\sum_{i=1}^{N}q_{ic}$（相对于市场需求来说）太大，就不存在由市场供求决定的价格，因为市场需求可以完全由在差价合约电量 $Q_c=\sum_{i=1}^{N}q_{ic}$ 范围内得到满足。此时，前面模型中的 $\tilde{q}_i(i=1,\cdots,N)$ 就可能为负数，这是模型不允许的。因此，差价合约电量的上限应由条件 $\tilde{q}_i\geqslant0(i=1,\cdots,N)$ 决定。下面导出这样的条件。

由式（2.35）

$$\vec{q}=-\Phi^{-1}M\vec{q}_c+\Phi^{-1}\vec{\lambda}^{\tau}$$

$$=-\Phi^{-1}(\Phi+K)\vec{q}_c+\Phi^{-1}\vec{\lambda}^{\tau}$$

$$= -(E + \Phi^{-1}K)\vec{q_c} + \Phi^{-1}\vec{\lambda^{\tau}}$$

得

$$\widetilde{q_i} + q_{ic} = \sum_{j=1}^{N} \frac{h}{2h + k_i} \varphi_{ij} q_{jc} + \sum_{j=1}^{N} \varphi_{ij} \frac{a - s_i}{2h + k_i} \geqslant q_{ic}$$

$$\sum_{j=1,j\neq i}^{N} \frac{h}{2h + k_i} \varphi_{ij} q_{jc} + \left(\frac{h - a + s_i}{2h + k_i}\right) \varphi_{ii} q_{ic} \geqslant - \sum_{j=1}^{N} \varphi_{ij} \frac{a - s_i}{2h + k_i} \quad (i = 1, \cdots, N) \quad (2.40)$$

式(2.40)就是差价合约电量应满足的条件。

例如,如果对称双发电商的情形,式(2.40)为

$$-\rho^2 q_{2c} + \left(\rho \frac{h - a + s}{h}\right) q_{1c} \geqslant -\rho \frac{a - s}{h} + \rho^2 \frac{a - s}{h}$$

$$-\rho^2 q_{1c} + \left(\rho \frac{h - a + s}{h}\right) q_{2c} \geqslant -\rho \frac{a - s}{h} + \rho^2 \frac{a - s}{h} \quad (2.41)$$

于是

$$-\rho^3 q_{2c} + \left(\frac{h - a + s}{h}\right)\rho^2 q_{1c} \geqslant -\rho^2 \frac{a - s}{h} + \rho^3 \frac{a - s}{h} - \rho^2 \left(\frac{h - a + s}{h}\right) q_{1c} + \rho \left(\frac{h - a + s}{h}\right)^2 q_{2c}$$

$$\geqslant + \left(-\rho \frac{a - s}{h} + \rho^2 \frac{a - s}{h}\right)\left(\frac{h - a + s}{h}\right) - \rho^3 q_{2c} + \rho \left(\frac{h - a + s}{h}\right)^2 q_{2c}$$

$$\geqslant -\rho^2 \frac{a - s}{h} + \rho^3 \frac{a - s}{h} + \left(-\rho \frac{a - s}{h} + \rho^2 \frac{a - s}{h}\right)\left(\frac{h - a + s}{h}\right)\left[\left(\frac{h - a + s}{h}\right)^2 - \rho^2\right]\rho q_{2c}$$

$$\geqslant -\rho^2 \frac{a - s}{h} + \rho^3 \frac{a - s}{h} + \left(-\rho \frac{a - s}{h} + \rho^2 \frac{a - s}{h}\right)\left(\frac{h - a + s}{h}\right)$$

4)总结

我们在发电商具有二次幂函数形式成本函数的(相当于对发电商成本函数进行二阶近似)假定下,对拓展古诺博弈中差价合约的市场力量进行研究。研究发现,差价合约能够降低发电商的勒拿指数,从而对发电商的市场力量进行抑制。我们是在相当一般化的较弱假定下,对电力市场差价合约的市场力抑制效应进行分析的,并且运用产业经济学中测度厂商市场力的标准指标即勒拿指数进行分析,得到的结果明确,证明了差价合约完全具备抑制企业市场力量的功能。我们还给出了清晰的数学解析式,为未来的相关研究提供了基础性的分析工具。

(资料来源:蒲勇健.售电侧放开后中国电力市场产业组织重构模式与基于市场博弈最优差价合约设计模型研究(项目号:71673034))

案例2.3 基于拓展伯川德模型的绝对量差价合约的市场力抑制作用

健康的电力市场应保证充分竞争,提高市场效率与优化资源配置。然而电能在物理与管理等方面的特殊性使得电力市场中的市场力明显且难以控制。电力市场中的市场力问题一直是研究热点。学者们研究了市场力的分类与定量评估、市场力分析方法、市场力的控制等问题。关于市场力的分类,薛禹胜认为电力市场中的市场力分为内部市场

力与外部市场力，其中，内部市场力来自市场参与者在发、输、配中任一环节的牟利。关于电力市场市场力的定量评估，由于市场力影响作用不仅与市场力大小有关，也与参与者的具体博弈有关，因此，量化标准从市场总体竞争水平、风险变化量、个体市场力水平、市场力实施程度等角度出发。关于市场力分析方法，主要有基于最优报价与完全竞争报价的报价对比法、基于博弈模型的均衡求解法、基于多代理或实验经济学的电力市场仿真法。市场力的控制则分为包含使用期货与长期合同、开放用户侧、公开信息等在内的预防性控制策略，设置投标上限等紧急控制策略，以及校正控制策略。

基于丰富的针对电力市场的市场力研究，本研究从市场力抑制入手，重点研究在Bertrand 博弈模型下，相对电量差价合约的引入对市场力的抑制效应。国内外学者在基于博弈模型的差价合约市场力的抑制作用研究上已取得了一定成果。国外学者方面，Elia 利用 Bertrand 模型分析了绝对电量差价合约的引入对市场均衡价格和发电商市场力的影响，Nam 采用古诺博弈模型针对电力市场上一类长期合约在市场力管制上的作用进行了框架式的分析，提供了研究范式。国内学者方面，王长军在考虑了一般性长期合约的模型基础上分析发电商市场力均衡状态下的变化，给出了算例分析；赵波和张洪青结合我国发电侧电力市场的实际，定性阐述了利用博弈方法分析差价合约的可行性与必要性，并基于双寡头古诺博弈模型的数值算例分析了绝对电量差价合约的市场力抑制效应；叶泽采用了对称双寡头古诺博弈模型，分析了两个发电商在一次博弈静态环境与无限重复博弈动态环境下分别进行产量博弈时的合谋效应，得出双发电商不合谋的静态环境下绝对电量差价合约的存在对于实时电力市场的价格降低具有作用，市场价格随着合约电量的上升而增加；Qi 针对市场力衡量指标 Herfindal-Hirschman Index（HHI）和价格增加值进行对比分析，并采用了 2002 年浙江电力市场 3 个寡头垄断发电商的实证数据就差价合约的市场力抑制进行了分析。利用博弈理论研究市场力的文献主要采用了 4 种方法：以产量竞标的 Cournot 模型、以价格竞标的 Bertrand 模型、以产量、价格竞标的供给函数模型、Forchheimer 博弈模型。考虑电的不可储存性，这里采用 Bertrand 模型分析发电商的市场力问题更为适合，以上研究大部分基于古诺博弈出发，因此存在改进的空间。同时，上述文献在描述市场力时采用价格增加值、社会福利等非直接描述市场力的指标；结论的推导依赖特殊的算例分析，缺乏一般性数学模型；针对绝对电量差价合约，缺少针对另一类广泛使用的差价合约的讨论分析，即相对电量差价合约。本研究将在上述文献的基础上考虑以上问题，丰富和完善差价合约市场力抑制研究的相应理论。

因此，我们从经典的 Bertrand 模型出发，构造了存在正利润的基于相对电量差价合约的拓展 Bertrand 模型，论证了正利润与非负利润存在的条件，并在该模型的基础上分析对称双寡头情形下差价合约电量比例对均衡的影响作用，根据勒拿指数的移动判定市场力抑制效应，最后通过算例对相对差价合约降低市场力进行论证，为相关问题提供理论依据和研究框架。

1)基于相对电量差价合约的 Bertrand 模型

考虑有 N 个发电商的电力市场,第 $i(i=1,\cdots,N)$ 个发电商具有非常数边际成本和非零固定成本。发电商 i 的成本函数表示为 $C_i=\frac{1}{2}k_iq_i^2+s_iq_i+e_i(k_i\geq0,s_i\geq0,e_i\geq0)$,其中, C_i,q_i,e_i 分别是第 i 个发电商的总成本、发电量和固定成本;市场逆需求函数为 $p=a-hQ$ ($a>0,h>0$),其中, p,Q 分别是市场价格和市场需求电量, a,h 是常系数;发电商 i 与购电方之间签订相对电量差价合约,彼此约定,当购电方向发电商购电量为 q_i 时,其中的 α_iq_i 部分的交易价格按照合约规定的固定价格 p_c 执行;超出 α_iq_i 的购电量 $(1-\alpha_i)q_i$ 以市场价格交易,其中, $0\leq\alpha_i<1$ 为常数。合约价格与市场价格的关系,如图 2.22 所示。

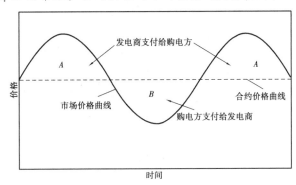

图 2.22 合约价格与市场价格的关系

（1）发电商完全垄断利润函数

在完全垄断市场上,发电商 i 的利润函数记为 $\prod_i(p_i)\mid_{k_i,s_i,e_i}$,以下在不引起歧义的情况下简写为 $\prod_i(p_i)$。

$$\prod_i(p_i)\mid_{h,k_1,s_1,e_1}\xlongequal{\Delta}\prod_i(p_i)$$

$$=p_c\alpha_iq_i+p_i(1-\alpha_i)q_i-\frac{k_i}{2}q_i^2-s_iq_i-e_i$$

$$=-\left[\frac{k_i}{2}+h(1-\alpha_i)\right]\left[\frac{a-p_i}{h}\frac{p_c\alpha_i+a(1-\alpha_i)-s_i}{2h(1-\alpha_i)+k_i}\right]^2+\left[\frac{k_i}{2}+h(1-\alpha_i)\right]\left[\frac{p_c\alpha_i+a(1-\alpha_i)-s_i}{2h(1-\alpha_i)+k_i}\right]^2-e_i$$

(2.42)

其最大垄断利润的一阶条件为

$$\frac{a-p_i}{h}-\frac{p_c\alpha_i+a(1-\alpha_i)-s_i}{2h(1-\alpha_i)+k_i}=0 \tag{2.43}$$

利润最大时的价格为

$$p_i^*=\frac{(1-\alpha_i)ah+ak_i-h(p_c\alpha_i-s_i)}{2h(1-\alpha_i)+k_i} \tag{2.44}$$

根据式（2.42）可知

$$\frac{\mathrm{d}\prod_i(p_i)}{\mathrm{d}p_i}=\frac{1}{h}\left[\frac{k_i}{2}+h(1-\alpha_i)\right]\left[\frac{a-p_i}{h}-\frac{p_c\alpha_i+a(1-\alpha_i)-s_i}{2h(1-\alpha_i)+k_i}\right] \tag{2.45}$$

根据式（2.45），有：$p_i < p_i^*$，$\dfrac{\mathrm{d}\prod_i(p_i)}{\mathrm{d}p_i} > 0$；$p_i > p_i^*$，$\dfrac{\mathrm{d}\prod_i(p_i)}{\mathrm{d}p_i} < 0$。由此可知，当价格在 p_i^* 的左端时，利润函数严格递增；当价格在 p_i^* 的右端时，利润函数严格递减。

设零利润价格为 $p_i^{\#}$，则根据式（2.42）有

$$p_i^{\#} = p_i^* \mp h \sqrt{\dfrac{\left[\dfrac{k_i}{2}+h(1-\alpha_i)\right]\left[\dfrac{p_c\alpha_i+a(1-\alpha_i)-s_i}{2h(1-\alpha_i)+k_i}\right]^2 - e_i}{\dfrac{k_i}{2}+h(1-\alpha_i)}} \qquad (2.46)$$

此时，需假定 $\left[\dfrac{k_i}{2}+h(1-\alpha_i)\right]\left[\dfrac{p_c\alpha_i+a(1-\alpha_i)-s_i}{2h(1-\alpha_i)+k_i}\right]^2 - e_i \geq 0$，否则发电商在完全垄断时利润恒为负，该发电商不在市场上。在此假定下，式（2.46）有意义，记

$$p_{is}^{\#} = p_i^* - h \sqrt{\dfrac{\left[\dfrac{k_i}{2}+h(1-\alpha_i)\right]\left[\dfrac{p_c\alpha_i+a(1-\alpha_i)-s_i}{2h(1-\alpha_i)+k_i}\right]^2 - e_i}{\dfrac{k_i}{2}+h(1-\alpha_i)}} \qquad (2.47)$$

$$p_{ib}^{\#} = p_i^* + h \sqrt{\dfrac{\left[\dfrac{k_i}{2}+h(1-\alpha_i)\right]\left[\dfrac{p_c\alpha_i+a(1-\alpha_i)-s_i}{2h(1-\alpha_i)+k_i}\right]^2 - e_i}{\dfrac{k_i}{2}+h(1-\alpha_i)}} \qquad (2.48)$$

因此，对于完全垄断发电商 i 而言，

① 当 $p_{is}^{\#} < p_i < p_{ib}^{\#}$ 时，$\prod_i(p_i) > 0$。

② 当 $p_i = p_{is}^{\#}$ 或 $p_i = p_{ib}^{\#}$ 时，$\prod_i(p_i) = 0$。

（2）最优反应

以下考虑对称双寡头模型，即假定 $N=2$，$k_1 = k_2 = k$，$s_1 = s_2 = s$，$e_1 = e_2 = e$。

给定发电商 2 的纯策略即价格 p_2，发电商 1 的最优反应是其最优价格。将发电商 2 的策略 p_2 分别置于不同的 3 个区间来求解发电商 1 的最优反应策略集。这 3 个区间分别为：

$$I_1 = [0, p_{1s}^{\#}], I_2 = (p_{1s}^{\#}, p_1^*], I_3 = (p_1^*, +\infty)$$

① 如果 $p_2 \in I_1$，当 $p_1 < p_2 \leq p_{1s}^{\#}$，则发电商 1 的利润为负，该策略严格劣于策略 $p_1 > p_2$，此时发电商 1 的利润为零。现在看情形 $p_1 = p_2$，此时发电商 1 的产量为 $\dfrac{1}{2}\left(\dfrac{a-p_2}{h}\right)$，利润为

$$\prod_1(p_2)\Big|_{2h} = p_c\alpha_1\left(\dfrac{a-p_2}{2h}\right) + p_2(1-\alpha)\left(\dfrac{a-p_2}{2h}\right) - \dfrac{k}{2}\left(\dfrac{a-p_2}{2h}\right)^2 - s\left(\dfrac{a-p_2}{2h}\right) - e \qquad (2.49)$$

其中，$\pi_1 = \prod_1(p_2)\big|_{2h}$ 表示需求曲线为 $p = a - 2h(q_1+q_2)$ 时的完全垄断发电商的利润函数。

记发电商完全垄断利润函数非负的价格区间为 $D = [p_{1s}^{\#}\big|_{2h}, p_{1b}^{\#}\big|_{2h}]$。

当 $p_{1s}^{\#}|_{2h}<p_2<p_{1b}^{\#}|_{2h}$ 时,发电商1的最优反应策略是 $p_1=p_2$,其中,

$$p_{1s}^{\#}|_{2h}=p_1^*|_{2h}-2h\sqrt{\dfrac{\left[\dfrac{k}{2}+2h(1-\alpha_1)\right]\left[\dfrac{p_c\alpha_1+a(1-\alpha_1)-s}{4h(1-\alpha_1)+k}\right]^2-e}{\dfrac{k}{2}+2h(1-\alpha_1)}} \tag{2.50}$$

$$p_{1b}^{\#}|_{2h}=p_1^*|_{2h}+2h\sqrt{\dfrac{\left[\dfrac{k}{2}+2h(1-\alpha_1)\right]\left[\dfrac{p_c\alpha_1+a(1-\alpha_1)-s}{4h(1-\alpha_1)+k}\right]^2-e_1}{\dfrac{k}{2}+2h(1-\alpha_1)}} \tag{2.51}$$

$$p_1^*|_{2h}=\dfrac{2(1-\alpha_1)ah+ak-2h(p_c\alpha_1-s)}{4h(1-\alpha_1)+k} \tag{2.52}$$

当 $p_2=p_{1s}^{\#}|_{2h}$ 或者 $p_2=p_{1b}^{\#}|_{2h}$ 时,发电商1的最优反应策略是 $p_1\geq p_2$。

其他情形发电商1的最优反应策略是 $p_1>p_2$。

②如果 $p_2\in I_2$,当 $p_1<p_2\leq p_1^*$,发电商1的利润为正,但是随着 p_1 的增加,发电商1的利润严格递增,并且 $\lim\limits_{p_1\to p_2}\pi_1=\prod_1(p_2)$。然而,当 $p_1=p_2$ 时,$\pi_1=\prod_1(p_2)|_{2h,k,s,e}$。

当 $\prod_1(p_2)|_{2h,k,s,e}<\prod_1(p_2)$ 时,则所有满足 $p_1\leq p_2\leq p_1^*$ 的策略 p_1 都存在占优的其他价格策略,所以不是最优策略;而当 $p_1>p_2$ 时,发电商1的利润为零,也存在占优的其他策略。因此,这种情形发电商1没有最优反应。

如果 $\prod_1(p_2)|_{2h,k,s,e}\geq\prod_1(p_2)$,则所有满足 $p_1<p_2\leq p_1^*$ 的策略 p_1 都存在占优其他的价格策略,所以不是最优策略。当 $p_1>p_2$ 时,发电商1的利润为零,也存在占优其他的价格策略,所以也不是最优策略。只有当 $p_1=p_2$,$\pi_1=\prod_1(p_2)|_{2h,k,s,e}\geq\prod_1(p_2)$ 达到发电商1的最大利润时,此时发电商1的最优反应策略是 $p_1=p_2$。

③$p_2\in I_3$,则发电商1的最优策略为 $p_1=p_1^*$。

2)Bertrand 模型均衡分析与市场力抑制效应判断

(1)纳什均衡

上一节给出了针对发电商2的纯策略发电商1的最优反应,由于模型假设发电商 $i(i=1,2)$ 为对称双寡头,因此同样可得发电商2的最优反应函数。由于纳什均衡是所有参与人的最优反应函数的交集,针对存在相对电量合约的拓展 Bertrand 模型的均衡分析可从对不同情形下最优反应函数的交集分析开始。此时,最优反应函数交集有如下3种情形:

①$p_2\in I_1$,注意到此时发电商1的最优反应价格都满足 $p_1\geq p_2$,在对称条件下,显然一定有 $p_1\leq p_2$,所以有 $p_1=p_2$,因此有前提条件:$p_{1s}^{\#}|_{2h}\leq p_2\leq p_{1b}^{\#}|_{2h}$ 仅在该条件满足时才存在均衡。

②$p_2\in I_2$,注意到此时如果有纳什均衡,则一定有 $p_1=p_2$,且此时有 $\pi_1=\prod_1(p_2)|_{2h,k,s,e}\geq\prod_1(p_2)$。

③$p_2 \in I_3$，此时发电商1的最优反应是$p_1 = p_1^* \in I_2$，而在对称发电商假定下，给定对方策略位于I_2，己方如果存在最优反应策略，也一定位于I_2，此时没有均衡。

（2）纳什均衡利润非负或为正的条件

本节将具体给出对称双寡头Bertrand发电商纯策略均衡利润为非负或正数的条件。

根据针对最优反应函数交集的分析可得，在该拓展Bertrand博弈模型中，纳什均衡只存在于上述交集的前两种情形，且针对情形①要求下述条件成立：$p_{1s}^{\#}|_{2h} \leq p_2 \leq p_{1b}^{\#}|_{2h}$，$p_2 \in I_1$；$p_{1s}^{\#}|_{2h} < p_2 < p_{1b}^{\#}|_{2h}$；针对情形②要求：$\pi_1 = \prod_1(p_2)|_{2h,k,s,e} \geq \prod_1(p_2)$，$p_2 \in I_2$；$p_{1s}^{\#}|_{2h} < p_2 < p_{1b}^{\#}|_{2h}$。上述情形下的条件二是为了保障均衡状态下利润为正。在经典Bertrand模型中，厂商均衡状态下的利润为0，与实际电力市场中发电商情况不符。因此，在此需证明拓展Bertrand博弈均衡情形下利润非负或为正的情形存在，易知在上述条件下情形①的利润非负，在此特对情形②进行说明，其数学细节请参见附录A。

（资料来源：蒲勇健. 售电侧放开后电力市场产业组织重构模式与基于市场博弈的最优差价合约设计模型研究（项目号：71673034））

定理2.15　存在相对电量差价合约的对称双寡头Bertrand博弈仅当$k = e = \alpha_i = 0$（$i = 1,2$）以外的情形，才可能存在正利润的均衡状态，存在正利润的充分条件是可能成立的。仅在$p_1 = p_2 \in I_2$的情形下，才可能出现纳什均衡状态下发电商利润为正的情况，其充分必要条件为$p_2 \leq \dfrac{sh + ka - p_c h\alpha_1}{h(1-\alpha_1) + k}$。关于定理2.15的数学证明请见附录B。

2.4.3　均衡状态的勒拿指数上限移动

考虑所有可能的均衡状态。均衡价格$p_1 = p_2 = p$只能位于I_1，I_2。根据2.2节分析可知，在均衡状态两个发电商的发电量都为$\dfrac{a-p}{2h}$。

根据式（2.44），可得完全垄断发电商零利润价格p_i^*的一阶条件为

$$\frac{\partial p_i^*}{\partial \alpha_i} = \frac{[4(a+p_c)h^2]\alpha_i - (a+p_c)h[2h+k] - 2h[ah+ak+hs]}{[2h(1-\alpha_i)+k]^2} \quad (i=1,2) \quad (2.53)$$

考察$\dfrac{\partial p_i^*}{\partial \alpha_i} < 0$的条件，得式（2.54）：

$$\alpha_i < \frac{(a+p_c)h[2h+k] + 2h[ah+ak+hs]}{4(a+p_c)h^2} \quad (2.54)$$

即当式（2.54）满足时，则有$\dfrac{\partial p_i^*}{\partial \alpha_i} < 0$成立。故式（2.55）成立。

$$\frac{(a+p_c)h[2h+k] + 2h[ah+ak+hs]}{4(a+p_c)h^2} = \frac{4(a+p_c)h^2 + (a+p_c)hk + 2h[ah+ak+hs]}{4(a+p_c)h^2} > 1$$

$$(2.55)$$

因此式（2.54）成立，此时I_2的上限随着差价合约电量比例的上升而下降。所以得到

一般性结论：I_2 的上限随着差价合约电量比例的上升而下降。因为 I_2 的上限也正是所有纳什均衡价格的上限，因此，在此得出结论，相对电量差价合约存在抑制均衡价格的效应，其电量比例 $\alpha_i(i=1,2)$ 的增加会导致均衡价格的下移。

式（2.56）给出了勒拿指数表达式为

$$L_i = 1 - \frac{k\left(\dfrac{a-p}{h}\right)+s}{p} = 1 + \frac{k}{h} - \frac{ka+hs}{hp} \tag{2.56}$$

由于差价合约电量比例 $\alpha_i(i=1,2)$ 的增加会导致均衡价格的下移，因此抑制均衡价格，从而也有抑制勒拿指数的效应。由于该拓展 Bertrand 模型可能存在多重纳什均衡，难以从数学角度去判断相对电量差价合约电量比例的增加如何影响均衡的移动，因此，针对相对电量差价合约的市场力抑制分析只能从上限的移动入手。

1）数值分析

在一些具体的数据下给出上述结论的验证。假设在市场 1 中，$a=4$，$h=0.2$，$k=0.02$，$s=0.2$，$p_c=0.5$ 元/kW·h，可得

$$p_i^* = \frac{0.92-0.9\alpha_i}{0.42-0.4\alpha_i}, \quad L_i = \frac{0.75\alpha_i-0.76}{0.9\alpha_i-0.92}$$

在市场 2 中，$a=1$，$h=0.05$，$k=0.03$，$s=0.4$，$p_c=0.6$ 元/kW·h，可得

$$p_i^* = \frac{0.1-0.08\alpha_i}{0.13-0.1\alpha_i}, \quad L_i = \frac{0.028\alpha_i-0.03}{0.08\alpha_i-0.1}$$

在市场 3 中，$a=2$，$h=0.1$，$k=0.008$，$s=0.4$，$p_c=0.6$ 元/kW·h，可得

$$p_i^* = \frac{0.256-0.26\alpha_i}{0.208-0.2\alpha_i}, \quad L_i = \frac{-0.168\,8\alpha_i+0.16}{-0.26\alpha_i+0.256}$$

图 2.23 可显示 3 个市场中相对差价合约约定电量比例变化对均衡价格的影响。

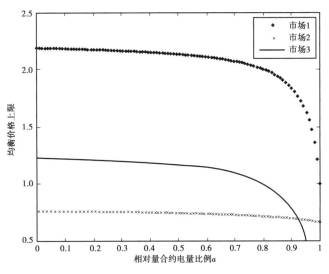

图 2.23　均衡价格上限与相对量合约电量比例的关系

图2.24 可显示3个市场中相对差价合约约定电量比例变化对勒拿指数的影响,借此可直观地看到相对差价合约的市场力抑制作用。

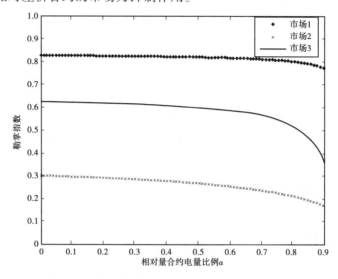

图2.24 合约价格与相对量合约电量比例的关系

2)结语

利用拓展 Bertrand 模型研究了相对电量差价合约的市场力抑制作用。首先建立在经典的 Bertrand 模型基础上,将其拓展到非常数边际成本的二次幂函数情形,构建包含差价合约的拓展 Bertrand 模型,然后针对对称双寡头模型利用最优反应求解纳什均衡,并讨论了正利润存在的充分必要条件,最后根据求解的纳什均衡上限的移动推出勒拿指数的上限移动,从而判断差价合约约定电量比例变化对发电商市场力的影响作用。研究发现相对电量差价合约的存在对市场力有抑制作用,且合约电量比例越大,勒拿指数越小,即电力市场中发电商市场力作用越小,其市场力抑制作用越强。这里提供了相对电量差价合约情形下的博弈研究模型,一则补充了相关文献,二则为相关问题提供了数学研究模型,具有创新价值与实际应用意义。同时文中关于正利润存在充分必要条件的讨论也具有较强的理论价值。文中研究限于对称双寡头博弈,其结论在非对称和多发电商的情形可以进行类似推广,为后续研究提供了基础。

附录A 纳什均衡正利润存在性证明

当 $p_2 \in I_2$ 时,$\pi_1 = \prod_1(p_2)\,|_{2h,k,s,e} \geqslant \prod_1(p_2)$。

根据式(A.1),

$$\left[p_c\alpha_1 + p_2(1-\alpha_1) - s\right]\left(\frac{a-p_2}{2h}\right) - \frac{k}{2}\left(\frac{a-p_2}{2h}\right)^2 - e > \left[p_c\alpha_1 + p_2(1-\alpha_1) - s\right]\left(\frac{a-p_2}{h}\right) - \frac{k}{2}\left(\frac{a-p_2}{h}\right)^2 - e \tag{A.1}$$

此时厂商1的利润函数一阶条件为

$$\frac{\partial \prod_1(p_2)}{\partial h} = -\left[p_c\alpha_1 + p_2(1-\alpha_1) - s\right]\left(\frac{a-p_2}{h^2}\right) + k\frac{(a-p_2)^2}{h^3} \tag{A.2}$$

根据假设 $a>p_2$，因此

$$\frac{\partial \prod_1(p_2)}{\partial h} \geq 0 \Leftrightarrow -\left[p_c\alpha_1+p_2(1-\alpha_1)-s\right]\left(\frac{a-p_2}{h^2}\right)+k\frac{(a-p_2)^2}{h^3} \geq 0 \Leftrightarrow -$$

$$\left[p_c\alpha_1+p_2(1-\alpha_1)-s\right]+k\frac{a-p_2}{h} \geq 0$$

因为在 I_2 中有 $p_2 \leq p_1^*$，所以

$$\frac{h\left[p_c\alpha_1+p_2(1-\alpha_1)-s\right]}{a-p_2} \leq \frac{h\left[p_c\alpha_1+p_1^*(1-\alpha_1)-s\right]}{a-p_1^*} = k_0 \Leftrightarrow k \geq \frac{h\left[p_c\alpha_1+p_2(1-\alpha_1)-s\right]}{a-p_2}$$

因此，只要 $k \geq k_0$，即可使得 $\frac{\partial \prod_1(p_2)}{\partial h} \geq 0$。即完全垄断发电商的利润函数就是递增

的，即存在均衡的充分条件为 $k \geq k_0$，该条件只需 k 足够大就可以满足。此时情形（2）成立。因此，存在条件使得 Bertrand 博弈获得正利润。同时发电商在均衡中的利润必须非负才是现实的情况，否则，发电商宁愿停止发电也不会亏本售电。

附录B　定理2.17 的证明

记发电商完全垄断利润函数非负的价格区间为

$$D=\left[p_{1s}^{\#}\mid_{2h}, p_{1b}^{\#}\mid_{2h}\right]$$

在 $p_2 \in I_1$ 存在非负利润的均衡条件是 $I_1 \cap D$ 非空，即式（B.1）成立。

$$p_{1s}^{\#}\mid_{2h} \leq p_1^*, 0 \leq p_{1b}^{\#}\mid_{2h} \tag{B.1}$$

根据式（2.44）、式（2.47）和式（2.48），该条件为

$$\frac{2(1-\alpha_1)ah+ak_1-2h(p_c\alpha_1-s_1)}{4h(1-\alpha_1)+k_1}-2h\sqrt{\frac{\left[\frac{k_1}{2}+2h(1-\alpha_1)\right]\left[\frac{p_c\alpha_1+a(1-\alpha_1)-s_1}{4h(1-\alpha_1)+k_1}\right]^2-e_1}{\left[\frac{k_1}{2}+2h(1-\alpha_1)\right]}} \leq p_{1s}^*$$

$$0 \leq \frac{2(1-\alpha_1)ah+ak_1-2h(p_c\alpha_1-s_1)}{4h(1-\alpha_1)+k_1}+2h\sqrt{\frac{\left[\frac{k_1}{2}+2h(1-\alpha_1)\right]\left[\frac{p_c\alpha_1+a(1-\alpha_1)-s_1}{4h(1-\alpha_1)+k_1}\right]^2-e_1}{\left[\frac{k_1}{2}+2h(1-\alpha_1)\right]}}$$

$$\tag{B.2}$$

此时的均衡价格为 $p_1=p_2=p_{1s}^*$，利润为零。

式（B.3）为 $p_2 \in I_2$ 存在正利润的均衡条件

$$\prod_1(p_1)\mid_{2h} \geq \prod_1(p_1) \tag{B.3}$$

即式（B.4）

$$p_c\alpha_1\left(\frac{a-p_2}{2h}\right)+p_2(1-\alpha_1)\left(\frac{a-p_2}{2h}\right)-\frac{k}{2}\left(\frac{a-p_2}{2h}\right)^2-s\left(\frac{a-p_2}{2h}\right)-e \geq p_c\alpha_1\left(\frac{a-p_2}{h}\right)+$$

$$p_2(1-\alpha_1)\left(\frac{a-p_2}{h}\right)-\frac{k}{2}\left(\frac{a-p_2}{h}\right)^2-s\left(\frac{a-p_2}{h}\right)-e \tag{B.4}$$

由于 $a-p_2>0$，可知 $p_2 \in I_2$ 存在正利润的充分必要条件为

$$p_2 \leqslant \frac{sh+ka-p_ch\alpha_1}{h(1-\alpha_1)+k} \tag{B.5}$$

因为 $p_2 \in I_2=(p_{1s}^{\#},p_1^{*}]$，根据式（2.45）、式（2.48）和式（2.49），考察式（B.4）成立的可能性：

$$p_{1s}^{\#} \leqslant \frac{sh+ka-p_ch\alpha_1}{h(1-\alpha_1)+k} \tag{B.6}$$

即需式（B.7）成立

$$\frac{(1-\alpha_1)ah+ak-h(p_c\alpha_1-s)}{2h(1-\alpha_1)+k}-h\sqrt{\frac{\left[\frac{k}{2}+h(1-\alpha_1)\right]\left[\frac{p_c\alpha_1+a(1-\alpha_1)-s}{2h(1-\alpha_1)+k}\right]^2-e}{\left[\frac{k}{2}+h(1-\alpha_1)\right]}}$$

$$\leqslant \frac{sh+ka-p_ch\alpha_1}{h(1-\alpha_1)+k} \tag{B.7}$$

也就是

$$\frac{(1-\alpha_1)ah+ak-h(p_c\alpha_1-s)}{2h(1-\alpha_1)+k}-\frac{sh+ka-p_ch\alpha_1}{h(1-\alpha_1)+k}$$

$$\leqslant h\sqrt{\frac{\left[\frac{k}{2}+h(1-\alpha_1)\right]\left[\frac{p_c\alpha_1+a(1-\alpha_1)-s}{2h(1-\alpha_1)+k}\right]^2-e}{\left[\frac{k}{2}+h(1-\alpha_1)\right]}}$$

$$\frac{\left[h(1-\alpha_1)+k\right](1-\alpha_1)ah-h(1-\alpha_1)\left[sh+ka-p_ch\alpha_1\right]}{\left[2h(1-\alpha_1)+k\right]\left[h(1-\alpha_1)+k\right]}$$

$$\leqslant h\sqrt{\frac{\left[\frac{k}{2}+h(1-\alpha_1)\right]\left[\frac{p_c\alpha_1+a(1-\alpha_1)-s}{2h(1-\alpha_1)+k}\right]^2-e}{\frac{k}{2}+h(1-\alpha_1)}} \tag{B.8}$$

令 $e=0$，则不等式为

$$\frac{\left[h(1-\alpha_1)+k\right](1-\alpha_1)ah-h(1-\alpha_1)\left[sh+ka-p_ch\alpha_1\right]}{\left[2h(1-\alpha_1)+k\right]\left[h(1-\alpha_1)+k\right]} \leqslant h(p_c\alpha_1-s)\left[h(1-\alpha_1)+k\right] \tag{B.9}$$

即

$$\alpha_1 \leqslant \frac{a-s}{a-p_c} \tag{B.10}$$

由于式（B.10）是可能成立的，因此式（B.6）是有可能的。

如果差价合约价格充分大，使得下式成立

$$\frac{a-s}{a-p_c} \geqslant 1 \Leftrightarrow p_c \geqslant s$$

则对差价合约相对电量比例没有限制。

否则,要求差价合约电量比例充分小。在这些场合,在 $p_2 \in I_2$ 存在正利润的均衡。这说明,当发电商的固定成本为零且 $k>0$ 时,存在使得式(B.10)成立的条件。这样在 $p_2 \in I_2$ 就存在正利润的均衡。

案例2.4 资产管理公司的最优股权

1)20世纪90年代债转股的背景

20世纪90年代,国有企业在激烈的市场竞争中陷入经营性困境是一种普遍现象,导致这种现象发生的原因是多方面的。许多国有企业是在过去的计划经济条件下创建的,当时主要是基于国家经济发展战略的考虑而设置的,随着市场经济体制的确立和发展,它们显得越来越难以适应市场规则,在产品结构、企业经营机制、公司治理结构和资本结构等方面显得相对落后和跟不上市场经济的发展,特别是沉重的债务负担使得国有企业困难重重。在处于危境的国有企业中,有一些出于特殊原因而导致负债过重的企业本来有希望通过公司治理结构的优化、建立现代企业制度、技术创新和资金注入而重振雄风,但由于在"七五"期间实行大规模技改所有国家划拨的大量资金在20世纪80年代中期改由"拨改贷"形成大量债务(主要是利息)而难以轻装上阵,其发展陷入泥潭。这类企业通常是大中型的国有重点企业,工艺设备先进、规模庞大、产品有市场,但由于在过去的大规模技改期间只有投入而无产出(技改未完成期间的资金流量是负数),而"拨改贷"使其因利息累加而背上巨额债务,导致它们在近年来因负债过重引起信用等级下降。另外,20世纪90年代后期,国有商业银行开始实行资产负债比例管理,对贷款风险的意识增强,在企业再贷款中特别关注过去贷款余额的偿还情况,企业信用等级成了银行是否对企业进行贷款的重要参考参数。因此,在这种情况下,企业在完成技改后即使有潜在的获利能力,也难以在新的游戏规则下获得经营所需的新增贷款。同时,处于困境的企业往往又因不能偿还银行原有的贷款而使银行呆账、坏账增加,导致银行资产质量下降。这种银行——企业间的债务死结往往还会因恶性循环而绷紧,从而导致国有商业银行体系总体风险增加和企业危机加重的双败局面。为了解开这一死结、化解潜在的金融风险,政府作为国家对全体国有企业和国有商业银行的最高代理层,有权通过行政手段进行干预。1999年,政府在601家国有企业开始试行债转股,成立四家资产管理公司(信达、长城、华融和东方资产管理公司),将四家国有商业银行和部分国有政策性银行在601家国有大中型企业中的大部分不良债权转为四家资产管理公司对企业的股权。具体操作程序是:财政部注资成立资产管理公司;资产管理公司向国有商业银行出售由财政部担保的金融债券购买(以1:1的比例)银行不良资产;资产管理公司将买来的不良资产转为对企业的股权;资产管理公司成为企业股东(通常是大股东),参与企业重大决策,促进企业改制;资产管理公司进入阶段性持股,按市场化运作,其目标是在有限持股期内(现规定为10年)最大化地回收资产,基本思路是通过企业回购股权,向战略投资者、其他非国有企业、外资、私营企业甚至上市出售给社会投资者,最大化地收回原有资产,从而在改革过程中尽量减少国有资产的流失,做到国有资产保值增值,改革成本极小化。通过债转股,既可能化解国有商业银行体系中潜在的金融风险,也可能救活部分国有企业。

这是因为,企业通过债转股减免了大量利息负担,提高了信用等级,同时还因债转股中完成了改制,从而轻装上阵,有可能引导银行加大资金支持力度,加快技术创新(包括新产品开发),最终实现扭亏为盈。在银行方面,由于债转股将不良资产转化为优良资产(财政部担保的金融债券),因而全面提高了资产质量,改善了银行资产负债状况,从而有能力加大贷款力度,同时,转股企业未来现金流的改善也降低了银行再贷款风险,使银行的贷款积极性增加,银行"惜贷"现象可望消除。这是一种预期的双赢结果。当然,金融风险只可转移不可能消除,它们被转移给了资产管理公司,最终实际上是转移给了财政部。作为政府部门的财政部,其风险承受能力一般大于单一的商业性机构(银行或企业),因而这种转换过程有一定的合理性。

但是,导致许多转股企业处于困境的真正原因是多方面的,并不仅限于负债过重,如经营机制落后、产品结构不适应市场、技术创新能力差等。对于这类企业,希望通过债转股就一举扭亏为盈是不现实的,资产管理公司通过企业上市而出售股权的可能性也不大;同时,由于我国资产市场发育不足,资产评估中介业不发达,原有不良资产的真实价值难以准确评估且已远低于账面价值,但现有的债转股思路要求资产管理公司不能通过打折出售股权,私营公司、外资及战略投资者也很难进入。所以,实际发生的情况大多数是通过转股企业的股权回购而实现资产管理公司的股权退出。据我们的实际调研情况发现,现有的资产管理公司几乎都是通过与企业谈判,规定企业在未来若干年内逐年回购股权(通过以 1:1 比例)而设计其退出通道。

根据现有的资产管理公司经营机制,其经营的目标函数是资产回收数量,即财政部对资产管理公司的激励机制是根据资产管理公司每年回收的资产量而给予相应的奖励,并且这种奖励是即期的,可以假定资产管理公司每年经营的绩效收益与其当年回收的资产数额成正比。这样,资产管理公司的最大化行为是给企业规定最高最快的回购比例,即希望企业尽快尽量多地回购股权,但这样一来,企业的负担实际上可能没有减少多少,难以达到债转股的真实目的;另外,转股企业可能希望尽量少、尽量慢地回购,因为企业通过将资金用于投资生产可加快企业发展和增强盈利能力。同时,这里面还有一个资金的时间价值问题。对于资产管理公司,由于其绩效收益与当年回收的资产量成正比,在贴现率大于零的情况下,它们总是愿意尽快地回收资产,因为未来的一元钱在今天不值一元钱,而回收资产总量是一定的,故宁愿回收今天的一元钱而不愿将这一元钱留待未来回收,再根据绩效收益与回收量的正比关系,资产管理公司宁愿获得今天的一元钱奖励而不愿将这一元钱奖励留待未来,所以,在现有的资产管理公司的激励机制下,资产管理公司在与企业的回购协议谈判中,总是存在一种尽量要求企业回购股权的愿望甚至冲动。在另一方,企业宁愿将今天的一元钱留待未来按一元钱归还,这样既可以缓解企业今天的困难,待今后企业搞好了有充裕的利润回购,又因未来一元钱在今天不值一元钱而获得资金的时间价值差额。所以,资产管理公司与转股企业在债转股谈判中通常就回购协议出现激烈的讨价还价现象,因为他们双方在回购的速度和数量上存在相反的偏好。在实际调研中已大量观察到这种现象,但令人惊讶的是,通常这种协议最终还是达成了。对这种结果的一种解释是:尽管资产管理公司与企业存在相反的回购意向,但两者在谈判中的地位是不对称的,因为资产管理公司拥有是否将企业的债务转为股权的权力,而处于困境中的企业通常为了尽快减免利息负担,同时又因国有企业领导层的短期行为(因其任期有限,对短期政绩有强烈的表现欲),企业一般会被迫接受看似不合理和过于苛刻的由资产管理公司提出的回购协议条款,待转股减免了企业债务负担后,企业的状况至少有一种次优改善,如果未来因过重的回购负担使企业再度陷入泥潭,企业预期政府会再次出面救助,这是国有企业固有的软约束使然。当然,我们认为这是一种可能的解释,但这种解释不足以说明为何企业还要与资产管理公司进行激烈的讨价还价,也不能说明均衡是如何达成的。我们在这里提出另一种解释,认为企业与资产管理公司之间就股权回购进行的讨价还价是一种博弈过程,并证明博弈的均衡点确定了协议规定的回购时序数量。在本例中,通过构造一个简单的三周期对称信息动态博弈模型来说明此点。

2)股权回购的对称信息动态博弈模型

(1)基本假定

我们将采用Stacklberg动态博弈模型来刻画债转股中资产管理公司与企业之间就涉及股权回购的债转股协议谈判过程,这是一个讨价还价博弈,资产管理公司将提出股权回购的时序数额建议,企业选择同意或不同意,同时提出自己建议的股权回购时序数额。考虑选择Stackberg博弈模型,我们假定企业先动,资产管理公司在给定企业的最优策略选择下作出自己的最优策略选择。然后,企业再根据资产管理公司的反应函数确定最优的均衡选择,最后达到子博弈精炼纳什均衡。这里,先对企业的战略空间作出说明。就企业来说,有权选择是否债转股,若已选择了债转股,则给定资产管理公司提出的股权回购时序量,企业选择自身努力程度,这种努力程度包括转股后企业自身的工作努力程度和进行经营体制转换即改制的努力程度。显然,转股后企业盈利或扭亏的能力与这种努力程度有正向变动的关系,不妨就用转股后企业的利润额来代表这种努力程度。因为企业在转股后越是努力,包括越是努力工作和进行改制,则在给定的其他条件不变的情况下,企业的利润就越高(或亏损就越小)。由于我们采用的是对称信息博弈,且假定资产管理公司至少能够回购部分股权(在现有的国有企业债转股的思路中,预计相当多的企业不能在10年内完全回购股权,若资产管理公司在持股期内不能完全回收资产,则余额由财政部再出资补足),故不妨假定企业在转股后有逐年为正的利润流。根据调研,许多股权回购协议要求企业以利润、折旧基金甚至再借款来回购股权,为简化分析,我们这里假定企业只用利润流回购股权。其次,资产管理公司的策略空间是各种可选择的股权回购时序量建议。因资产管理公司的使命是债转股并最大化地回收资产,故不进行债转股的选择不在其策略空间内。下面给出模型的基本构架。

(2)模型构架

参与人1—企业;参与人2—资产管理公司;博弈的行动顺序如图2.25所示。

假设转股后企业的努力程度用转股后第一个生产经营周期(如一年)内的利润流 π_1 表示,并由假定随后各个生产经营周期内的企业努力程度不变(仍为 π_1,但因随后的各个生产经营周期内的投资不同,故随后各生产经营周期内的利润将不同于努力程度)。在图 2.25 中,若企业不选择债转股,则企业的支付较低,用"0"表示,此时资产管理公司也偏离了其目标任务,故支付也较低,用"0"表示;若企业选择债转股,则资产管理公司可选择多种股权

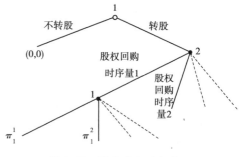

图 2.25 博弈的行动顺序

回购时序量,如图 2.25 中的股权回购时序量1,股权回购时序量2 等。若资产管理公司选择股权回购时序量1,则企业可选择多种努力程度,如 $\pi_1^1, \pi_1^2, \cdots$;在图 2.25 中,由于表达过于复杂,某些支付向量未标出。

用转股后企业在第一年中获得的利润 π_1 表示企业的努力程度,并假定股权回购时序量(用回购资产数量表示)为 $D_1, D_2, \cdots$,假设剩余 $\pi_1 - D_1$ 用于企业在第二年的投资,则企业在第二年的利润增加额是 $\pi_1 - D_1$ 的函数,记企业在第二年的利润为 $\pi_2 = \pi_1 + f(\pi_1 - D_1)$,类似有 $\pi_3 = \pi_2 + f(\pi_2 - D_2)$,$\pi_4 = \pi_3 + f(\pi_3 - D_3)$,……这里不考虑技术进步,故 f 与时间变量无关,假设 $f(0) = 0, f' > 0, f'' < 0, \lim\limits_{x \to 0} f'(x) = +\infty$[Inada 条件,该条件保证图 2.26(e)中的解是切点解]。实际上,在这种描述下,前述关于回购资金只来源正的利润流的假设可取消。在回购资金可能来源折旧基金或借款情形下,即 $\pi_t - D_t < 0$ 时,只需假设 $f(\pi_t - D_t) < 0$ 且仍单调增,此时仍能描述模型,利润流也不必假定为正。这是因为,挪用折旧基金和借款都会使企业未来盈利能力下降。故在未来利润的表达中出现减项。需要指出的是,尽管企业改制可在一个固定时期内完成,但因改制给企业内部人带来的内部人收益损失却是永久的,故企业内部人在转股后的每一年中都要损失一个固定的原有内部人收益,所以假定企业内部人在转股后的每一年中都要付出一个成本 $C = C(\pi_1)$,总成本现值为 $TC = \sum \delta_1^{t-1} C(\pi_1)$[若企业内部人关注无限期收益,则 $TC = \dfrac{C(\pi_1)}{1 - \delta_1}$],假定导数 $C'(\pi_1) > 0, C''(\pi_1) > 0$(边际成本递增),其中 δ_1 为企业内部人的贴现因子。这里假定企业在谈判中追求的是企业内部人(控制层)利益极大化。于是,参与人1 的支付函数为 $u_1 = \sum\limits_{t=1}^{N} \delta_1^{t-1}(\pi_t - D_t) + \sum\limits_{t=N+1}^{T} \delta_1^{t-1} \pi_t - TC$,其中,$N$ 为资产公司持股期限(10年),T 为企业内部人关注的收益年限(理论上可假设 $T = \infty$,当 T 取较小的有限值时,该模型也可用于分析企业行为短期化带来的后果)。

假定资产管理公司的支付函数为绩效收益最大化,并不妨碍绩效收益与回收资产量成正比,则参与人2 的支付函数为 $u_2 = \sum\limits_{t=1}^{N} \delta_2^{t-1} k D_t = k \sum\limits_{t=1}^{N} \delta_2^{t-1} D_t$,其中 $k > 0, \delta_2$ 为资产管理公司的贴现因子。约束条件:$0 \leqslant D_t \leqslant \pi_t, \sum\limits_{t=1}^{N} D_t \leqslant D, \pi_t = \pi_{t-1} + f(\pi_{t-1} - D_{t-1}), t \geqslant 1$;其

中 D 为转股资产总量。

参与人1的策略空间为

$$S_1 = \{(转股,不转股), \pi_1, \pi_1 \in [0, \infty)\};$$

参与人2的策略空间为

$$S_2 = \{(D_t), D_t \in [0, \pi_t], \sum_{t=1}^{N} D_t \leqslant D, t = 1, 2, \cdots, N\}$$

参与人1若在"转股"后选择了努力程度 π_1，则参与人2的最优选择满足

$$\max_{\{D_t\}} u_2 = k \sum_{t=2}^{N} \delta_2^{t-1} D_t, \text{s.t:} 0 \leqslant D_t \leqslant \pi_t \qquad (2.57)$$

$$\sum_{t=1}^{N} D_t \leqslant D, t = 1, \cdots, N$$

设式(2.57)的解为 $\{D_t^*\}$，则因

$$\begin{aligned}
\pi_t &= \pi_{t-1} + f(\pi_{t-1} - D_{t-1}) \\
&= \pi_{t-2} + f(\pi_{t-2} - D_{t-2}) + f[\pi_{t-2} + f(\pi_{t-2} - D_{t-2}) - D_{t-1}] \\
&= \cdots \\
&= \pi_1 + f(\pi_1 - D_1) + \cdots \\
&= F(\pi_1, D_1, \cdots, D_{t-1}) \\
& t = 2, \cdots
\end{aligned} \qquad (2.58)$$

故根据式(2.58)必有

$$D_t^* = D_t^*(\pi_1)$$

式(2.58)给出了参与人2对于参与人1选择了 π_1 后的反应函数。

给定该反应函数，参与人1选择最优的 π_1 极大化自己的支付

$$\max_{\{\pi_1\}} u_1 = \sum_{t=1}^{N} \delta_1^{t-1}(\pi_t - D_t^*) + \sum_{t=N+1}^{T} \delta_1^{t-1} \pi_t - \sum_{t=1}^{T} \delta_1^{t-1} C(\pi_1), \text{s.t:} \pi_1 \geqslant 0 \quad (2.59)$$

记式(2.59)的解为 π_1^*，若 $u_1(\pi_1^*) > 0$，则均衡为

$$\{(转股, \pi_1^*), \{D_t^*\}, t = 1, \cdots, N\}$$

当 $u_1(\pi_1^*) < 0$ 时，均衡为

$\{(不转股, *), \{*\}\}$，其中 $*$ 表示相应行动空间中的任意元素。

解此模型一般需要使用复杂的非线性动态规划方法，当模型中的时间变量取连续形式时，求解模型需采用最优控制理论中的哈密顿原理或庞特里亚金极大值原理法。由于篇幅所限，下面只给出一个三周期模型，可直接求解。

3) 一个三周期Stackberg动态博弈模型

为了定性看出模型的含义，不妨将上述模型作一个极端的简化，令 $N=2$，$T=3$，此时，t 不再具有实际的年份含义，它只表示我们将持股期划分为二段(如每一段为5年)，而 $T=3$ 代表了持股期外的所有年份(包括无限期的情形)，显然这是一个抽象模型，但它却能给出很直接的政策含义。为了得出解析解，我们将 $C(\pi_1)$ 的形式具体化，模仿信息经济学中通常的处理，设 $C(\pi_1) = \dfrac{1}{2} b \pi_1^2$，其中 $b > 0$ 为常数。

此时，

$$u_1 = \pi_1 - D_1 + \delta_1(\pi_2 - D_2) + \delta_1^2\pi_3 - \frac{1}{2}b\pi_1^2(1 + \delta_1 + \delta_1^2)$$

$$u_2 = k(D_1 + \delta_2 D_2) \tag{2.60}$$

下面求解 $\{D_t^*\}$，$t = 1, 2$

$$\max\ k(D_1 + \delta_2 D_2)\ \mathrm{s.\,t.}\ 0 \leqslant D_1 \leqslant \pi_1$$

$$0 \leqslant D_2 \leqslant \pi_2 = \pi_1 + f(\pi_1 - D_1)$$

$$D_1 + D_2 \leqslant D$$

参与人 2 的无差异曲线为 $D_2 = \dfrac{u_2}{k\delta_2} - \dfrac{1}{\delta_2}D_1$，因为一般总有 $0 < \delta_2 < 1$，故最优解有下述 5 种可能，如图 2.26 所示。

情形（a）、（b）、（c）、（d）都是角点解，为了避免数学上的复杂性，我们只考虑 D 充分大的情形，即情形（e），此时资产管理公司不能全部回收资产，其目标是最大化地回收资产。此时最优解是参与人 2 的无差异曲线与曲线 $D_2 = \pi_1 + f(\pi_1 - D_1)$ 的切点，故有

$$\frac{1}{\delta_2} = f'(\pi_1 - D_1)$$

$$D_2 = \pi_1 + f(\pi_1 - D_1) = \pi_2 \tag{2.61}$$

故 $\pi_1 - D_1 = A > 0$ 为常数，$\pi_2 - D_2 = 0$，由式（2.61）中第一式得

$$u_1 = A + \delta_1^2(\pi_2) - \frac{1}{2}b\pi_1^2(1 + \delta_1 + \delta_1^2)$$

令

$$\frac{\mathrm{d}u_1}{\mathrm{d}\pi_1} = \delta_1^2 - b(1 + \delta_1 + \delta_1^2)\pi_1 = 0$$

$$\pi_1 = \frac{\delta_1^2}{b(1 + \delta_1 + \delta_1^2)} \tag{2.62}$$

故最优解为

$$D_1^* = \frac{\delta_1^2}{b(1 + \delta_1 + \delta_1^2)} - A$$

$$D_2^* = \frac{\delta_1^2}{b(1 + \delta_1 + \delta_1^2)} + f(A) \tag{2.63}$$

$$\pi_1^* = \frac{\delta_1^2}{b(1 + \delta_1 + \delta_1^2)}$$

$$u_1 = A + \delta_1^2 f(A) + \frac{\delta_1^4}{2b(1 + \delta_1 + \delta_1^2)} > 0$$

故均衡时参与人 1 会在第一个决策结上选择"债转股"，子博弈精炼纳什均衡为

$$\left[债转股,\left(D_1^* = \frac{\delta_1^2}{b(1 + \delta_1 + \delta_1^2)} - A, D_2^* = \frac{\delta_1^2}{b(1 + \delta_1 + \delta_1^2)} + f(A) \right), \pi_1^* = \frac{\delta_1^2}{b(1 + \delta_1 + \delta_1^2)} \right]$$

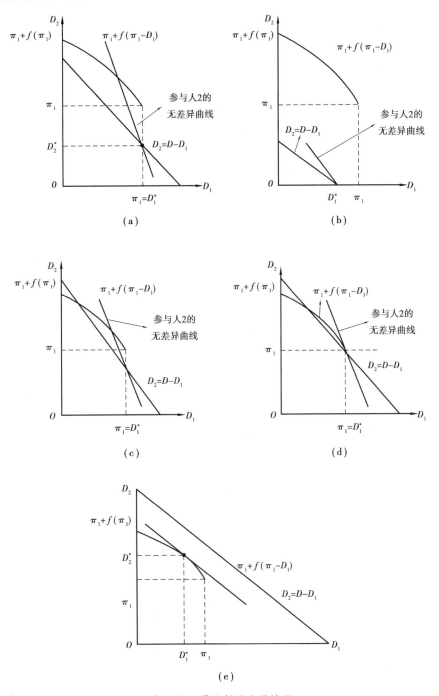

图 2.26 最优解的 5 种情形

4）政策含义分析

①据式（2.61），资产管理公司的短期行为越强，则 δ_2 越小，故 A 越小，由式（2.43）知，D_1^* 越大，D_2^* 就越小，此时资产管理公司就越急于在持股前期回收资产；反之亦然。

②据式(2.63)，$\pi_1^* = \dfrac{1}{b\left(\dfrac{1}{\delta_1^2} + \dfrac{1}{\delta_1} + 1\right)}$，故 δ_1 越大，π_1^* 就越大，因而企业越是关注长远利益，其努力程度就越高。

③据式(2.63)，b 越大，即企业内部人对债转股伴随的改制给他们带来的内部人利益损失评价越高或企业努力的成本越高，则企业的努力程度就越低。

④据式(2.63)，企业努力程度越高，资产管理公司提出的股权回购量就越大，这是博弈论中常见的"棘轮效应"的一种具体表现。

⑤据式(2.63)，企业的努力程度与资产管理公司的类型（用 δ_2 刻画）无关，这一结论只限于我们所考虑的情形(e)，但资产管理公司的股权回购时序量与自己的类型及企业的类型（用 δ_1 和 f 刻画）都有关。

在一般情形下，应同时解出情形(a)、(b)、(c)、(d) 和(e) 的最优解，再比较各种情形中 u_1 的数值，取最大化 u_1 的解为参与人1的最优选择，然后得到子博弈纳什均衡，这种过程除了在数学上出现更多的复杂性外，基本结论是相似的。在情形(a)、(b)、(c)、(d) 中，资产管理公司可在第一个周期内全部回收资产，这与我们观察到的情况不一致，事实上，绝大多数转股企业的状况难以保证做到这一点，这也是我们在三周期模型中只考虑情形(e)的原因。

（资料来源：蒲勇健.用博弈论方法研究国企债转中的互动行为与政策效应（国家自然科学基金项目，项目号：70171038））

2.5 供应链协调

企业不仅与竞争者进行策略行动，而且与其供应链中的伙伴之间也会进行。给定供应链中的每一个参加者都是自利的，每一个参加者的个人行动集合起来并不是整个供应链的最优。也就是说，由多个独立管理的公司组成的典型的分散化供应链的总利润，是小于同样一个供应链在"中央集权"管理下的利润。如果这样一个供应链存在并且由一个追求整个供应链利润最大化的单个决策者进行最优化管理的话，解决这个问题的一个办法是"垂直一体化"，其中公司拥有供应链的所有部分，包括原材料、工厂和商店等。"垂直一体化"的一个典型例子是20世纪初期的福特汽车公司。除了汽车厂外，亨利·福特还拥有一个钢铁厂、一个玻璃厂、一个橡胶树种植园以及一座铁矿山。福特要做的是"大规模生产"，生产同样的标准化汽车。那时候，T 型汽车的生产又快速又便宜。在开始，这种方法的运用十分成功，T 型汽车的价格从 1908 年 850 美元下降到 1924 年 290 美元。在1914年，福特拥有美国市场48%的份额。但是到了1920年，福特就拥有全球汽车市场的一半份额了。"垂直一体化"可以使公司获得低成本的原材料，并且可以对整个供应链进行更多的控制，包括生产周期和质量。但是，在今天我们并没有看见有许多的"垂直一体化"企业。这是为什么? 主要是在当今经济的快速发展中,消费者的需求和口味都是瞬息万变的,注重核心竞争力和敏捷生产的企业才能够领先于竞争对手并且获得成功。因此,我们看到有越来越多的企业朝着"本质一体化"(virtual integration)方向发展的趋势,也就是说供应链由许多独立进行管理的但又是相互紧密联系的公司组成。创新实践,比如信息共享以及卖方管理存货等,被某些公司成功运用,如戴尔公司等,以获得"本质一体化"的效果。然而,大多数公司仍然不愿改变其供应链实践,在这样的情形下,就需要设计合约(定义贸易项目)或者对于已有的合约进行修改,使得整个供应链中有一致性的激励并且减少由于分散决策导致的低效率,这就是所谓的供应链协调(supply chain coordination)。

在一个供应链里,存在着许多由不同的主体所有和经营的企业,并且每一个企业都追求自身的利益最大化。就像在所有的分散决策体系中一样,由供应链中的主体所选择的行动并不总是导致整个供应链的最优结果。也就是说,由于每一个主体都是追求自身利益的最优,我们就通常会看到整个系统的低效率。

下面来看低效率的原因是什么,以及如何设计合约去解决在主体都是根据自身利益最大化进行行动选择的情况下,也能够让分散决策体系的解趋于集中决策的解。

下面看一个简单的情形,其中只有一个供应商和一个零售商。零售商从供应商那里购买商品,然后在终端市场把商品卖出去。

假定供应商每生产一个单位产品的成本为 C,而终端市场的需求曲线为 $p = a - bq$,其中 p 是价格,q 是需求量。$b > 0$ 为常数,假定 $a > c$(这样在产量为零时的价格大于成本,即最大的价格大于成本,讨论才有意义)。

我们来考虑一种批发价格合约,其中供应商要求零售商支付每单位商品 w 的价格。

供应商和零售商的利润分别是 $\pi_s = (w - c)q$ 和 $\pi_R = (a - bq - w)q$,整个供应链的利润为 $\pi = \pi_s + \pi_R = (a - bq - c)q$。注意,$w$ 的选择只是间接影响总的 SC 利润,因为 w 的选择影响着 q 的选择。

分散决策的供应链(DSC):

在大多数的供应链里,假定供应商和零售商都是独立拥有和管理的企业,他们都追求自身的利润最大化。供应商选择每单位产品批发价格 w,并且在观察到 w 之后,零售商选择定货量。这是一个完全信息动态博弈,供应商先动,然后是零售商选择行动。我们用逆推法来解。

给定 w,先解零售商的最优反应 $q(w)$,零售商选择 q 最大化 $\pi_R = (a - bq - w)q$。一阶条件是

$$\frac{\partial \pi_R}{\partial q} = a - 2bq - w = 0$$

$$q(w) = \frac{a - w}{2b}$$

给定零售商的最优反应 $q(w) = \frac{a - w}{2b}$,供应商最大化 $\pi_s = (w - c)q =$

$\dfrac{(w-c)(a-w)}{2b}$。一阶条件是

$$\frac{\partial \pi_s}{\partial w} = a - w - w + c = 0$$

$$w = \frac{a+c}{2}$$

不难计算,在这个合约里,供应商获得整个 SC 利润的三分之二,零售商仅仅获得了三分之一。这是由于供应商拥有先动优势。

事实上,此时产量为$\dfrac{a-\dfrac{a+c}{2}}{2b}=\dfrac{a-c}{4b}$,价格为

$$p = a - bq$$

$$= a - b\frac{a-c}{4b}$$

$$= \frac{3a+c}{4}$$

供应商的利润为

$$\pi_s = (w-c)q$$

$$= \left(\frac{a+c}{2} - c\right)\frac{a-\dfrac{a+c}{2}}{2b}$$

$$= \frac{(a-c)^2}{8b}$$

整个供应链的利润为

$$\pi = (a-bq-c)q$$

$$= \left(a - b\frac{a-\dfrac{a+c}{2}}{2b} - c\right)\frac{a-\dfrac{a+c}{2}}{2b}$$

$$= \left(a - c - \frac{a-c}{4}\right)\frac{a-c}{4b}$$

$$= \frac{3(a-c)^2}{16b}$$

所以有 $\pi_s = \dfrac{2}{3}\pi$。

下面来看集中控制的供应链(CSC),其中供应商和零售商都是同一个组织的一个组成部分并且由同一个主体管理。

集中控制的供应链:

此时存在单个的决策者最大化整个供应链的利润 $\pi = \pi_s + \pi_R = (a-bq-c)q$。一阶

条件是

$$\frac{\partial \pi}{\partial q} = a - 2bq - c = 0$$

$$q = \frac{a-c}{2b} > \frac{a-c}{4b}$$

不难计算在集中控制的供应链下产量和总利润要高于分散控制供应链下的产量和总利润,而价格反而要比分散控制下的低。因此,在 CSC 下无论是供应链还是消费者都变得更好。事实上,此时总的利润是

$$
\begin{aligned}
\pi = \pi^* &= (a - bq - c)q \\
&= \left(a - b\frac{a-c}{2b} - c \right)\frac{a-c}{2b} \\
&= \frac{a-c}{2} \cdot \frac{a-c}{2b} \\
&= \frac{(a-c)^2}{4b} > \frac{3(a-c)^2}{16b}
\end{aligned}
$$

价格为

$$
\begin{aligned}
p &= a - b\frac{a-c}{2b} \\
&= \frac{a+c}{2} < \frac{3a+c}{4}
\end{aligned}
$$

那么,供应商与零售商之间在 CSC 中怎样呢? 是他们都变得好起来还是有人吃亏呢? 批发价格怎样呢? w 的选择是怎样影响市场价格,产量和供应链的利润呢?

仔细观察,发现 w 并不影响这些量,任何正的 w 都导致相同的 CSC 的结果,因为企业是在为自己支付批发价。但是,在 CSC 中,w 的选择还是十分重要的,因为它决定了利润是怎样在供应商与零售商之间分配的,我们可以把 w 理解为从零售商到供应商之间的转移支付。那么,最小的 w 是什么? 对于正的供应商利润而言,要求有 $w \geq c$。

如果令 $w = c$,则供应商的利润为零而零售商攫取了整个供应链的利润。那么,什么样的 w 可以把整个供应链的利润在供应商与零售商之间平分呢? 如果令 $w = \frac{a+3c}{4}$,则 $w - c = p - w = \frac{a-c}{4}$ 且每一个主体的利润为 $\frac{(a-c)^2}{8b}$。注意,这与 DSC 中供应商的利润一样。因此,如果在 CSC 中供应商与零售商平分利润的话,则供应商与在 DSC 中的利润相同,而零售商与在 DSC 中相比就严格变好了。经济学理论告诉我们,集中控制供应链的利润是最大可能获得的利润。

在这个例子里,由于分散决策所导致的利润损失是 25%,企业有动机消除这种利润损失,特别是如果可以增加所有企业的利益的话。这个简单模型好像可以通过垂直一体化解决。但是,正如前面已经说明的那样,垂直一体化也有它的问题。所以,现在的问题是否可以通过改变交易的方式使得这些独立经营的企业的行动就像垂直一体化那样

呢? 这个概念就叫作"供应链协调"(supply chain coordination)。

在这个例子中,零售商在任何协调合约里总是应该选择 $q^* = \dfrac{a-c}{2b}$。下面是这样一些机制设计的例子:

一口价(Take-it-or-Live-it-Contract):供应商向零售商提供如下合同。

只能用批发价 $w = \dfrac{a+c}{2}$ 购买产品,否则就不卖。此时供应商的利润为 π^*,供应商攫取了 CSC 利润的 100%。

事实上,此时有

$$\pi_s = (w-c)q$$

$$= \left(\frac{a+c}{2} - c\right)\frac{a-c}{2b}$$

$$= \frac{(a-c)^2}{4b}$$

$$= \pi^*$$

边际定价法(Marginer Pricing):供应商令 $w = c$。此时零售商的利润为 π^*。零售商攫取了 CSC 利润的 100%。

事实上,有

$$\pi_R = (a - bq - w)q$$

$$q(w) = \frac{a-w}{2b}$$

$$w = c$$

代入

$$\pi_R = (a - bq - w)q$$

$$= \frac{a-c}{2} \cdot \frac{a-c}{2b}$$

$$= \frac{(a-c)^2}{4b}$$

$$= \pi^*$$

注意,一口价要求有十分强势的供应商而边际定价法却要求有十分强势的零售商。在实际生活中进行合同谈判时,这样的情形很少出现,因为无论是供应商还是零售商通常都不会这样强势,所以需要考虑另外的供应链协调机制。一般地,在设计合约时,要重点考虑以下 3 个方面:

① 利润(Profitiability):要求尽量使得利润获得接近最优水平。

② 公平与灵活性(Fairness and Flexibility):容许利润的灵活或者说柔性的分配。

③ 可实施性(Implementability):可以方便地和低成本地进行管理。

下面介绍几种符合上述要求的合同设计。

① 收益分享合同(Revenue Sharing Contract)。

零售商与供应商分享其收益的 $\alpha < 1$。设 C_S 和 C_R 分别是供应商和零售商的单位成本,$C = C_S + C_R$ 为单位商品的销售成本(整个供应链的成本)。零售商的收益函数为 $R(q)$,它是一个递增的凹函数。

我们先看集中控制的供应链情形。

在 CSC 中,利润为 $\pi = R(q) - cq$,一阶条件是$\frac{\partial R(q)}{\partial q} = C$。这意味着在 CSC 中,在最优产量处边际收益等于边际成本(根据经济学理论,此时的利润水平是最大可能的利润水平,也就是说,应该等于集中控制的供应链利润水平)。

下面来考虑在上述批发价合同情形的 DSC,零售商的利润为 $\pi(q) = R(q) - (w + C_R)q$,一阶条件是$\frac{\partial R(q)}{\partial q} = w + c_R$。注意,如果 $w > C - C_R$,则有 $q < q^*$。即除非供应商以边际成本进行销售,零售商订货量就小于最优的 CSC 产量,从而带来低效率。

最后来考虑收益分享合同。此时零售商的利润为 $\pi_R(q) = \alpha R(q) - (w + C_R)q$,一阶条件是 $\alpha \frac{\partial R(q)}{\partial q} = w + c_R$ 或 $\frac{\partial R(q)}{\partial q} = \frac{w + c_R}{\alpha}$,在垂直一体化里有$\frac{\partial R(q)}{\partial q} = C$。因此,令两者两端相等,我们就可以在 DSC 中获得与 CSC 中相同的产量。也就是说,如果有 $w + c_R = \alpha C$,即 $w = \alpha C - c_R$,我们就在 DSC 中也有边际成本等于边际收益了,并且还有 $q = q^*$。此时,零售商的利润为 $\pi_R(q) = \alpha R(q) - (\alpha C - C_R)q - C_R q = \alpha(R(q^*) - cq^*) = \alpha \pi^*$,即零售商获得最优 SC 利润的 α 比例,供应商获得最优 SC 利润的 $1 - \alpha$ 比例。注意,在收益分享合同中,零售商的目标函数变成了供应链的目标函数的仿射变换。

由于与传统的批发价格合同相比较,总的 SC 利润较高;商业伙伴们就会选择 α 使得双方都受益。α 的选择受到几个因素的影响,包括供应商和零售商在开始谈判时的力量比较。

这个简单模型来自实际生活中正在实施的收益分享合同的启发,特别是电影片出租商与电影制片厂之间的合约。电影片出租商是零售商,它从电影制片厂(供应商)购买影片然后租给消费者。供应商的批发价影响着影片出租商订购影碟的数量,并且因此影响着消费者最终租用的数量。在 1998 年前,从电影制片厂购买影碟的价格很高,大约是 65 美元,导致租金也在 3 ~ 4 美元。影片出租商可以只购买有限数量的影片,但是这样就会导致需求的损失:特别是在影片上映初期,需求十分旺盛(峰值需求通常持续 10 周以下),约 20% 的消费者不能购到需求的片源。电影制片厂高昂的批发价影响着影片出租商的购买量,然后进一步影响着收益及两个企业的利润。意识到这个问题的严重性,影片出租商与电影制片厂就商议采用收益分享合约。按照这样的合同,影片出租商开始只付给每张影碟 8 美元,然后再把该影碟产生的收益的一部分(30% ~ 45%)返给供应商。由于这样的安排降低了影片出租商最初的投资,他们就从电影制片厂订购更多的影碟,因此,就能够满足更多消费者的需求,产生更多的收益,并且把这些收益的一部分返给供

应商。通过这一合约，影片出租商将其总的市场份额从 25% 增加到 31%，现金流增加到 61%，这显然是一种双赢。即使以低于其生产成本出售，供应商也有利可图。在电影院与剧院之间也存在类似的协议。

与直接的批发价格合同相比较，这种合同有一个潜在缺点就是自身带来的附加成本和管理负担。因为，利润在供应商与零售商之间的分配比例的确定，涉及他们之间的谈判过程。只有当利润的增加与额外的成本及管理付出相比相对大时，订立这样的合同才是值得的。

在对收益分享合同的分析里，我们只是考虑了单个的供应商和单个的零售商。在有多个零售商的情况下，除非供应商有给不同的零售商以不同的合同之灵活性，否则协调是难以得到保证的。不幸的是，由于存在着法律上的考虑，这样的"歧视性"并不总是可行的。另一个问题是这样的合同在销售竞争性产品并进行定价的零售商行为上的影响，在这样的场合，零售商可能过度招徕顾客而导致亏本。最后，如果收益依赖于零售商的销售努力，收益分享合同也会失败。对于只获得其所创造的收益的一部分的零售商来说，增加销售的动机就没有了。在收益分享合同保证零售商购买和销售"正确"数量的同时，它也伤害了零售商的销售积极性。因为，零售商的边际努力的边际收益中有一部分给了供应商。这样的情形在零售业如汽车销售业中是特别明显的，零售商的销售努力在总的销售率上产生了巨大的差别。

②回购合同（buyback contract）。

收益分享合同只是用于协调供应链的一种合同类型。我们已经观察到分散控制的供应链在批发价格合同下，零售商定购的数量小于最优数量。除了分散决策的原因外，还有一个原因是存货过度投资的风险。比如，考虑一个报贩模型，有一个单个的销售机会销售者在知道这个需求之前就需要取得。这对于大多数时尚消费品零售商来说都是这样的，产品需要提前几个月进行订购。由于有较长的生产周期，需求是知道的并且实际的销售季节开始。在销售季节结束的时候不管什么没有卖出去的都要接下来，由零售商承担过度存货投资的成本。

回购合约将存货风险在零售商与供应商之间进行配置。零售商可以把货物退回供应商并获得退款。特别地，在回购合同里，供应商在销售季节结束后以每单位商品 b 的价格回购零售商没有卖出去的产品，其中 $b < w$。则零售商的收益是 $R(q) = pS(q)$，其中 p 是单位销售价格（是给定的，不是决策变量），以及 $S(q)$ 是零售商的总销售量。注意有 $S(q) \leq q$，即零售商卖出去的商品不会超过他所订购的商品。与前面一样，整个供应链的总成本为 $C = C_S + C_R$。

在 DSC 中，零售商的利润是

$$\pi_R = 收益 + 回购收入 - 成本 - 采购成本$$

$$= R(q) + b\left(q - \frac{R(q)}{p}\right) - (C_R + w)q$$

$$= R(q)\left(1 - \frac{b}{p}\right) - (C_R + w - b)q$$

在收益分享合同里,有

$$\pi_R = \alpha\pi^* = \alpha(R(q^*) - cq^*)$$

即零售商的利润是集中控制供应链利润的一个仿射变换。因此,零售商的最优数量与集中控制供应链的最优数量是一致的。

为了在回购合同中有类似的情形成立,我们想使零售商的收益也等于 $\alpha\pi^*$,即

$$R(q)\left(1 - \frac{b}{p}\right) - (C_R + w - b)q = \alpha\pi^*$$

因为

$$\pi^* = R(q^*) - Cq^*$$

令

$$(C_R + w - b) = \alpha C$$

和

$$\left(1 - \frac{b}{p}\right) = \alpha$$

于是有

$$b = p(1 - \alpha)$$

由

$$(C_R + w - b) = \alpha C$$

有

$$w_b = \alpha C + b - C_R = p(1 - \alpha) + \alpha C - C_R$$

因此,如果供应商按照这样的方式选择 w 和 b,则零售商将获得 CSC 利润中的一部分。

在收益分享合同里,有

$$w = \alpha C - C_R$$

在回购合同里,有

$$w_b = p(1 - \alpha) + \alpha C - C_R$$

也就是说,有

$$w_b = b + w$$

因此,在回购合同里,供应商提出较高的批发价并反过来保证对任何没有卖出去的每单位商品返给 b 单位货币。

在收益分享合同里,批发价并不依赖卖价。但在回购合同里,批发价和返回价都依赖于卖价。因此,在回购合同里,供应商应把 w 和 b 表示为卖价 p 的函数。

回购合同在供应商与零售商之间利润分配方面是灵活的吗?答案是肯定的。

实际上,到目前为止的分析告诉我们,每一个收益分享合同里都存在一个等价的回购合同,反之亦然。

在电影片出租的情形里回购合同也适用吗?零售商在销售季节结束时总是有 q 单位

的产品留在手里。因此,保证可以得到其所买的每单位商品有 b 单位货币的回购。所以,回购合同又导出一个收益分享合同。

③二部分收费(Two-part tariff)。

在二部分收费中,供应商要求一个固定的费用 F 和一个每单位产品批发价格 w。二部分收费能协调供应链吗?如果能,供应商如何选择 F 和 w?利润如何在供应商与零售商之间配置?

我们回顾一下,最优条件是

$$\frac{\partial R(q)}{\partial q} = C = C_R + C_S$$

即边际收益等于边际成本。

在 DSC 中,二部分收费下零售商的利润是

$$\pi_R = R(q) - (w + C_R)q - F$$

一阶条件是

$$\frac{\partial \pi_R}{\partial q} = \frac{\partial R(q)}{\partial q} - w - C_R = 0$$

即

$$\frac{\partial R(q)}{\partial q} = w + C_R$$

为了获得 CSC 解,就需要有

$$w = C_S$$

即供应商必须以成本价进行销售。

此时,零售商得到

$$\pi_R = R(q^*) - (w + C_R)q^* - F = R(q^*) - (C_S + C_R)q^* - F = \pi^* - F$$

供应商的利润是

$$\pi_S = F - (w + C_S)q^* = F$$

注意,F 决定了利润在供应商与零售商之间的配置。由于任何配置方式都是可能的,所以这是一种灵活的合同。

到目前为止我们都假定 w 是固定的数字,但是,在许多应用里供应商都提供数量折扣。在数量折扣合同里,如果你购买更多单位的商品,则每单位的价格会下降。因此,供应商提出的价格 $w(q)$ 是 q 的递减函数,一般地,$w(q)$ 是阶梯函数。为了简化问题,我们假定其是连续的和可微分的。

在 DSC 中零售商的利润是 $\pi_R = R(q) - (w(q) + C_R)q$。我们在前面已经观察到,如果 π_R 是 π 的仿射变换的话,则 DSC 与 CSC 有相同的最优产量。

因此,需要

$$\pi_R = R(q^*) - (w(q^*) + C_R)q^* = \alpha(R(q^*) - Cq^*)$$

$$w(q^*) = (1 - \alpha)\left(\frac{R(q^*)}{q^*}\right) - C_R + \alpha C$$

如果供应商令批发价为

$$w(q) = (1 - \alpha)\left(\frac{R(q)}{q}\right) - C_R + \alpha C$$

此时

$$\pi_R = R(q) - (w(q) + C_R)q = \alpha(R(q) - Cq) = \alpha\pi$$

此时,零售商一定会选择产量 q^*,因为只有 q^* 才能使 π 取最大值 $\pi = \pi^*$ 从而使

$$\pi_R = \alpha\pi^*$$

取得最大值。

对于零售商来说存在一种替换关系:

如果选择 $q < q^*$,将为每单位商品支付较多的金钱,从而增加其边际成本;如果选择 $q > q^*$,则每单位商品价格会下降但边际收益会下降更多,会使额外一个单位商品无利可图的。

因此,对于零售商来说,最优数量的选择应该是 q^*;此时供应商的利润是

$$\pi_S = (w - C_S)q^* = \left(\frac{(1 - \alpha)R(q^*)}{q^*} - C_R + \alpha C - C_S\right)q^*$$
$$= (1 - \alpha)R(q^*) - (1 - \alpha)q^*C$$
$$= (1 - \alpha)\pi$$

数量折扣合同与收益分享合同之间有什么关系?在这两种合同中,零售商(还有供应商)的收益都与集中控制供应链的利润成正比。如果存在需求不确定,在数量折扣合同则由零售商承担风险,零售商订购的数量最大化期望供应链利润。因此,供应商总是获得期望利润的 $(1 - \alpha)$ 比例。但是取决于需求的实现,零售商可能赚得比期望利润的 α 比例更多或者更少。

但是,在收益分享合同里,零售商会在销售完成后分享收益。由于这种分享是在销售发生后,而不是期望的收益,在存在不确定性的场合,零售商与供应商都要承担风险。回忆一下,如果努力水平是决策变量的话,收益分享并不能协调供应链。可以证明,在努力—数量—依赖批发价 $w(q) = \dfrac{(1 - \alpha)R(q^*, e^*)}{q} - C_R + \alpha C + \dfrac{(1 - \alpha)g(e^*)}{q}$ 下,数量折扣合同就可以协调供应链,其中 e^* 是最优努力水平,而 $g(e^*)$ 是努力水平 e^* 下的成本($g(e)$ 是 e 的递增的,凸的可微分函数)。因此,在努力水平和数量都是决策变量的时候,在数量折扣合同下供应链的协调就是可能的。

到目前为止我们都假定价格是外生决定的,而且给定价格,收益就仅仅依赖于数量。如果价格也是决策变量又会如何?这些合同仍然可以协调吗?在收益分享,数量折扣和两部分收费里,由于零售商的利润是集中控制供应链利润的一个仿射变换,零售商会选择最优化的价格数量组合。但是,在回购合同里,协调性批发价格依赖于销售价。除非供应商会引用这些价格依赖的合同参数,当销售价是决策变量时,可以证明,回购合同仅仅在供应商赚得零利润时才协调的。在数量折扣合同里,价格、努力水平与数量

都可能是决策变量,并且合同都是协调的。

2.6　案例

案例 2.5　AlphaGo 战胜李世石

谷歌 AlphaGo(阿尔法围棋) 在与世界排名第一的围棋棋手李世石的人机大战中,最终以 4∶1 赢得胜利。这一人类智慧和人工智能的巅峰对决在世界各地掀起了对人工智能空前的关注热潮。

AlphaGo 是一款围棋人工智能程序,由谷歌 DeepMind 团队开发。AlphaGo 将多项技术很好地集成在一起:通过"深度学习"技术学习了大量的已有围棋对局,接着应用"强化学习"通过与自己对弈获得了更多的棋局,然后用深度学习技术评估每一个格局的输赢率(即价值网络),最后通过"蒙特卡洛树"搜索决定最优落子。同时谷歌用超过 1 000个 CPU 和 GPU 进行并行学习和搜索。

在过去 20 多年中,人工智能在大众棋类领域与人类的较量一直存在。1997 年,IBM公司研制的深蓝系统首次在正式比赛中战胜人类国际象棋世界冠军卡斯帕罗夫,成为人工智能发展史上的一个里程碑。然而,一直以来,围棋却是个例外,在这次 AlphaGo 取得突破性胜利之前,计算机围棋程序虽屡次向人类高手发起挑战,但其博弈水平远远低于人类,之前最好的围棋程序(同样基于蒙特卡洛树搜索) 被认为达到了业余围棋五、六段的水平。

原因之一就是围棋的棋局难于估计,对局面的判断非常复杂。另一个更主要的原因是围棋的棋盘上有 361 个点,其搜索的宽度和深度远远大于国际象棋。因此,求出围棋的均衡策略基本是不可能的。AlphaGo 集成了深度学习、强化学习、蒙特卡洛树搜索,并取得了成功。

AlphaGo 是第一个击败人类职业围棋选手、第一个战胜围棋世界冠军的人工智能机器人,由谷歌(Google) 旗下 DeepMind 公司戴密斯·哈萨比斯领衔的团队开发。其主要工作原理是"深度学习"。

2016 年 3 月,阿尔法围棋与围棋世界冠军、职业九段棋手李世石进行围棋人机大战,以 4∶1 的总比分获胜;2016 年末 2017 年初,该程序在中国棋类网站上以"大师"(Master)为注册账号与中日韩数十位围棋高手进行快棋对决,连续 60 局无一败绩;2017 年 5 月,在中国乌镇围棋峰会上,它与排名世界第一的世界围棋冠军柯洁对战,以 3∶0 的总比分获胜。围棋界公认阿尔法围棋的棋力已经超过人类职业围棋顶尖水平,在 GoRatings 网站公布的世界职业围棋排名中,其等级分曾超过排名人类第一的棋手柯洁。

2017 年 5 月 27 日,在柯洁与阿尔法围棋的人机大战之后,阿尔法围棋团队宣布阿尔法围棋将不再参加围棋比赛。2017 年 10 月 18 日,DeepMind 团队公布了最强版阿尔法围棋,代号 AlphaGo Zero。

AlphaGo是一款围棋人工智能程序。其主要工作原理是"深度学习"。"深度学习"是指多层的人工神经网络和训练它的方法。一层神经网络会把大量矩阵数字作为输入,通过非线性激活方法取权重,再产生另一个数据集合作为输出。这就像生物神经大脑的工作机理一样,通过合适的矩阵数量,多层组织链接在一起,形成神经网络"大脑"进行精准复杂的处理,就像人们识别物体标注图片一样。

阿尔法围棋用到了很多新技术,如神经网络、深度学习、蒙特卡洛树搜索法等,使其实力有了实质性飞跃。美国脸书公司"黑暗森林"围棋软件的开发者田渊栋在网上发表分析文章说,阿尔法围棋系统主要由4个部分组成:策略网络(Policy Network),给定当前局面,预测并采样下一步的走棋;快速走子(Fast Rollout),目标和策略网络一样,但在适当牺牲走棋质量的条件下,速度要比策略网络快1 000倍;价值网络(Value Network),给定当前局面,估计是白胜概率大还是黑胜概率大;蒙特卡洛树搜索(Monte Carlo Tree Search),把以上4个部分连接起来,形成一个完整的系统。

①两个大脑。

AlphaGo是通过两个不同神经网络"大脑"合作来改进下棋。这些"大脑"是多层神经网络,跟那些Google图片搜索引擎识别图片在结构上是相似的。它们从多层启发式二维过滤器开始,去处理围棋棋盘的定位,就像图片分类器网络处理图片一样。经过过滤,13个完全连接的神经网络层产生对它们看到的局面判断。这些层能够做分类和逻辑推理。

②第一大脑:落子选择器(Move Picker)。

AlphaGo的第一个神经网络大脑是"监督学习的策略网络(Policy Network)",观察棋盘布局企图找到最佳的下一步。事实上,它预测每一个合法下一步的最佳概率,那么最前面猜测的就是那个概率最高的。这可以理解成"落子选择器"。

③第二大脑:棋局评估器(Position Evaluator)。

AlphaGo的第二个大脑相对于落子选择器是回答另一个问题,它不是去猜测具体下一步,而是在给定棋子位置的情况下,预测每一个棋手赢棋的概率。这"局面评估器"就是"价值网络(Value Network)",通过整体局面判断来辅助落子选择器。这个判断仅仅是大概的,但对提高阅读速度很有帮助。通过分析归类潜在的未来局面的"好"与"坏",阿尔法围棋能够决定是否通过特殊变种去深入阅读。如果局面评估器说这个特殊变种不行,那么AI就跳过阅读。

这些网络通过反复训练来检查结果,再去校对调整参数,以便下次执行得更好。这个处理器有大量的随机性元素,所以人们是不可能精确知道网络是如何"思考"的,但更多的训练能让它进化得更好。

④操作过程。

AlphaGo为了应对围棋的复杂性,结合了监督学习和强化学习的优势。它通过训练形成一个策略网络(policy network),将棋盘上的局势作为输入信息,并对所有可行的落子位置生成一个概率分布。然后,训练出一个价值网络(value network)对自我对弈进行

预测,以 −1(对手的绝对胜利)到1(AlphaGo的绝对胜利)的标准,预测所有可行落子位置的结果。这两个网络自身都十分强大,而阿尔法围棋将这两种网络整合进基于概率的蒙特卡罗树搜索(MCTS)中,实现了其真正的优势。新版的AlphaGo产生大量自我对弈棋局,为下一代版本提供了训练数据,此过程循环往复。

在获取棋局信息后,阿尔法围棋会根据策略网络(policy network)探索哪个位置同时具备高潜在价值和高可能性,进而决定最佳落子位置。在分配的搜索时间结束时,模拟过程中被系统最频繁考察的位置将成为阿尔法围棋的最终选择。在经过先期的全盘探索和过程中对最佳落子的不断揣摩后,阿尔法围棋的搜索算法就能在其计算能力之上加入近似人类的直觉判断。

2017年1月,谷歌DeepMind公司CEO哈萨比斯在德国慕尼黑DLD(数字、生活、设计)创新大会上宣布推出真正2.0版本的阿尔法围棋。其特点是摒弃了人类棋谱,只靠深度学习的方式成长起来挑战围棋的极限。

围棋是信息对称的有限博弈,纳什存在性定理保证了均衡策略的存在。然而,围棋过于复杂,即使是计算机也难以完全解出均衡策略。在战胜李世石的比赛中,AlphaGo采用了博弈论的方法,就是说并不是徒劳地计算理论上的均衡策略,而是采用了信息对称的多阶段博弈的操作性流程:给定对方走的那一步,AlphaGo就搜索大量的已有围棋对局,大数据分析出最优的出招。在这里,所谓"最优"的标准是赢棋的概率,这种概率就是AlphaGo的支付函数。也就是说,AlphaGo放弃了计算理论上的均衡策略(最优策略),而是像自然人那样行事,根据经验(大数据)判断最优策略(近似的最优策略)。其实,这就与自然人的行为相同了。自然人也不可能计算出理论上的均衡策略,而是根据经验进行有限的计算,判断出近似的最优策略。不过,AlphaGo显然在大数据分析计算上强于自然人,并且随着计算机技术的进步,人工智能的这种优势会越来越与人类拉开差距。因此,人工智能在围棋上最终战胜人类是迟早的事情。

案例2.6　互联网金融在大学生消费信贷市场的兴起

大学生信用卡业务试点在2009年左右被叫停,同时互联网金融开始进入大学生消费信贷市场。这一现象可以用多阶段博弈加以解释。

传统金融机构与互联网金融在大学生消费信贷服务上的关键性差别是交易成本差异,正是因为互联网金融巨大的规模经济导致单位交易的交易成本下降,造成互联网金融在大学生消费信贷服务上具有相当优势,所以才能够在大学生消费信贷市场不仅是立住脚跟,而且还做得风生水起。

首先,给出以下假设:

一个大学生贷款需求量为L,银行利率为r;完成一笔贷款的申请手续给大学生带来的成本是C_s,审核和批准一笔贷款给银行带来的成本是C_b。

假设有$Lr - C_b > 0$;$u(L) - L(1+r) - C_s > 0$;其中$u(L)$是大学生的间接效用函数,即货币收入作为自变量和因变量的效用函数。

这样的假设意味着银行放贷是有利可图的,大学生贷款消费是理性的。也就是说,银行贷款给大学生消费是一种帕累托改善。

其次，看一个两阶段博弈：

在第一个阶段，由银行决定是否放贷。如果银行决定不放贷，博弈结束，银行和大学生双方的支付皆为0。如果银行决定放贷，则博弈进入第二阶段，由大学生决定是否还款。

图2.27给出了两阶段博弈。

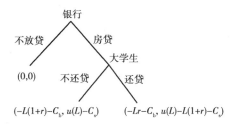

图 2.27　银行与大学生的两阶段借贷博弈

显然，根据逆向归纳法（假设银行具有二阶理性），两阶段博弈的子博弈精炼均衡是（不放贷，不还贷），也就是说，银行退出大学生放贷市场。

然而，根据假设 $Lr - C_b > 0, u(L) - L(1+r) - C_s > 0$，银行放贷和大学生还款是一个帕累托改善。根据无名氏定理，如果银行与大学生之间进行无限次重复博弈，当双方的贴现因子充分大时，就能够出现银行放贷和大学生还款的合作子博弈精炼均衡。

设银行和大学生的贴现因子都为 δ。

假设银行和大学生都选择"冷酷"策略：

银行第一次选择放贷，大学生第一次贷款选择到期还款。

在之后的任何一轮，如果之前大学生没有不还款的行为，银行没有不放贷的行为，则银行选择放贷，大学生选择还款。

如果之前有某一方"背叛"：或者大学生不还款，或者银行不放贷，则大学生选择不还款，银行选择不放贷。

在之前没有任何一方"背叛"的节点上，如果大学生偏离，则在该节点开始的子博弈上，大学生的子博弈支付为

$$u(L) - C_s$$

但是如果大学生一直不"背叛"，则子博弈上的支付为

$$\frac{u(L) - L(1+r) - C_s}{1-\delta}$$

在我们这里的假设下，显然博弈是无限连续的（因为 L, r, C_b, C_s 都是有限的），因此，只需看什么条件下大学生的一次偏离只会降低子博弈支付即可获得子博弈精炼均衡。看看条件

$$\frac{u(L) - L(1+r) - C_s}{1-\delta} \geq u(L) - C_s$$

也就是

$$\delta \geq 1 - \frac{u(L) - L(1+r) - C_s}{u(L) - C_s} = \frac{L(1+r)}{u(L) - C_s}$$

同样,之前没有一方背叛的节点上,如果银行偏离,则银行的子博弈支付为0;如果银行一直不偏离,则银行的子博弈支付为

$$\frac{Lr - C_b}{1 - \delta} > 0$$

因此银行不会偏离的。

在之前存在某一方偏离的节点,因为银行不放贷,大学生选择任何策略都是一样的支付0;同样,因为大学生永远不还贷,所以银行选择不放贷是最优的。因此,只需要条件 $\delta \geq \frac{L(1+r)}{u(L) - C_s} = \delta^*$,就可以保证双方都采用冷酷策略带来子博弈精炼均衡,而这种均衡是合作的均衡,从一开始到永远,银行都放贷,大学生都还款。

我们来看这个条件

$$\delta \geq \frac{L(1+r)}{u(L) - C_s} = \delta^*$$

如果在上面的模型中将银行换成互联网金融平台,在模型的数学形式上是完全相同的。然而,线下金融机构与线上互联网金融平台在大学生申请办理贷款手续的过程中发生的成本是不一样的。互联网金融环境中的大学生成本较之线下金融机构环境的成本要低得多。根据条件

$$\delta \geq \frac{L(1+r)}{u(L) - C_s} = \delta^*$$

我们看到,大学生的成本越低,利率越低,要求的贴现因子阈限 δ^* 就越低。也就是说,在传统的线下金融机构环境下,由于大学生成本较高,以及线上金融的利率较高,导致合作均衡要求的贴现因子阈限过高,高于大学生的贴现因子,大学生贷款中存在太多的不还款现象,造成银行不良资产比率上升,所以2004年开始试点的大学生信用卡业务在2009年左右被叫停了,但是随后兴起的互联网金融平台却在大学生贷款服务方面做得风生水起。这是因为,互联网金融平台大幅降低了大学生的贷款成本,以及互联网金融的利率较低,合作均衡要求的贴现因子阈限 δ^* 大大降低,低于大学生的贴现因子,从而使得合作均衡得以实现。

练习题

1. 假定两个完全相同的企业生产相同的一种商品。第 i 个企业生产 q_i 单位产出的成本为 $C_i(q_i) = q_i + d_i, i = 1,2$,其中,$d_i > 0, i = 1,2$ 是常数。进一步假设所有企业生产的总

产出为 Q，且需求函数为 $P(Q)=\dfrac{1}{Q}$，其中皆为常数。试计算 Stackelberg 博弈子博弈精炼纳什均衡时的企业利润。

2. 试求解下列完美信息动态博弈的子博弈精炼纳什均衡。

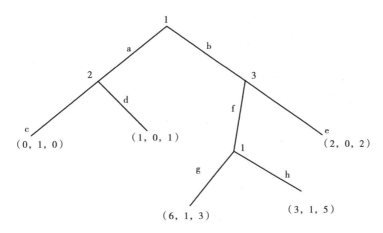

3. 试给出下列动态博弈的子博弈精炼纳什均衡解。

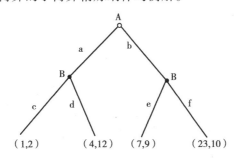

4. 试求解下列对称信息扩展式博弈的子博弈完美均衡。

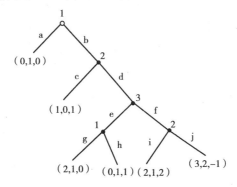

5. 在下列对称信息扩展式博弈中,试分别回答下列问题:

（1）假设参与人1认为参与人2是非理性的,但事实上参与人1和参与人2都是理性的;子博弈完美均衡是什么?

（2）假设参与人1认为参与人2认为参与人1是非理性的,但事实上两个参与人都是理性的,子博弈完美均衡是什么?

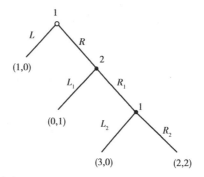

6. 下列博弈作为阶段博弈，无限次重复。

（1）假定参与人 1 和参与人 2 的贴现因子相同，问他们的贴现因子大于什么样的临界点时，支付组合（a,d）作为无限次重复博弈的平均支付被实现？

		2	
		c	d
1	a	2,0	4,7
	b	3,1	2,0

（2）假设他们的贴现因子都为 δ，$0 < \delta < 1$，问贴现因子满足什么条件时，它们之间可能形成合作，从而实现支付向量（4.7）？

7. 给定题 6 中的阶段博弈，问支付（10，10）组合能否通过合作实现？为什么？

8. 试用无限次重复博弈解释家族企业存在的原因？

9. 试用无限次重复博弈解释文化和宗教出现的原因。

10. 试用无限次重复博弈解释企业存在的原因。

11. 如果有一个垄断企业（在位者）垄断一个行业，每个时期坐拥价值为 6 000 000 元的利润。有一个新的企业（进入者）打算进入这个行业。当进入者进入行业之后，在位者只有两种选择：无所作为或者启动一个价格战。价格战分别给两个企业带来每个时期价值 2 000 000 元的损失。如果进入者进入，则它们之间平分市场。如果进入者不进入该行业，进入者企业也有每个时期价值 2 000 000 元的收入。

（1）试画出这个博弈的博弈树，并找出子博弈精炼纳什均衡。

（2）写出博弈的策略式博弈表述，并找出所有的纳什均衡。

第3章　不对称信息单阶段博弈

3.1　不对称信息博弈的表述与海萨尼转换

在前两章中,我们的讨论有一个潜在的假定,就是假定参与人不仅知道自己的支付函数,而且还知道其他参与人的支付函数,这就是对称信息假定。譬如,在引出纳什均衡概念的分析时就是如此。这个假定显然是不妥当的。因为一个企业并不一定知道其他企业的利润水平,一个消费者并不一定知道其他消费者消费一定商品时获得的边际效用。

我们之前之所以有这个假定,是为了简化模型。如果运用这种对称信息简化模型可以获得一些有意思的东西,当然不妨就在这种简化模型框架中进行博弈论研究。这是20世纪60年代末之前的情况。

然而,20世纪60年代源自美国的金融自由化,金融创新层出不穷,金融市场的发展成为经济发展的主要特征之一,就导致博弈论学者不得不开始着眼于不对称信息博弈论模型的研究。这是因为,金融市场的特征就是信息不对称。金融就是货币借贷,而借钱还钱关系中,关键性的问题是贷款者不知道借款者的资金使用情况,信用情况。贷款者会在信贷合约中考虑主要的问题,从而在合约中设计相关的限制条件,保护自己的利益,即控制风险。这就是说,对由不对称信息造成的利益风险,借贷合约的设计存在更多的考虑,就是在合约设计上能够尽量控制风险。这种考虑不仅存在于银行与客户之间的信贷合约中,而且还广泛存在于诸如保险合约、法律服务合约、公司员工聘任合约中。

由此,最初源于金融市场发展促发的不对称信息博弈论,在20世纪60年代末和70年代初成为博弈论研究的主流,并且正因为信息不对称博弈论在处理许多经济管理问题上具有独特的方法论优势,使得博弈论不再被视为经济学中的应用数学,而最终被主流经济学接纳,成为今天微观经济学的基础框架(博弈论在宏观经济学中也有重要应用,譬如理性预期理论的数学模型)。

在20世纪60年代末,海萨尼的基础性工作为不对称信息博弈论的模型建立起分析框架。这就是所谓的"海萨尼转换"。

3.2　信息不对称博弈的表述

可以采用一种方法来刻画博弈中的信息不对称。这种方法就是将参与人归入某个

由不同类型的参与人构成的集合中。也就是说,某个参与人并不知道另一个参与人是什么类型的参与人,但是知道其是某个由所有可能的类型构成的集合中的一员。在这里,"类型"就是参与人所有特征的一种表征(如果参与人是自然人,类型就是效用函数的表征)。参与人知道自己的类型,但不一定知道别人的类型。我们称参与人的类型为参与人的"私人信息"。

譬如,在二手车市场上,买主不清楚车的质量情况,有没有机械隐患,之前是否出过车祸?卖主当然也不会说真话(即使卖主说真话,买主也不会相信卖主说的是真话,因为卖主没有说真话的动机)。因此,车的类型大致可以分为两种:有质量问题的车和没有质量问题的车,类型集合可以表示为(有问题,无问题),我们称类型集合为参与人的"类型空间"。买主因此具有不对称信息,他知道车主属于这个集合,但是不知道到底是哪一种类型。当然,卖主清楚车的质量情况,只是买主不清楚。买主具有不对称信息,卖主的信息是对称的。

信息不对称是指参与人知道的信息是不对称的,某些参与人知道某些信息,而其他参与人对这些信息是不清楚的。

海萨尼转换是一种处理不对称信息博弈的方法。

假设博弈中还存在一位虚拟的参与人,称这位参与人为自然参与人。它的支付函数在任何博弈结果上都是相等的(可以随意赋值),也就是说,偏好是"没有"偏好。

自然参与人首先行动,向每一位其他参与人发送一个信息,告诉每一个参与人主要的信息:你的类型是…… 并且,某一个参与人只被自然参与人告知自己的类型,而没有被告知其他参与人的类型。因此,每一个参与人在博弈开始知道了自己的类型,但是不知道其他参与人的类型。然后,其他参与人之间开始博弈,开始琢磨自己的最优策略选择。

当然,自然参与人也可以告知某些参与人某些其他参与人的类型,但是不会告知所有参与人所有其他参与人的类型(否则就没有信息不对称了),譬如,在二手车市场模型中,卖主不仅知道自己的类型,也知道买主的类型。

这就是海萨尼转换。海萨尼转换使我们可以对不对称信息博弈进行建模。

显然,海萨尼转换使博弈成为多阶段(动态)博弈。不过,也仅仅是二阶段的博弈,在第二阶段,可以视为是一个单阶段博弈。单阶段的信息不对称博弈,就是用第二阶段博弈来进行分析的。

3.3 先验概率与贝叶斯纳什均衡

对于某个参与人来说,如果其他参与人的类型已知,就没有信息不对称,博弈就是我们在前面介绍的信息对称博弈。在信息对称的情形,该参与人选择的任何策略在二阶理性假设下,都可以预知其他参与人的最优反应,因此可以预知该参与人可能会获得的支付。

在信息不对称的情形,给定该参与人的策略选择,由于他不知道是与什么类型的其他参与人进行博弈,从而不能预知自己的支付。但是,有一种办法可以处理这个问题:我们预先假定该参与人对其他参与人的类型在类型空间中的概率密度,就是说该参与人(主观)认为其他参与人的类型是某个类型的概率。这种概率密度纯粹是该参与人主观意识上产生的,被称为"先验概率"。当然,尽管先验概率是纯主观的(我们称其为参与人对其他参与人类型的一种"信念"),但是其数值仍然受到基本的逻辑和该参与人已经具有的背景知识的框定。

下面的例子给出了先验概率的一个计算例子。

例 3.1 女士的帽子颜色

三位女士 1,2,3 面对面地坐在一起,每位女士都戴有一顶或者是红色或者是白色的帽子 —— 每位女士都只能看见其他女士所戴帽子的颜色,但不知道自己戴着什么颜色的帽子。

每位女士的先验信念是每位女士所戴帽子的颜色以 0.5 的概率为红色,以 0.5 的概率为白色。用 C_i 表示女士 i 帽子的颜色,$i = 1, 2, 3$。则参与人 1 的类型(即她看到另外两个人帽子的颜色)为 (C_2, C_3),参与人 2 的类型为 (C_1, C_3),参与人 3 的类型为 (C_1, C_2)。

我们用 R 表示红色,W 表示白色,t_1, t_2, t_3 分别是三位女士的类型,即她们看到其他两位女士的帽子颜色。

表 3.1 给出了状态先验概率。

表 3.1　帽子颜色博弈中的先验概率

		t_2			
		RR	RW	WR	WW
t_1	RR	1/8　若 $t_3 = RR$ 0　其他	0	1/8　若 $t_3 = WR$ 0　其他	0
	RW	0	1/8　若 $t_3 = RR$ 0　其他	0	1/8　若 $t_3 = WR$ 0　其他
	WR	1/8　若 $t_3 = RW$ 0　其他	0 $\forall t_3$	1/8　若 $t_3 = WW$ 0　其他	0 $\forall t_3$
	WW	0 $\forall t_3$	1/8　若 $t_3 = RW$ 0　其他	0 $\forall t_3$	1/8　若 $t_3 = WW$ 0　其他

如果将该参与人给定策略选择在其他参与人在任意类型下作出的最优反应产生的支付,用这种先验概率加权平均,就获得一个平均支付或者期望支付。

我们假定参与人在信息不对称博弈中追求这种平均支付或者期望支付的最大化,带来期望支付最大化的策略就是最优策略。如果每一个参与人都选择这种意义上的最优策略,则参与人之间就形成纳什均衡,称其为"贝叶斯纳什均衡"或简称"贝叶斯均衡"。

我们称单阶段信息不对称博弈为"贝叶斯博弈"。

贝叶斯即托马斯·贝叶斯（Thomas Bayes, 1702—1761），18世纪英国神学家、数学家、数理统计学家和哲学家，概率论理论创始人，贝叶斯统计的创立者，"归纳地"运用数学概率，"从特殊推论一般、从样本推论全体"的第一人。

假定在二手车市场的买主关于卖主的车的质量类型的先验概率是

$$\text{Prob}(无质量问题) = p,$$
$$\text{prob}(有质量问题) = 1 - p$$
$$0 \le p \le 1$$

其中，prob 表示概率。

假定买主和买主对无质量问题的车和有质量问题的车的价值认定分别是20万元和10万元，也就是说，这是他们之间的共识。因此，按照这样的认知，他们之间无论该车是无质量问题还是有质量问题，都是可以交易的。

也可以将先验概率写为

$$\text{Prob}(20 万元) = p,$$
$$\text{prob}(10 万元) = 1 - p$$
$$0 < p < 1$$

当车是无质量问题的车时，买主开出的最高价格是 $20p + 10(1 - p) < 20$，卖主认为这个价格小于他的车的价值，不能成交。

因此无质量问题的车退出市场，也就是说，买卖双方都知道市场上没有无质量问题的车，市场上的车都是有质量问题的车，这是买卖双方的共识。此时，信息不对称就没有了。显然，信息不对称的二手车市场是不存在的。只有两种市场存在：

①无质量问题车的市场。

②有质量问题车的市场。

第一种市场的存在依赖某种机制，或者存在来自第三方（或者政府部门）的质量认证；或者卖主因为声誉机制（第2章的无名氏定理，这种情况需要重复博弈）而提供无质量问题的车。

如果没有上述机制，无质量问题的车就不能显示其存在，从而导致买主的信息不对称，而这种信息不对称导致交易不能完成。如果无质量问题车的卖主具有二阶理性，他知道交易不能完成，因此不会出现在二手车市场上。在三阶理性假设下，买主知道市场上没有无质量问题的车，$p = 0$，因此他开出的买价为10万元，有质量问题的车成交。于是市场上只有有质量问题的车在进行交易。

我们看到，信息不对称产生的后果是：

①逆向选择：高质量产品不能交易，而市场交易的只是低质量产品。

②市场易于崩溃。

信息不对称导致有利可图的市场交易难以进行。在20世纪70年代初期，这是对古典经济学的一个挑战，因为古典经济学和新古典经济学的基本理念就是市场能够最优化配置资源。当然,现在看来,这是对古典经济学和新古典经济学的补充:市场需要在信息对称条件下才具有效率。这是现代经济运行中各种各样信息披露制度(如股票市场)的理论基础。

其他逆向选择的例子如下:

①保险市场:由于身体不好的人更加倾向于购买医疗保险,保险公司也知道这种情况,因此会提高保险金价格,这样就更加使得身体好的人远离医疗保险。

②企业的高质量人才流失:由于人才的高质量通常是隐藏者的信息,企业老板不一定了解,因此老板给与下属的待遇通常是平均水平的,低于高质量人才要求的水平,造成高质量人才倾向于离开企业,另谋高就。

3.4　类型依存策略

在贝叶斯博弈中,参与人的最优策略是依赖于参与人类型的,最优策略因参与人类型的不同而不同,称为类型依存策略。可以通过下面的"纸老虎博弈"来说明这一点。

例 3.2　纸老虎博弈

中国人习惯将表面强大而实质软弱的对手称为"纸老虎"。但是,在实际的博弈中,对手是不是真正的纸老虎还是一个问题呢!

对手有可能是纸老虎,也有可能是"真老虎"。如果挑战纸老虎,弱小的参与人有可能战胜表面强大的对手,即战胜的是纸老虎,获得巨大的声誉效应。这对于弱小的参与人来说,是特别具有诱惑力的。但是,如果对手是真老虎,贸然挑战就会招致毁灭性的打击,后果是严重的。

弱小的参与人在面对表面强大的对手时,对手是不是纸老虎,信息是不对称的。但是,战胜纸老虎带来的巨大声誉与遭遇真老虎带来的可怕后果,会将弱小的参与人置于左右为难的境地,微小的信息误差也时常驱使参与人铤而走险。下面的模型很好地诠释了这种情形。

假设弱小的参与人不清楚第二个参与人是否真正强大。自然会在博弈开始时进行"海萨尼转换",赋予参与人 2 某种类型——强大的或者软弱的,参与人 2 知道赋予自己的类型是什么,但是参与人 1 是不知道的。

参与人 1 赋予参与人 2 是真老虎即强大的概率为 q。这个 q 叫作"信念";因为是在博弈开始就作出判断,所以是"先验信念"。每个人可选择的策略是战争或是和平。如果是和平,则参与人 1 得到支付 0(无论他人作何选择);倘若他选择战争而其对手选择的是和平,则他得到支付 1;若两人都选择战争,则当参与人 2 是强大的时候,他们的支付为(-1,1);如果参与人 2 是软弱的纸老虎,则他们的支付为(1,-1),见表 3.2。假定 q 的数值他们都是知道的,这是他们的"共识"。

首先,注意到当参与人 2 是强大的时候,他总是选择战争,战争是占优策略。

还注意到当参与人 2 是软弱的时候,参与人 1 从选择战争中获得的支付总为 1,大于从选择和平中得到的支付,因为后者恒为零。因此,参与人 1 从选择战争中获得的期望支付等于 $(-1)q + 1 \cdot (1-q) = 1 - 2q$。于是,当 $q < 0.5$ 时,参与人 1 的最优策略就是选择战争;当 $q > 0.5$ 时的最优策略是和平。

当参与人 2 是软弱的时候,其最优策略是什么? 对于他来说,要做出最优决策,他不仅需要知道自己是软弱的,而且还要知道:

①倘若当他自己是强大的时候将选择的行动。

②以及他关于参与人 1 的主观概率 q 的信念(即他关于参与人 1 的信念的信念),记为 q_w。若 $q_w > 0.5$,参与人 2 很有信心参与人 1 不会选择战争,则他选择战争;若 $q_w < 0.5$,参与人 2 认为参与人 1 将选择战争且因此他自己选择和平。给定我们关于 q 是共识的假定, $q_w = q$,因此若 $q < 0.5$,软弱的参与人 2 会选择和平;若 $q > 0.5$,软弱的参与人 2 会选择战争。

这个结果相当直观。参与人 1 将会选择战争,如果他认为参与人 2 看来很可能不是强大的话。参与人 2 在他自己是强大的情况下总是选择战争,因为他自信其力量。当他是软弱的时候,参与人 2 在决定战争或和平时会表现得慎重一些:仅当他认为对方认为他有较高的概率是强大的时候,他才会选择战争。

通过这个例子,我们看到不对称信息情况下的策略是"类型依存的",即策略的选择是依赖于参与人类型的。

表 3.2　纸老虎博弈

自然

		强大的 2				软弱的 2	
		战争	和平			战争	和平
1	战争	-1,1	1,0		战争	1, -1	1,0
	和平	0,1	0,0		和平	0,1	0,0

3.5　成本信息不对称的古诺博弈

前面给出的古诺博弈中,每个厂商的成本函数是共识。这里我们假设每个厂商的成本函数是私人信息,即厂商仅知道自己的成本信息。具体规定如下:两个企业生产相同产品并在同一市场上进行竞争性销售,市场需求函数为 $Q = a - P, a > 0, P$ 为产品价格, Q 为市场需求量。企业 i 的成本函数为 $C_i = b_i q_i$,其中, C_i 为企业 i 的总成本, q_i 为其产量, b_i 为其平均成本, b_i 为常数且 $b_i > 0$,故 b_i 也是边际成本。 b_i 是企业 i 的私人信息,企业 $j \neq i$ 不知道 b_i 但认为 b_i 在 $[d, e]$ 上呈均匀分布, $d > 0, e > 0, d \leq e$。且进一步假定 b_i 在 $[d, e]$

呈均匀分布是共识,$i,j = 1,2$。

企业 i 的支付函数是其利润函数

$$\pi_i = Pq_i - C_i$$
$$= (a - q_1 - q_2)q_i - b_iq_i$$

设贝叶斯均衡为 $\{q_i^*\}_{i=1,2}$,则由均衡策略的类型依存性有

$$q_i^* = q_i^*(b_i), i = 1,2$$

给定公司 2 的平均成本 b_2 及其相应之最优产量选择 $q_2^*(b_2)$,公司 1 通过选择 q_1 将得到

$$\pi_1(b_2, q_1) = (a - q_2^*(b_2) - q_1)q_1 - b_1q_1$$

对其企业 2 的类型取平均值,公司 1 的平均支付为

$$\overline{\pi}_1 = (a - \overline{q}_2 - q_1)q_1 - b_1q_1$$

我们用字母上面的一横来表示平均值。

通过配方,得到

$$\overline{\pi}_1 = (a - \overline{q}_2 - q_1)q_1 - b_1q_1$$

$$= -q_1^2 + (a - \overline{q}_2 - b_1)q_1 - \frac{(a - \overline{q}_2 - b_1)^2}{4} + \frac{(a - \overline{q}_2 - b_1)^2}{4}$$

$$= -\left[q_1 - \frac{(a - \overline{q}_2 - b_1)}{2}\right]^2 + \frac{(a - \overline{q}_2 - b_1)^2}{4}$$

显然,企业 1 的最大化利润条件是

$$q_1 - \frac{a - \overline{q}_2 - b_1}{2} = 0$$

即

$$q_1 = \frac{a - \overline{q}_2 - b_1}{2} \tag{3.1}$$

在式(3.1)的两端同时对企业 1 的类型取平均值

$$\overline{q}_1 = \frac{a - \overline{q}_2 - \frac{d + e}{2}}{2}$$

根据模型的对称性,有

$$\overline{q}_1 = \overline{q}_2$$

于是得到

$$\bar{q_1} = \bar{q_2} = \frac{a - \bar{q_2} - \frac{d + e}{2}}{2}$$

$$\bar{q_1} = \bar{q_2} = \frac{a - \frac{d + e}{2}}{3}$$

$$= \frac{2a - d - e}{6}$$

代入式(3.1)，得

$$q_1 = \frac{a - \frac{2a - d - e}{6} - b_1}{2}$$

$$= \frac{4a + d + e - 6b_1}{12}$$

即每个公司的产量是随着它的边际成本的增加而减少的。另外，比较两个公司的产量，我们发现，当 $b_1 \geqslant b_2$ 时，$q_1^* \leqslant q_2^*$，即成本较低的公司产量较大。

当 $e = d$ 时，博弈退化成对称信息策略式博弈，为了与前面的古诺博弈相比，进一步设 $d = e = c$，$b_1 = b_2 = c$，则

$$q_1^* = q_2^* = \frac{1}{3}(a - c)$$

这正好回到前面的古诺博弈结果。

3.6 拍卖中的博弈论

3.6.1 作为不对称信息博弈的拍卖

拍卖这种交易形式最早出现在公元前500年的巴比伦。就像我们在某些电视剧中看到的一样，台下的男人争相出价竞争他们想要娶的女人。后来打仗归来的罗马士兵也在市场上通过拍卖的方式出售他们的战利品。标的最大的拍卖是在公元193年。当时的罗马禁卫军杀死了珀蒂纳克斯皇帝，对外拍卖整个罗马帝国。不过后来没有成功。到了17、18世纪，拍卖这种交易方式开始在英国变得很流行，大多数诸如客栈这样的公众场所都有不定期的拍卖活动存在。目前国际拍卖业的两个巨头——索斯比和克利斯蒂拍卖行正是在那个时代出现的。索斯比拍卖行成立于1744年而克利斯蒂拍卖行则成立于1766年。拍卖这种交易方式在当今社会仍旧非常普遍，人们通过拍卖这种方式来出售破产企业的资产或是政府通过拍卖来出售各种罚没物品。拍卖还可以用于其他的很多领域，它最大的特点就是能够为难以确定价格的物品找到一个合理的价位。凭着这个优势，拍卖不仅在历史上获得了长足的发展，而且还将在以后很长的历史时期内继续存在

和发展。

随着信息技术的发展,拍卖这种古老的活动也焕发出青春。不少人开始利用网络开展拍卖活动。最早的拍卖网站是由欧米达在 1995 年建立的。他最初建个小网站是为了向人们提供变种的埃博拉病毒代码。后来为了讨好女朋友,他在网站上添加了一个小的拍卖功能,帮助他的女朋友和那些与她有同样爱好的人交换各自的收藏品。欧米达没想到自己的网上拍卖会发展得如此迅速。一年后他辞去了原来的工作,全身心地投入到自己创建的网上拍卖业务。于是全球网上拍卖的老大 ——eBay 就这样诞生了。

如果某人打算把一件古董卖掉,由于古董物件的独特性,其买卖是缺乏市场价格的。由此,需要寻找价格信息,特别是需要找到能够开出最高价格的买主。拍卖就是寻找价格信息和卖给开出最高价格的买主的交易活动。

可能有不止一个人打算买这件古董,他们各自对古董的价值评价不一定相同。每一位买主对古董的价值评价是自己知道而别人不知道的"私人信息"。因此,拍卖活动是信息不对称的交易活动。

类似地,在政府的公共工程招标中,或者公共服务购买中,如果政府打算以最低价格购买(符合要求的)公共服务,也可以通过拍卖方式寻找最低价格的投标者。

拍卖的具体方式,比较典型的有以下几类:

1) 传统英式拍卖

英式拍卖是其中最常见的一种。英式拍卖的基本规则是买主依次轮流报价,后一个出价人的出价要比前一个高,直到最终没有人再出价时则成交。各类英式拍卖不论如何变化,都是以这个规则为基础的。

还有一种"美式拍卖",其与英式拍卖的不同之处在于每种拍卖品都有很多个。出价人可以指定购买多少个。拍卖结束后,出价最高的人得到了他想要的数量。如果此时拍卖品还有剩余,那么剩下的拍卖品就可以分给出价第二高的出价人,以此类推,直到所有的拍卖品都分配完为止。美式拍卖中所有成功的出价人都得到了他想要的数量,但最后成交的价格是按照出价人中的最低价来付款的。美式拍卖和英式拍卖的不同点主要在于每种拍卖品的数量和最后的成交价格。但从出价逐渐升高这一点看,美式拍卖仍旧被归在英式拍卖这一大类下。就像很多人把美式英语看作英式英语的一种变化一样,核心都是英语。

和美式拍卖相比,英式拍卖既不利于卖家也不利于出价人。这是从不同角度来看的。对于卖家来说,由于获胜的出价人出的价格只需要比前一个最高价高一点,那么每个人都不愿意马上按照其预估出价,价格只能一步步走高。如果大家的出价都低,那么就有可能某人按照低于其预估价的价格买到拍卖品。但对于出价人来说,大家争相出价的方式也使得出价人要冒风险。一轮轮的公开竞价很快会使气氛热烈起来,很多人为了追求那种压倒对方的快感,很容易一时冲动,出价超过其预估价。学者把这种现象称为"胜者的苦恼",并且通过研究得到了证实。

2）网上英式拍卖

英式拍卖是传统拍卖最常见的一种方式，放到网上后也变成了最常见的一种形式。网上英式拍卖与传统英式拍卖的实质是一样的，也是由买家一次或多次递交其愿意出的最高价。传统拍卖是由拍卖人询问在场的人，一直到没有人愿意出更高价时成交，而网上拍卖由于没有"在场"这回事，所以要规定一个截止时间。到了截止时间，出价最高的买家获得拍卖品，并按照这个最高价付款。超过拍卖截止时间，即使有更高的出价也无效。所以在临近截止时间的几分钟，网上拍卖的出价会迅速上升。很多不了解情况的新手常常因此而失去自己心仪的拍卖品。在实际运作中，这是参加网上英式拍卖和传统英式拍卖最大的不同。行内为此专门规定了一个名词叫作"狙击手"。他们在临近结束前一两分钟才出价，而且不是按照"最小增价"逐渐加价，其出价往往是最小增价的倍数，但不会太多，这样通常会一下子超过之前一直领先的那些人，等到大家反应过来想出价更高时，往往已经超过了拍卖截止时间。更专业的"狙击手"甚至还会去计算网络通信和拍卖网站服务器响应时间，他们会事先摸透这两个方面的参数，在最后时刻出手，服务器接收完他们的出价截止时间也就到了。这使得其他人很难战胜他们。所以"狙击"也可以称得上买家的一种技巧。"狙击手"往往能够通过这种方式以相对较低的价格拍到拍卖品。有的网站认为这种方式对其他出价人和卖家都不公平，所以禁止这种行为，规定出价截止时间前几分钟突然出现的出价是无效的。不过国内网上拍卖还没有发展到这种程度，参与拍卖的人本来就不多，更没有任何一家拍卖网站提到这方面的问题。

3）网上英式拍卖的变种

上述网上英式拍卖的卖家都是和出价最高的出价人接洽并达成交易，但就国内拍卖网站的情况看，虽然每个网站都列有对出价成功但不付款的出价人的惩罚条款，或是通过相互反馈系统列出不遵守规则的买家的名单等手段，但是仍旧无法有效防止不履约行为的出现。为此，有些网站将英式拍卖的规则做了一些改变，拍卖截止后，网站把超过底价的所有买家（有些网站则提供出价最高的 3 个或 5 个买家）的名单提供给卖家，卖家可以选择最合适的买家成交。卖家也可以在拍卖过程中直接选择买家完成交易。所以整个拍卖并非一定是"网上出价高者得"，买家的信用、成交后的交易方式也有很大影响。这种方式的好处是成交概率会比较大，因为卖家可以与多个买家相联系。即便某个买家不履约，卖家还可以继续与剩下的买家接洽并达成交易。针对我们的支付手段和网上拍卖的参与情况，如果把这种方式看作一种过渡时期的方法，那么它还是有其积极意义的。

4）荷兰式拍卖类

（1）传统荷兰式拍卖

传统"荷兰式拍卖"是一种开放式的拍卖形式。拍卖从高价开始，一直降到有人愿意购买为止。因为拍卖的价格是由高到低逐渐下降，降到有人购买为止，所以也有人把荷兰式拍卖称为"出价渐降式拍卖"。之所以叫作荷兰式拍卖，是因为最早是荷兰的农场主联合采用这种方式拍卖他们手头容易腐烂的农产品,如粮食、鲜花等。后来这种方式慢慢延续下来,人们就给它起名叫"荷兰式拍卖"了。

荷兰式拍卖拍卖的大多是大宗物品。拍卖会上会放一个类似钟表的东西,每隔一定时间价格就下降一点。第一个叫"停"的出价人就可以按照叫停时的价格购买他想要的量。如果他买完后拍卖的物品还有剩余,降价过程就继续进行下去,直到所有的拍卖品都被随后出价更低的人买走为止。有人分析后认为,荷兰式拍卖对卖家会比较有利,因为预估价较高的人担心拍卖品会被别的出价人买走,所以他不会等到价格降到比其预估价格低得多的程度才出价,这样卖家通常能以较高的价格卖掉拍卖品。对那些需要迅速卖掉的大宗商品,荷兰式拍卖尤其适合。

（2）网上荷兰式拍卖

和传统荷兰式拍卖一样,网上荷兰式拍卖也是针对一个卖主有许多相同物品要出售的情况而设计的。但传统荷兰式拍卖的价格是逐渐降低的,而网上荷兰式拍卖并不存在价格逐渐下降的情况。通常是到截止时间后,出价最高的人获得了他想要的数量。如果物品还有剩余,就接着分配给出价第二高的人。如果有几个人出价同样高,那么网站会把拍卖品优先分配给先出价的人。即遵循"高价优先,先出价优先的原则"。至于最终的成交价格,有的网站规定是按照成功出价人各自的出价付款,有的网站则规定所有人都按照最低出价付款即可。

3.6.2　密封递价类

密封递价类拍卖正如其名称表述的一样,买家提交的出价是别人不知道的,只有拍卖的组织者和卖家能看到。在传统拍卖中这是通过把写有出价的单据密封起来实现的,而在网上拍卖中,拍卖网站只在网页上标明有多少人出价,目前的出价是多少则不在网页上标明。

1）密封递价拍卖

密封递价拍卖时,出价人在不知道其他人出价高低的情况下各自决定自己的出价。拍卖遵循的仍然是英式拍卖价高者得的原则,所不同的是出价是保密的,出价人相互并不知道别人的出价。根据最后成交采用的价格,我们可以把密封递价拍卖分为"密封递价最高价拍卖"和"密封递价次高价拍卖"(也称为维氏拍卖)两种。在密封递价最高价拍卖时出价最高的人购得拍卖品。如果拍卖品满足出价最高的人需要的量还有剩余,则剩余物品由出价低于他的人依次获得。密封递价次高价拍卖和密封递价最高价拍卖类似,只是出价最高的人是按照出价第二高的人所出的价格来购买拍卖品。看起来这种方式似乎更有利于买家,卖家不按照最高价收钱却按照低价收那他不是吃亏了吗?威廉·维克里也和你有一样的困惑,不同的是他花时间做了研究,并因此获得了1996年的诺贝尔经济学奖。威廉研究后发现,按照次高价结算卖家反而能获得更高的回报。别忘了,拍卖里的高价并不是固定的,同一次拍卖,买家踊跃出价时的次高价可能比没什么人出价时的最高价还高。正是因为出价最高的人不必按照最高价付款,所以大多数人才愿意

按照比其在密封递价最高价拍卖中高一些的价格出价,以确保自己能拍到想要的物品,又不必支付自己认为不合理的价格。这种方式实际上鼓励了人们按其预估价出价,导致了对卖家有利的结果。

2）维克里式拍卖

维克里式拍卖指的就是密封递价次高价拍卖,它是从维克里（Vickrey）名称而来的。维克里式拍卖同英式拍卖一样也可用于拍卖单件物品。不同之处在于最高出价者是以次高出价人所出的价格购买拍卖品。前面已经说过,这种方式能使卖家获得更高的回报,因为它降低了出价人观望等待的可能。网站采用这种拍卖方式,除了让卖家收益好一些以外,更重要的目的是鼓励有更多的人出价,以便把拍卖网站的人气烘托出来,解决目前国内很多拍卖网站发愁的问题,即如何让更多的人参与到拍卖活动中来。

3.6.3 双重拍卖

严格来说,双重拍卖只在传统拍卖中出现过,目前还没有实际意义的双重拍卖在网上拍卖活动中出现。在此对其实质作一简单介绍,以供大家了解。

传统的双重拍卖中,买家和卖家分别向拍卖人递交想要交易物品的价格和数量。由拍卖人把卖家的要约（从最低价开始上升）和买家的要约（从最高价开始下降）进行匹配,直到要约提出的所有出售数量都卖给了买家。这类拍卖通常只适用于那些质量已知的物品,例如,有价证券或定过级的农产品,而且待交易物品的数量往往很大。这一点与荷兰式拍卖有相似的地方。双重拍卖既可以按照密封递价也可以按照开放式出价的方式进行。股票交易所交易股票和公债时通常采用的就是密封出价双重拍卖的方式。在期货和股票买卖权上有时也会采取开放出价的双重拍卖形式。

3.6.4 网上拍卖特有的一些拍卖方式

除了上述几种传统方式和在线方式都采用的拍卖方式外,还有几种网上拍卖独有的方式。网上拍卖之所以会出现这些新的方式,与互联网本身的特点和网上消费者的偏好是分不开的,这也是为什么单纯研究传统拍卖并不能全面了解整个拍卖业情况的重要原因之一。

1）逢低买进

"逢低买进"是网上拍卖完全不同于传统拍卖的一种形式。网页上标明"逢低买进"的拍卖品的价格是不断变化的,买家要预先填好相应方框的内容（比如用户名、密码、E-Mail 地址等）。一旦拍卖品的价格变动到买家满意的价位时,买家就可以按"下一步"或"确认"按钮来购买。

2）集体购买式

集体购买是从拍卖的反方面来说的。它是新出现的不同于传统拍卖的另一种拍卖方式。提供集体购买方式的网站会把某个物品的基准价格公布出去。由对这个物品有兴趣的人共同出价,当出价的人数增加时,网站张贴出来的物品价格就会有所下降。采用集体购买方式的网站通常并不是当购买的人数增多时才去和物品的提供者谈判一个更低的价格,而是在卖家登记采用集体购买方式拍卖物品时,就要求卖家填写一个表格,注明购买不同数量、等级时产品的单价。但通常会有一个最低价(有的网站称为"集合底价"),以便在投标者太多时不至于出现太低的价格。

从这个意义上说,集体购买网站更像是替一帮人去批发购买他们有兴趣的商品,就像我们想找几个对同样物品有兴趣的人一起去和卖家砍价一样。只是我们只能寻找认识的人,而有了集体购买的拍卖网站,人们就可以利用互联网的优势和不认识的人一起去砍价了。对于卖家来说,由于一次能卖出多个产品,减少了在交易上花费的时间、精力和成本,所以他们也愿意以略低的价格出售产品。由于集体购买通常需要多个同样的物品,所以通常也只能用于拍卖商家的物品而不是个人的物品。

也有的网站把集体购买和逢低买进方式结合在一起使用。还有些网站会提供相应的价格曲线,参与者可以研究以往的价格走势并进行预测,不过这些形式并不常见。Mercata 是网上第一个主要的集体购买网站,而酷必得则是国内主要的集体购买网站。

3)卖家出价拍卖(反拍卖)

通常的拍卖都是由买家出价,最近网上拍卖又出现了一种新的变化,就是由卖家来出价。这也被人们称为"反拍卖",因为常见的买家作为出价人变成了卖家作为出价人。例如,某个想买国际机票的人可以在网上发出通知,让机票代理或旅行社相互竞争,出价一直降到没有人再出更低的价格或者买家接受了某个出价为止。很久以前,这种形式在BBS 上就已经有了。实际上当时只是利用了互联网沟通信息方便的特点,后来有些拍卖网站把它做得更为正规化。这些拍卖网站设有买家求购栏目,如果卖家可以直接在这些栏目上出价的话,那么就可以算是一种反拍卖的形式。

总的来看,网上拍卖和传统拍卖有很多相似的地方,但网上拍卖又充分发挥了互联网沟通信息方便的特点,并以此为基础发展出一些独特的拍卖方式。

3.6.5　拍卖中如何避免围标

如果有一件古董需要拍卖,有许多人参加竞争性拍卖。这件古董在每个买主心中有一个价值评价。但是,卖主不知道买主的评价,买主也不会老实地将其对古董的评价告诉卖主。不同买主之间也不知道其他人的价值评价。

如果采用"英式拍卖法",买主们轮流出价,直到开出最高价的买主拍走古董并支付所开出的最高价格。按这种拍卖方法,古董并不能按买主心中的最高评价价值卖出。譬如,当买主中的最高评价为100万元,第二高评价为90万元,当评价最高的买主开出91万元时,就可拍走其评价为100万元的古董但只支付91万元。由于这是公开竞价,会出现围标问题,即买主们合谋压价。

另一种方法是"一级密封价格拍卖法"。买主每人将其开出的价格写入一个信封,密封后交给卖主。卖主拆开所有信封,将古董卖给信封中出价最高的买主,并要求支付最

高的价格。这种方法可以避免围标,但不能将古董按买主中最高的评价价值卖出。因为买主不会按心中的评价老老实实地将价格写为其价值评价。如果该买主认为古董值100万元,他不会写出价格为100万元,因为当他开出比100万更低一些的价格时,有可能赢得古董但净赚一个价值与价格的差额。如果当他开出90万元时,有可能成交并净赚10万元。相反,当他开出100万元时,即使成交也无赚头。所以,大家都不会老老实实地报出心中的价格。

3.6.6 拍卖的博弈论描述

假定拍卖博弈有 n 个投标人,就是参与人 $i,i=1,\cdots,n$。参与人 i 对物品的估价为 v_i。参与人 i 的喊价为 b_i。拍卖的机制是:

均衡情况下,参与人 i 以概率 $q_i(v_1,\cdots,v_n)$ 赢得物品,他支付的预期价格是 $p_i(v_1,\cdots,v_n)$;支付是 $u_i=q_i(v_1,\cdots,v_n)v_i-p_i(v_1,\cdots,v_n)$。

假定 v_i 是参与人 i 的私人信息,是在区间 $[\underline{v},\overline{v}]$ 分布的相互独立的随机变量,分布函数为 F_i;下面假定参与人是对称的,即他们的类型 —— 估价是在区间 $[\underline{v},\overline{v}]$ 分布的相互独立的随机变量,分布函数为共同的 F(独立同分布的)。

对拍卖的规则,在"一阶密封价格拍卖"中,报最高价者获得物品,并且支付其报出的最高价。在"二阶密封价格拍卖"中,报最高价的获得物品,但支付的是次高价。在"All pay"拍卖中,所有参与人都要支付价格,但是喊出最高价格的参与人获得物品(如产品开发)。

这些都是静态博弈,最著名的动态博弈拍卖是英式拍卖和荷兰式拍卖。英式拍卖是投标者从低到高报价,报最高价者获得物品,相反,荷兰式拍卖是买者从高到低报价,直到有人举牌为止。2004 年 5 月,Google 采用荷兰式拍卖其 IPO。

3.6.7 拍卖的博弈论模型

下面研究这样一类拍卖博弈,即假定参与人的均衡喊价与其估价之间存在严格递增的函数关系 $b_i=f_i(v_i)$。后面的导出结果将证明这种假定是成立的。下面考虑几种典型的拍卖,即一阶密封价格拍卖,All Pay(所有的投标人无论是否中标都要支付其报价),次高价拍卖。

为了简化讨论,假定只有两个投标者,并且分布函数为 $[0,1]$ 上面的均匀分布。

1)一阶密封价格拍卖(密封英式拍卖)

当参与人 i 喊价为 b 时,他赢得拍卖的概率是

$$\text{Prob}(f_j(v_j)\leqslant b)=\text{Prob}(v_j\leqslant f_j^{-1}(b))=F(f_j^{-1}(b))=f_j^{-1}(b)$$

所以,其期望支付是

$$\text{Prob}(f_j(v_j)\leqslant b)(v_i-b)=f_j^{-1}(b)(v_i-b)$$

$$f_j[f_j^{-1}(b)]=b$$

158

$$\frac{\mathrm{d}f_j[f_j^{-1}(b)]}{\mathrm{d}b}=\frac{\mathrm{d}f_j[x]}{\mathrm{d}x}\frac{\mathrm{d}f_j^{-1}(b)}{\mathrm{d}b}=1$$

因此

$$\frac{\mathrm{d}f_j^{-1}(b)}{\mathrm{d}b}=\frac{1}{f_j'[f_j^{-1}(b)]}$$

$$=\frac{1}{f_j'[v_j]}$$

他选择的最优报价满足下列一阶条件：

$$\frac{1}{f_j'(v_i)}(v_i-b)-f_j^{-1}(b)=0$$

因为假定博弈是对称的，所以

$$f_j=f_i=f$$

在均衡下，有 $b=f(v_i)$

$$\frac{1}{f'(v_i)}(v_i-f(v_i))-v_i=0$$

$$v_i=v_if'(v_i)+f(v_i)$$

积分

$$\frac{1}{2}v_i^2+K=v_if(v_i)$$

其中，K 是积分常数。由于投标人的估价可以取零，于是 $K=0$。

故

$$f(v_i)=\frac{1}{2}v_i$$

类似地，可以得到当存在 n 个投标者时，有

$$f(v_i)=\frac{n-1}{n}v_i$$

All pay 拍卖：

参与人赢得物品的预期支付是

$$\mathrm{Prob}(f_j(v_j)\leqslant b)v_i-b=f_j^{-1}(b)v_i-b$$

一阶条件

$$\frac{1}{f'(v_i)}v_i-1=0$$

解为

$$f(v_i)=\frac{1}{2}v_i^2$$

当存在 n 个投标者时，有

$$f(v_i)=\frac{n-1}{n}v_i^n$$

2)二阶密封价格拍卖(密封维克里式拍卖)

维克里式拍卖既可避免围标,又可诱使买主们老老实实地开出心中的真实评价。

维克里拍卖法要求每个买主写入信封一个出价,密封后交给卖主,卖主拆开信封后宣布将古董卖给出价最高的人,但只需支付开出的第二高的价格。例如,出价最高为100万元,第二高为90万元,古董就卖给开出100万元的人,但他只需支付给卖主90万元。

对于每个买主来说,他不知道其他买主的评价,但给定其他买主的评价(尽管他不知道),他一旦获胜,支付的第二高的价格是固定的,不会随他开出的价格而变;他开出的价格越高,获胜的可能就越大;但是,他不能开出比他的价值评价更高的价格。因为一旦存在别的人开出的价格比他的价值评价还要高,当他获胜时,就必须以高出他的价值评价的价格购买古董,对他来说是得不偿失的。所以他开出等于他的价值评价的价格是占优高于其价值评价的所有价格。

因此,每个人都会老老实实地按心中的评价开出价格。如果所有人的评价是一样的,古董就以真实的最高价值卖出。维克里拍卖法可以诱使买主说出真话。20世纪70年代美国联邦政府运用维克里招标法进行公共工程招标,为联邦政府节省了大笔开支。

3.6.8 收益等价定理

我们关心卖者会获得多少收益,这种收益是来自所有投标者的预期支付。卖者的预期收益等于单个投标者的预期支付的 n 倍。因此,为了比较不同拍卖机制给卖者带来的预期收益,只需比较单个投标者的预期支付就可以了。

我们首先来比较上述两个参与人的拍卖机制的情形。

1)一阶密封价格拍卖

因为参与人在赢得拍卖时支付的价格是 $f(v_i) = \frac{1}{2}v_i$,而他赢得拍卖的概率是 v_i,所以预期支付是 $\frac{1}{2}v_i^2$。

2)All pay 拍卖

此时单个参与人的支付价格等于 $\frac{1}{2}v_i^2$。

3)二阶密封价格拍卖

因为参与人赢得拍卖的概率是 v_i,第二高价格的预期水平是 $\frac{1}{2}v_i$,所以预期支付是 $\frac{1}{2}v_i^2$。

显然,在这里,3 种拍卖机制给卖者带来同样的预期收益。

一般地,有下列的定理:

定理 3.1(收益等价定理) 在对称的,独立估价的,将物品配置给最高估价投标者,

给最低估价 $\underline{v}$ 参与人的支付为零的所有拍卖里,不同拍卖机制给卖者带来同样的预期收益。

注:所有具有严格单调均衡报价策略的对称拍卖都将物品配置给估价最高者。

证明　参与人 i 的预期支付是

$$S(v_i) = q_i(v_i)v_i - p_i(v_i)$$

根据假定,有

$$S(\underline{v}) = 0$$

我们构造函数(非直接显示类型的报价)

$$\hat{S}(\hat{v}, v_i) = q_i(\hat{v})v_i - p_i(\hat{v})$$

这里隐含着上述投标人收益是均衡时的收益,也就是说,投标人的均衡报价策略是其类型的函数。显然有

$$S(v_i) = \hat{S}(v_i, v_i)$$

根据均衡报价函数 $b = f(v_i)$,在均衡状态,给定其他参与人的均衡报价,该参与人 i 的均衡报价策略是 $b = f(v_i)$;也就是说,一定有

$$\hat{S}(\hat{v}, v_i) = q_i(\hat{v})v_i - p_i(\hat{v}) \leqslant \hat{S}(v_i, v_i) = S(v_i)$$

如果投标人伪装成其他类型,则报价是非最优的。于是

$$\left. \frac{\partial \hat{S}(\hat{v}, v_i)}{\partial \hat{v}} \right|_{\hat{v} = v_i} = 0$$

因此

$$\frac{\mathrm{d}S(v_i)}{\mathrm{d}v_i} = \frac{\partial \hat{S}(v_i, v_i)}{\partial v_i} = \left. \frac{\partial \hat{S}(\hat{v}, v_i)}{\partial \hat{v}} \right|_{\hat{v} = v_i} + \left. \frac{\partial \hat{S}(\hat{v}, v_i)}{\partial v_i} \right|_{\hat{v} = v_i}$$

$$= 0 + q_i(v_i)$$

$$= q_i(v_i)$$

$$= F(v_i)^{n-1}$$

$$S(v_i) = S(\underline{v}) + \int_{\underline{v}}^{v_i} F^{(t)\,n-1}\mathrm{d}t = \int_{\underline{v}}^{v_i} F^{(t)\,n-1}\mathrm{d}t$$

显然,参与人的预期支付 $S(v_i)$ 与拍卖的具体机制模式没有关系。根据

$$\frac{\mathrm{d}S(v_i)}{\mathrm{d}v_i} = q_i(v_i) = F(v_i)^{n-1}$$

说明 $q_i(v_i)$ 与拍卖的具体机制模式没有关系。

这也说明参与人的预期支付价格 $p_i(v_i)$ 与拍卖的具体机制模式没有关系。

3.7　例子与应用

例 3.3　指鹿为马故事的博弈论理解

我们注意到这样一个事实，即一些独裁者通常会迫使老百姓去认可他们杜撰出来的似是而非的理论。譬如，希特勒的演说十分蛊惑人心，但在当时的德国却大有市场。这样的例子中的极端情形是中国古代的指鹿为马故事。

据《史记·秦始皇本纪》，秦二世时，丞相赵高野心勃勃，日夜盘算着要篡夺皇位。可朝中大臣有多少人能听他摆布，有多少人反对他，他心中没底。于是，他想了一个办法，准备试一试自己的威信，同时也可以摸清敢于反对他的人。一天上朝时，赵高让人牵来一只鹿，满脸堆笑地对秦二世说："陛下，我献给您一匹好马。"秦二世一看，心想：这哪里是马，这分明是一只鹿嘛！便笑着对赵高说："丞相搞错了，这是一只鹿，你怎么说是马呢？"赵高面不改色心不跳地说："请陛下看清楚，这的确是一匹千里马。"秦二世又看了看那只鹿，将信将疑地说："马的头上怎么会长角呢？"赵高一转身，用手指着众大臣，大声说："陛下如果不信我的话，可以问问众位大臣。"大臣们都被赵高的一派胡言搞得不知所措，私下里嘀咕：这个赵高搞什么名堂？是鹿是马这不是明摆着吗！当看到赵高脸上露出阴险的笑容，两只眼睛骨碌碌轮流地盯着每个人的时候，大臣们都明白了他的用意。一些胆小又有正义感的人都低下头，不敢说话，因为说假话，对不起自己的良心，说真话又怕日后被赵高所害。有些正直的人，坚持认为是鹿而不是马。还有一些平时就紧跟赵高的奸佞之人立刻表示拥护赵高的说法，对皇上说："这确是一匹千里马！"事后，赵高通过各种手段把那些不顺从自己的正直大臣纷纷治罪，甚至满门抄斩。

在该例中，我们打算运用博弈论的方法来诠释这个荒谬的故事。赵高这个权倾朝野的家伙，杜撰出鹿就是马的"理论"，还迫使大家认可，到底有什么功效呢？指鹿为马是一种机制设计，除了可以达到剪除部分异己的目的之外，还可以为异己们联合起来对抗自己设置障碍。首先，我们可以把当时朝廷上的大臣们的选择分为 3 种：一类是赵高的死党，他们当然会顺着赵高的调子说那鹿就是马；另一类包括既不是赵高的死党也不是要反对赵高的人，也包括要打算反对他的人，他们会客观地说那不是马而是鹿；还有一类是要反对赵高的，但是又是有策略的，他们为了长久地隐藏下来，以便能够避免被赵高所消灭，争取时机打倒赵高而假装是赵高的人，于是，这些志士也会说假话——他们也说那鹿就是马！

在第二类中，有些大臣是十分"铁"的忠臣，他们宁愿被赵高杀死也不愿说是马。赵高很怕这样的铁杆忠臣，但是通过指鹿为马的机制设计就可以把他们识别出来，然后把他们剪除掉，因此这一类人对赵高来说并不麻烦。对于赵高来说，最可怕的就是这最后的一类。对于第二类人，赵高认为是不可靠的，或者是有危险的人群，他通过指鹿为马已经识别出来了，只需要把他们剪除即可。但是，对于第三类人，他们是隐藏在第一类里面的，或者说是与第一类混在一起的，赵高不可能通过指鹿为马这样的机制将他们识别出来。

换句话说，如果大臣们有策略性反应，赵高的指鹿为马机制是不可能把自己的潜在对手完全识别出来的，这与通常对指鹿为马故事的解释是不一样的。

如果是这样，赵高的指鹿为马还有什么意义呢？赵高的指鹿为马机制仍然有重要的机制设计意义。首先,指鹿为马帮赵高识别出一些潜在的对手,因此还是帕累托最优的;其次,对于权倾一时的独裁者来说,由于他们手握大权,拥有调动资源的能力,他的对手一对一地向他挑战注定是要失败的,但是,如果对手们联合起来反对他,则无论什么样的独裁者都是十分惧怕的,也就是说,独裁者最怕的是反对他的人联合起来。当然赵高也不例外,他最害怕反对他的大臣们有联合行动,也没有办法把这些潜在的对手完全识别出来,因为即使使用了指鹿为马的伎俩,大臣们也可能采用策略性的技术而避免被识别出来,从而继续潜伏下去。

怎么办呢? 赵高鬼名堂挺多,他设计出指鹿为马的机制,可以在这些潜伏下来的对手之间设置障碍,避免他们之间有联合行动。这是因为,那些反对他的对手一旦采用策略性反应,也说那鹿是马的话,就与赵高真正的同伙混同在一起了,不仅赵高本人难以识别出"谁是真正的敌人,谁是真正的朋友",而且赵高的对手也处于同样的困境。使用博弈论的术语,我们说此时存在着信息的不对称。

对于赵高的对手们来说,如果打算联合起来对抗赵高,就存在着怎么找到自己人的困难。由于信息的不对称,每一个潜伏下来说那鹿就是马的人群中的志士,都难以确认另一个说那鹿就是马的人是自己的同志还是赵高的死党。贸然联合反对赵高,如果运气不好遇到赵高的死党,那不是找死吗? 因此,赵高的对手们就会在组成联合阵线的过程中出现这样的问题,从而在联合上进展缓慢,亦步亦趋,缺乏效率。由于这种信息不对称,赵高成功地为自己的潜在对手们设置出障碍,这就是指鹿为马故事的深层次意义。

然而,独裁者采用这样的机制也会带来另外的问题——信息的不对称会带来逆选择问题。由于在说鹿是马的人群中既有赵高的死党也有他的对手,因此,平时赵高在对待这些人时可能会亏待自己真正的哥们,而过分优待了自己真正的对手。长此以往会造成自己身边围着过多的隐藏着的对手,而远离自己真正的朋友。许多独裁者在得意的时候前呼后拥,失意的时候就树倒猢狲散,群起而攻之,就是这个道理。同样,一个人在得意的时候,身边会聚集大量的"朋友",但是其中有许多"投机主义者";一旦失意,他们就不见了踪影,甚至反戈一击,也是这个道理。这都是由于信息不对称带来的逆选择结果。

练习题

1. 某人听说某个海岛上有一个宝贝,他在考虑是否去这个海岛探宝。他估计宝贝的价值为1 000万元。投入探宝的费用与成功的概率呈单调递增关系。如果去海岛的费用大于1元,问他是否决定去海岛探宝? 已经知道另外有10个人也要去这个海岛探宝,每个人都认为其他人对宝贝的估价是0到1亿元之间均匀分布。

2. 有两个科技企业竞争研发一个具有市场价值的项目,目标是获得专利。其中一个企业评估该项目的市场价值为1亿元。假设其中任意一个企业都认为另一个企业对于项目的市场价值认定是[0,1]区间的均衡分布。试问该企业计划投资多少钱用于研发?

（货币单位：亿元）

3. 下述贝叶斯博弈中，θ_1,θ_2 分别是参与人 1 和参与人 2 的私人信息，$\theta_1,\theta_2 \in [0,1]$ 是独立分布的均匀分布随机变量，试给出其贝叶斯均衡。

$$2$$

		L	R
1	U	$8\theta_1,\theta_2$	$4,0$
	D	$3,1$	$-\theta_1,5$

4. 如果在一个由 9 个人参与一阶价格密封投标的拍卖中，卖主获得的拍卖价格是 100 万元，那么，如果是 7 个人参与投标拍卖，卖主获得的拍卖价格是多少？

5. 在一个对称的、独立估价的，给最低估价参与人的支付为零的一级密封拍卖中，卖主的预期收益是 500 万元。如果卖主采用 All pay 价格拍卖，预期收益是多少？

6. 试用信息不对称分析企业通常会出现优秀人才流失的原因。

7. 试举出金融市场上的逆向选择例子。

8. 试举出保险市场中逆向选择的例子。

9. 试分析 C2C 电子商务中逆向选择形成的原因。

10. 试分析医疗保险中逆向选择。

第4章　不对称信息多阶段博弈

4.1　不对称信息多阶段博弈的描述

我们现在将第3章提出的处理不对称信息博弈的方法拓展到多阶段博弈。我们沿用第3章处理不对称信息的方法,用"类型"去表征信息不对称。不过,本章介绍的是多阶段博弈,因此还需要将第2章中用于处理多阶段博弈的方法用于本章,就是需要考虑"序贯理性"。

将刻画信息不对称的"类型"概念与"序贯理性"概念融合,就顺理成章地获得刻画信息不对称多阶段博弈的纳什均衡概念,即精炼贝叶斯纳什均衡概念。

我们用以下直觉方式来框定不对称信息多阶段博弈的精炼贝叶斯纳什均衡概念:

首先,作为多阶段博弈,博弈得按照一轮一轮的顺序进行下去,也就是说,不同的参与人选择行动是存在时间顺序的。

其次,在每一轮上,轮到进行行动选择的参与人,对其他参与人的类型存在信息不对称。

在开始博弈的第一轮,进行行动选择的参↑　　用先验概率(信念)计算自己的最优行动选择。

在第二轮进行行动选择的　　　　　　行动选择时,就不再采用先验概率了。因为经过第一轮的博弈,该　　　轮进行行动选择的参与人选择的行动,而这种观察提供了关于第　　　　　些信息,该参与人会利用这些信息去修正其关于第一个行动参与　　　　　们经过修正了的信念被称为"后验概率"。具体的修正方式,就是接下　　　　叶斯公式。

在第二轮进行行动选择的参与人采用后验概率计算自己的最优行动选择。

在接下来的第三轮,进行行动选择的参与人会利用前两轮博弈中观察到的其他参与人的行动选择信息,对自己关于其他参与人类型的信念进行进一步的修正,获得第三轮的后验概率,然后用后验概率计算自己的最优行动选择。

以此类推,博弈就这样进行下去:在除第一轮博弈之外的每一轮博弈中,参与人都是利用前一轮中观察到的其他参与人的行动选择信息来修正自己的信念,获得该轮博弈的后验概率,然后采用后验概率计算自己的最优行动选择。

由此就获得了每一个参与人在每一个由自己选择行动的场景中进行最优化行动选择的一个规定,也就是说,获得了每一个参与人的"最优策略"。

当每一个参与人都采用了自己的如此规定的最优策略时,我们就获得了一个纳什均衡,被称为"精炼贝叶斯纳什均衡",简称"精炼贝叶斯均衡"。

我们可以更加具体地给出这种最优策略的决定过程:对某个参与人,给定他的一个策略,在第一轮中,一个参与人给定对其他参与人类型的假定,博弈就变为信息对称的多阶段博弈。在这种多阶段博弈中,首先该参与人能够计算其他参与人的最优反应,从而能够计算其支付;然后用其对其他参与人的类型的先验概率对不同给定的其他参与人类型加权,计算出期望支付。不同的给定策略中带来最大期望支付的策略,在第一轮中的行动就成了最优策略在第一轮中的行动规定。在第二轮中,开始新的子博弈,以同样的方式决定最优策略的第二轮的行动规定,不同的是并不是以先验概率加权,而是用后验概率加权。按照这种方式将每一轮的行动选择规定,从而获得每一轮的行动选择规定,就是最优策略。

4.2 精炼贝叶斯纳什均衡的一个例子:恋爱博弈

例4.1 恋爱博弈

在人生中,也许婚姻是最具代表性的不对称信息博弈,并且还是动态的博弈。结婚的男女双方都不知道对方是否在未来的婚姻生活中是适合自己的。图4.1给出了一个恋爱博弈,是不对称信息的多阶段博弈。

为了简化分析,我们假定恋爱的一方(如男方)知道对方是否适合自己,但是对方(女孩)并不知道男孩是否适合她。博弈的行动修正顺序是:男孩先选择行动,行动空间中包括两个元素(L,R),其中,L表示男孩对女孩献殷勤、热情,也有爱恋的意思(Love);R表示对女孩很冷漠,也有拒绝的意思(Refuse)。

女孩后行动,行动空间中也包括两个元素(l,r),也是类似的意思。

图4.1给出的这个恋爱博弈,是一个不对称信息多阶段博弈,其中,海萨尼转换是这样的:"自然"N首先选择参与人1(男方)的两种类型$\{\theta_{11}=$适合女方的男方,$\theta_{12}=$不适合女方的男方$\}$中的某一种(当然,对于女方来说,是不是适合自己有多种含义,可以是不是真心爱自己,也可以是不是能够挣钱,或者两者都有要求),参与人2(女方)对N的选择具有不对称信息,她只知道男方适合或者不适合自己的可能性各占一半,因此,参与人2的先验概率为$P_2(\theta_{11})=P_2(\theta_{12})=0.5$。

参与人2的类型是对称的(在现实中,可能男方也不知道自己是不是适合对方,譬如自己是否真心爱女方,或者是否能够挣钱;也就是说,男方对于自己的类型也是不清楚的;在这里,我们作简化的假定,即男方是知道自己的类型的)。

男方有两个行动可以选择,一个是主动追求女孩L(L在这里可以表示"爱"(Love),也表示图中的左边(Left)),一个是不主动追求女孩R(表示"拒绝"(Refuse)或者右边(Right));女孩也有两个行动可以选择,一个是向男孩示好l,一个是不向男孩示好r(在这里的大小写没有男权主义的意思）。图4.1中,用虚线连接起来的节点表示女孩不知道她位于其中哪一个节点。当她看见男孩在对她献殷勤时,她并不知道男孩是哪一种类型。因为即使是不适合她的男孩也可以对她很热情。同样,当女孩看见男孩对她很冷漠时,并不意味着男孩真的不喜欢她。很多暗恋女孩的男孩在女孩面前是很腼腆的。

我们称虚线连接起来的节点构成一个"信息集"。

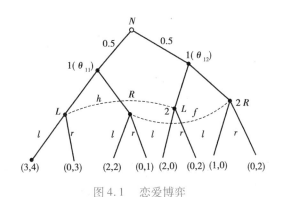

图 4.1 恋爱博弈

我们来分析这样的博弈是如何达到纯策略精炼贝叶斯均衡的。

由于这个博弈比较简单,我们可以采用最"笨"的办法来寻找均衡。这种办法就是先假定男孩的某种纯策略,然后给定男孩的策略,计算女孩的最优反应策略,最后给定女孩的最优反应策略,再回过头去看男孩原有的策略是不是男孩的最优策略。如果男孩原有的策略是最优策略,则双方的策略就构成一个精炼贝叶斯均衡,否则就不是精炼贝叶斯均衡。

由于在这个简单博弈中,男孩的纯策略只有有限几个(我们将看到,只有 4 个),因此这种方法可以在有限几次计算中找出所有的纯策略精炼贝叶斯均衡。

在观察到对方某个行动的信息集 —— 当女孩看见男孩追求自己时,她不知道男孩是不是适合自己,连接两个 L 点的虚线就表示女孩不知道她位于哪一个点上,这两个点都是可能的,它们构成一个"信息集"h;类似地,连接两个 R 点的虚线表示女孩看见男孩没有主动追求自己时,她不知道她位于哪一个点上,这两个点都是可能的,它们构成一个"信息集"f。

我们假定策略的选择是"类型依存"的。当女孩选择某个策略时,就规定了她在任意决策结上的行动选择。而这样的行动选择可以带来什么样的支付,就取决男孩的类型,将这样的依存于男孩类型的女方支付对男孩类型进行加权平均,权重就是先验概率,就可以获得女孩在特定行动选择下的"期望支付"。

例如,假定男孩的类型依存策略 $S_1^*(\theta_1)$ 为

$$S_1^*(\theta_{11}) = R$$
$$S_1^*(\theta_{12}) = L$$

女孩在信息集 h 选择 l 的期望支付是

$$0.5 \times 4 + 0.5 \times 0 = 2$$

选择 r 的期望支付是

$$0.5 \times 3 + 0.5 \times 2 = 2.5 > 2$$

所以她选择 r。

类似地，女孩在信息集 f 选择 l 的期望支付是

$$0.5 \times 2 + 0.5 \times 0 = 1$$

选择 r 的期望支付是

$$0.5 \times 1 + 0.5 \times 2 = 1.5 > 1$$

这里的问题是 —— 是不是女孩在信息集 f 上应该选择 r？

看起来好像应该是这样的，但是，给定男孩的类型依存策略，女孩事实上知道她在信息集 f 上的时候，她的位置是在左端而不是右端的决策结上，而此时她应该选择的行动是 l 而不是 r。

问题出在哪里？

问题出在我们没有考虑当博弈进行到信息集 f 的时候，女孩观察到男孩没有向自己示爱（例如，情人节没有收到男孩的鲜花），这样的观察是有信息价值的，而不使用这个信息就是不合理的。

当博弈进行到信息集 f 时，女孩观察到男孩没有向自己示爱时，女孩知道自己的位置在左端的决策结。

这意味着，在这里我们没有考虑博弈的"多阶段"性质。

"多阶段"性质意味着我们在博弈每进行到下一个信息集时，参与人会根据观察到的其他参与人的行动而修正自己关于其他参与人类型的先验概率，从而获得所谓的"后验概率"。也就是说，在信息集 f，女孩的后验概率是 $P_2(\theta_{11}|f) = 1, P_2(\theta_{12}|f) = 0$。

一般地，参与人从先验概率出发，会根据观察到的新信息获得"后验概率"的方法来自概率论中著名的"贝叶斯公式"。

如果参与人 i 在其信息集 h 上观察到了其他参与人的行动组合 a_{-i}^h（a_{-i}^h 的下标 $-i$ 表示除了第 i 位参与人外的其他所有参与人），则根据概率论中的贝叶斯公式：

$$\text{prob}(a_{-i}^h, \theta_{-i}) = \text{prob}(a_{-i}^h|\theta_{-i})\text{prob}(\theta_{-i})$$
$$= \text{prob}(\theta_{-i}|a_{-i}^h)\text{prob}(a_{-i}^h)$$

得到

$$\text{prob}(\theta_{-i}|a_{-i}^h) = \frac{\text{prob}(a_{-i}^h, \theta_{-i})}{\text{prob}(a_{-i}^h)}$$

$$= \frac{\text{prob}(a_{-i}^h, \theta_{-i})}{\sum_{\theta_{-i}} \text{prob}(a_{-i}^h|\theta_{-i})\text{prob}(\theta_{-i})}$$

式中，prob 表示概率。这个公式就是"贝叶斯公式"或"贝叶斯法则"（Bayes Law），它将条件概率 $\text{prob}(\theta_{-i}|a_{-i}^h)$ 与先验概率 $\text{prob}(\theta_{-i})$ 联系起来。这里，在均衡路径上，条件概率 $\text{prob}(\theta_{-i}|a_{-i}^h)$ 就是前述信念 $\tilde{P}_{ih}(\theta_{-i})$。这是因为，在均衡路径上，$\text{prob}(a_{-i}^h) > 0$，

但是,在非均衡路径上,$\mathrm{prob}(a_{-i}^h) = 0$,贝叶斯公式的分母为零,贝叶斯公式的分子也为零,因而贝叶斯公式在非均衡路径上给出的条件概率是 $\dfrac{0}{0}$ 型的数,是不确定的。所以,在非均衡路径,信念形成不受贝叶斯法则的制约,但也不是任意的,因为对于精炼贝叶斯均衡来说,非均衡路径上的信念与均衡路径上按贝叶斯法则决定的信念一起共同决定局中人在每一个信息集上的行动选择所构成的战略组合是精炼贝叶斯均衡。正是在均衡路径上按贝叶斯法则决定信念,所以称这种精炼均衡概念为贝叶斯纳什均衡。

同样,在信息集 h,女孩知道自己在右端的决策结,而她此时选择行动 r。也就是说,在信息集 h,女孩的后验概率是 $P_2(\theta_{11} \mid h) = 0$, $P_2(\theta_{12} \mid h) = 1$。

这样,男孩在右端的决策结就不会选择行动 L,而是选择 R。所以,原来给出的男孩的策略就不会是均衡。

如果改变男孩的策略,假定是

$$S_1^*(\theta_{11}) = L$$
$$S_1^*(\theta_{12}) = R$$

显然,在信息集 h,女孩选择行动 l;在信息集 f,女孩选择行动 r。

给定女孩的策略,显然男孩在右端的决策结会选择行动 L 而不是 R。因此,这个男孩的策略也不是均衡。

下面假定男孩的策略是

$$S_1^*(\theta_{11}) = S_1^*(\theta_{12}) = L$$

那么,女孩在信息集 h 上没有任何新的信息,后验信息就与先验信息一样;$P_2(\theta_{11} \mid h) = P_2(\theta_{12} \mid h) = 0.5$;女孩选择行动 l 和 r 的期望支付分别是

$$0.5 \times 4 + 0.5 \times 0 = 2$$
$$0.5 \times 3 + 0.5 \times 2 = 2.5$$

所以女孩会选择行动 r。

给定男孩的策略,信息集 f 是达不到的,但是,也需要规定女孩在这个信息集上的后验概率即"信念"。这些达不到的信息集被称为"非均衡路径"上的信息集,非均衡路径上的信念会影响均衡,非均衡路径上不同的信念将导致不同的均衡。在非均衡路径上的信息集,就不能按照之前的均衡路径上相同的方法计算女孩的最优反应。这是因为按照逻辑学看,不可能达到的情形,是不能用先验概率计算女孩期望支付的。

假定女孩在非均衡路径上的信息集 f 上的信念是 $P_2(\theta_{11} \mid f) = x$, $P_2(\theta_{12} \mid f) = 1 - x$;则女孩在这个信息集上选择行动 l 和行动 r 的期望支付分别是

$$2x + 0 \times (1 - x) = 2x$$
$$x + 2(1 - x) = 2 - x$$

如果有

$$2x \geq 2 - x$$

即 $x \geq \dfrac{2}{3}$,则女孩选择行动 l,否则选择行动 r。

如果 $x \geqslant \dfrac{2}{3}$，则女孩选择行动 l，而此时男孩在任何类型下都选择行动 R。所以不是均衡。

如果 $x < \dfrac{2}{3}$，则女孩选择行动 r，显然是均衡。这种"均衡"，被称为精炼贝叶斯纳什均衡。

显然，这样的精炼贝叶斯纳什均衡存在无限多个，因为满足条件 $x < \dfrac{2}{3}$ 的 x 存在无限多个。所以，不仅仅是策略，不同的信念也对应于不同的均衡。

最后假定男孩的策略是

$$S_1^*(\theta_{11}) = S_1^*(\theta_{12}) = R$$

此时信息集 f 是均衡路径上的，而信息集 h 是非均衡路径上的。

在信息集 f 上，女孩选择行动 r；

在信息集 h 上，假定女孩的信念是 y。

女孩选择行动 l 的期望支付是

$$4y + 0 \times (1 - y) = 4y$$

女孩选择行动 r 的期望支付是

$$3y + 2(1 - y) = 2 + y$$

$$4y \geqslant 2 + y$$

即 $y \geqslant \dfrac{2}{3}$，女孩子选择行动 l；否则选择行动 r。

如果 $y \geqslant \dfrac{2}{3}$，显然右端决策结的男孩会选择行动 L，而不是 R，所以，这种情形没有均衡。

如果 $y < \dfrac{2}{3}$，女孩选择行动 r。显然是均衡。

这个恋爱博弈的结果都是女孩拒绝男孩。

如果修改这个博弈中的支付，就可以获得男方求婚成功的均衡。

图 4.2 中，我们将支付作了如下修改：如果男孩并不喜欢女孩，即男孩的类型是 θ_{12}，而且在这里，男孩的类型的含义就是是否爱女孩。那么，当男孩选择的行动是 L，并且女孩的行动是 l 时，男孩的支付比较小，为 1，小于当男孩选择行动 R 并且女孩选择行动 r 时的支付 2。这意味着不喜欢这个女孩的男孩在与女孩谈恋爱中获得的效用小于他不与这个女孩恋爱的效用。

假定男孩的策略是

$$S_1^*(\theta_{11}) = L$$
$$S_1^*(\theta_{12}) = R$$

显然，这时候博弈的分离均衡是：男孩按照上述类型依存策略选择行动，而女孩在信

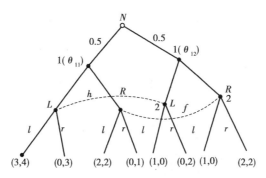

图4.2 修改了支付的恋爱博弈

息集 h 上选择行动 l,而在信息集 f 上选择行动 r。

这个精炼贝叶斯纳什均衡意味着爱女孩的男孩获得了女孩的爱情,可谓"有情人终成眷属",而不爱女孩的男孩与女孩什么都没有发生。

下面考虑一个类似的博弈,如图4.3所示。

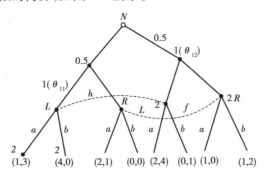

图4.3 一个不对称信息多阶段博弈

例4.2 在图4.3中给出的一个不对称信息多阶段博弈中,"自然" N 首先选择参与人1的两种类型 $\{\theta_{11},\theta_{12}\}$ 中的某一种,但参与人2对 N 的选择具有不对称信息,他只知道先验概率为 $P_2(\theta_{11}|\theta_2)=P_2(\theta_{12}|\theta_2)=0.5$,参与人2的类型是对称的。

如果参与人1的类型依存策略 $S_1^*(\theta_1)$ 为

$$S_1^*(\theta_{11})=R$$
$$S_1^*(\theta_{12})=L$$

试找出与此策略相对应的参与人2的一个类型依存策略 $S_2^*(\theta_2)$,使 $S^*=(s_1^*(\theta_1),s_2^*(\theta_2))$ 成为一个精炼贝叶斯均衡。

解 参与人2的类型是对称的。给定 $S_1^*(\theta_1)$,参与人2的两个信息集 h 和 f 都是均衡路径上的。根据贝叶斯法则,在信息集 h 上,参与人的后验概率为 $P_2(\theta_{11}|h)=0$,$P_2(\theta_{12}|h)=1$;同样,在信息集 f 上,有 $P_2(\theta_{11}|f)=1$,$P_2(\theta_{12}|f)=0$。给定这种信念,参与人2在 h 上的最优行动是 a,在 f 上的最优行动也是 a。

给定参与人2在其信息集 h 和 f 上的上述信念及最优行动选择,类型为 θ_{11} 的参与人1将选择 R,类型为 θ_{12} 的参与人1将选择 L,所以 $S_1^*(\theta_1)$ 和 $S_2^*(\theta_2)$ 构成一个精炼贝叶斯纳什均衡。我们用 $[(R,L),(a,a),(0,1),(1,0)]$ 表示这一均衡。其中，$S_1^*(\theta_1)=(R,L)$，$S_2^*(\theta_2)=(a,a)$，$\tilde{P}_{2h}=(0,1)$，$\tilde{P}_{2f}=(1,0)$。

在这个博弈中，还存在其他的精炼贝叶斯均衡。譬如，若 $S_1^*(\theta_{11})=S_1^*(\theta_{12})=L$。那么，给定参与人1的这一类型依存策略，参与人2在信息集 h 上的信息根据贝叶斯法则有：
$$P_2(\theta_{11}\mid h)=P_2(\theta_{12}\mid h)=0.5$$

如果上述 $S_1^*(\theta_1)$ 是参与人1的精炼贝叶斯均衡策略，则参与人2的信息集 f 位于非均衡路径上，因而 $\tilde{P}_{2f}$ 不受贝叶斯法则限制。但是，致使上述 $S_1^*(\theta_1)$ 成为参与人1的精炼贝叶斯均衡策略，就对 $\tilde{P}_{2f}$ 的取值范围有另外的限制。

给定 $S_1^*(\theta_1)$，参与人2在 h 上选择 a 的期望收入为
$$0.5\times3+0.5\times4=3.5$$

而参与人2选择 b 的期望收入为
$$0.5\times2+0.5\times1=1.5<3.5$$

因而他选择行动 a。

此时，当参与人1在类型 θ_{11} 时选择 L 的收入为1，在类型 θ_{12} 时选择 L 的收入为2，欲使 $S_1^*(\theta)$ 成为精炼贝叶斯均衡策略，就要求 $P_2(\theta_{11}\mid f)$ 和 $P_2(\theta_{12}\mid f)$ 取某些值使类型为 θ_{11}、θ_{12} 的参与人1都不会偏离上述选择。

参与人2在信息集 f 上选择行动 a 的期望收入为
$$P_2(\theta_{11}\mid f)\times1+P_2(\theta_{12}\mid f)\times0=P_2(\theta_{11}\mid f)$$

他选择行动 b 的期望收入为
$$P_2(\theta_{11}\mid f)\times0+P_2(\theta_{12}\mid f)\times2=2P_2(\theta_{12}\mid f)$$

当 $P_2(\theta_{11}\mid f)\geq2P_2(\theta_{12}\mid f)=2(1-P_2(\theta_{11}\mid f))$ 时，参与人2在 f 上选 a，此时有
$$P_2(\theta_{11}\mid f)\geq2/3$$

否则，当 $P_2(\theta_{11}\mid f)<2/3$ 时，参与人2在 f 上会选择 b，如果 $P_2(\theta_{11}\mid f)\geq2/3$，则类型为 θ_{11} 的参与人1选择 R 时的收入为 $2>1$。这样，原有的 $S_1^*(\theta)$ 就不是均衡策略了，因为类型为 θ_{11} 的参与人1的最优行动是 R 而不是原有的 L。

当 $P_2(\theta_{11}\mid f)<2/3$，类型为 θ_{11} 的参与人1选 R 时的收入为0，故最优行动仍是 L。类型为 θ_{12} 的参与人1选择 R 的收入为 $1<2$，最优行动仍为 L。所以得到参与人2的最优策略为
$$S_2^*(\theta)=(a,b)$$

故精炼贝叶斯均衡为 $S^*=[(L,L),(a,b),(0.5,0.5),P_2(\theta_{11}\mid f)<2/3,P_2(\theta_{12}\mid f)>1/3]$。

4.3 信号博弈

4.3.1 信号博弈的概念

在经济学的研究文献中,信号博弈作为一种特殊的不对称信息多阶段博弈得到了最为广泛的应用。正是信号博弈以一种十分特别的视角去注释很多令人感到迷惑的经济现象,信号博弈以及博弈论作为一种方法论才在主流经济学中产生了巨大影响。信号博弈通常描绘的是两个参与人之间的二阶段不对称信息动态博弈,其中,第一顺序行动参与人的类型不为第二顺序行动参与人所知,他只知道第一顺序行动参与人的不同类型的先验分布概率。第二顺序参与人试图从其所观察到的第一顺序行动参与人所选择的行动中对其类型作出概率判断,从而选择自己的最优行动。在这种博弈中,后行动者主要关心的是先行动者的类型可能是什么,而先行动者也知道这一点。因而他有动机或者试图告诉后行动者他的真实类型,或者相反,他可能会试图欺骗后行动者,而努力将有关其类型的虚假信息告诉后行动者。当然,先行动者可以直接告诉后行动者他的类型是什么,但仅凭这种口头的承诺并不能使后行动者真正相信他所说的。如果他要后行动者相信他的话,他就必须作出一种努力,这种努力会使他蒙受一定的损失或存在一种成本。这种成本是当他仅是这种类型时才能支付的,而如果他的类型不是这种类型,他不能承担这种成本。我们称这种成本支付是一种信号。通过它,先行动者能告诉后行动者他的真实类型。当然,说谎者也可以发出信号,并让后行动者难以准确地判断其真实类型,如果这样做对先行动者有利的话。譬如,文凭就是需要支付成本的一种信号,因为读书取得文凭是需要支付机会成本的一种活动,不同能力的人对这种成本的承受力是不同的。所以,雇主就可通过文凭去判断雇员的能力情况并据此支付不同的薪水。在金融市场上,如果一个企业需要在金融市场上融资,但投资者对其真实的盈利能力具有不对称信息。于是,真正有高盈利能力的企业就可以通过向投资者支付较高的权益份额来使自己区别于低盈利能力的企业,从而让投资者识别出自己的真实类型而投资,而低盈利能力的企业因为对自己的真实盈利能力心知肚明,所以不敢模仿高盈利能力的企业,它承诺的权益份额就较低,投资者不会将资金投入该企业。

在例 4.1 中,我们可以将男孩选择的不同行动 L, R 视为他发送给女孩的"信号"。

如果对男孩不同的类型,他都发送相同的均衡信号,则称为"混同均衡"(Pooling equilibrium)。当不同类型的发送者发送不同的信号时,称为"分离均衡"(Separating equilibrium)。当然,信号博弈不排除参与人随机地选择信号或行动,此时称这种混合策略为"杂合策略"(Hybrid strategies)。

例 4.2 就是信号博弈,我们来看看其纯策略精炼贝叶斯均衡有哪些。对信号博弈,采纳 Gibbons(Gibbons,1998)的方法,将博弈树画成更加方便于分析的一种形式,如图 4.4

所示。显然，在例4.2中事实上已经找到了一个分离均衡$[(R,L),(a,a),(0,1),(1,0)]$
和一个混同均衡$[(L,L),(a,b),(0.5,0.5),P_2(\theta_{11}|f)<2/3,P_2(\theta_{12}|f)>1/3]$。

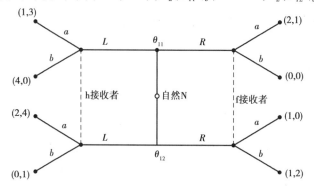

图4.4　一个信号博弈

再来看该博弈是否还存在其他的纯策略均衡。

显然，就纯策略均衡来看，只需探索其所有的分离和混同均衡即可。

除了例4.2已经给出的两个纯策略均衡外，有待确认的是可能的混同均衡(R,R)和
分离均衡(L,R)，即类型分别为θ_{11}、θ_{12}的参与人1都同时选择行动R或类型为θ_{11}的参与
人1选择行动L，类型为θ_{12}的参与人1选择行动L。

对于混同均衡(R,R)，如果它真是一个均衡，则在信息集h上，由于是非均衡路径，信
念不受贝叶斯法则限制，但要使(R,R)是一个精炼均衡，对信念仍然存在限制。这是因
为在信息集f上，参与人2不能从观察到的行动R上获取任何关于参与人1类型的除先验
概率之外的额外信息，故后验概率就等于先验概率，即

$$P_2(\theta_{11}|f)=P_2(\theta_{12}|f)=0.5$$

当参与人2选择行动a时，其期望收入为

$$0.5\times1+0.5\times0=0.5$$

而当参与人2选择行动b时，期望收入为

$$0.5\times0+0.5\times2=1>0.5$$

所以，参与人2在信息集f上选择行动b。

现在回到信息集h。因为当参与人1选择R时，他知道参与人2会选择行动b，故对于
类型分别为θ_{11}、θ_{12}的参与人1来说，他们选择R时的收入分别为0和1。如果(R,R)是精
炼均衡，他们就不会选择L，即一旦选择了L，收入应分别不大于0和1。显然，对于类型为
θ_{11}的参与人1来说，一旦他选择了L，无论参与人2作什么选择，收入一定是大于0的（收
入分别在参与人L选a或b时为1和4），所以(R,R)不会是精炼均衡。

再看分离均衡(L,R)是不是一个精炼均衡。此时，信息集h和f都在均衡路径上。在
h上，参与人2会选择a；在f上，参与人2会选择b。给定这种可能，类型为θ_{12}的参与人1
之最优选择为L而不是R。所以，(L,R)不会是一个精炼均衡。因而例4.2中的博弈只有
两个纯策略均衡。它们分别是例4.2中已找出的一个混同均衡和一个分离均衡。

4.3.2　信号博弈的例子

例 4.3　美,孔雀的尾巴与信号博弈

当我在北京大学数学系念大学本科的时候,曾一度对美学十分着迷,从图书馆里借了不少的美学著作来看。但是,当我读完许多美学著作后,反而感到纳闷了 —— 美学家们面临的基本问题是:美是什么? 也就是说"美"的含义是什么? 这些著作罗列出了许多对于"美"的不同认定,譬如古希腊人认为美是对称的,如对称的几何图形就是美,长着匀称端庄的五官和合乎比例四肢的人就是"美人",但是,后现代艺术家们的作品往往表现出一种非对称,被称为"非对称美",所以,用对称来定义美显然不具有一般性。令我感到纳闷的是:美学家们一直都未能对什么是"美"这一基本问题给出一个令人信服的答案,譬如,中国的美学家们最后不得不给出一个模棱两可的定义:"美就是生活",这实际上不仅没有在关于"美是什么"这一问题上向前一步,反而后退了几步,因为理解这一定义的前提是我们还需要先弄清楚什么是生活,而要搞清楚什么是生活可能比弄清楚什么是美还要困难许多! 所以,令人哭笑不得的是,我当时满怀兴致地扑向美学,意欲弄清何为"美",结果发现美学家们至今也未能说清楚什么是"美",作为一个基本概念,一门学科居然未能给出准确定义,不能不说是非常特别的。 2004 年我到汕头大学讲学时,讲的是博弈论在经济、政治及生物学方面的应用,一时讲得兴起,向同学们灌输这样的一种信念,即博弈论可以应用于生活中的各个层面上。当时有一名女生突然提出这样一个问题 —— 能否用博弈论解释什么是"美"? 这个问题一下子提醒了我,一是因为我还久久不能忘怀大学时代所关注但一直未有答案的问题 —— 美是什么? 同时又让我顿时产生一种直觉 —— 或许可用信号博弈来解释"美"。在随后的一段时间内,我为此进行了思考,颇有收获,获得了对"美"的一种博弈论解释。欲从博弈论视角理解"美",首先应从生物学家如何运用博弈论解释一些生物学现象谈起。生物学家很早就对某些鸟类长有美丽硕大的尾巴这一现象感到迷惑不解。雄性孔雀长有一个又长又大又亮丽的尾羽,更容易地将自己暴露在天敌老鹰的攻击视野中,同时,这一个又长又大的尾巴对于雄性孔雀来说不仅没有什么功用,而且还为其在树丛中觅食造成麻烦和不便,如容易被树枝挂住。按照进化论的观点,长尾巴的雄孔雀是应该被自然选择所淘汰的。为什么我们还能看见这些长有长尾巴的雄性孔雀呢? 一些生物学家曾一度打算由此放弃进化论,但这样做的代价实在太大了,毕竟进化论又能解释许多别的生物学现象。熟悉博弈论的生物学家史密斯首先发现了信号博弈可以解释这一现象。

他认为,像雄性孔雀、极乐鸟这类长有又大又亮丽尾羽的鸟类,漂亮尾巴的功能主要在于向雌鸟求偶过程中发出信号 —— 我是最棒的。

正如信号博弈的发现人,2001 年诺贝尔经济学奖获得者斯宾塞教授指出文凭是劳动市场上求职者向雇主发出的信号一样,长有长尾巴的雄性鸟类付出了更加可能被天敌发现从而遭致攻击以及在生存中遭遇更大困难的代价,来向雌鸟表明它们有更强的生存能力,从而有更好的基因可遗传下去。斯宾塞的劳动市场信号博弈模型认为取得文凭要付

出更多成本（主要是读书所花时间的机会成本），它使得高能力求职者可以通过文凭信号将自己与没有文凭的低能力求职者区分开来，从而让雇主可以识别出高能力求职者。史密斯也认为雄性鸟类通过长尾巴向雌性鸟类发出信号——我是最棒的，你看我给自己增添这样大的麻烦，更容易被天敌所攻击，更难以觅食，但我居然还存在，还照样活得好好的，你就"嫁"给我吧！在劳动市场信号博弈模型中，低能力求职者由于不能承受学习的成本而不敢模仿高能力求职者，在这里，低劣基因的雄性鸟类也不敢模仿优良基因的雄性鸟类，从而让雌鸟识别出携带有优良基因的雄鸟，选择与之交配，生产出下一代遗传有优良基因的鸟儿。在生物学中，生物个体的生存目标（或择偶目标）就是最大化地选择携带有优良基因的配偶将自己的基因遗传下去，这是生物学中已获得的基本结论。当然，在生物学中，所谓"模仿"是指"变异"，劣质基因的生物个体在生殖下一代中可能出现长有长尾巴的"变异"后代，但这些后代由于基因结构导致其不能适应自然界，从而被自然选择所淘汰。

譬如，携带有劣质基因的个体被老鹰吃掉，在树丛中觅食时被树枝挂住不能脱身而饿死，从而没有后代延续下来，所以看不见不长长尾巴的雄孔雀和没有亮丽羽毛的极乐鸟。在生物界，正是通过生殖中的"变异"和自然选择来对应信号博弈中的"模仿"和"不敢模仿"这种博弈概念的。

在生物界，像雄孔雀的长尾巴和极乐鸟的靓羽这类求偶信号是一种"美"的象征。其实，在生物界中长得"美"的往往是雄性生物，如雄鸡、雄狮的外观都比其雌性同类要好看一些。这些雄性动物所装饰的"美物"或许都是来自一个相同的道理，即向雌性生物发出的一个求偶信号，显示自己有更好的优良基因。这样，我们很自然想到"美"可能就是一种博弈信号。

下面运用这一来自进化博弈论的思想，对"美"是什么给出一种回答。现在我们所说的"美"，是特指人类的主观审美特征。与生物界中相对简单的博弈机理不同，在人类中，雄性和雌性双方都会向对方发出信号，因为存在着双方都有一个择偶的挑选过程。男人要选择漂亮的女子作为妻子，女人也要挑选"帅哥"作为老公，所以双方都需要向自己心仪的对象发出"我是最棒的"信号。在生物界，由于生存能力基本上依赖于通过体力战胜竞争对手和控制资源（如地盘）的能力，所以体能或决定体能优劣的基因是第一重要的，而雄性动物一般具有更强的攻击力和体能，因而对雄性动物的选择显得更加重要一些，故雄性动物就面临更强的求偶竞争，由雄性动物来发出信号就是必然的结果。但在人类，由于长期的进化，决定生存能力的要素除了体能之外还有智力。由于人类与动物的差别在智力上显得特别的明显，以及人类中的不同个体在智力上的差异比一般动物个体之间在智力上的差异更大一些，因此，求偶的标准就不只是体能，还包括智慧。尽管男人一般比女人更具体能上的优势，但是在智慧上却不一定，也就是说，智商和情商都同时决定着人们的命运轨迹。所以，女人喜欢长得高的男人，是因为长得高的男人需要更多的食物来提供能量，以及行动没有矮小男人敏捷，因而要付出更大的生存成本和面临更加具有挑战性的生存环境，这与雄性孔雀长有长尾巴也是一个道理，它们都是向雌性同类发出"我是最棒的"信号 —— 我面临更加困难的生存环境居然还存活,不正是我有更好的应对严酷环境的能力的佐证吗? 当然,一般而论,男人也喜欢身材高挑的女人,所以女模特要在1米7以上才有资格入选。这些都应对了同一个道理,身高是向异性发出的一个求偶信号,表明自己携带有生物学上的优良基因。

但是,对于人类来说,由于决定生存能力的变量比动物要多一些,除了体能还有智慧,因此,发出的信号载体也会更多一些,我们在欣赏一个男人或一个女人的美时,除了身高之外,还有相貌,如五官长得是否匀称,四肢长短是否合乎比例。匀称的五官是否也是证明其带有优良基因的信号呢? 是的,下面就来加以说明。一个特定的人,无论是男人还是女人,都是一个漫长的进化链条中的一环,或者说是一个长长的进化历史的结果。你的父母的父母的父母 ……,他们都是经历了千万次与严酷自然抗争,在人群竞争环境中进行搏斗求生而存活下来的。在每一个人身上,都呈现出一个奇迹 —— 这个长长的进化链条到你这里居然没有断裂! 如果在你之前的进化链条中,某一处曾被折断,也就没有你了。在这些现在的人中,在每一个奇迹之前,仍然存在着个体差异。某些链条在过去可能遭受过打击(无论来自自然环境还是人类之间的竞争角力),就可能留下一些创伤,如病变导致的五官错位,或外伤引起的四肢畸形,这些都会导致生存能力大打折扣(五官错位减低了信息收集能力,四肢畸形也带来生存能力下降)。生物繁殖中有变异可能性,原则上任何奇形怪状的下一代都可能出现,人类也是生物,因而人的五官、四肢比例原则上在变异时存在多种可能的几何比例组合。但是,十分匀称的比例是小概率事件,作为一种小概率事件出现的变异要在亿万次繁殖遗传中再延续下去的概率更小,你居然是一个美女(美男),说明你是一个十分小的随机变异在经过亿万次与严酷自然竞争中胜利遗传下来的结果,发生的概率则更小,真是奇迹中的奇迹! 之所以这样是因为你的祖先的祖先的祖先就带有更加优良的基因潜质,才能从每一次大自然向你的族系关上大门之前冲了出来,是有着非同小可的品质,所以能做到这一点是由于你的遗传链条上具有超凡的体能和智力。因为除体能外,智慧也是决定生存能力的要素。

这样,我就用信号博弈的方法成功地将人类的"美"和动物的"美"加以诠释。遗留下来的问题是,当我们认为一处风景十分"美"时,或一般地,当我们在对非人类或非动物个体加以审美时,"美"又是什么? 能否也运用类似于信号博弈的方式来加以解释? 换句话说,能否运用一种单一的标准将一般性的"美"(无论是人类的还是非人类的)加以定义呢? 回答是肯定的。其实在上面已经运用过的小概率事件原理就可以用来解释非人类和非动物的"美"。

美丽的风景,如天边绚丽的彩霞,雨过天晴时形成的彩虹,抑或一幅美术作品,"美"并不要求它是对称的。当然,对称的建筑物也是美的,但许多美景或艺术品呈现出来的往往都是非对称的。现代派艺术更是严重非对称的。但是,我们认为"美"的非人类或非动物景象,都有一个共同的特征 —— 它们都是小概率事件。天边由彩云织成的美丽云霞是由空气动力学原理和光折射原理共同作用下的小概率事件,彩虹的形成是小概率的,毕加索画中的线条和色彩组合更是小概率的。所以"美"就是小概率的。小概率意味着

有序。对称是有序，也有有序的非对称。所以根据有序就可将对称和非对称的美加以统一。根据物理学的熵增加原理，大自然在封闭系统中总是熵增加的，这意味着无序程度的增加。但据普里高津的耗散结构论，开放的系统在处于远离非平衡态下，如果存在非线性进化机制，涨落（变异）就可能带来有序。地球上的生命就是有序的，所以生命本身就是美丽的。长有长而艳丽的尾巴的雄性孔雀在进化链条中居然得以延续下来，也是小概率事件，所以为"美"。在动物界，美是信号博弈中的信号载体，如植物的花朵并不产生光合作用，对植物本身的生长并无功用，但正是它长出一个"无用之物"来向鸟儿表明它有更优良的生存基因，其果实味美饱实，从而招来鸟儿啄食，间接传播其种子，将基因遗传下去。这是无性繁殖下的植物信号博弈的巧妙花招，所以在动物看来，花儿很"美"，花儿也为此相互争奇斗妍。

在非生物界或非人类审美对象上，"美"是小概率事件，并不是信号博弈。但是，从小概率事件所形成的有序来看，可以将生物界、人类和自然界其他所有的"美"统一起来，即"美即有序"，丑即无序。

运用信号博弈，还能将"气质美"纳入这一框架。一个男子或女子可能不因其相貌身高具有某种"气质"而"美"。"气质美"可以为容貌美锦上添花，也可以克服因容貌美的不足而带来感观总体上的"美"。我们发现，"气质美"多半与成功相伴。成功人士大多有一种"气质美"，它是一种"自信"。"自信"的原因在于他（她）曾经有过多次成功，那么，多次成功的样本会据不完全信息博弈中的贝叶斯法则而获知其潜在能力较高，因而可能有着优良的品质或遗传基因。当然，一个具有优雅气质的人或许是因为他（她）生长在一个高贵的家庭环境中，这更证明他（她）会有着优良的品质，因为高贵的家庭本身就意味着其先辈的成功，而先辈的成功会有较大可能来自其家族的优良品质，而这种品质会遗传下来。所以，对于"气质美"，我也可以通过这样的原理即信号博弈加以说明。不同的是"气质美"不一定来自遗传链条中的优良品质信号，也可能来自当代或近几代人由于变异或学习能力（学习的能力是人类区分于动植物的一个主要标志）成果的信号。

我们建立在这个基本假设之上的，即"美"是个体生存能力的信号（对于动植物和人来说），这一点还能从"杂交"人种的后代比较美的现实案例中获得印证，如混血儿就比较好看。同时，生物学早已证明动植物有着"杂交优势"，即杂交的后代总是吸收遗传父母双方的生物优点，因而更具生存能力。

我的观点是：对于人类或者动物来说，美实际上并不是如某些美学家所说的那样完全是一种纯粹主观的东西，而是传递人类或者生物生存能力的一种信号，是随着不同环境下人类或者动物的生存能力内容的不同而不同的。譬如，在20世纪70年代以前意大利人是以长得白白胖胖为美，以黑黑瘦瘦为丑。但是，在现在他们意大利人却一改其美学观，反过来以长得黑黑瘦瘦为美，以白白胖胖为丑了。这是为什么？他说，这是因为过去意大利人也比较穷，只有成功人士才吃得好，成天待在屋里不用出门为生计奔波，所以长得白白胖胖的。而那些成天在外为生计奔波的人就长得黑黑瘦瘦的。现在，情况发生了变化，成功人士经常在外打网球、游泳、旅游、讲究健康生活，所以长得黑黑瘦瘦的，而生存能力差的人成天待在写字楼里忙个没完,见不着阳光,没有时间锻炼,吃的是快餐"垃圾"食品,所以长得白白胖胖的。因此,在意大利人那里,美的标准实际上是对"成功"或者人们生存能力的一种"信号"。当然,在这里提出一般意义上的美是"小概率"或者"有序"的,那么有人会说,极端的"丑"也是"小概率"事件,这又如何解释? 实际上,现代艺术的确存在着把"极端"的丑也看作一种"美"的观点,物极必反!

例4.4　政府拨款博弈:通过分离均衡优化政府资金配置

2003年,笔者应重庆市某国家级贫困县之邀到该县作了三天调研和讲学,在与县财政及教育部门的接触中发现了一个有趣的现象。那是好几年以前,该县政府及教育部门接到上级部门的指令——根据中央政府关于全国普九教育的规定,县政府需要尽快完成全县中小学基础设施的建设、改造与完善,因而需要尽快投资修建一些校舍。投资经费的来源有两个:一是上级部门的一部分补贴拨款;二是县财政开支。但仅仅有这两部分资金来源是不足以完成全县中小学校舍修建和改造完善的。于是,县政府为了积极响应上级的号召,擅自通过一些教育附加性收费来填补财政缺口。预算由此造好,县政府就请来了建筑商开始修建和改造完善全县中小学校舍。过了一年,大功告成,全县青少年儿童都有了学习的环境,上级交代的任务也似乎可以交差了。但且慢,正当莘莘学子以为可以坐进明亮干净的教室,建筑商也以为大笔钞票即将进入自家衣兜时,上面又来了一道明文规定——所有的教育附加收费一律停止收取。这样,县政府原先的预算就作废了,而作为一个贫困县,县财政又无其他的资金来源可以填补这一财政缺口。其后果是,建筑商拿不到合同规定的预期支付。这样,学校开学的第一天,竟然出现建筑商将校舍大门紧锁不让学子们进入学校的怪事。处于尴尬境地的县政府只得向上级政府打报告,要求增拨经费以解燃眉之急。但几个报告都打上去了,就是不见下文。于是,县政府只得向建筑商解释,请他们再等待一下,因为县政府暂时还没有钱来支付他们的承包款,目前上级部门手头也有点紧,希望过一段时间再支付他们的工钱。好不容易将工作做到位了,怒气冲冲的建筑商们也正待打道回府。谁知一则消息又将县政府推到悬崖边——前阵子总说手头无钱的上级部门最近居然给邻近的几个县全额拨款修建、改造和完善中小学校舍,以帮助他们完成普九教育工作。原来,在该县的邻近地区还有几个全国重点贫困县,他们不像该县那样从一开始就执行上级指示进行普九工作,而是完全没有理会上级的指示,一幢新校舍也未修建,也未改造旧校舍,一直处于按兵不动的状态。许多人还等着看它们挨板子呢,谁知看到的不是"板子"而是"果子"。于是,该县群情激奋,揣摩着要向上级部门说理:为何我们早早地完成普九工作而推说无钱,不拨款给我们填补财政缺口,而有钱批拨给那几个根本就未启动普九工作的县呢?结果闹腾下来,该县仍然从上级部门那里是一无所获,只有自己想办法再凑钱。

以笔者看来,这一个真实的故事中蕴含着政府行为中的博弈机制。它是穷国办教育(不仅是教育,在其他的许多工作方面或许也会如此)的一种资源配置方式,甚至还是一种有效的资源配置方式。也就是说,上级部门如此所为有其道理,个中缘由当然不排除公共关系、行政效率上的原因,但笔者揣摩出的一个机制是,上级部门如此所为可能是将

有限的教育经费用到刀刃上，以较高的效率加以配置的一种方式。要明白此中道理，且听笔者细细道来。

博弈论中有一种机制叫作"信息甄别"，是指由于信息不对称，一些人设计出特定的机制让另一些人去选择，从而根据选择的结果将潜藏着的信息识别出来的方法。比如说，那些买票乘船的人可能有不同的支付能力，因为他们中有的人收入水平较高，或者愿意花较多的钱购买船票。但是，他们每一个人都不会说出自己很有钱从而花高价买票，每一个人都宁愿船票价位低一点。于是，船运公司就设计出头等舱、二等舱、三等舱等舱位。不同等级的舱位有不同的价码，头等舱最贵，二等舱次之，以此类推。于是，那些支付能力高的乘客就会花较多的钱去买头等舱的票，支付能力次之的乘客就花较少的钱买二等舱的票，支付能力还要低的人就买三等舱的票。当然，头等舱坐起来比二等舱要舒服，而二等舱坐起来也比三等舱舒服。这样，头等舱的服务成本高于二等舱，而二等舱的服务成本当然又要高于三等舱。但是，船运公司可以将经营成本和票价设计成如此这般，使得支付能力较高的乘客与支付能力较低的乘客最终选择不同的舱位等级，并根据他们的支付能力的不同而支付不同的价格。高支付能力的乘客多花钱，这样就将乘客中不同支付能力的乘客的"类型""甄别"出来了——那些支付能力较高的乘客选择高等级的舱位。尽管他们都不会说自己是高支付能力的人，但他们的选择就等于向公司报出了他们的真实类型：他们是高支付能力的乘客，而公司也正好宰他一把——高等级舱位付高价钱。公司总可以将票价和经营成本做成这样，使得公司从较高支付能力乘客那里多收的钱大于为他们提供较高水平的服务所增加的成本，结果是公司从他们那里多赚了钱！

这种"信息甄别"招式在生活中可以说是司空见惯，以至于大家可能都没有特别地感觉到它的存在。譬如，电影院、歌剧院中不同座位的票价是不同的，酒店要分不同的"星级"，商家将冰棍做成不同颜色、不同味道、不同大小、不同形状，然后标出不同的价格等。如果你理解了上述有关"信息甄别"的概念，下面就开始用它来分析前面谈到的那个故事。

在我国，教育经费是紧缺的。说出来你可能不信，我国的教育经费预算占GDP（国内生产总值）的比例不仅远低于世界平均水平，而且还低于发展中国家的平均水平。这还是总量水平，如果再从人均水平看，那可就更惨了。你想，在经费十分紧张的情况下，政府有关部门在进行资源配置时就不得不小心翼翼地盘算着，如何将有限的资源用到最需要的地方。首先，从总体上看，教育经费是供不应求的，所以，不可能通过计划内的经费预算去解决所有的教育开支需求问题。因此，上级部门自然希望有条件的县政府能自己"挤出"一些经费来配合上级部门满足教育开支需求。显然，"要命"的是县政府要"有条件"，就是说真正能"挤出"钱来！其次，由于信息不对称，上级部门不会完全清楚县政府是否"有条件"，因为每一个县政府都可能在这个问题上不说实话，向上级部门报告说自己那里穷得要命（对于这些贫困县而言），要自己掏钱是没有的，希望上级全额拨款。但是，尽管上级部门不会相信县政府一味地称穷，但也无法或不能拿出证据来认定某县政府确实是"有条件"挤出一些经费来办教育。于是,就像我们在前面的比方里那些有高支付能力的乘客不会说实话那样,船运公司可以设计出"信息甄别"机制让他们"说实话"。在这里,上级部门也可以"设计"出一套类似的"信息甄别"机制来让那些"真正有条件"的县政府拿出钱来补贴教育,从而从总体上缓解教育经费不足的问题。对于那些经济发展相对较好,真正有潜力拿出一些钱来办教育的县(如作者访问的这一个"贫困县",其实条件并不差。其贫困县的帽子是前些年戴上的,这几年由于旅游资源开发较好,财政状况大为改善),县政府官员有着发展经济、搞好工作以树立好的政绩的强烈动机,他们不会让因为普九教育工作做不好而影响政绩。对于这种有一定发展基础的县,经济发展的潜力较大,因而做出政绩来的可能性也较大。当然,如果能够从上级部门争取到补贴而不用自己掏钱,岂不更好。于是,他们就有一种动机,使得他们不会向上级部门说实话——自己有能力解决教育经费不足的问题。但是,他们的确有能力自己解决这个问题,如果上级迟迟不批拨经费,他们最终还是会自己拿出钱来,因为耽误了孩子们读书可不是小事,而拿不到钱的建筑商们聚众闹事又会影响他们的声誉。这些都会给他们预期的政绩带来负面影响。相反,那些的确是"无条件"拿出钱的真正的"穷"县,官员们的心态是,反正是真正没有钱,凭这些穷山恶水的地区资源,也没有指望搞出什么发展经济的像样的政绩来,而等着上级部门将那些有钱的县"甄别"出来后,会把有限的经费拨给我们,于是"等待"就是他们的一种最优策略。这样,我们看到,有能力拿出钱来的县与真正没有钱的县就会作出不同的选择。这在博弈论中叫作"分离均衡"——有钱的县选择建校舍而无钱的县选择"等待"。关键在于,有钱的县一开始修建校舍就暴露了它的类型,而无钱的县即使打算响应号召也没有钱建校舍。这样,"等待"一段时间后,上级部门就"甄别"出谁有钱,谁没有钱。于是,他们就将手头十分有限的经费批拨给那些确实没有钱的县,而迫使有钱的县自己"消化"财政缺口。一个看似不合理的政府行为中居然有着十分有理的逻辑!这种逻辑在博弈论中还可以用"智猪"博弈机制来解释,或许这恰恰是咱们这个穷国办大教育的一种迫不得已但却是迎合经济效益的招数吧!

　　下面给出这种拨款博弈的模型,如图4.5所示。

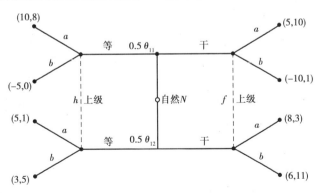

图4.5　政府拨款博弈

自然首先决定区县的类型,真正需要钱办教育的 θ_{11} 和不是真正需要钱办教育的 θ_{12}

先验概率各为0.5,这是海萨尼转换。每一种类型的区县都有两个行动选择:等待上级部门拨款,或者不等待上级部门的拨款就自己干起来,即"等"和"干"。

上级部门有两个行动选择:拨款a和不拨款b。

对θ_{11}类型的区县,选择"干"时,当上级部门选择拨款时,支付要明显大于上级部门选择不拨款时的支付;而此时上级部门的支付也是如此,选择拨款要好于不拨款。

当它选择"等"时,上级部门选择拨款明显好于不拨款,上级部门也因为将钱拨给了真正需要钱的区县而获得高的支付,而当上级部门不拨款时支付就很低。

对θ_{12}类型的区县,选择"干"时,当上级部门选择拨款时,支付要大于上级部门选择不拨款时的支付;而此时上级部门的支付因为错误给钱于不是真正需要的区县而明显低。

当它选择"等"时,上级部门选择拨款好于不拨款;上级部门也因为将钱拨给了不是真正需要钱的区县而获得低的支付,当上级部门不拨款时支付就高一些。

现在考虑区县的策略:

①对θ_{11}类型的区县,选择"等"。

②对θ_{12}类型的区县,选择"干"。

给定区县这样的类型依存策略,显然上级部门的策略是:看见区县选择"等"就拨款,看见区县选择"干"就不拨款。

显然这是一个"分离均衡"。

注意,在图4.5中,对θ_{12}类型的区县,当它选择"干"时,上级部门不拨款带来的支付6要大于它选择"等"时上级部门拨款的支付5,这样的假定保证了上述分离均衡的存在,而这种假定意味着区县政府在等待上级部门的拨款与自己的政绩之间权衡时,更加看重后者一些。也就是说,区县政府官员会权衡等待上级部门的拨款,以及这种等待带来的时间耽搁影响自己的政绩。譬如,在例4.4中,不是真正需要上级部门拨款的区县政府官员如果等待,尽管最后时刻可能获得拨款,但是等待的时间耽搁了建设教育设施,影响自己的政绩;而真正需要钱的区县,因为没有钱做政绩,所以只有等待。这样就出现了分离均衡。该博弈只有这个分离均衡。

这种政府拨款的博弈意味着,如果我们在对于谁是真正需要钱的问题上存在信息不对称,就可以通过拖延的办法来识别,这种方法在学术中是常见的,譬如,在申请政府项目的专项资金时,一般都难以全额得到,其道理就是如此。但是这种方法会带来低效率,如区县基础教育设施建设难以迅速完成。这种效率的损失是信息不对称带来的后果。相反,如果通过某种方式可以获取信息,就可以减少这样的损失,减少的效率损失称为"信息租金"。政府拨款博弈也是一种信号博弈。

例4.5 商业广告的信号发送机制

我们观察到一类广告,譬如说电视广告,可能是请一位当前正走红的大明星露一下脸,或者唱一支歌,跳一支舞,广告中并未提供产品价格、质量或销售地点的相关信息,也未劝诱消费者去购买它的产品,而只是将大明星与厂商联系起来。显然,这种广告并不是传统意义上的信息传播类也不是劝诱型广告(这两类广告类型在产业经济学中是对广告的一种基本划分),那么,它在经济学家眼中应作何解释? 我们观察到,厂商请当红明星打广告往往会花费一大笔钱,而正是这一大笔广告支付将有实力的厂商与实力较小的厂商区分开来,于是就得到一种"分离均衡"。为了形象地说明这种均衡,下面通过一个杜撰的例子来解释厂商花大价钱请明星打广告的行为机理。假定有一个实力强劲的厂商开发出一种新产品,譬如说,是一种有益健康的软饮料。产品推向市场,则预计会有大笔收入回报厂商。我们用厂商 A 来代表开发出新产品的这个厂商。再假定有另一个实力不够的厂商 B,他为了赚钱也"开发"出一种新产品饮料,但由于实力不够,其技术水平低,开发出的新产品其实是名不副实的,质量有问题。现在的问题是,消费者不能识别出厂商 A 和厂商 B 各自的产品质量差别,两个厂商可能都信誓旦旦地向消费者宣传承诺他们各自的产品是最好的。在这种情况下,真正生产优质产品的厂商 A 可以请一位大明星为其打广告,因为是大明星,所以要花巨额资金支付广告费。当然,生产劣质产品的厂商 B 也可以请大明星打广告,但厂商 B 其实并不敢这样做。这是因为,厂商 B 知道自己的产品比不过厂商 A 的产品,质量并不像宣传的那样好,开始还可以蒙骗一部分消费者,但日久天长,经过一段时间的消费者体验后,购买厂商 B 的产品的消费者最终会发觉厂商 B 的产品有问题,至少没有厂商 A 的产品那样好。于是,厂商 B 的消费市场在不太长的时间内就会缩小直至消失。当厂商 B 意识到这一点时,厂商 B 知道自己的产品市场寿命期是短暂的,人们不会长期上同样的当,因而估计自己的产品收益较小。相反,厂商 A 知道市场上的消费者最终会鉴别出自己产品的质量水平,对自己优质产品的市场增长有充分的信心,因而预计自己的产品市场寿命期是较长的(至少相对于厂商 B 来说),从而估计自己的产品收益较多(相对于厂商 B)。于是,厂商 A 敢于花大价钱雇用大明星打广告,厂商 B 却不敢模仿,因为厂商 A 估计自己的产品有大的回报,花上一个大价钱仍不至于亏损,而厂商 B 估计自己的产品市场回报较小,不敢花大价钱请人打广告。倘若厂商 A 和厂商 B 竞争性地请同一位明星打广告,则厂商 A 出的价钱会高到厂商 B 不敢接受的程度,从而厂商 A 能雇用厂商 B 雇不起的明星来打广告。显然,这种将厂商 A 和厂商 B 区别开来的方式中,重要的是花大价钱而不在于请来的明星在广告节目中到底表演了什么内容。为了证明的确花了大价钱请来明星打广告,厂商 A 就必须请来当前最红的超级明星,因为那些当红明星有市场价格,不会为区区小钱出镜。当然,消费者也知道这种机理,因而对那些请来大明星打广告的厂商所生产的产品就有较大的质量信心,因而就会踊跃购买,这样又增大了厂商 A 的市场回报,鼓励厂商 A 花大价钱打广告。相反,对于像厂商 B 这样的厂商,他们只能花较少的钱雇用不起眼的"明星"打广告,消费者对他们的产品就缺乏质量信心,因而就不会积极购买。事实上,当厂商 A 这种厂商出现后,厂商 B 可能根本就不出现,因为当厂商 B 意识到自己一旦生产劣质产品会亏损时,他们根本就不会去生产了。这样,厂商 A 通过花大价钱打广告就可能成功地将伪劣产品竞争者排除在市场之外,从而达成一种"分离均衡"。厂商 A 花大价钱打广告就是信息经济学或博弈论中著名的"承诺行动",类似现象在现实生活中可以说比比皆是,如有实力的商店花大价钱将店

堂和门面进行豪华装修,有实力的公司或银行购买和使用高档轿车,有能力挣钱的人穿名牌服装、进精品店进行高消费,有军事实力的国家经常进行公开性的军事演习和新式武器试验,并对这种演习或试验大肆进行宣传报道⋯⋯

正是由于明星代言具有这样的信号发送功能,现代商业社会对明星存在着巨大的需求。然而,明星具有时效性,过时的明星就身价下降了。因此,现代商业社会需要不断制造各种各样的明星,因此就产生了娱乐行业,如各种各样的选美活动、体育比赛、综艺节目等(当然,还有时尚杂志等),它们为商业社会输送源源不断的明星资源。

例4.6 资产债务比的信号作用

如果对企业经营者有适当的激励机制,资产结构本身会向市场传递一定的信息,金融市场可以根据这个信息推断特定企业的质量,从而克服逆向选择问题。下面以罗斯(Ross,1977)模型的一个简单版本说明其中的道理。

假设市场上有 H 和 L 两类企业,到期末将分别实现总收益 H 和 L,$H > L$。假设在期初只有企业经营者知道自己的企业类别,外部投资者一开始并不知道,但他们明白市场上这两类厂商的存在,并相信 H 类和 L 类企业在所有企业中所占的比例分别为 π 和 $1 - \pi(0 < \pi < 1)$。到了期末,市场能够准确地观察到每一个企业所实现的收益。为了简洁起见,假设市场投资者是风险中立的,并且市场以一个外生的无风险利率 r 对企业进行估价。因此,假若投资者一开始就了解企业的真实类型,两类企业的市场价值(期初的现值)分别是

$$V_0^H = \frac{H}{1+r}, V_0^L = \frac{L}{1+r} \tag{4.1}$$

但在投资者不知情的情况下,市场对每一个厂商的估价都是

$$\overline{V}_0 = \frac{\pi H + (1-\pi)L}{1+r} = \pi V_0^H + (1-\pi)V_0^L \tag{4.2}$$

由于 $H > L, 0 < \pi < 1$,有

$$V_0^L < \overline{V}_0 < V_0^H \tag{4.3}$$

假设每一个企业的经营者期末领取的工资(收入)与企业期初的市场价值 V_0 和期末实现的市场价值 V_1 正相关,但如果到期末企业无力清偿债务,经营者将受到某种惩罚(这可以是简单的金钱惩罚,也可以是经营者的名誉损失,甚至是他重新在经理市场上谋职过程中涉及的成本)。特别地,记一个企业期末未清偿的债务面值为 D,假设经营者所获的工资为

$$M = \gamma_0 \left[(1+r)V_0 \right] + \gamma_1 \begin{cases} V_1 & V_1 \geq D \\ V_1 - P & V_1 < D \end{cases} \tag{4.4}$$

其中,$\gamma_0, \gamma_1 > 0$ 是两个常数,分别为企业期初和期末市场价值的权重,$P > 0$ 代表经营者在企业破产时所受的惩罚——假设市场投资者知道这个工资支付规则。

假设法律禁止经营者在市场上买卖自己企业发行的证券,这排除了经营者制造虚假信息牟利的可能性。在此基础上,假设企业经营者的目标是尽力使自己的工资收入式

(4.4)最大化。

由于一开始市场不能分辨企业的类别,每个企业的市场价值都被认为是 $\overline{V}_0$,这自然不会让 H 类企业经营者满意。由于市场知道经营者的工资支付规则式(4.4),受到委屈的 H 类企业经营者可以设法确定一个合适的债务水平 D,让市场辨识其真实类型,对他的企业重新给予公正的估价。

由于 $H > L$,H 类企业能承担的债务水平比 L 类企业高。如果 L 类企业能避免破产的最大债务是 D^*,H 类企业可以尝试将其债务水平定在一个高于 D^* 的水平,只要另一类企业没有兴趣模仿,经营者就成功地向市场发出了自己是 H 类的明确信号。

记 H 类和 L 类企业的债务面额分别为 D^H 和 D^L,$0 \leq D^H \leq H$,$0 \leq D^L \leq L$。如果市场真的将 D^* 视为一个区别两类企业的临界值——债务水平高于 D^* 的按 H 类估值,不超过 D^* 的按 L 类估值,那么两类企业经营者在这一市场规则下所得的工资分别是

$$M^H(D^H) = \begin{cases} (\gamma_0 + \gamma_1)H & D^* < D^H \leq H \\ \gamma_0 L + \gamma_1 H & 0 \leq D^H \leq D^* \end{cases} \tag{4.5a}$$

和

$$M^L(D^L) = \begin{cases} \gamma_0 H + \gamma_1(L - P) & D^* < D^L \\ (\gamma_0 + \gamma_1)L & 0 \leq D^L \leq D^* \end{cases} \tag{4.5b}$$

出现一个分离均衡——两类企业分别决定债务水平 D^H 和 D^L,$D^H > D^* \geq D^L$ 的条件是:两类企业的经营者各自在这样的债务水平上获得最高工资支付,每一类企业都没有模仿另一类企业的动机。

对于 H 类企业的经营者来说,他自然有强烈的动机安排 $D^H \in (D^*, H)$,因为这既可以使市场辨识他的企业类型,同时也没有因此承担不必要的破产风险,这种资产结构下他的工资 $(\gamma_0 + \gamma_1)H$ 是他所能获得的最大支付。问题的关键是,L 类企业的经营者是否有说真话的动机。如果在期初市场不知内情时模仿 H 类企业的行为,经营者因为市场对其企业价值的高估获得利益,但他必然要受到期末企业破产的惩罚。由式(4.5b)知,L 类企业经营者老老实实地将债务水平定于 D^* 以下的条件是:

$$\gamma_0 H + \gamma_1(L - P) < (\gamma_0 + \gamma_1)L$$

这就是

$$\gamma_0(H - L) < \gamma_1 P \tag{4.6}$$

这个条件极其直观地解释了:L 类企业的经营者从发送假信息中获得的利益低于其因此遭受的损失。

显然,只要不等式(4.6)成立,将存在无穷多个分离均衡:H 类企业选择任何一个 $D^H \in (D^*, H)$,L 类企业选择 $D^L \in (0, D^*)$,市场以 D^* 作为分辨两类企业的临界债务水平。

如果 $\gamma_1 = 0$,则所有的经营者的目标都是最大化期初的企业价值。由于企业未来(期末)的价值与经营者所能获得的工资支付无关,上述信号机制就崩溃了——L 类企业会模

仿 H 类企业所确定的任何一种债务水平,其经营者不用担心因此产生的任何后果。

反过来,如果 $\gamma_0=0$,条件式(4.6)自然满足,这意味着 L 类企业不会刻意提高债务水平去模仿对方。但是,由于经营者的利益与企业的当前价值无关,H 类企业也不会有兴趣向市场发送真实信号。所以这种情况下也不存在分离均衡。事实上,如果 $\gamma_0=0$,经营者的工资只依赖于人所共知的信息(市场能观察到企业在期末实现的总收益),这个模型中的非对称信息假设就毫无意义了。

该模型在政府管理中的应用——政府官员无限追责制度:政府官员决策的项目,即使是退休后也会追责项目失败的责任。

例4.7　文凭作为信号,显示雇员的能力水平

信号博弈是斯宾塞最早提出来的。他在研究劳动力市场的时候发现了文凭的特殊功能,就是雇员向雇主发送有关自己能力水平的信号。

斯宾塞最重要的研究成果是,市场中具有信息优势的个体为了避免与逆向选择相关的一些问题发生,如何能够将其信息"信号"可信地传递给在信息上具有劣势的个体。信号要求经济主体采取观察得到且具有代价的措施以使其他经济主体相信他们的能力,或更为一般地,相信他们产品的价值或质量。斯宾塞的贡献在于形成了这一思想并将之形式化,同时还说明和分析了它所产生的影响。

斯宾塞在1973年开创性的研究(以其博士论文为基础)中将教育作为劳动力市场上生产效率的信号。其中基本观点是除非信号成本在发出者即求职者之间显著不同,否则信号不会有成功的效果。雇主不能将能力强的求职者从能力弱的求职者中区分开来,除非后者在选择较低的教育水平时前者发现自己对所受教育进行的投资能得到回报。

对信号传递模型作出突出贡献的2001年度经济学诺贝尔奖获得者迈克·斯宾塞。他对信号传递模型的研究起源于在哈佛大学读博期间,他的研究结论集中体现在博士论文《劳动市场信号》中。在斯宾塞的模型里,劳动力市场上存在雇佣能力的不对称,雇员知道自己的能力,雇主不知道,如果雇主没有办法区别高生产率与低生产率的人,在竞争均衡时,不论是高能力的人还是低能力的人得到的是平均工资。于是高生产能力的工人得到的报酬少于他们的边际产品,低生产能力的人得到的报酬高于他们的边际产品。这时,高能力的人希望找到一种办法,主动向雇佣方发出信号,使他们同低能力的人区分开来,使自己的工资与劳动效率相称。教育程度向雇主传递有关雇员能力的信息,原因是接受教育的成本与能力成正比例,不同能力的人是因受教育程度不同,或者说,教育传递信号具有把雇员能力区分开的功能。斯宾塞的模型研究了用教育投资的程度作为一种可信的传递信息的工具。在他的模型里,教育本身并不提高一个人的能力,它纯粹是为了向雇主"示意"或"发出信号"表明自己是能力高的人。斯宾塞确定了一个条件,在此条件下,能力低的人不愿意模仿能力高的人,即做出同样程度的教育投资以示意自己是能力高的人。这一条件就是,做同样程度的教育投资对能力低的人来说边际成本更高。斯宾塞证明:在这种情况下,虽有信息不对称,市场交易中具备信息的应聘者可通过教育投资程度来示意自己的能力,而雇主根据这一示意信号便可区分不同能力的人。在他的

模型里,假定教育对生产率没有影响,但是,厂商以教育为基础发放工资仍然有利可图,因为它能吸引更高能力的人。斯宾塞的信号传递模型也具有普遍的经济学意义。例如,上市公司的过度分红行为。在很多国家,政府对红利征税的税率比资本增值的税率要高,通常政府对红利征收两次税:一次对公司,一次对个人,而对资本增值只对个人征收一次税(目前,中国证券市场对红利双重征税,对资本增值不征税)。如果没有信息问题,利润再投资比分红更符合股东利益,但很多公司仍然热衷于分红。根据信息不对称理论,公司的管理层当然比股民更清楚地知道公司的真实业绩。在这种情况下,业绩好的公司就采取多发红利的办法来向股民发出信号,以区别于业绩不好的公司,后者发不出红利。证券市场对分红这一信号的回应是股价上升,从而补偿了股民因为分红缴纳较高的税而蒙受的损失。

通过下面的例子来说明这样的信号是如何发送的。

例4.8 大学通过学分来发送信号

这个例子类似于文凭的信号显示作用,说的是大学生的学分如何发送员工个人能力的信号。

如果你在大学中选修了难度高且任务重的课程(并通过了考试),则你对课程的选择通常可作为你素质能力和分析技能的证据。

假设在公司老板眼里大学毕业生只有两种类型:A 类(能力强)和 C 类(能力不足)。老板愿意给 A 类员工 150 000 元年薪,给 C 类 100 000 元年薪。假设有很多潜在的老板在争夺数量有限的求职者,所以老板们必须支付其愿意支付工资的最高金额。老板不能直接观察求职者的类型,他就必须寻找可靠的手段来识别。

假设两类毕业生的差别是:A 能在大学中接受难度高任务重的课程,但 C 接受这些课程比较吃力。为了修一门高难度课程,他们都需要牺牲课余活动,但 A 的牺牲会较少,C 的牺牲会较大,或 A 比 C 更能忍受繁重的压力。假设 A 把修此类课程的代价视为一年减少 6 000 元的薪水,而 C 视为一年减少 9 000 元,老板可以用这种差异来分辨 A 与 C 吗?

考虑老板设计如下规则:任何修过 n 门高难度课程的毕业生将视为 A 类,年薪 150 000 元;而少于 n 门者则会被视为 C 类,年薪是 100 000 元。该规则的目标是要让 A 有修高难度课程的动机,而 C 没有这种想法。

当然,没有人喜欢多修高难度课程,所以他们的选择是要么刚好修 n 门以符合 A 类的资格,或者干脆不修任何高难度课程而被视为 C 类。

老板用于识别 A 跟 C 的标准——也就是高难度课程的修课门数——应该足够严格到让 C 无意达到标准,但又不能太严格而让 A 放弃修课。正确的 n 值必须让 C 暴露自己的身份,而不是凭借修课来模仿 A 的行为,所以我们要求:

$$100\,000 \geqslant 150\,000 - 9\,000n$$

或 $9n \geqslant 50$,或 $n \geqslant 5.56$

同样,要让 A 乐于修 n 门高难度课程的条件是:

$$150\,000-6\,000n \geqslant 100\,000$$

$$或\ 6n \leqslant 50,或\ n \leqslant 8.33$$

这些约束条件使求职者的动机和老板的愿望保持了一致，或者说，它们使得求职者通过其行动披露技能的真实信息是最优的。所以这些条件被称为该问题的激励相容约束（incentive-compatibility constraint）。由于课程门数是整数，所以满足条件的 n 必须是 6、7 或 8。

要满足这些条件必须让两种类型的学生接受高难度课程的成本之间存在差异：对于能力强的学生来说，付出的代价必须足够小，这样老板才能辨认。当达到约束条件时，老板的政策就可以令两种类型的学生作出不同反应，因而暴露他们的类型。这称作基于自选择（self-selection）的类型分离（separation of types）。

这里不假设高难度课程可以提供额外的技能或工作习惯，让 C 转变成 A。在我们的设想中，高难度课程仅仅是用于分辨不同类型个人的工具。换句话说，它们只具备甄别功能。

事实上，教育的确可以增强生产能力，但它也具有这里所说的甄别功能和信号传递功能。在本例中，我们发现教育可能仅仅承担了后者的功能；而现实中，进一步教育深造的相应结果已远非额外的生产能力所能判断，因为额外的教育带来了额外的代价——信息不对称的代价。

当我们用必要的高难度课程修课门数来进行甄别，A 就承担了代价。假若只用最小修课门数（即 $n=6$）来筛选，则 A 付出的货币代价是 $6 \times 6\,000 = 36\,000$ 元。这就是信息不对称的代价。若个人的类型可以直接观察或识别，这种代价是不会存在的。或者整个社会都是由 A 类人口组成，这种代价也不会存在。A 之所以付出此类代价是因为存在一些 C 类人口，而他们（或其老板）必须设法做出识别。

若不采取分离政策而 A 也不承担代价，情况会更好吗？分离政策下，A 得到年薪 150 000 元，但是同时付出货币代价 36 000 元，所以其货币等价支付 114 000 元。而 C 只得到年薪 100 000 元。如果不把他们分离开来会怎样？

如果老板不采取甄别机制，他们就不得不对所有求职者一视同仁，支付相同的薪水。这被称作类型混同（pooling of types）。在竞争的劳动力市场上，共同薪水（common salary）会等于各种不同类型人口的平均薪酬水平，而这取决于不同类型在人口中的比例。

例如，若人口的 20% 属于 A 类，80% 属于 C 类，则混同的共同薪水将是：

$$0.2 \times 150\,000\ 元 + 0.8 \times 100\,000\ 元 = 110\,000\ 元$$

所以 A 将偏好于分离的情形，因为分离状态可得到 114 000 元而不是混同状态的 110 000 元。但是，若两种类型的人口比例各占 50%，则混同下的共同薪水将是 125 000 元，那么 A 在分离状态的处境将比在混同状态下糟糕。C 则总是偏好混同均衡，因为 A 的存在使得混同下的共同薪水总会高于分离时 C 的薪水 100 000 元。

然而，在大量雇主和雇员使用甄别和信号传递进行竞争的时候，即使两类求职者都偏好混同结果,它也不可能是均衡的。譬如,假设两类人口比例各占 50%,初始均衡是类型混同下的薪水 125 000 元。则某个老板可以宣称他将付 132 000 元给修过一门高难度课程的人,A 觉得划算是因为修课只花 6 000 元而薪水却增加了 7 000 元;C 会觉得不划算,因为修课花 9 000 元超过了增加的薪水 7 000 元。某个老板用这招来吸引 A,而且只花 132 000 元就可雇佣到价值 150 000 元的人,所以他的类型分离政策大获收益。

但是,这个老板对类型混同薪水的背离牵一发而动全局,引发了竞争性雇主之间的调整过程,并导致原先的混同情况被瓦解。由于许多 A 类员工都吸引到这个老板那里去了,其他老板雇佣的员工平均能力就会降低,最后他们不能负担 125 000 元的薪水,于是类型混同下的薪水将降低。而随着混同下薪水的降低,跟某老板提出的分离下薪水132 000 元的差距扩大,C 也会觉得去修一门高难度课程是值得的。此时,这个老板就必须把标准提高到修两门课程,让 C 再次觉得修课程是不划算的,其他老板也会用同样的政策,如果他们也想吸引 A 类员工的话。过程一直持续,达到最终先前所说的分离均衡为止。

即使老板们不用这些手段来吸引 A,混同状态的薪水为 125 000 元的 A 也会去修一门高难度课程,然后拿着成绩单去跟老板说:"我的成绩单上有一门高难度课程,这应该能证明我是 A 类员工,C 类员工是不能对您如此保证的。所以我现在要求 132 000 元的薪水。"给定事实如此,其主张是有效的,老板也会觉得答应他是符合自己的利益的:因为 A 类员工有 150 000 元的价值,但只领 132 000 元的薪水。其他的 A 类员工也可以这么做。然后像刚才一样,这一过程又会一直持续,直到分离均衡。唯一的差别在于由谁发起,现在是由 A 发起,他选择接受额外的教育以证明其类型,这是信号传递而不是甄别。

虽然混同结果对所有人有利,但追求个人利益却会导致分离均衡。这就像大量参与人的囚徒困境博弈,所以人们不可避免地要为信息不对称付出代价。

在参与人缺乏直接竞争的其他情形中,混同均衡与分离均衡都可能出现,但这还不是全部的可能结果。在完全分离均衡中,结果可完全披露参与人的类型;在混同均衡中,结果不能提供任何有关类型的信息。有些博弈可以得到中立均衡(intermediate equilibria)或半分离均衡(semiseparating equilibria),这样的均衡中,结果可以部分地提供有关类型的信息。

至此,我们只考虑了两种类型,但是这种思路可推广到多种类型。假设有好几种类型:A,B,C,…依能力强弱排列,则可以建立一连串不同等级的标准,能力最弱的人选择不受教育,比能力最弱者好一点的人选择接受少许教育,依此类推,所有人都会自动选择可识别出其类型的标准。

例4.9 垄断限价

微观经济学描述垄断企业的行为是将价格定在边际成本等于边际收益位置上。但是,如果你去找数据对这种理论进行验证,你会发现事实并非如此。在现实中,垄断企业的价格通常不是定在边际成本等于边际收益位置上的,实际价格一般会低于按照这种方

式所定的价格。这是怎么回事呢？如果垄断企业将价格定在比较高的利润最大化水平上，会带来什么样的问题呢？

如果垄断企业的垄断性来自市场而不是来自行政垄断，企业也面临着潜在竞争者的威胁。当企业的价格较高，带来高的垄断利润，就会吸引潜在竞争者进入行业与之竞争。如果垄断企业警告潜在的进入者：将对进入者进行打击，通过降价竞争将其击退，赶出行业。但是，这样的警告存在"可置信性"的问题——潜在的进入者为什么要相信垄断企业的威胁呢？因为，如果垄断企业的平均成本比较高，高于潜在进入者的平均成本，通过价格战打击进入者的威胁就不是可以置信的。

如果垄断企业的平均成本的确比较低，有能力击退进入者，就需要发送信号告诉潜在进入者，避免价格战给双方带来损失。

垄断企业通过长期将价格定在比较低的水平上，这种可以观察到的信号就告诉潜在的进入者——垄断企业的确有着比较低的平均成本，这种信号是可以置信的。垄断企业的这种自我限价行为就是为了维持自己的垄断，而告诉潜在进入者避免价格战的信号。

著名经济学家张五常曾经撰文批评博弈论。但是，他自己曾经讲过的一个故事，却正好可以通过博弈论来解释。张五常说他曾经驾车在美国加利福尼亚的沙漠上，口渴难耐。他终于在沙漠中找到一家便利店，花 1 美元买了一瓶橙汁，喝下去感觉好极了。张五常在文中说，他当时的边际效用非常大，但是为什么那瓶橙汁的价格仅仅是 1 美元？在这沙漠里，前不着村后不着店，便利店就是将价格定在 5 美元，他张五常也会买的。他说不明白为什么便利店会这么便宜卖橙汁。其实，便利店就是在垄断限价！如果它将价格定高，会吸引潜在的进入者来竞争，那沙漠里就不仅仅只有一家便利店了，那家便利店的垄断地位也就消失了。

例 4.10　爱的信号：情人节的鲜花和约会

情人们如何向心仪的人儿表达爱意？如何让自己的爱意是"可置信的"？在情人节，鲜花是否昂贵，买情人节的鲜花献给心仪的人儿，是一种"可置信的"爱意。

当然，即使情人节的鲜花非常贵，或许你会买来献给并不是你真爱的人，或者说你也可以买许多鲜花献给不同的人，只要你有足够的钱。但是，在情人节那天的约会，却只有一个机会是给对方的。你在情人节不可能同时与不同的人约会。所以，情人节的约会是爱对方的一种"可置信"的信号。

练习题

1. 给出下述信号博弈（不对称信息扩展式博弈）的纯策略子博弈完美均衡。

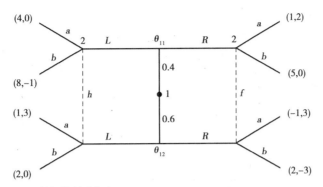

2. 试举出一个混同均衡的例子。

3. 如果你是一个打算去银行贷款的企业,为了向银行发送你的投资项目是好项目的信号,你能够采用什么样的信号产生分离均衡?

4. 在网购中,生产高质量产品的企业可以有哪些信号发送来显示其产品的高质量?

5. 创新型企业为了获得支付补贴,存在什么样的信号发送显示其创新能力?

6. 好企业如何发送信号向银行显示其真实的还款能力?

7. 男孩在追求女朋友时,有哪些显示其个人发展潜力的信号?

8. 强大的国家有哪些手段显示其强大?

9. 身体好的人有哪些信号显示其好身体?

10. 为什么企业聘用员工会采用试用期?(应聘者在试用期中没有工资,可能只有一些交通费和餐费)

第5章　进化博弈

迄今为止,在博弈论研究中,都有一个一贯不变的基本规则,即假定参与人都是理性的——每个参与人都有着内在一致的价值判断尺度,能够计算其在不同策略选择下的后果,并作出最有利于其自身利益的选择。

事实上,这种假定也是现代经济分析的基本出发点,它们主要是由经济学家提出来的。经济学是建立在理性行为和均衡的双重假定之上的。的确,这些假定在博弈论中也被证明是很有用的。参与人知道自己的最优选择是什么。这些假定确保参与人不会错误地在对手面前显得天真无知而被对手所利用。理论也为参与人应该如何玩他们的博弈给出了一些引导。

然而,其他社会科学家们对理性假设持有极大的怀疑,进而对建立在这一假设基础之上的博弈论也提出了质疑。他们指出,经济学家不应当把理性假设视为理所当然。麻烦的是需要找到一种可行的替换性假设。尽管我们不能把有意识的和完全可计算的理性强加于参与人,我们也不要放弃这样的一种思想,即某些策略比起其他策略来说要好一些。我们要用较高的支付去奖赏好的策略;我们要参与人去对成功者进行观察或模仿,并用新策略进行尝试;当参与人从玩博弈中获得经验时,我们要求好的策略能够被经常使用,而不好的策略要更少地被使用。我们在生物进化论和进化动力学中找到一种对理性假设的可能替代,本章将进行这方面的研究。

5.1　进化博弈的基本思想

生物学中的进化过程为社会科学家所使用的博弈论提供了一种特别有吸引力的参考。进化论的 3 个基础性假定是:异质性、适应性和选择。许多动物行为是由基因决定的;一个或几个基因的复合体(遗传型)控制着特定的行为模式,被称为行为表现型(behavioral)。基因库的自然多样性保证了种群中表现型的异质性。某些行为比其他行为更能适应当前的环境,并且表现型的成功可以被量化为适应性(fitness)。人们通常习惯于用那种众所周知的但又具有误导性的词汇"适者生存"去进行思考;然而,对于生物学适应性的最终检验不仅要看生物能否成功地生存,而且还要看生物能否成功地繁衍后代。那就是动物能够把它的基因传给下一代,并且使其表现型能够世代传承。于是,在下一代中更具适应性的表现型在数量上比起较不具有适应性的表现型来说就更加多一些。这种选择过程是动态的,它改变着遗传型和表现型的组合结构,也许最终会达到一种稳定状态。

随着时间的推移,偶然的因素会带来新的基因突变。许多这类突变产生了不适应环境的行为(即表现型),它们最终将会消亡。但是偶然会有一种突变带来一种较为适应环境的新的表现型,于是这样的一种突变基因就会成功地侵入一个种群,也就是说,它将扩散开来并且成为种群的一个显要的组成部分。

　　当属于某种表现型的种群不能被任何突变成功地侵入时,生物学家就称该表现型为进化稳定(evolutionary stable)的。被一种进化稳定表现型所运用的策略——它是这样的一种策略,即如果所有其他的现有表现型都运用这种策略,则种群里每一个个体就会采用这种策略——进化稳定策略。这是一种静态检验,但经常使用的是一种更加动态的标准:从任何一个表现型的复合体出发,如果种群进化到某种状态,其中该表现型占据了主导地位,那么该表现型就是进化稳定的。

　　表现型的适应性既取决于个体与环境的关系。比如,一种鸟类的适应性既取决于它的翅膀的空气动力学原理,同时又取决于存在于环境中的不同表现型的比例,相对于整个种群来说,它的翅膀是多大程度地利用着空气动力学原理的。因此,一种特定的动物的适应性,以及它的行为特点,诸如攻击性和社会性,是取决于种群中其他成员是不是更加具有攻击性或者是温顺的,喜欢群居的或者是独行的等。从研究角度来说,一个物种内部的不同表现型之间的这种相互作用是故事中最令人感兴趣的方面。当然,有时一个个体也与其他物种的成员发生相互作用;于是在这种情形,一种特定类型的羊的适应性就取决于当地狼群的现有特征。

　　在生物学中进化博弈的基本思路是:在存在相互作用的情况下,这样的相互作用——譬如,是进攻还是退却——中的一种动物的策略并不是经过计算而是由其表现型先天就决定了的。由于一个种群是由许多不同的表现型组成的复合体,因此其中任何一对都将带来这种策略的不同组合的相互作用。某些动物在它们所遇到的所有表现型面前,它们的策略平均看来更加适合这种相互作用,那么它们将更加可能取得进化的成功。一种群动力学的最终结果,或者说一种策略,当所有的参与人都选择它时,不会被任何其他的成功侵入所倾覆的话,就将是一种进化稳定策略。

　　生物学家们非常成功地运用了这一方法。攻击与合作行为的组合,巢穴的选择及其他无法用传统观点解释的更多的现象都可以理解为较为适应性的策略选择的一种进化过程的稳定结果。有趣的是,生物学家在使用已有的博弈论框架的时候发展了进化博弈的思想,他们抽取了其中的语言但又有意识地修改了最大化的假定以适合它们需要的假定。目前,博弈论专家们反过来又运用生物进化博弈研究中所得的启示来丰富他们自己的学科。

　　的确,进化博弈的理论为博弈论放松理性行为假定的一种新方法提供了一个现成的框架。根据进化博弈的这种观点,参与人并没有自己选择策略的自由,有的参与人天生就得选择某种策略,而其他参与人天生就会选择另外的策略。策略的遗传性思想在博弈论中比在生物学中被理解得更加广泛一些。在人类的相互作用中,有许多理由使得策略被嵌入参与人的大脑里——不仅仅是由于遗传,还由于(并且可能是更加重要的)社会

性,文化背景、教育及基于以往经验的归纳性法则。一种人群可能由具有不同背景或经验的不同个体的复合体组成,而这些个体先天性地被嵌入了不同的策略。所以有的政治家宁可放弃选举成功也要坚决地坚守一定的道德或伦理规范,而另外的政治家却更关心他们自己的连任;类似地,某些公司只追求利润,而另外的公司除了追求利润外,还追求社会和生态的目标。

从具有先天性策略的异质性的种群中,挑选出许多对表现型的组合与同一种群或其他种群的表现型组合重复地进行相互作用(进行博弈)。每次相互作用中参与人的支付取决于双方的策略;这是符合通常的"博弈规则"并且在博弈矩阵或博弈树中得到反映的。我们可以将某一策略的适应度定义为该策略与种群中所有其他策略博弈时的平均支付或总支付。某些策略的适应度比起其他的策略来看具有较高的水平,并且在种群的下一代,即下一轮的博弈中,适应度更高的策略将会被更多的参与人使用并扩散开来;而适应度较低的策略则只有较少的参与人才使用,直到完全消失。核心的问题是种群中某些策略的选择性扩散或者消失的过程是否有一个进化稳定的结果,并且如果是这样,稳定的结果又是什么? 回到我们刚才谈及的两个例子,社会是否最终会变成所有政治家只关心各自的连任和所有企业都只关心利润的情形呢? 本章将提出回答这些问题的框架和方法。

尽管我们使用了生物学的类比,但在社会经济博弈中那些具有较高适应度的策略会扩散开来以及具有较低适应度的策略会消失的理由,是与生物学中严格的遗传机制不尽相同的:在前一回合中混得好的参与人会将信息传递给下一回合中的朋友或同事们,而在前一回合中混得不怎么样的参与人会对成功的策略进行观察,然后去模仿他们,于是在随后的博弈中,参与人开始进行一些有目的的思考和对先前的归纳性法则的修正。在大多数策略中,这种有"社会的"和"教育的"传递机制远比任何的生物学遗传显得更为重要,而且,这种机制也正好解释了议会的重新选举机制和企业的利润最大动机为什么被增强了。最后,在博弈论中,新策略的有意识的试验代替了生物学博弈中的偶然变异。

生物博弈的最终结果包含了一种很有意思的可能性,即单独的一种表现型不必完全主导进化动力学的最终结果。两个或更多个表现型可能是同样适应的,它们各自以一定比例共存。这时称种群表现出多态型(polymorphism),也就是说,是多种表现型的共存。如果没有新的表现型或变异能够达到比现有多态型种群中的表现型适应度还高的适应度,这种状态就是稳定的。多态型与博弈论中的混合策略概念是密切相关的。但也存在重要区别:若要获得多态型,不需要个别参与人采用混合策略。每个参与人都选择纯策略,但是种群却会因不同参与人选择不同纯策略而表现出一种混合策略的博弈。

本章将通过一系列的例子来阐释某些思路。我们从对称博弈开始,其中两个参与人的特征是相同的,譬如,同一物种的两个成员为争夺食物或配偶相互竞争;在社会科学的理解里,他们可以是为了在公共事务方面继续行使权力而竞争的两个候选官员。根据博弈的支付矩阵,每个参与人都可以被安排成行参与人或列参与人但并不影响最后的结果。

5.2 囚徒困境

假设一个种群由两类表现型组成。一类由那些天生就是合作者的参与人组成,他们在审讯下永远也不会坦白;另一类由背叛者组成,他们准备好了要坦白。在这种博弈的一次性博弈中的各种类型参与人的支付,由表5.1给出。在表5.1给出与前面的囚徒困境博弈中不同的支付数值并不影响分析的实质。只不过这里要注意的是,博弈中较高的数字是不好的。在这里,我们简单地将参与人称为"行"和"列"。

表5.1 囚徒困境博弈(图中的支付为宣判的刑期)

		列	
		坦白	抵赖
行	坦白	10,10	1,25
	抵赖	25,1	3,3

在进化博弈中,参与人不会在坦白与抵赖之间进行选择,每个参与人生来就具有这样或那样的行为特征。那么什么是种群中更为成功(更加适应)的行为特征呢?

一个坦白型的如果与另一个坦白型的相遇,则得到10年的刑期;并且当它与一个抵赖型的相遇时,得到1年的刑期。抵赖型的与坦白型的相遇时,刑期为25年;而当它与抵赖型的相遇时,刑期为3年。无论与哪种类型的个体相遇,坦白型的都比抵赖型的要好。因此无论种群中两种类型的比例如何,坦白型的比起抵赖型的来说都有着更高(数字更低)的期望支付(因而也更加适应)。

设种群中合作者的比例为x。考虑任何一个特定的合作者,在一个随机抽取中,他会遇到另一个合作者(刑期为3年)的概率为x,而遇到一个背叛者(刑期为25年)的概率为$(1-x)$。因此,一个合作者的期望刑期为$3x+25(1-x)$。对一个背叛者,遇到一个合作者(刑期为1年)的概率为x,而遇到另一个背叛者(刑期为10年)的概率为$(1-x)$。所以一个背叛者的期望刑期为$x+10(1-x)$。

因为$x+10(1-x)<3x+25(1-x)$对于0到1的所有的x都是成立的。所以,背叛者有比较短的期望刑期(较高的支付)并且比合作者更加适应。这将导致背叛者的比例从"这一代"到"下一代"中增加(x减少),直到整个种群由背叛者组成。

然而,相反的变动趋势结论并不存在。如果种群最初全部由背叛者组成,则不会有突变(试验性的)性合作者生存下来,并增加繁衍直到占据整个种群;换句话说,突变性合作者不可能成功地侵入由背叛者组成的种群。即使x很小,即种群中合作者的比例很小,合作者的适应性仍不如现有的背叛者,并且其种群比例将不会上升而只会减少到0;这种合作性突变就会消亡。

因此,处于囚徒困境博弈的种群中,坦白必定是进化稳定策略。一般地,我们有这样一个命题:如果一个博弈有占优策略,那么该策略也是进化稳定策略。

5.2.1 两阶段重复的囚徒困境博弈

在第2章中已经看到,重复进行的囚徒困境博弈是如何使得理性的参与人为了双方的利益而有意识地维系合作。现在来研究在进化博弈中是否也存在类似的可能。假设被选出来的每一对参与人接连不断地进行两轮的囚徒困境博弈。每个参与人从这种互动中所得的总支付为各自在两个回合中得到的支付之和。

每个个体仍然是既定地只选择一个策略,但是在有两个回合的博弈中,一个策略应是一个完整的行动计划,因此,一个策略对第二个回合中的行动规定是取决于第一个回合所发生的情况。比如,"无论如何我都选合作","无论如何我都选择背叛"都分别可以是一个策略。但是"我开始选择合作;如果你在第一回合选择合作的话,我将继续在第二回合选择合作,否则,我就选择背叛。"也是另一个策略;这就是以牙还牙策略。

假设种群中只可能存在这三种类型的策略,那么我们就有3种类型的参与人,即总是坦白、总是抵赖和以牙还牙型的参与人。表5.2给出了与每一种其他类型的对手相遇时每种类型在综合两个回合支付后的结果,为了简化,以 A 表示总是坦白的策略,以 N 表示绝不坦白的策略,以 T 表示以牙还牙策略。

表5.2　两阶段囚徒困境博弈(图中支付为刑期)

		列		
		A	T	N
行	A	20,20	11,35	2,50
	T	35,11	6,6	6,6
	N	50,2	6,6	6,6

为了弄清这些数字是怎样得出来的,我们来看一个例子。当两个 T 型参与人相遇时,第一个回合中两个都不坦白,那么他们在第二个回合也不坦白;两者在每一个回合都被判三年刑,每一位两次刑期总共为6年。当一个 T 型参与人遇到一个 A 型参与人时,后者因在第一回合选择了坦白而占便宜被判1年,而前者被判25年,但是 T 型参与人在接着的第二回合中也坦白,每个参与人都被判10年(T 型局中人的刑期总共为35年,A 型参与人的刑期总共为11年)。

这些数字告诉我们哪些关于不同策略适应性的信息呢?首先要注意的是,绝不坦白的天真性的合作策略(N)并不是很好。当对手或者是 T 型或者是 N 型时,它才与 T 型参与人所获的支付一样多,而当对手是 A 型时,N 型参与人所获的支付就比 T 型少了;它让自己两次上当受骗(真丢脸)。因此,在任何混合的种群中,T 型将比 N 型更加适应,而且最终会替代 N 型。如果种群最初仅仅由 N 型和 A 型组成,那么由于突变而出现的 T 型参与人将成功侵入种群并取代 N 型。如果整个种群最初碰巧完全由 N 型参与人组成,那么一种 A 型参与人的突变会成功,并将成功地侵入种群。从任何一种观点来看,N 都不可能是一种 ESS。

所以我们把注意力放在其他两种策略即 A 型和 T 型上。他们的相对适应性取决于种群的构成。如果种群几乎完全由 A 型组成,则 A 型就比 T 型更加适应(因为 A 型最多与其他 A 型相遇,最多遭遇 20 年的刑期;而 T 型最为经常地遇到 A 型,遭遇 35 年的刑期)。但是倘若整个种群几乎完全由 T 型组成,那么 T 型就比 A 型更加适应(因为 T 型大多数时间都遇到 T 型,刑期为 6 年,而在这种情形下 A 型遇到 T 型的刑期为 11 年)。每一种群当它已经在种群中占支配地位时,就有较好的适应性。因此,T 型不能成功侵入完全由 A 型组成的种群,反之亦然。A 型和 T 型,这两种策略都是 ESS。

现在考虑种群由两种类型混合构成的情形。种群将出现什么样的进化动力学呢? 也就是说,种群的组成将随时间如何变化? 假设种群中 T 型和 A 型的比例分别为 x 和 $(1-x)$。那么单个的 A 型参与人在与这样一个种群中各种对手的博弈中,将有 x 的时间遇到 T 型,刑期为 11 年;有 $1-x$ 的时间遇到 A 型,刑期为 20 年,因此,A 型参与人的期望刑期为

$$11x+20(1-x)=20-9x$$

同理,T 型参与人的期望刑期为

$$6x+35(1-x)=35-29x$$

那么,T 型参与人比 A 型参与人更具适应性的条件就是前者的期望刑期更短,即有

$$35-29x<20-9x$$

$$20x>15$$

$$x>0.75$$

换句话说,如果种群中超过 75% 的参与人已经是 T 型了,那么 T 型就更具适应性,并且其比例会不断增大到 100%;如果种群在开始时只有不到 75% 的 T 型,那么 A 型就更加适应,并且 T 型的比例会逐渐减少直到完全消失,或者说,A 型的比例会达到 100%。这两个极端情形都是进化稳定策略。

这样,我们就找到了两个均衡。在这两个均衡中,种群中都只有一种类型,因此,我们把每一个这种均衡都称为是单态型的。这两个均衡都是进化稳定的,例如,如果最初一个种群由 100% 的 T 型组成,那么即使有少量试验性的 A 型突变出现,其后在种群混合体中的 T 型比例仍大于 75%;T 型仍是适应性更高的类型,突变的 A 将会衰亡。类似地,如果种群最初由 100% 的 A 型组成,那么很小数量的试验性 T 型突变将会导致种群混合体中 T 型比例小于 75%,所以 A 型有更高的适应性,并且突变的 T 型将会衰亡。而且,正如我们在前面看到的一样,在一个或者是有很大的 A 型或者是有很大的 T 型并且由 A 型和 T 型组成的种群中,试验性突变的 N 型绝不可能获得成功。

如果在最初种群中刚好有 75% 的 T 型参与人(或 25% 的 A 型参与人),那么将会发生什么? 这时两种类型有相同的适应性。种群比例是一种多态型而不是稳定的;种群只

能在任何一种类型的突变发生之前维持这种微妙的平衡。这种突变是不定时发生的。突变的发生将有利于突变类型的适应性计算，并且这种优势会累积起来，直至达到100%某种类型的 ESS。

可以用一个简单的图形来证明这种推理，如图5.1所示。

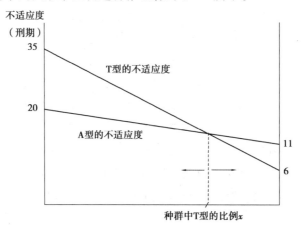

图 5.1　两阶段囚徒困境博弈的适应度和均衡

图 5.1 显示了 T 型参与人的比例 x，它是沿着水平轴从左到右从 0 到 1 测量的。纵轴方向测量的是不适应性；由于不适应性由刑期测量，较高的数字表明了较高的不适应性。图中两条直线分别表示 A 型和 T 型的不适应性。T 型的不适应性线从较高的地方出发（T 型为 35，A 型为 20）并在较低的地方结束（T 型为 6，A 型为 11）。两条直线在 $x=0.75$ 处相交。在交点的右方，T 型更加适应，因此 T 型的比例随着时间增加，并且 x 增加到 1。类似地，在交点的左边，A 型更加适应，其比例随着时间增加，并且 x 朝着 0 方向下降。

5.2.2　多次重复博弈

如果囚徒困境博弈重复多次，那么情况又会是怎样？我们只着重讨论种群仅仅由 A、T 两种类型组成，且参与人随机配对进行 n 次（$n \geq 2$）博弈的情况。n 次重复博弈的总支付表见表5.3。如果两个 A 型个体相遇，他们总是欺骗，然后在每一次都被判10年，所以每一个在 n 次就被判 $10n$ 年；如果两个 T 型个体相遇，他们开始选择合作，而且没有人首先背叛，于是他们每一次都各自被判3年，总共为 $3n$ 年；如果 A 型遇上 T 型，在第一次博弈时，T 型合作，A 型背叛，于是 A 型被判 1 年而 T 型被判 25 年；随后每次 T 型参与人都要对 A 型参与人先前的不合作行为进行报复，并且在剩下的 $n-1$ 次博弈中，双方刑期各为 10 年，因此，A 型参与人的刑期共为 $1+10(n-1)=10n-9$，而 T 型参与人的刑期共为 $25+10(n-1)=10n+15$（这里只是比喻，尽管如果 n 太大时刑期会比整个生命都还长）。

表5.3 n 阶段重复的囚徒困境博弈的支付

		列	
		A	T
行	A	$10n,10n$	$10n-9,10n+15$
	T	$10n+15,10n-9$	$3n,3n$

如果种群中 T 型的比例为 x,那么一个代表性的 A 型参与人的期望刑期为

$$x(10n-9)+(1-x)10n$$

T 型参与人的期望刑期为

$$x(3n)+(1-x)(10n+15)$$

因此,当 $x(10n-9)+(1-x)10n>x(3n)+(1-x)(10n+15)$ 时,即 $x>15/(7n+16)$,T 型更加适应。

我们在平衡点 $x=15/(7n+16)$ 处又得到两个稳定的单态型 ESS 和一个不稳定的多态型均衡。两个单态型 ESS 包括种群全部是 T(或 $x=1$,对于它从 $x>15/(7n+16)$ 的任一点开始的过程都收敛),以及种群全部是 A(或 $x=0$,对于它从 $x<15/(7n+16)$ 的任一点开始的过程都收敛)的情形。

注意,T 型个体在平衡点处的比例取决于 n,n 越大它就越小,当 $n=10$,它等于 15/76 或近似于 0.20。所以,如果种群中最初 T 型占 20%,在博弈重复 10 次的情形,它们的个数会不断地增加直至达到 100%。回忆一下,当只有两次重复博弈($n=2$)时,T 型个体最初的比例至少达到 75% 才能达到这个结果。也要记住,由所有 T 型组成的种群会达成合作。因此,当博弈重复许多次时,合作出现于大范围的初始条件。从这个意义上说,重复越多,合作就越可能。我们所看到的结果是随着博弈次数的增加,参与人互相合作的次数也增加。

5.2.3 进化博弈模型与理性局中人博弈模型的比较

最后回到两阶段重复博弈,并且不使用进化模型,考虑它是在两个有意识进行理性决策的参与人之间进行的。纳什均衡是什么? 这里有两个纯策略,其中一个是两者都选 A,另一个是两者都选 T。还有一个混合策略均衡,其中在 75% 的时间里选 T,在 25% 的时间里选 A。前面的两个恰好就是我们已发现的单态型的 ESS,而第三个就是不稳定的多态型进化均衡。换句话说,在博弈上进化与有意识进行理性决策的观点之间存在密切关系。这绝非偶然。一个 ESS 必定是一个由具有相同支付结构的有意识进行理性决策的参与人所进行博弈的纳什均衡。为了看出这一点,暂时假定是相反的。如果所有参与人都选择相同的策略,譬如说就是某一策略 S,它不是一个纳什均衡,那么,某个其他的策略,不妨说就是策略 T,当一个参与人用它来对付 S 时必然会带来一个更高的支付。在一个选择 S 的种群中,A 型变异选择 T 策略将达到更高的适应性,从而会成功地侵入这个

种群。因此,S策略不可能是ESS。换句话说,假如所有参与人选择S不是一个纳什均衡,则S就不可能是一个ESS。这就相当于说"如果S是一个ESS,那么它就必须是一个所有参与人都采用S的一个纳什均衡"。

因此,进化方法以一种迂回的方式为理性人方法提供了一种理由。即使当参与人并不是有意识地选择最大化的时候,但假如更为成功的策略被更频繁地使用,而不太成功的策略逐渐消失,而且整个过程最终收敛于一个稳定的策略,那么,结果就一定与有意识地选择最大化策略时得到的结果相同。

·我们对于重复博弈的分析存在着一种局限。开始,我们只允许3种策略:A,T和N,假定并不存在其他的策略或者没有变异出现。在生物学上,出现的变异类型是由所考虑的基因决定的。在社会或经济或政治的博弈中,新的策略的源起大概是由历史、文化以及参与人的经验所支配的,人们吸收、处理信息的能力以及尝试各种各样策略的能力也必须扮演一种角色。然而,我们对可能存在于某一个特定博弈策略空间上的限制也有着重要的含义,因为这些策略(如果有的话)可能是进化稳定的。在两阶段重复的囚徒困境博弈的例子里,如果允许这样一种策略,它在第一轮中合作而在第二轮中背叛,那么S型的变异就能够成功地侵入全部由T型组成的种群,所以T就不会是一种ESS。读者不妨试着自己讨论一下这种可能性。

5.3 胆小鬼博弈

在20世纪50年代的美国年轻人经常相向驾驶汽车,看看谁为了避免相撞而首先转向。现在我们假设参与人在这种事情上是没有选择的:每个人生来就或者是懦弱的(总是转向逃掉)或者是具有大男子气概的(总是一直向前开)。种群由这两种类型的混合体组成。每周都随机性地挑选出一对参与人玩这种游戏。表5.4给出的就是任意两个这样的参与人,譬如是A和B的支付矩阵。

这两种类型将会如何发展变化呢?答案依赖于最初种群中的比例。如果种群中几乎全是懦夫,那么一个勇往直前的变异将会取胜并且在许多时间都得到1分,而所有懦夫在遇到他们同种类型的人时最多得到0分。但是,如果种群几乎全部由勇往直前的人组成,则懦弱类型的变异得到−1分,它看起来是很糟糕的,但是却比所有人都是勇往直前的人的时候得到−2分要好。你可以从假定参与人玩这种博弈的目的是博得女孩们的欢心的角度来审视这个问题:在一个全是懦夫的种群中,一个勇往直前的勇者的出现会使所有其他的人都显得是胆小鬼,并且会给所有的女孩子都留下深刻的印象。但是如果种群中全部都是勇者,他们在大多数的时间里都会躺在医院里,女孩将不得不去找那些少数是健康的懦弱者了。

表 5.4　胆小鬼博弈支付矩阵

		B	
		懦弱	勇向前
A	懦弱	0,0	−1,1
	勇向前	1,−1	−2,−2

　　换句话说,那些在种群中是相对稀少的类型将会更加适应。因此,它能成功地侵入由其他类型组成的种群。我们想看看种群在均衡中的两种类型;也就是说,我们将预期有一种混合体的或多态型的 ESS。

　　为了找出在这样一种 ESS 中的懦夫与勇者的比例,我们先来计算一下在一般的混合种群中不同类型的适应度。记 x 为勇者在种群中所占的比例及 $1-x$ 为其中懦夫所占的比例。一个懦夫在 $1-x$ 比例的时间内与另一个懦夫相遇并得到 0 支付,在 x 比例的时间里遇到一个勇者并得到支付−1。因此懦夫的适应度为 $0×(1-x)-1×x=-x$。类似地,勇者的适应度为 $1×(1-x)-2×x=1-3x$,如果下列条件成立,则勇者就更加适应。

$$1-3x>-x$$
$$2x<1$$
$$x<1/2$$

　　如果种群中勇者的数量少于一半,那么勇者就更加适应并且他们的比例会上升。另一方面,如果种群中勇者的比例大于一半,那么懦夫将会更加适应并且勇者的比例会下降。不管怎样,种群中勇者的比例都会趋向 1/2,并且这个 50% 对 50% 的混合体将是稳定多态型的 ESS。

　　图 5.2 中给出了这一结果的图像。每一条直线都显示了一种类型的适应度(在与种群中的成员随机性配对下的期望支付),此时勇者的比例为 x。对于懦弱类型,这个函数关系显示了他们的适应度作为勇者比例的函数是−x,正如在上面两个段落中所看到的那样,这是一条缓慢下降的直线,它在 $x=0$ 时高度为 0 的地方出发,并且在 $x=1$ 时趋于−1。勇者类型对应的函数是 $1-3x$。这是一条迅速下降的直线,它在 $x=0$ 时高度为 1 的地方出发,然后在 $x=1$ 时下降到−2。当 $x<1/2$ 时,勇者的直线位于懦夫的直线的上方,而当 $x>1/2$ 时,勇者的直线就位于懦夫的直线的下方。这表明当 x 很小时,勇者类型就更加适应,当 x 较大时,懦夫的适应性就更高。

　　现在我们可以把这个博弈的进化理论与先前基于参与人都是有意识进行理性策略计算这一假定上的理论进行比较和对比。我们发现有 3 种纳什均衡,其中两个是纯策略的,一个参与人勇往直前而另一个退缩,以及还有一个混合策略的,其中每一个参与人都以 1/2 的概率勇往直前,以 1/2 的概率退缩。

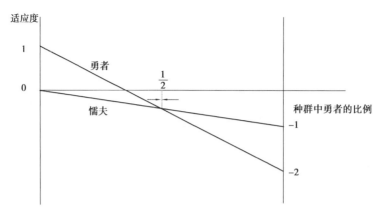

图 5.2　胆小鬼博弈的适应度和多态型均衡

从某种意义上看,仍然存在所有这 3 种类型的均衡。如果种群真由 100% 的勇者组成,则所有的参与人都是同样的适应(或同样的不适应)并且这种情形会持续下去。类似地,一个全部都由懦夫组成的种群也会继续存在下去。因此,我们仍有两个单纯类型的均衡。但是它们都是不稳定的。在一个全部由勇者组成的种群中,一个懦夫的变异将会蔑视他们并且会成功地侵入。一旦一些懦夫站稳了脚跟,无论他们是多是少,我们的分析表明,他们的比例最终都会上升到1/2。类似地,一个全部由懦夫组成的种群也易于受到勇者变异的成功侵入,并且这个过程再次向着多态型的 ESS 演化。

最为有趣的是理性博弈中的混合策略均衡与进化博弈中的多态型 ESS 之间的联系。前者均衡策略中的概率与后者的种群比例完全相同,即50% 的懦夫和50% 的勇者。但是在理解上却有所不同:在理性框架中,每个参与人混合运用他自己的策略;而在进化框架中,每个个体使用的是一种纯策略,但是不同的个体使用的是不同的策略,所以在种群中所见到的是一种混合体。

理性博弈中的纳什均衡与具有相同支付结构并按照进化规则进行的博弈的稳定结果之间的对应关系是一个非常一般的命题。的确,实际上,进化稳定性为我们在理性博弈中的多重纳什均衡中选择出一个均衡提供了一个额外的理由。

当从理性角度看待胆小鬼博弈时,混合策略均衡看起来似乎令人费解。它可能招致很大的错误。每一个参与人在一半的时间里驾驶着车勇往直前,所以在四分之一的时间里他们就会发生一次相撞。而纯策略均衡就避免了这种相撞。在那个时候你会感到混合策略是多么令人不快,甚至会对我们为什么要花如此多的时间在这上面感到奇怪。现在你就看懂其中的道理了。我们来看看原因吧。这个看起来很奇怪的均衡是作为一种自然动态过程的稳定结果出现的,其中在应对他所遇到的种群时,每个参与人都试图改善他的支付。

5.4 物种间的相互作用

我们来看这个例子,一所大学的教职员工们就一块空地的利用问题进行投票,人文院系的教职工希望建一个剧场,而理工院系的教职工则希望建一个实验室。如果双方就某种使用方案达成一致,这种方案就被选中。如果双方都各持己见,就不会有一个结果,什么都干不成,这对双方来说都是最坏的结果。因此,如果双方都采取互相一致的行动,就会有一个1+1>2的效果。但两种可能的互相一致行动所带来的结果却有所不同。剧场给人文学者带来2个单位的支付,只给科学家们带来1个单位的支付,而实验室给科学家们带来2个单位的支付,给人文学者带来1个单位的支付。这种偏好将两种类型区别开来。在生物学的语境里,他们不再被考虑为从一个同质的种群中随机抽取出来。从效果上看,他们分属于不同的种群了(恰如人文学者与科学家相互之间经常所认为的一样)。

要从进化的角度研究这种博弈,我们必须将研究方法加以拓展,使其可以运用到从不同物种或不同种群中随机抽取出来的个体间的配对情形。通过两种文化冲突博弈的例子来说明如何做到这一点。

假定有一支很大的科学家队伍和一支很大的人文学者队伍。我们从每一种"物种"中随机挑选一个个体,然后要求他们俩对实验室或者剧场这两个方案进行秘密的无记名投票。随后比较两个方案的得票数,根据前面提到的规则,票数就决定了最终的结果——实验室、剧场还是僵局。

所有科学家在实验室、剧场以及僵局上的评价(支付)是相同的。类似地,所有人文学者也如此。但是在每一种种群中,某些人是态度强硬者而其他一些却是容易妥协的。态度强硬者总是按照他们自己最为偏好的使用方案进行投票,而容易妥协的人为了友好相处则按照对方的偏好投票。

如果随机抽取恰好抽到一个物种的态度强硬者和另一方的容易妥协者,那么结果就是态度强硬者所在物种所偏好的结果。如果双方都是态度强硬者,就会出现僵局,以及很奇怪的是,如果双方都是容易妥协者,也是这个结果,因为他们都为对方的偏好投票(注意他们进行的是匿名投票,而且不能协商。也许即便他们能够碰面,也会说"不,我坚持要通过你们所喜欢的结果")。

我们用表5.5来表示这个博弈,投票选择的结果被理解为事先由类型(态度强硬者或者容易妥协者)所决定的行动。

与前面所研究过的所有的进化博弈相比,这个博弈的不同是两个参与人来自不同的物种,尽管每个物种都是由态度强硬者和容易妥协者混杂起来的,但两个物种内各类型的比例没有理由一定会相同,因此,必须引入两个变量来表示这两个混合体,并且对两者的动态变化过程进行研究。

表 5.5　两种文化冲突博弈的支付表

人文院系

		强硬者	妥协者
理工院系	强硬者	0,0	2,1
	妥协者	1,2	0,0

设 x 为科学家中态度强硬者的比例，而 y 为人文学者中态度强硬者的比例。对于一个特定的态度强硬的科学家而言，他会在 y 时间里遇到一个态度强硬的人文学者并且得到一个零支付，以及会在其余的时间里遇到一个容易妥协的人文学者，并获得 2 个单位的支付。因此，其期望支付（适应度）为 $y×0+(1-y)×2=2(1-y)$。类似地，一个容易妥协的科学家的适应度为 $y×1+(1-y)×0=y$。所以，在科学家中，如果 $2(1-y)>y$ 或 $y<\frac{2}{3}$，态度强硬者的适应度会更高。这时态度强硬者会迅速增加，即当 $y<\frac{2}{3}$ 时，x 会增加。注意到这个新的，第一眼看起来令人十分惊奇的结果的特征是：在给定物种内每种类型的适应度取决于另一物种中所发现的各类型的比例。当然，这也不足为奇——不管怎样，现在每一个物种所玩的博弈都是对抗其他物种中的成员。

类似地，考虑其他物种，我们就有这样的结果即态度强硬者是更加适应的，所以当 $x<\frac{2}{3}$ 时，y 增加。为了直观地理解这个结果，注意到它说的是当其他的物种没有太多且他自己的态度强硬时，每一个物种的态度强硬者都要发展得更好一些，因为这时它会更加经常地遇到其他物种的容易妥协者。

图 5.3 显示了这两个物种的动态变化过程。由于 x 和 y 是在 0 到 1 之间变化的，x 和 y 分别在横轴和纵轴上。其中，垂直线 AB 代表直线 $x=2/3$，AB 上的所有点都是 y 既不增加也不减少的平衡点。如果当前的物种比例位于 AB 的左边（即 $x<2/3$），y 就增加（将科学家中的态度强硬者比例沿着垂直方向向上移动）。如果当前的物种比例在 AB 的右边，那么 y 就下降（垂直向下移动）。类似地，水平线 CD 代表直线 $y=2/3$，CD 上的所有点都是 x 的平衡点。如果物种中态度强硬者的科学家比例位于 CD 的下面（即 $y<2/3$），则态度强硬者的科学家比例 x 就会增加（水平向右），当 $y>2/3$ 时高于它的种群比例就会下降（水平向左）。

当我们将 x 和 y 的变化结合起来考虑时，能够循着它们的动态变化路径去确定种群均衡的位置。例如，从图 5.3 的左下象限的起点出发，x 和 y 都增加。这种联合运动（向着东北方向）会持续到 $x=2/3$ 并且 y 开始下降（现在向着东南方向移动）或者 $y=2/3$ 并且 x 开始下降（现在向着西北方向移动）。在每一个象限中的类似过程都产生出图中所显示的弯曲的动态路径。这些曲线大多朝着图中的东南角或西北角移动；也就是说，这些路径收敛于 $(1,0)$ 或者 $(0,1)$。因此，在大多数情况下，进化动态过程会导致这样的一种布局,其中一个物种内全部都是态度强硬者而另一个物种内全是容易妥协者。最终哪一个物种包含的是哪种类型取决于初始条件。需要注意的是,如果最初 x 很小并且 y 很大时,种群的变化更可能先越过 CD,然后向着 $(0,1)$ 变化——都是态度强硬的人文学者,$y=1$——而不是先碰到 AB 然后再向着 $(1,0)$ 变化;如果初始条件是 x 很小并且 y 很大时,我们也可以得到类似的结论。最初有更多的态度强硬者的种群将在最后有全部都是态度强硬者的优势,并最终获得 2 个单位的支付。

如果初始比例正好是平衡的,动态变化将趋向一个多态型点 $(2/3,2/3)$。但是除非是胆小鬼博弈中的多态型 ESS,在两种文化冲突博弈中的多态型均衡是不稳定的。任何一个偶然的偏离都会带来一个累积性的运动并最终趋向于两个极端的均衡之一:它们都是这个博弈的 ESS。

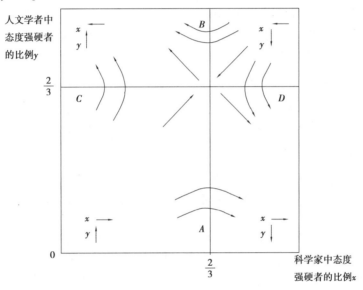

图 5.3　两种文化冲突博弈的动态变化

5.5　鹰鸽博弈

鹰鸽博弈是生物学家提出进化博弈论时所研究的第一个例子。它与因徒困境博弈和胆小鬼博弈的分析有相似之处,因此,我们将具体描述这个博弈,以加强和改善对这些概念的理解。

这个博弈并不是指这两种物种中的鸟儿之间的博弈,而是指同一物种中两种动物之间的博弈,而鹰和鸽只是对它们策略的命名。背景是对某种资源的竞争。鹰策略表示进攻,即为获得某种大小为 V 的整个资源而战斗。鸽策略表示愿意与别人共享但会逃避战斗。当两种鹰类型相遇时,它们之间就会发生战斗。每一种动物取胜并且获得 V 的概率均为 $1/2$,或者失败和失去资源的情形也是如此,此时受到伤害并且只得到 $-C$。于是双

方的期望支付均为$(V-C)/2$。当两种鸽类型相遇时，它们共享而非战斗，所以各自得到$V/2$。如果一只鹰类型与一只鸽类型相遇，后者撤退并得到零支付，而前者得到V。支付表见表5.6。

表5.6　鹰鸽博弈支付表

B

		鹰	鸽
A	鹰	$(V-C)/2,(V-C)/2$	$V,0$
	鸽	$0,V$	$V/2,V/2$

我们对该博弈的分析类似于囚徒困境博弈和胆小鬼博弈的情形，所不同的是这里的支付是代数符号。我们将对这个博弈在两种情况下的均衡进行对比，其中一种情况是参与人理性地在是扮演鹰还是扮演鸽之间进行选择，另一种情况是参与人机械地行动并在成功时会获得快速繁殖的奖赏情形。

1）理性策略选择与均衡

①若$V>C$，则博弈就是囚徒困境博弈，鹰是所有参与人的占优策略，但（鸽，鸽）却是一个更好的帕雷托最优结果。

②若$V<C$，则博弈是一个胆小鬼博弈，有两个纯策略纳什均衡：（鹰，鸽）和（鸽，鹰）。还存在一个混合策略均衡，其中，B选择鹰策略的概率p使得A在鹰、鸽策略之间是无差异的，即

$$p\frac{V-C}{2}+(1-p)V=p\cdot 0+(1-p)\frac{V}{2}$$

得到

$$p=\frac{V}{C}$$

2）$V>C$时的进化稳定性

以最初鹰占主导的种群开始，并且看它会不会被一个变异的鸽所侵入。遵循分析这种博弈的思路，用m代表变异显型在种群中的比例，但为了清楚，我们用d代表变异的鸽。因此，鹰的种群比例为$(1-d)$，在随机配对的过程中，鹰将在d时间里遇到鸽并且获得V单位的支付，以及在$(1-d)$时间里遇到另外的鹰，获得$\frac{V-C}{2}$的支付。因此，鹰的适应度为$\left[dV+(1-d)\frac{V-C}{2}\right]$。类似地，一只变异的鸽的适应度为$\left[\frac{dV}{2}+(1-d)\times 0\right]$，由于$V>C$，故$(V-C)/2>0$。还有$V>0$，则$V>V/2$。故对于任何0到1之间的$d$值，有

$$dV+(1-d)(V-C)/2>dV/2+(1-d)\times 0$$

所以鹰更加适应。鸽的变异不能侵入种群，并且鹰策略是进化稳定的。

这一结论与变异鸽的比例 d 无关,因此从任何初始条件开始,鹰的比例将增加并占据主导。另一方面,如果种群最初全部是由鸽组成的,鹰的变异将会侵入并且接管整个种群。因此,鹰策略是唯一的 ESS。这就进一步证实和扩充了我们先前对囚徒困境博弈的发现。

3)$V<C$ 时的进化稳定性

如果最初种群中仍是鹰占主导,其中有一个很小比例 d 的鸽变异,则双方都有同样的适应度函数。然而,当 $V<C$,$(V-C)/2<0$ 时。仍然有 $V>0$,故 $V>V/2$。但是由于 d 很小,含有$(1-d)$ 的比较项比起含有 d 的比较项来说是远为重要的,故

$$dV/2+(1-d)\times0>dV+(1-d)(V-C)/2$$

因此,鸽变异比占主导性的鹰有较高的适应度,并且能成功地侵入种群。

但如果最初种群中几乎全部是鸽,我们必须考虑是否一个小的比例 h 的鹰变异能否成功侵入种群(注意:由于这里变异的是鹰,我们按照惯例用 h 而不是 m 来表示鹰变异类型的比例)。鹰变异的适应度为 $[h(V-C)/2+(1-h)V]$,与之对照的是鸽的适应度 $[h\times0+(1-h)V/2]$,再一次由于 $V<C$ 意味着 $(V-C)/2<0$,且 $V>0$ 意味着 $V>V/2$。但是当 h 很小时,得

$$h(V-C)/2+(1-h)V>h\times0+(1-h)V/2$$

这表明鹰有较大的适应度并且将会成功地侵入一个鸽的种群。所以每一种类型的变异都能成功侵入其他类型的种群;不存在纯的 ESS。这又证实了在胆小鬼博弈中所得到的发现。

那么,当 $V<C$ 时种群会发生什么呢? 有两种可能性存在:一种是每个个体都遵循纯策略,但种群却是一个由遵循不同策略的参与人组成的一个稳定的混合体。这恰好是我们在胆小鬼博弈中发展起来的多态型均衡。另一种可能性就是每个个体采用一个混合策略。我们从多态型的情形开始。

4)$V<C$:具有稳定性、多态型的种群

当种群中鹰的比例为 h 时,鹰的适应度为 $h(V-C)/2+(1-h)V$,而鸽的适应度为 $h\times0+(1-h)V/2$。当 $h(V-C)/2+(1-h)V>h\times0+(1-h)V/2$ 时,鹰就更加适应,将其进行化简,得:

当 $h(V-C)/2+(1-h)V/2 >0$ 时,$V-hC>0$,$h<V/C$。

当 $h>V/C$ 或 $1-h<1-V/C=(C-V)/C$ 时,鸽的适应度就更高。可见每一种更为罕见的类型就更加适应。因此,在平衡点得到一个稳定多态型的均衡,其中种群中鹰的比例是 $h=V/C$。这恰好等于理性行为假定下博弈的混合策略纳什均衡中,每个个体选择鹰策略的概率。我们又一次从进化的角度对胆小鬼博弈中的混合策略结果给出了一个理由。

我们把这种情形画一个类似于图 5.3 的图的差事留给读者自己去做。这需要读者先确定每种类型的种群比例收敛于稳定均衡混合体的动态变化。

5)$V<C$:个体的混合策略

回忆前面计算出的理性运作博弈的混合策略均衡,其中 $p=V/C$ 是个体选择鹰策略

的概率,$1-p$ 是个体选择鸽策略的概率。让我们来验证一下这个混合策略,就称其为 M 策略吧,是不是一个 ESS。现在需要考虑 3 种类型:选择纯鹰策略的 H 型,选择纯鸽策略的 D 型以及选择混合策略的 M 型,其中比例 $p=V/C$ 和 $1-p=1-V/C=(C-V)/C$。

若 H 或 D 遇到 M,他们的期望支付取决于 p,M 选择 H 的概率,以及 $(1-p)$,M 选择 D 的概率。那么,每个参与人得到他对付 H 时的支付的 p 倍,加上他对付 D 时的支付的 $(1-p)$ 倍。所以当 H 遇到 M 时,其期望支付为

$$p(V-C)/2+(1-p)V=V/C\times(V-C)/2+[(C-V)/C]\times V$$
$$=-1/2\times[V/C]\times(C-V)+(V/C)\times(C-V)$$
$$=V\times(C-V)/2C$$

并且当 D 遇到 M 时,得

$$p\times0+(1-p)\times V/2=[(C-V)/C^*]V/2=[V\times(C-V)]/2C$$

这两个适应度是相同的。混合策略的比例就是通过这个等式来决定的。因此,一个 M 型遇到另一个 M 型也得到同样的期望支付。为了今后行文简洁,我们就把这个共同的支付称为 K,其中 $K=V\times(C-V)/2C$。

当考察 M 的进化稳定性时,这些方程就凸显出一个问题。假设种群完全由 M 型组成并且有少量的 H 变异侵入,H 在种群中的比例为一个很小的 h。则典型的变异得到的期望支付为

$$h(V-C)/2+(1-h)\times K$$

为了计算 M 型的期望支付。注意到 M 型会在 $(1-h)$ 的时间里遇到另一个 M 型,并且每一次都获得支付 K。于是他会在 h 的时间里遇到 H 型。在这些场合他在 p 时间里选择 H 并得到 $(V-C)/2$,在 $(1-p)$ 时间里选择 d 并得到 0。因此,其总的期望支付(适应度)就为

$$h\times p\times(V-C)/2+(1-h)\times K$$

由于 h 很小,M 型与 H 型的适应度几乎是相等的。要点是当只有很少的变异时,H 型和 M 型在大多数时间里都只能遇到 M 型,所以在这种互动中恰如我们看到的那样两者有相同的适应度。

因此进化稳定性依赖于这样一种差别,即最初的种群 M 型和 H 型变异各自再与一种少量的变异配对时,前者的适应度是否高于后者,也就是看 $[p\times V(C-V)]/2C=pK$ 是否大于 $(V-C)/2$。此时这是成立的,因为 $V<C$,所以 $(V-C)$ 是负的,而 K 是正的。用文字来描述就是,一种 H 型变异在对付另一种 H 型变异时总是比较糟糕的,由于战斗会付出很高的成本。而当 M 型遇到 H 型时,只有一部分的时间战斗,因此,只有在 p 的时间里付出这种成本。

类似地,一种鸽型的变异能否成功侵入 M 型种群也取决于鸽型变异的适应度 $[dV/2+(1-d)\times K]$ 与 M 型的适应度 $d\times[pV+(1-p)\times v/2]+hK$ 之间的大小比较。如前所述,变异有 d 的时间遇到另外的 D 型以及在 $(1-d)$ 的时间里面临 M 型。一个 M 型也在 $(1-d)$ 的时间里遇到另一个 M 型;但是在 d 的时间里,M 型面临一个 D 型并且在这些时间内的 p

部分里采用 H 型,因而得到 pV 以及在这些时间的$(1-p)$的部分里采用 D 型,因而得到$(1-p)\times V/2$。这个条件是不成立的,因为后面的表达式是 V 和 $V/2$ 的加权平均,当 $V>0$ 时,它必定大于前者。因此鸽型的入侵也不会成功。

上面的分析告诉我们,M 型是一个 ESS。在 $V<C$ 的情形中有两个均衡:一个是不同类型的组合(稳定的多态型);另一个是一种类型但以一定的概率选择纯策略的混合策略,这种概率就等于在多态型中的比例。

5.6 某些一般性理论

为了获得可以进一步应用的理论框架和工具箱,现在把前面介绍的思路一般化。这就不可避免地需要一些稍微抽象一点的概念和一点点的代数知识。这里,我们仅仅考虑单一物种内单态型均衡的情形。数学功底好的读者可以用相同的思路来推广到多态型及两种物种的情形。而对本节内容不感兴趣或者没有相应准备的读者跳过本节也不会失去连续性。

假设某一物种内可供个体选择的策略有 I,J,…,其中一些可以是纯策略,另一些是混合策略,而每一个个体都是天生地只选择其中某个策略,我们考虑从其中随机挑选出来配对。设 $E(I,J)$ 表示 I 类参与人在遇到 J 类参与人时所获得的支付。那么 I 类参与人遇到同类参与人的支付就是 $E(I,I)$。设 $W(I)$ 为 I 类参与人的适应度。当遇到某类参与人的概率就恰好等于这类参与人在种群中的比例时,这也就是他随机遇到其他对手时的期望支付。

假设种群中全是 I 型的个体。我们来考察这种种群结构是否稳定。为此,我们想象一下种群被少量 J 型变异侵入的情形,所以种群中变异的比例是一个非常小的数 m。现在 I 型的适应度为

$$W(I) = m\,E(I,J) + (1-m)\,E(I,I)$$

变异的适应度为

$$W(J) = m\,E(J,J) + (1-m)\,E(J,I)$$

因此,种群中主要类型与变异类型的适应度之差为

$$W(I) - W(J) = m\,[E(I,J) - E(J,J)] + (1-m)[E(I,I) - E(J,I)]$$

由于 m 很小,因此有 $W(I)>W(J)$ 在 $E(I,I)>E(J,I)$ 时成立。

它保证了 $W(I)-W(J)$ 表达式的第二部分为正;m 很小这一事实确保了第二项就决定整个不等式的符号。所以种群中的主要类型就不可能侵入;它们各自与种群中的主要类型配对时,它比变异类型更加适应。这就形成了进化稳定的"原生准则"(primary criterion)。相反,当 $E(I,I)<E(J,I)$ 时,$W(I)<W(J)$,J 型变异就能够成功侵入种群,并且完全由 I 型组成的种群不会是进化稳定的。

然而,可能有 $E(I,I)=E(J,I)$,如果种群最初由策略 I 与 J 混合而成(一个混合策略

的单态型均衡）就会出现这种情况，就像鹰鸽博弈中的最后一种情形那样。这时 $W(I)$ 与 $W(J)$ 的差就由每种类型如何与变异进行博弈所控制了。当 $E(I,I)=E(J,I)$ 时，如果 $E(I,J)>E(J,J)$，那么得到 $W(I)>W(J)$。这是 I 进化稳定的"次生准则"（Secondary criterion）。只有当原生准则不能给出结果，即只有当 $E(I,J)=E(J,I)$ 时，就运用这个准则。

原生准则告诉我们如果策略 I 是进化稳定的，那么对所有其他的由变异试图选择的策略 J，都有 $E(I,I)>E(J,I)$。这意味着 I 是对自己的最优反应。换句话说，如果这个种群中的个体突然开始变成了理性计算者，那么每个个体都选择策略 I 将会是一个纳什均衡。因此进化稳定就意味着纳什均衡！

这是一个非常值得注意的结果。如果你对前几章纳什均衡理论中潜在的理性行为假设不满意，并且你还在进化博弈论中寻找更好的解释，结果你发现它带来的是相同的结论。这个非常有吸引力的生物学描述——既定的非最大化行为；根据所得到的适应度作出的选择——并未产生任何新的东西。即便有的话，那么也只是为纳什均衡提供了一个支撑性的辩护而已。当一个博弈有几个纳什均衡时，进化博弈甚至会提供一个很好的理由去从中挑选出一个合理的均衡。

但是，当你对纳什均衡的信心得到增强的同时也要悠着点。我们关于进化稳定的定义是静态的而不是动态的。进化稳定概念只考察了均衡时种群（单态型或者按一定比例组成的多态型）是否会被一小部分变异成功侵入。但并未考察从最初任意的类型组合开始，所有不需要的类型是否会衰亡以及种群能否达到均衡结构的状态。考察的对象只包含逻辑上可能的变异类型；如果理论家们没有进行正确的分类并且他所忽略了的某些类型的变异实际上会产生，这种变异类型就会成功地侵入并摧毁假定的均衡，我们在 5.2 节分析了两阶段囚徒困境博弈的最后所作的评论，曾警示了这种可能性。最后，在 5.3 节中表明进化的动态过程将由什么原因根本不会收敛。

5.7 含有三种类型个体的种群动力学

如果种群中只有两种表现型（策略），譬如是 I 和 J，我们就可以用类似于图 5.1、图 5.2 和图 5.3 的图形来表达种群在一个进化博弈中的动态变化过程。如果种群中有 3 种甚至更多种的表现型，事情就更复杂了。作为一种最终的说明，这种说明会把你引入更加高级的进化博弈研究中去，我们将从进化的角度来看看石头—剪子—布（RPS）博弈的动态变化过程。

在前面，我们从理性选择的角度考察了石头—剪子—布（RPS）博弈中的混合策略。表 5.7 重新给出了石头—剪子—布博弈。在进化方法中，参与人并没有选择混合策略，而是在种群中存在着不同类型的混合。

表 5.7　石头—剪子—布博弈

参与人 2

	R	P	S	q 组合
R	0	-1	1	$-q_2+(1-q_1-q_2)$
参与人 1　P	1	0	-1	$q_1-(1-q_1-q_2)$
S	-1	1	0	$-q_1+q_2$

设 q_1 为种群中选择石头的类型比例,q_2 为选择布的类型比例,那么 $(1-q_1-q_2)$ 就是选择剪子的类型比例。支付表最后一列为每个行类型参与人在与这个混合策略相遇时的支付;也就是说,是他的适应度。假定适应度为正的类型在种群中的比例会增加,而适应度为负的类型在种群中的比例会减小。

那么,q_1 增加的条件是当且仅当

$$-q_2+(1-q_1-q_2)>0 \ 或 \ q_1+2q_2<1$$

从上式可以看出,当选择布的类型比例 q_2 很小或选择剪子的类型比例 $(1-q_1-q_2)$ 很大时,选择石头的类型比例会增加。这是显然的,因为选择石头的参与人会输给选择布的参与人,但是会赢选择剪子的参与人。类似地,有

q_2 增加的条件是当且仅当

$$q_1-(1-q_1-q_2)>0 \ 或 \ 2q_1+q_2>1$$

当选择石头的类型比例很大或选择剪子的类型比例很小时,选择布的参与人就会占优。

图 5.4 直观地显示了种群的动态变化过程及这个博弈所得到的均衡。图中的三角形区域由两轴及直线 $q_1+q_2=1$ 组定义,它包含了所有可能的均衡组合的 q_1 和 q_2。三角形内还有两条直线。第一条是 $q_1+2q_2=1$(较为平缓的那一条),它是 q_1 的平衡线。对于这条直线以下的 q_1 和 q_2 的组合,q_1(选择石头的类型比例)增加,而对于在这条直线以上的组合,q_1 减少。第二条陡峭的直线是 $2q_1+q_2=1$,它是 q_2 的平衡线。在这条直线的右边(当 $2q_1+q_2>1$),q_2 增加,而直线的左边($2q_1+q_2<1$),q_2 减少。图中的箭头表明这些种群比例的变动方向;标有箭头的曲线则显示了典型的动态变化路径。一般性的结论与图 5.4 是一样的。

图中的两条直线都包括了 q_1 和 q_2 既不上升也不下降的点。因此,两条直线的交点代表了 q_1,q_2 且因此 $(1-q_1-q_2)$ 都是不变的;这个点因此就对应于一个多态型均衡。不难验证这里有 $q_1=q_2=1-q_1-q_2=1/3$。

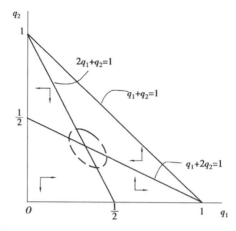

图 5.4　进化 RPS 博弈的种群动态变化

这个多态型结果是稳定的吗？我们还不能肯定。动态变化路径是以该稳定点为中心的一个圈（图 5.4 表明它是一个椭圆）。这条路径是绕着交点螺旋式地收缩（此时我们得到稳定）还是螺旋式地从中心点向外扩展（就是不稳定），是取决于种群比例对适应度的精确反应的。所画的路径圈甚至还可能既不趋近，也不远离这个均衡点。

5.8　合作及利他主义的进化解释

进化博弈论有两个基本点：首先，个体是与同一物种中的其他个体或其他物种中的成员进行博弈的；其次，带来高支付（更加适应的）策略的遗传型会不断繁殖，而其他的遗传型在种群中的比例则会不断下降。这些思想提出了像达尔文所说的那种为了生存而激烈斗争的原则，他提出了"适者生存"和"自然是存在于牙齿与爪子之中的"。但事实上，自然界也表现出许许多多合作的（其中动物个体的行为为种群中的其他个体带来更大的利益），甚至是利他主义的（其中动物个体牺牲自己的利益去给别的个体带来利益）行为。在动物界中，蜜蜂、蚂蚁就是最典型的例子。这种合作和利他主义能否从进化博弈论的角度加以解释呢？

从进化博弈论的角度最容易理解蜜蜂和蚂蚁的行为了。蚁群或蜂群中的所有个体之间是密切相关的，因为在很大程度上它们的基因相同。蚁群中所有的工蚁都完全是姊妹，她们有着一半相同的基因；因此，一只蚂蚁的基因的生存繁殖，从她的两个姊妹的生存那里得到的帮助与从她自己的生存中得到的好处是一样多。同一蜂房中的所有工蜂之间是半个姊妹的关系，所以它们之间拥有四分之一相同的基因。当然，一只蚂蚁或蜜蜂并不能计算出牺牲自己去保全两只同类的蚂蚁或四只同类的蜜蜂是否值得，但其成员有着这种行为（表现型）的群体将见证其基因的繁荣。"进化最终是基因上的进化"这个观点在生物学上有着深远的意义，尽管有时也会被人们滥用，就像达尔文"自然选择"的原初思想被人们所滥用一样。有趣的思想是"自私的基因"可以通过其在一个更大的基因组织如细胞中表现出无私的行为而得以兴旺。类似地,一个细胞和它的基因也可通过参与合作和接受它们在一个组织体内的指定任务而兴旺起来。更进一步说,在生物学以外的社会学中:一个有机体(和它的细胞直到它的基因)将获益于其在一个有机体集合内的合作性表现,这个有机体集合就是社会。

　　这说明即使在个体之间并非近亲的种群中也会看到某种合作行为,而我们的确找到了这种例子。像狼那样的食肉动物群就是一个很好的例子;大猩猩的群落常常表现得像一个大家庭;即使在被捕食者的种群中,当需要个体去轮流监视食肉猛兽的行踪时也会出现合作行为。甚至不同物种间也会有合作。一些以寄生虫为食的鱼虾常到大鱼的嘴里或腮中寻食;大鱼也由于这种"清洁服务"而让它们在自己的嘴里自由游动而不伤害它们。

　　许多类似情形都可以看作重复的囚徒困境博弈。双方互利的结果是通过以牙还牙策略来维持的。不能认为每个动物都是在有意识地计算着继续合作或者背叛是否符合自己的利益。相反,这些行为是本能的,许多动物包括人类在内的互利行为似乎是无意识的。

　　个体的本能是通过基因固定在大脑中的,但互利和合作也能从有目的的思考或在种群的尝试中出现,并通过社会化传播开来。这种传播不是通过基因,而是通过明确的指导和对年长者行为的观察来实现的。这两种渠道——养育和本性相对的重要性因物种和环境的不同而不同。你可能认为社会化对于人类来说是更为重要的,但实际上,它对其他动物也非常重要。这里引用一个非同寻常的例子。1911—1912 年 Robert F. Scott 到南极探险时,使用了一群西北里亚狗。这群狗是一起长大并接受过专门训练的,在短短的几个月里,它们就建立了一种合作机制,靠惩罚来维持合作。"它们奋力合作并用巨大的努力去惩罚那些未尽力拉或者过分用力拉的同伴……它们惩罚的方法总是相同并且有效,在它们看来是公平的惩罚,但在我们看来却是谋杀。"

　　尽管这个例子说明合作行为与进化博弈并不矛盾,但你并不能由此下结论说所有动物都能以这种方式走出因自私行动而陷入的困境。"与解释了蚂蚁间的合作和每一种照顾其幼子的生物的合作之裙带关系相比较,互利行为被证明是稀缺的。这大概是基于这样一个事实,即互利行为不仅需要重复性的互动,而且还需要能够识别其他个体并保持记录的能力。"

　　换句话说,由第 2 章的理论分析得出的走出重复性囚徒困境的必要条件在进化博弈中是起作用的。

　　生物学的进化论类似于社会科学家所使用的博弈论。进化博弈是在基因事先决定的不同行为表现型之间而不是理性选择的策略之间进行的。在进化博弈中,具有较高适应度的表现型生存下来并且在与其他表现型的重复性互动中不断繁殖,并在种群中增加他们的比例。如果一种表现型在面临一种变异表现型的侵入时,仍能保持自己的主导性,我们称这种表现型的策略是进化稳定的。如果两种或更多种表现型的适应度相同,则种群就是多态型。

当把进化博弈论更一般地用于非生物博弈时,个体所遵循的策略就被理解为标准的操作程序或拇指法则,而不是由基因决定的。繁殖过程代表了更一般的传播方式包括社会化、教育以及模仿;还有变异代表了新策略的尝试。

练习题

1. 假设策略集为 $S=(s_1,s_2,s_3)$,如果种群中有 40% 的个体采用策略 $(\frac{1}{2},0,\frac{1}{2})$,60% 的个体采用策略 $(\frac{1}{4},\frac{3}{4},0)$,问种群的构型是什么?

2. 考虑互联网的一种简化版本。有两种计算机用户可以采用的操作系统:L 和 W。系统 W 的用户有一个基本的效用 1,但是系统 L 是一种更好的操作系统,因此系统 L 的用户有一个基本的效用 2。如果两个计算机有相同的操作系统,则它们之间就能够在网络上进行通信(这在实际的互联网上并不是必需的要求)。用户的效用线性地随着能够通信的计算机百分比增长,直到最大的增加量 2 为止。设 x 是系统 w 用户的百分比,则 $\pi(w,x)=1+2x$,$\pi(L,x)=2+2(1-x)$。试问该种群博弈的 ESS 是什么?

第6章　进化博弈的高级内容

6.1　进化稳定

6.1.1　基本思想

当年纳什在提出他的纳什均衡概念时,就意识到人们会对参与人为什么会找到最优策略这个问题感到困惑。他的说明是:参与人会在多次的类似博弈中逐渐摸索出最优策略来。

我们考虑生物进化。某种物种的基因会"规定"他们在特定场合选择什么样的策略行动,这是生物的本能。那些在生存竞争中胜出的物种(基因),就会通过遗传把这样的基因遗传下去,竞争失败的基因就灭绝。我们可以把"生命"本身视为一个参与人,而不同的物种是不同的"策略"(物种是策略的载体!)。竞争中胜出的物种对应于最优策略,胜出就是被"选择"。这样,我们就可以用博弈论来描述进化,进化其实就是博弈,叫作进化博弈论。

在不同的物种组成的竞争种群中,每一种物种里面的每一个生命个体都本能地用某种策略,支付是她的后代的(预期)数量。后代也因为遗传也会用与其上辈同样的策略。这种支付叫作"适应度"(fitness)。较高的适应度对应于较大数量的后代。这样,在下一代的博弈中,前次博弈中那些带来较大适应度的策略对应的物种,她们的后代就较多,种群中具有对于本能策略的物种比例就较高。

在生物学中,具有带来最优适应度本能策略的物种会延续下去,而相反,具有带来非最优本能策略的物种就会灭绝。在经济学中,那些选择最优策略的人或者组织会胜出,相反会失败。

我们关心的问题是:是否存在某种稳定状态,在这个状态里各种物种(或者策略)的比例是稳定的——我们把这种可能的状态看作一种均衡状态。在进化博弈里,就是"进化稳定状态"(ESS,evolutionarily stable state 或者 evolutionarily stable strategy)。

6.1.2　进化稳定策略

定义6.1　考虑一个由无限个个体组成的种群。每一个物种具有的基因设定策略构成的集合为 S。一个种群截面是一个向量 X,而其分量 $x(s)$ 是种群中那些基因设定策略为 $s,s \in S$ 的物种个体的比例。

例6.1 假设 S 中只有两个纯策略 s_1,s_2；每一个个体都以 $\frac{1}{2}$ 的概率随机选择其中任意一个纯策略的混合策略，种群截面就是 $(\frac{1}{2},\frac{1}{2})$。此时，显然种群截面与每一个个体的混合策略是一样的。如果其中一半个体的基因策略是 s_1，另一半的基因策略为 s_2。则种群截面也是 $(\frac{1}{2},\frac{1}{2})$，但是这与个体的基因策略是不同的。

考虑一个种群截面为 X 中的一个特定的个体，如果他的基因策略是 σ，则他的支付是 $\pi(\sigma,X)$。

$$\pi(\sigma,X)=\sum_s p(s)\pi(s,X)$$

它是个体的后代数量。其中，$p(s)$ 是 σ 中选择纯策略 s 的概率密度。

例6.2 假定一个有 N 个个体的种群。其中只有两种策略 s_1,s_2；假定每一种策略各占一半，即 $X=(\frac{1}{2},\frac{1}{2})$。

假定 $\pi(s_1,X)=6$，$\pi(s_2,X)=4$，因此，在下一代里，有 $\frac{6N}{2}$ 个基因策略为 s_1，有 $\frac{4N}{2}$ 个基因策略为 s_2，所以下一周期的种群截面为 $(0.6,0.4)$。

为了考察下一代的变化，我们来看支付是如何随着种群截面的变化而变化的，也就是说，$\pi(\sigma,X)$ 是如何作为截面 X 的函数的。从数学上看，需要考察的是，支付是概率 $x(s)$ 的线性还是非线性函数。从模型上看，将其分为两种博弈：田野博弈（games against the field）和捉对博弈（pairwise contest game）。

定义6.2 田野博弈是指对于给定的个体来说，没有特定的"对手"。支付取决于种群中每一个个体的表现。与种群之间的博弈和经典博弈的一个不同点是：给定个体的支付与种群中的成员的纯基因策略概率 $x(s)$ 之间并不是线性函数关系。

定义6.3 捉对博弈是指一个特定的个体与种群中随机遇到的一个对手之间的博弈，并且支付仅仅依赖于他们两个个体的策略。捉对博弈很像经典博弈，有

$$\pi(\sigma,X)=\sum_{s\in S}\sum_{s'\in S}p(s)x(s')\pi(s,s')$$

我们关心的是种群的进化终点，也就是说，希望找出种群稳定的条件。设 X^* 是一个种群的截面，在这个种群中所有个体的基因策略都是 σ^*（即 $X^*=\sigma^*$）。进化稳定的一个必要条件是

$$\sigma^*\in\underset{\sigma\in\sum}{\operatorname{argmax}}\pi(\sigma,X^*)$$

也就是说，在均衡状态，个体的策略是对他们产生的种群截面的最优反应。接下来有下面的种群等价定理。

定理6.1 设 σ^* 是生成种群截面 X^* 的策略，S^* 是 σ^* 的支撑。如果种群是稳定的，则 $\pi(s,X^*)=\pi(\sigma^*,X^*)$；$\forall s\in S^*$。

证明 如果 S^* 中只有一个策略，则定理显然成立。

现在假定 S^* 中不只一个策略,则一定有

$$\pi(s,X^*)=\pi(s',X^*)\,;\forall s,s'\in S^*$$

否则,存在 $s,s'\in S^*$,使得

$$\pi(s,X^*)<\pi(s',X^*)$$

因为有

$$\pi(\sigma^*,X^*)=\sum_{s\in S^*}p(s)\pi(s,X^*)<(p(s)+p(s'))\pi(s',X^*)+\sum_{s\neq s,s'}p(s^{''})\pi(s^{''},X^*)=\pi(\sigma',X^*)$$

$$\sigma'=\{(p'(s^{''})):p'(s^{''})=p(s^{''}),s^{''}\neq s,s';p'(s)=0,p'(s')=p(s)+p(s')\}$$

这与种群的稳定性假设矛盾了。

所以 $\pi(s,X^*)=\pi(s',X^*)\,;\forall s,s'\in S^*$

于是,有

$$\pi(\sigma^*,X^*)=\sum_{s\in S^*}p(s)\pi(s,X^*)=\pi(s,X^*)\,,\forall s\in S^*$$

定义 6.4 假定一个种群中所有个体开始都具有基因策略 σ^*,现在假定出现了一种基因突变,一些比例为 ε 的个体基因策略为其他策略 σ 的物种侵入种群。新的种群被称为侵入种群(post-entry population),用 X_ε 表示。

例 6.3 考虑一个种群,其中 $S=(\frac{1}{2},\frac{1}{2})$,$\sigma^*=(\frac{1}{2},\frac{1}{2})$;假定突变策略为 $\sigma=(\frac{3}{4},\frac{1}{4})$;

假设原来的种群中个体数量为 N,突变的个体数量为 n,则有 $\frac{n}{N}=\varepsilon$,种群中采用纯策略分

别为 s_1,s_2 的个体数量为 $\frac{1}{2}(N-n)+\frac{3}{4}n$,$\frac{1}{2}(N-n)+\frac{1}{4}n$;因为 $\frac{n}{N}=\varepsilon$,因此,种群中采用纯

策略分别为 s_1,s_2 的个体数量为

$$\frac{1}{2}(N-n)+\frac{3}{4}n=N\left(\frac{1}{2}(1-\varepsilon)+\frac{3}{4}\varepsilon\right)=N\left(\frac{1}{2}+\frac{1}{4}\varepsilon\right)$$

$$\frac{1}{2}(N-n)+\frac{1}{4}n=N\left(\frac{1}{2}(1-\varepsilon)+\frac{1}{4}\varepsilon\right)=N\left(\frac{1}{2}-\frac{1}{4}\varepsilon\right)$$

新的截面为

$$\left(\frac{1}{2}+\frac{1}{4}\varepsilon,\frac{1}{2}-\frac{1}{4}\varepsilon\right)$$

定义 6.5 混合策略 σ^* 是一个 ESS,如果存在某个 $\bar{\varepsilon}$,使得对每一个 $0<\varepsilon<\bar{\varepsilon}$ 和每一个 $\sigma\neq\sigma^*$,有

$$\pi(\sigma^*,X_\varepsilon)>\pi(\sigma,X_\varepsilon)$$

6.1.3 田野博弈

为什么男性与女性的比例在大多数国家都是 50∶50?

这是因为,这样的比例是一个 ESS。

考虑下面的博弈:

①种群中男性的比例为 u，女性的比例为 $1-u$。

②每一个女性只生育一次，并且生 n 个后代。

③男性平均生育 $\dfrac{1-u}{u}$ 次。

这是因为，假定成年人口数量为 N，给定每一个女性只生育一次，一个男性与每一个女性生育的概率为 $\dfrac{1}{uN}$，一共有 $(1-u)N$ 个女性，因为每一个女性只生育一次，所以一个男性与每一个女性生育的事件是独立的，所以男性平均生育 $\dfrac{1-u}{u}$ 次。

④只有女性进行决策。

为了简化分析，我们假定，女性的纯策略包括：或者不生女孩（s_1），或者只生女孩（s_2）。因此策略 $\sigma=(p,1-p)$ 就意味着男孩的比例为 p。种群的截面 $X=(x,1-x)$ 产生的性别比为 $x=u$。这样，通常可以把种群的截面用性别比来写为 $X=(u,1-u)$。因为后代的数量是固定的 n，所以不能够用后代的数量作为支付（适应度）。但是，孙辈的数量是可变的，故用它来测量支付。所以，在种群里，如果截面是 $X=(u,1-u)$，支付就是

$$\pi(s_1,X)=n^2\,\frac{1-u}{u}$$

因为，不生女孩意味着她有 n 个男孩。这 n 个男孩每一个都平均有 $\dfrac{1-u}{u}$ 次与女性的生育，每一个女性只生育一次，每一个女性生 n 个孩子，所以她的孙子数量为

$$n\cdot\frac{1-u}{u}\cdot n=n^2\,\frac{1-u}{u}$$

同时，有

$$\pi(s_2,X)=n^2$$

因为，她只生女孩，所以有 n 个女孩，每一个女孩又生 n 个外孙。所以外孙数量为 n^2。

混合策略 σ 的支付就是

$$\pi(\sigma,X)=n^2\left[(1-p)+p\,\frac{1-u}{u}\right]$$

不妨设 $n=1$，下面我们来寻找 ESS，考虑以下 3 种情形：

①如果 $u<\dfrac{1}{2}$，则 $\dfrac{1-u}{u}>1$，意味着采用纯策略 s_1 较采用 s_2 会多生孙子，就导致用纯策略 s_1 的胜出，意味着男孩比例增加，u 会上升，所以不会是 ESS。

②类似地，如果 $u>\dfrac{1}{2}$，则 $\dfrac{1-u}{u}<1$，意味着采用纯策略 s_2 较采用 s_1 会多生孙子，就导致用纯策略 s_2 的胜出，意味着男孩比例增加，u 会上升，所以不会是 ESS。

③这意味着 $\sigma^* = \left(\dfrac{1}{2}, \dfrac{1}{2}\right)$ 是一个潜在的 ESS;因为根据定理6.1,有

$$\pi(s_1, X^*) = \pi(s_2, X^*) = \pi(\sigma^*, X^*) \tag{6.1}$$

如果种群的截面是 $X^* = \left(\dfrac{1}{2}, \dfrac{1}{2}\right)$,即 $u = \dfrac{1}{2}$。

因为方程(6.1)只是进化稳定的必要而不是充分条件,所以还需核实 $\sigma^* = \left(\dfrac{1}{2}, \dfrac{1}{2}\right)$ 是不是一个 ESS。

设 $\sigma = (p, 1-p)$。一般地,如果种群中的个体数目是 N,策略为 σ^*,一个比例为 ε 的突变策略 σ 侵入。则突变策略侵入后的截面为

$$X_\varepsilon = (1-\varepsilon)\sigma^* + \varepsilon\sigma$$

这是因为如果原来的种群个体数量为 N,突变个体数量为 n,则 $\dfrac{n}{N} = \varepsilon$,策略为 s_1, s_2 的基因数量分别为

$$\sigma^*(s_1)(N-n) + \sigma(s_1)\varepsilon N = N[\sigma^*(s_1)(1-n/N) + \sigma(s_1)\varepsilon]$$
$$= N[\sigma^*(s_1)(1-\varepsilon) + \sigma(s_1)\varepsilon]\sigma^*(s_2)(N-n) + \sigma(s_2)\varepsilon N$$
$$= N[\sigma^*(s_2)(1-\varepsilon) + \sigma(s_2)\varepsilon]$$

策略为 s_1, s_2 的基因比例分别为

$$\sigma^*(s_1)(1-\varepsilon) + \sigma(s_1)\varepsilon$$
$$\sigma^*(s_2)(1-\varepsilon) + \sigma(s_2)\varepsilon$$

因此有

$$X_\varepsilon = (1-\varepsilon)\sigma^* + \varepsilon\sigma$$

所以

$$u_\varepsilon = \frac{1}{2}(1-\varepsilon) + \varepsilon p$$

$$u_\varepsilon = \frac{1}{2} + \varepsilon\left(p - \frac{1}{2}\right)$$

ESS 的条件是

$$\pi(\sigma^*, X_\varepsilon) > \pi(\sigma, X_\varepsilon)$$

有

$$\pi(\sigma^*, X_\varepsilon) = \frac{1}{2} \times \frac{1-u_\varepsilon}{u_\varepsilon} + \frac{1}{2}$$

$$\pi(\sigma, X_\varepsilon) = p\,\frac{1-u_\varepsilon}{u_\varepsilon} + p$$

于是

$$\pi(\sigma^*, X_\varepsilon) - \pi(\sigma, X_\varepsilon) = \left(\frac{1}{2} - p\right)\left(\frac{1 - u_\varepsilon}{u_\varepsilon} - 1\right)$$

$$= \left(\frac{1}{2} - p\right)\left(\frac{1 - 2u_\varepsilon}{u_\varepsilon}\right)$$

当对任意的 $p \neq \frac{1}{2}$，这个差为正时，σ^* 就是 ESS。

因为当 $p < \frac{1}{2}$ 时，$\Rightarrow u_\varepsilon < \frac{1}{2}$，$\Rightarrow \pi(\sigma^*, X_\varepsilon) > \pi(\sigma, X_\varepsilon)$；

当 $p > \frac{1}{2}$ 时，$\Rightarrow u_\varepsilon > \frac{1}{2}$，$\Rightarrow \pi(\sigma^*, X_\varepsilon) > \pi(\sigma, X_\varepsilon)$

所以 $\sigma^* = \left(\frac{1}{2}, \frac{1}{2}\right)$ 就是 ESS。

我们发现，在一个截面为 X^* 的单一同态（monomorphic population，即其中每一个个体都属于同一个物种的种群）的种群中，策略 σ^* 是进化稳定的。然而，在这个种群中，策略 s_1 的物种与策略 s_2 的物种，以及策略 σ^* 的物种都有相同的适应度。

是不是其中 50% 是策略 s_1 的物种与 50% 是策略 s_2 的物种的多态形（polymorphic population）种群，也会是稳定的。该多态形的截面也仍然是 X^*，但是这些纯策略其实就它们本身来说都不是 ESS，并且 ESS 并不适合处理多态形的问题。接下来就会谈到这个问题。

6.1.4 捉对竞争博弈

我们来考虑所谓的"鹰鸽博弈"（Hawk Dove game），在这里，鹰与鸽并不是指这些动物本身，而是指一些策略。那些通常用武力去解决国际问题的策略叫作"鹰派"，而那些用和平手段的叫作"鸽派"。

例6.4　鹰—鸽博弈

两个纯策略：

H：攻击（鹰）

D：不攻击（鸽）

一般地，个体的策略可以是混合策略，攻击的概率为 p，$\sigma = (p, 1-p)$。

一个种群，其中攻击的概率为 x，$X = (x, 1-x)$；这样的种群可以由几种不同的原因产生：

①从单态型的种群产生，其中每一个个体的策略都是 $\sigma = (x, 1-x)$。

②从多态型的种群产生，其中比例为 x 的个体的策略为 $\sigma = (1, 0)$，比例为 $1-x$ 的个体的策略为 $\sigma = (0, 1)$。

下面先考察单态型的情形。

③个体会为某个资源 v 进行争夺，也许是食物，或者栖息地什么的。争夺的结果取决于两种相遇个体的类型。倘若是鹰与鸽相遇。那么，不用战斗，鹰就获得资源。如果是

两只鸽相遇,她们就共享资源。如果相遇的是两只鹰,它们之间就进行战斗,各自胜出的可能性占一半。胜利者获得资源,失败者蒙受损失 c。所以,个体的支付是这样计算的:

她选择鹰策略的概率为 p,遇到鹰的概率是 x;她选择鸽策略的概率是 $1-p$,遇到鸽的概率是 $1-x$。所以支付是

$$\pi(\sigma, X) = p\left(x\frac{v}{2} - x\frac{c}{2}\right) + p(1-x)v + (1-p)\cdot x\cdot 0 + (1-p)(1-x)\frac{v}{2}$$

$$= px\left(\frac{v-c}{2}\right) + p(1-x)v + (1-p)(1-x)\frac{v}{2}$$

为了使分析有意思,假定 $v<c$(这就是鹰鸽博弈),不难看出不存在纯策略的 ESS。在只有鸽的种群里,$x=0$。

$$\pi(\sigma, X_D) = pv + (1-p)\frac{v}{2}$$

$$= (1+p)\frac{v}{2}$$

所以,最优策略就是鹰策略,即 $\sigma=(1,0)$。

结果是攻击性的个体比例将会增加,则 x 增加。在只有鹰的种群里,$x=1$。

$$\pi(\sigma, X_H) = p\frac{v-c}{2}$$

最优策略是鸽,即 $p=0$。

是否存在混合策略 $\sigma^* = (p^*, 1-p^*)$ 是 ESS?

如果 $\sigma^* = (p^*, 1-p^*)$ 是 ESS,它就必须是它所生成的种群 $X^* = (p^*, 1-p^*)$ 的最优反应策略。

在种群 $X^* = (p^*, 1-p^*)$ 中,策略 $\sigma=(p, 1-p)$ 的支付是

$$\pi(\sigma, X^*) = pp^*\left(\frac{v-c}{2}\right) + p(1-p^*)v + (1-p)(1-p^*)\frac{v}{2}$$

$$= (1-p^*)\frac{v}{2} + p\left[p^*\left(\frac{v-c}{2}\right) - (1-p^*)\frac{v}{2} + (1-p^*)v\right]$$

$$= (1-p^*)\frac{v}{2} + p\left(\frac{v}{2} - \frac{c}{2}p^*\right)$$

$$= (1-p^*)\frac{v}{2} + \frac{pc}{2}\left(\frac{v}{c} - p^*\right)$$

如果 $p^* < \dfrac{v}{c}$,则最优 $\hat{p}=1$,即 $\hat{p}\neq p^*$。

如果 $p^* > \dfrac{v}{c}$,则最优 $\hat{p}=0$,即 $\hat{p}\neq p^*$。

如果 $p^* = \dfrac{v}{c}$,则任意 $\hat{p}$,即包括 p^*,都给出同样的支付,是最优的。

所以有

$$\sigma^* = \left(\frac{v}{c}, 1 - \frac{v}{c}\right)$$

就是一个 ESS 的候选者。

因为 $\frac{v}{c} < 1$，所以 $\sigma^* = \left(\frac{v}{c}, 1 - \frac{v}{c}\right)$ 是真的混合策略。

为了证明 $\sigma^* = \left(\frac{v}{c}, 1 - \frac{v}{c}\right)$ 是 ESS，需要证明：

$$\pi(\sigma^*, X_\varepsilon) > \pi(\sigma, X_\varepsilon), \forall \sigma \neq \sigma^*$$
$$X_\varepsilon = ((1-\varepsilon)p^* + \varepsilon p, (1-\varepsilon)(1-p^*) + \varepsilon(1-p))$$
$$= (p^* + \varepsilon(p - p^*), 1 - p^* + \varepsilon(p^* - p))$$

所以

$$\pi(\sigma^*, X_\varepsilon) = p^*[p^* + \varepsilon(p - p^*)]\frac{v-c}{2} + p^*[1 - p^* + \varepsilon(p^* - p)]v + (1-p^*)[1 - p^* + \varepsilon(p^* - p)]\frac{v}{2}$$

$$\pi(\sigma, X_\varepsilon) = p[p^* + \varepsilon(p - p^*)]\frac{v-c}{2} + p[1 - p^* + \varepsilon(p^* - p)]v + (1-p)[1 - p^* + \varepsilon(p^* - p)]\frac{v}{2}$$

于是，根据 $p^* = \frac{v}{c}$，

$$\pi(\sigma^*, X_\varepsilon) - \pi(\sigma, X_\varepsilon)$$

$$= (p^* - p)[p^* + \varepsilon(p - p^*)]\frac{v-c}{2} + (p^* - p)[1 - p^* + \varepsilon(p^* - p)]v + (p - p^*)[1 - p^* + \varepsilon(p^* - p)]\frac{v}{2}$$

$$= (p^* - p)p^*\frac{v}{2} - (p^* - p)[p^* + \varepsilon(p - p^*)]\frac{c}{2} + (p^* - p)(1 - p^*)\frac{v}{2}$$

$$= \varepsilon(p - p^*)^2\frac{c}{2} > 0, \sigma \neq \sigma^*$$

所以 σ^* 是 ESS。

例 6.5　货币的进化

假定在一个小岛上，人们可以用面包或者贝壳作为媒介进行交易。但是只有当两个人使用同样的媒介时，交易才可能进行。

假定交易成功带来的效用增加为 1，不成功为 0。个人的一般策略是，以概率 p 使用面包，即 $\sigma = (p, 1-p)$。

种群截面为 $X = (x, 1-x)$，其中 x 是使用面包的个人比例。

个人从种群中随机选择一个人进行交易，支付为

$$\pi(\sigma, X) = px \cdot 1 + p(1-x) \cdot 0 + (1-p)x \cdot 0 + (1-p)(1-x) \cdot 1$$
$$= px + (1-p)(1-x)$$
$$= (2x-1)p + 1 - x$$

显然

$$x > \frac{1}{2}, \Rightarrow p = 1; p = 1, \Rightarrow x = 1。$$

所以，$\sigma = (1,0)$ 是一个潜在的 ESS 对应的截面，$X = (1,0)$。

侵入的种群是

$$X_{\varepsilon} = (1 - \varepsilon)(1,0) + \varepsilon(p, 1-p)$$
$$= (1 - \varepsilon + \varepsilon p, \varepsilon(1 - p))$$

任意策略的支付是

$$\pi(\sigma, X_{\varepsilon}) = \sigma_1(1-\varepsilon+\varepsilon p) + \varepsilon(1-\sigma_1)(1-p)$$
$$\sigma = (\sigma_1, 1-\sigma_1)$$

面包策略的支付是

$$\pi((1,0)X_{\varepsilon}) = 1-\varepsilon+\varepsilon p$$
$$= 1-\varepsilon(1-p)$$

所以，如果需要有

$$\pi((1,0), X_{\varepsilon}) > \pi(\sigma, X_{\varepsilon}), \sigma = (p, 1-p)$$

就要求有

$$1-\varepsilon(1-p) > p(1-\varepsilon+\varepsilon p) + \varepsilon(1-p)(1-p)$$
$$1-\varepsilon(1-p) > \varepsilon(1-p)$$
$$1-2\varepsilon(1-p) > 0$$

因为这里有 $p \neq 1$，所以 $(1-p) > 0$，故在不等式两端除以 $(1-p)$，如果 $\varepsilon(1-p) < \dfrac{1}{2}$，上面的不等式成立。故设 $\overline{\varepsilon} = \dfrac{1}{2}$，当且仅当 $\varepsilon < \overline{\varepsilon}$，面包策略就是一个 ESS。

下面证明贝壳策略是另一个 ESS。

侵入种群为

$$X_{\varepsilon} = (1-\varepsilon)(0,1) + \varepsilon(p, 1-p)$$
$$= (\varepsilon p, (1-\varepsilon) + \varepsilon(1-p))$$
$$= (\varepsilon p, 1-\varepsilon p)$$

任意策略的支付是

$$\pi(\sigma, X_{\varepsilon}) = \sigma_1 \varepsilon p + (1-\sigma_1)(1-\varepsilon p)$$
$$\sigma = (\sigma_1, 1-\sigma_1)$$

贝壳策略的支付是

$$\pi((0,1), X_{\varepsilon}) = 1-\varepsilon p$$

所以，如果需要有

$$\pi((0,1), X_{\varepsilon}) > \pi(\sigma, X_{\varepsilon}), \sigma = (p, 1-p)$$

就要求有

$$1-\varepsilon p > p\varepsilon p + (1-p)(1-\varepsilon p) = 2p\varepsilon p + 1-p-\varepsilon p$$
$$p(1-2\varepsilon p) > 0$$

因为 $p>0$，所以

$$1-2\varepsilon p>0$$

$$\varepsilon p<\frac{1}{2}$$

设 $\overline{\varepsilon}=\frac{1}{2}$，如果 $x=\frac{1}{2}$，则 p 取任何数值支付都一样。但是，只有取 $p=\frac{1}{2}$ 才与 $x=\frac{1}{2}$ 不矛盾。所以，最后一个候选 ESS 是 $\sigma_m=\left(\frac{1}{2},\frac{1}{2}\right)$。

$$X_\varepsilon=(1-\varepsilon)\left(\frac{1}{2},\frac{1}{2}\right)+\varepsilon(p,1-p)$$

这时，侵入种群为

$$X_\varepsilon=\left(\frac{1}{2}(1-\varepsilon)+\varepsilon p,\frac{1}{2}(1-\varepsilon)+\varepsilon(1-p)\right)$$

$$=\left(\frac{1}{2}-\frac{\varepsilon}{2}(1-2p),\frac{1}{2}+\frac{\varepsilon}{2}(1-2p)\right)$$

侵入策略 σ 的支付为

$$\pi(\sigma,X_\varepsilon)=p\left[\frac{1}{2}-\frac{\varepsilon}{2}(1-2p)\right]+(1-p)\left[\frac{1}{2}+\frac{\varepsilon}{2}(1-2p)\right]$$

$$=\frac{1}{2}-\varepsilon\left[\frac{1}{2}p(1-2p)+\frac{1}{2}(1-p)(1-2p)\right]$$

$$=\frac{1}{2}+\frac{1}{2}\varepsilon(1-2p)\left[-p+(1-p)\right]$$

$$=\frac{1}{2}+\frac{1}{2}\varepsilon(1-2p)2$$

策略 σ_m 的支付为

$$\pi(\sigma_m,X_\varepsilon)=\frac{1}{2}\left[\frac{1}{2}-\frac{\varepsilon}{2}(1-2p)\right]+\frac{1}{2}\left[\frac{1}{2}+\frac{\varepsilon}{2}(1-2p)\right]$$

$$=\frac{1}{2}$$

如果要求 $\pi(\sigma_m,X_\varepsilon)>\pi(\sigma,X_\varepsilon)$，则 $\frac{1}{2}>\frac{1}{2}+\frac{1}{2}\varepsilon(1-2p)^2$，$\varepsilon(1-2p)^2<0$ 这是不可能的。

因为策略 σ_m 不是 ESS。所以，面包与贝壳都可以成为货币，但是它们不可能同时成为货币。

6.2　ESS 与纳什均衡

下面将表明,捉对博弈中的 ESS 是纳什均衡,但是反过来不成立。

我们只考虑捉对竞争的情形,因为在田野博弈中不存在纳什均衡的概念。在捉对竞争的进化博弈中,在截面为 X 的种群里,采用策略 σ 的特定个体为

$$\pi(\sigma,X) = \sum_{s\in S,s'\in S} p(s)x(s')\pi(s,s') \tag{6.2}$$

该支付其实与两个参与人之间的混合策略博弈的支付是一样的,其中,另一个参与人的混合策略是赋予纯策略 s' 的概率为 $x(s')$,$s'\in S$。

定义 6.6　捉对竞争种群的相关两人博弈的支付为式(6.2)规定的支付,满足 $\pi_1(s,s')=\pi(s,s')=\pi_2(s',s)$。

在单态型种群里,如果 σ^* 是 ESS,则 $X=\sigma^*$。因此,如果对应于种群博弈中的 ESS 的相关博弈存在纳什均衡,则它必然是 (σ^*,σ^*) 的形式。也就是说,对称纳什均衡一定与某个 ESS 相联系,但是这个结论对非对称的就不成立。

定理 6.2　设 σ^* 是捉对竞争中的一个 ESS,则对任意的 $\sigma\neq\sigma^*$,或者有

①$\pi(\sigma^*,\sigma^*)>\pi(\sigma,\sigma^*)$。

②或者有 $\pi(\sigma^*,\sigma^*)=\pi(\sigma,\sigma^*)$ 且 $\pi(\sigma^*,\sigma)>\pi(\sigma,\sigma)$。

反过来,如果在两人博弈中①或②成立,$\sigma\neq\sigma^*$,则 σ^* 就是对应种群博弈里的 ESS。

证明　假设 σ^* 是 ESS,则对于充分小的 ε 有

$$\pi(\sigma^*,X_\varepsilon)>\pi(\sigma,X_\varepsilon)$$

其中 $X_\varepsilon=(1-\varepsilon)\sigma^*+\varepsilon\sigma$。

对捉对竞争,该条件可以写成

$$(1-\varepsilon)\pi(\sigma^*,\sigma^*)+\varepsilon\pi(\sigma^*,\sigma)>(1-\varepsilon)\pi(\sigma,\sigma^*)+\varepsilon\pi(\sigma,\sigma)$$

反过来,如果①成立,则上式对于充分小的 ε 显然成立。如果②成立,则对所有的 $0<\varepsilon<1$,上式成立。

如果 σ^* 是捉对竞争中的一个 ESS,则对任意的 $\sigma\neq\sigma^*$,充分小的 $\varepsilon>0$。

$$(1-\varepsilon)\pi(\sigma^*,\sigma^*)+\varepsilon\pi(\sigma^*,\sigma)>(1-\varepsilon)\pi(\sigma,\sigma^*)+\varepsilon\pi(\sigma,\sigma)$$

令 $\varepsilon\to0$,$\pi(\sigma^*,\sigma^*)\geqslant\pi(\sigma,\sigma^*)$ 或者 $\pi(\sigma^*,\sigma^*)>\pi(\sigma,\sigma^*)$,或者 $\pi(\sigma^*,\sigma^*)=\pi(\sigma,\sigma^*)$,此时显然有 $\pi(\sigma^*,\sigma)>\pi(\sigma,\sigma)$。

注意,纳什均衡条件是 $\pi(\sigma^*,\sigma^*)\geqslant\pi(\sigma,\sigma^*)$,所以定理指出,通过 ESS 消去了某些纳什均衡。也就是说,存在某些纳什均衡,它们不会是 ESS。因此,进化博弈视角也是一种纳什均衡的精炼。

定理 6.2 也提供了一种在捉对竞争种群中寻找 ESS 的方法:

①写出相关的捉对竞争博弈;

②找出该博弈的对称纳什均衡；

③用条件①和条件②检验这些纳什均衡。

任何通过这些检验的纳什均衡就是 ESS，对应的种群截面是 $X = \sigma^*$。

6.3 不对称捉对竞争

存在许多场合，参与人在竞争中的身份是不同的。在经济学中，买者与卖者是不同的，一个垄断行业的企业与试图进入该行业的企业是不同的。在生物学中，可以是雄性或者雌性的鸟儿在养护它们的孩子时的分工，这种个体之间的不同会导致不对称的支付表格：根据他们是雄性或者雌性，是买者或者卖者，他们可选择的策略范围是不同的，或者支付是不同的。但是即使没有这种不对称支付的出现，参与人会以不同的身份出现也给我们带来了问题。譬如，雄性与雌性可以做的事情是不同的。给定我们的进化博弈需要一种对称博弈时，如何才能够处理这样的问题？

在一个种群里，个体发现自己在某个博弈里面表演的是某个特别的角色，而在随后的另一个场合，表演的则是另的角色。所以，一般性的策略应该刻画所有的角色的行为：在角色 r 用策略 s，在角色 r' 用策略 s'。

通过刻画角色依赖的策略得到一种对称博弈。如果我们知道他以不同角色出现的概率，以及他会遇到不同角色其他个体的概率，就可以计算出支付了。

为了简化分析，我们假定只有两种角色可以选择。这种博弈被称为"角色不对称"。我们假定，每一种角色出现的概率是相等的。例如，在性别竞争中，如果性别比例为 $1:1$，假定基因发现它所控制的身体是雄性的概率为 50%。

例 6.6 考虑鹰鸽博弈的一种变体：他们为了一块栖息地进行竞争，开始其中有一方控制着栖息地。假定栖息地的价值以及竞争的成本对于双方都是相同的。与标准的鹰鸽博弈不同的是，参与人现在是将其行为建立在他们自己的角色——是在位者还是进入者的类型上面。

因此，纯策略是以这种形式表达的：当在位者是鹰的时候，进入者为鸽——记为 HD。所有的纯策略为 HH, HD, DH, DD。假定，在竞争中，任何一种角色都有一个参与人，并且每一个参与人都有相同的概率成为在位者和进入者（表 6.1）。

根据这个假定，我们在下表中给出了支付。譬如，考虑一个用策略 HH 与策略 HD 博弈的预期支付。

有一半的概率他是在位者，用策略 H 对付策略 D 的进入者，有一半的概率他是进入者，用策略 H 对付用策略 H 的在位者。预期支付为

表 6.1　上策与下策

	HH	HD	DH	DD
HH	$\dfrac{v}{2},\dfrac{v}{2}$	$\dfrac{3v-c}{4},\dfrac{v-c}{4}$	$\dfrac{3v-c}{4},\dfrac{v-c}{4}$	$v,0$
HD	$\dfrac{v-c}{4},\dfrac{3v-c}{4}$	$\dfrac{v-c}{2},\dfrac{v-c}{2}$	$\dfrac{2v-c}{4},\dfrac{2v-c}{4}$	$\dfrac{3v}{4},\dfrac{v}{4}$
DH	$\dfrac{v-c}{4},\dfrac{3v-c}{4}$	$\dfrac{2v-c}{4},\dfrac{2v-c}{4}$	$\dfrac{v}{2},\dfrac{v}{2}$	$\dfrac{3v}{4},\dfrac{v}{4}$
DD	$0,v$	$\dfrac{v}{4},\dfrac{3v}{4}$	$\dfrac{v}{4},\dfrac{3v}{4}$	$\dfrac{v}{2},\dfrac{v}{2}$

$$\frac{1}{2}v+\frac{1}{2}\cdot\frac{1}{2}(v-c)=\frac{3v-c}{4}$$

存在两个纳什均衡：(HD,HD)，(DH,DH)。

因为有

$$\frac{v}{2}>\frac{3v-c}{4}>\frac{2v-c}{4}$$

策略 HD 与策略 DH 都是 ESS。不存在混合策略的 ESS。

缺乏混合策略的 ESS 其实是不对称角色博弈的一般性特征，在 Selten(1980) 有论述。如果我们考察的是行为而不是混合策略，证明就很简单。我们就只考虑两种角色并且每一种角色都只有相同的两个策略。在这样的博弈里，一般性的策略可以表述为：在角色 1 按照概率 p_1 采用策略 A，在角色 2 按照概率 p_2 采用策略 A。如果用 β 表示行为策略，就可以写成

$$\beta=(\beta_1,\beta_2)$$

其中，$\beta_i=(p_i,1-p_i)$ 表示角色 i 的行为策略。β 对 β' 的预期支付为

$$\pi(\beta,\beta')=\frac{1}{2}\pi(\beta_1,\beta_2')+\frac{1}{2}\pi(\beta_2,\beta_1')$$

定理 6.3　在不对称角色的捉对竞争博弈中，所有的进化稳定策略都是纯策略的。

证明　用反证法。假定 β^* 是一个随机的行为策略，是 ESS 的。则根据等支付原理，存在另一个策略 $\hat{\beta}$，满足 $\pi(\hat{\beta},\beta^*)=\pi(\beta^*,\beta^*)$。事实上，存在许多这样的策略。我们挑选一个 $\hat{\beta}$，例如，在角色 1 上是不同于 β^* 的，满足 $(\hat{\beta}_1,\hat{\beta}_2)=(\hat{\beta}_1,\beta_2^*)$，则

$$\pi(\hat{\beta},\beta^*)=\frac{1}{2}\pi(\hat{\beta}_1,\beta_2^*)+\frac{1}{2}\pi(\hat{\beta}_2,\beta_1^*)$$

$$=\frac{1}{2}\pi(\hat{\beta}_1,\beta_2^*)+\frac{1}{2}\pi(\beta_2^*,\beta_1^*)$$

加上条件 $(\hat{\beta},\beta^*)=(\beta^*,\beta^*)$，得 $(\hat{\beta}_1,\beta_2^*)=(\beta_1^*,\beta_2^*)$。

所以

$$\pi(\hat{\beta},\hat{\beta})=\frac{1}{2}\pi(\hat{\beta}_1,\hat{\beta}_2)+\frac{1}{2}\pi(\hat{\beta}_2,\hat{\beta}_1)$$

$$= \frac{1}{2}\pi(\hat{\beta}_1,\beta_2^*) + \frac{1}{2}\pi(\beta_2^*,\hat{\beta}_1)$$

$$= \frac{1}{2}\pi(\beta_1^*,\beta_2^*) + \frac{1}{2}\pi(\beta_2^*,\hat{\beta}_1)$$

$$= \frac{1}{2}\pi(\beta_1^*,\hat{\beta}_2) + \frac{1}{2}\pi(\hat{\beta}_2,\hat{\beta}_1)$$

$$= \pi(\beta^*,\hat{\beta})$$

这就与题设矛盾了。

6.4 ESS 的存在性

不幸的是，并不是所有的博弈都存在 ESS。

定理 6.4 所有两个纯策略，对称的捉对竞争存在 ESS。

证明 对称的两个纯策略的博弈都可以写成下面的支付矩阵形式：

	P_2	
	A	B
P_1 A	a,a	b,c
B	c,b	d,d

通过正仿射变换，可以把它变换成下面的等价形式（因为支付相当于是效用，在正仿射变换下效用函数是等价的）。

	P_2	
	A	B
P_1 A	$a-c,a-c$	$0,0$
B	$0,0$	$d-b,d-b$

事实上，设 $\pi_1'(s_1,s_2)=\alpha\pi_1(s_1,s_2)+\beta(s_2)$，注意，仿射变换的常数项与对方的策略有关。这是序数效用的性质。

使得 $0=\alpha b+\beta(B),0=\alpha c+\beta(A),a-c=\alpha a+\beta(A)$，有

$$0=\alpha b+\beta(B),0=\alpha c+\beta(A),a-c=\alpha a+\beta(A)$$

$$\alpha=\frac{\beta(B)}{b}=\frac{\beta(A)}{c},\beta(B)=\frac{b\beta(A)}{c},a-c=\frac{\beta(A)}{c}a+\beta(A)$$

$$\beta(A)=-c,\beta(B)=-b,\alpha=1$$

于是,当 $p_1=B, p_2=B, \pi_1'(B,B)=d-b$。

类似地,可对个体2的支付进行仿射变换,得到上面的结果。

不难证明,定理2的结论在仿射变换下也不受影响。

因为是基因博弈,所以设 $a \neq c, b \neq d$。

下面考虑3种不同的情形:

①如果 $a-c>0$,则 $\pi(A,A)>\pi(B,A)$,因此根据定理2的条件①,$\sigma_A(1,0)$ 就是一个ESS;

②如果 $d-b>0$,则 $\pi(B,B)>\pi(A,B)$,因此根据定理2的条件①,$\sigma_B(0,1)$ 就是一个ESS;

③如果 $a-c<0, b-d<0$,则存在一个对称混合策略纳什均衡:

$$(\sigma^*, \sigma^*), \sigma^* = (p^*, 1-p^*)$$

$$p^* = \frac{d-b}{a-c+d-b}$$

在这个均衡中,$\pi(\sigma^*, \sigma^*) = \pi(\sigma, \sigma^*)$,其中,$\sigma$ 是任意策略。

下面考虑定理6.2中的条件②:

$$\pi(\sigma^*, \sigma) = p^* p(a-c) + (1-p)(1-p^*)(d-b)$$

$$\pi(\sigma, \sigma) = p^2(a-c) + (1-p)^2(d-b)$$

$$\pi(\sigma^*, \sigma) - \pi(\sigma, \sigma) = -(a-c+d-b)(p^*-p)^2 > 0$$

所以 σ^* 是ESS。

除了给定博弈可能没有ESS外,在动态博弈里的某些很有趣的纳什均衡也不是ESS,例如,可以重复"囚徒困境"博弈等一些可以带来合作均衡的策略也不是ESS。这是因为重复"囚徒困境"中的策略并不是可以遗传的。这就导致人们去寻找其他弱一些的稳定性概念,包括中性的稳定性(neutral stability)、进化稳定集(evolutionarily stable set)、有限ESS(limit ESS)等。然而,所有这些概念并没有被普遍地接受。所以,我们现在要从策略转向种群结构本身的进化。

6.5　复制动态:进化动力学

前面提出的ESS概念对进化过程的描述并不全面。第一,ESS可能不存在。第二,ESS的定义仅仅涉及单态型种群,其中每一个个体都用同样的策略。但是,如果ESS是混合策略,则ESS策略的所有支撑策略都得到与其相等的支付。是否由某个ESS所生成的截面相同的种群截面的多态型也是稳定的? 为了回答这些问题,我们需要考察进化动力学的一种特殊的类型,叫作"复制动态"。

我们考虑一种种群,其中的个体被称为"复制者",他们存在不同的类型。每一种类型的个体都采用一种基因设定的策略,并且遗传给他的后代。在复制动态中,个体是从

有限集合 $S=\{s_1,\cdots,s_k\}$ 中仅用一种策略。设 n_i 是用策略 s_i 的个体数量,则总的种群数量是

$$N = \sum_{i=1}^{K} n_i$$

用策略 s_i 的比例为

$$x_i = \frac{n_i}{N}$$

种群状态可以表达为向量 $X=(x_1,\cdots,x_K)$,设 β 和 δ 是种群中的背景人均出生率和死亡率。也就是说,β 和 δ 代表种群中个体出现和消失的速率,与该种群是独立的。背景的人均数量改变率为 $\beta-\delta$ 来自种群中采用策略 s_i 的支付的影响。于是,用策略 s_i 的个体数量的变化率为

$$\dot{n}_i = [\beta-\delta+\pi(s_i,X)]n_i$$

总的种群数量变化率为

$$\begin{aligned}
\dot{N} &= \sum_i n_i \\
&= (\beta-\delta)\sum_i n_i + \sum_i \pi(s_i,X))x_i N \\
&= (\beta-\delta+\sum_i \pi(s_i,X))x_i)N \\
&= (\beta-\delta+\overline{\pi}(X))N
\end{aligned}$$

其中,平均支付为

$$\overline{\pi}(X) = \sum_i \pi(s_i,X))x_i$$

所以,人口是按照指数规律增长或者下降的。然而这并不现实,所以,让 β 和 δ 依赖于 N 变化。只要适应度增量 $\pi(s_i,X)$ 仅仅依赖于比例 x_i,并不依赖于实际数量 n_i,博弈动态就是不变的。

对每一种类型的个体数量是如何随时间而变化的:

$$\dot{n}_i = \dot{N}x_i+N\dot{x}_i$$

所以

$$\begin{aligned}
N\dot{x}_i &= \dot{n}_i - \dot{N}x_i \\
&= (\beta-\delta+\pi(s_i,X))n_i-(\beta-\delta+\overline{\pi}(X))Nx_i \\
&= (\beta-\delta+\pi(s_i,X))x_iN-(\beta-\delta+\overline{\pi}(X))Nx_i \\
&= (\pi(s_i,X)-\overline{\pi}(X))Nx_i \\
\dot{x}_i &= (\pi(s_i,X)-\overline{\pi}(X))x_i
\end{aligned}$$

显然,如果采用策略 s_i 的个体的支付大于(小于)种群的平均支付,则这种物种的比例就增长(减少)。

定义 6.7 如果 $\dot{x}_i = 0$，则称为不动点。

不动点描述的是不再演化的种群。

1）两个策略的捉对竞争

假定 $S = \{s_1, s_2\}$，$x = x_1$，$x_2 = 1-x$，$\dot{x}_2 = -\dot{x}_1$。

考虑微分方程

$$\dot{x} = (\pi(s_i, X) - \overline{\pi}(X))x$$

代入

$$\overline{\pi}(X) = x\pi(s_1, X) + (1-x)\pi(s_2, X)$$

$$\dot{x} = x(1-x)(\pi(s_s, X) - \pi(s_2, X))$$

每一个纳什均衡都对应一个复制动态不动点，但是，反过来，并不是每一个不动点都对应一个纳什均衡。

定理 6.5 设 $S = \{s_1, s_2\}$，$\sigma^* = (p^*, 1-p^*)$ 是采用 s_1 的概率为 p^* 的策略。如果 (σ^*, σ^*) 是对称纳什均衡，则 $x^* = (x^*, 1-x^*)$，$x^* = p^*$ 是复制动态 $\dot{x} = x(1-x)(\pi(s_1, X) - \pi(s_2, X))$ 的不动点。

证明 如果 σ^* 是纯策略，则或者 $x^* = 0$ 或者 $x^* = 1$，不管怎样，总是有

$$\dot{x} = 0$$

如果 σ^* 是混合策略，则有 $\pi(s_1, \sigma^*) = \pi(s_2, \sigma^*)$。

在捉对竞争中，有

$$\pi(s_1, \sigma^*) = p^*\pi(s_i, s_1) + (1-p^*)\pi(s_i, s_2)$$
$$= \pi(s_i, X^*)$$

所以

$$\pi(s_1, X^*) = \pi(s_2, X^*)$$

故 $\dot{x} = 0$。

我们已经看到，在两人博弈中的纳什均衡与复制动态不动点之间存在着关联。那么，在种群博弈的 ESS 与不动点之间是否存在一致的关系呢？

2）线性化与渐进稳定

定义 6.8 复制动态（或者任何的动力系统）的不动点被称为是渐进稳定的，那么任何对该状态的偏离都会随着 $t \to \infty$ 而得到消除。

例 6.7 考虑一个捉对竞争，纯策略是 A 和 B，下面的支付来自两人博弈：

$$\pi(A, A) = 3, \pi(B, B) = 1, \pi(A, B) = \pi(B, A) = 0$$

我们知道，这个博弈的 ESS 是：每一个人都用策略 A 或者每一个人都用策略 B。

混合策略 $\sigma = (\frac{1}{4}, \frac{3}{4})$ 是纳什均衡但不是 ESS。设 x 是用策略 A 的个体比例，则复制动态是

$$\dot{x} = -x(1-x)(1-4x)$$

不动点是 $x^* = 0, x^* = 1, x^* = \dfrac{1}{4}$。

然后，考虑一个邻近种群 $x^* = 0$ 的种群 $x = x^* + \varepsilon = \varepsilon$，其中 $\varepsilon > 0$；于是

$$\dot{\varepsilon} = -\varepsilon(1-\varepsilon)(1-4\varepsilon)$$

因为 $\varepsilon \ll 1$，可以忽略高阶项，于是

$$\dot{\varepsilon} = -\varepsilon$$

解为

$$\varepsilon = \varepsilon_0 e^{-t}$$

这说明，因为对于种群状态 $X = (0,1)$ 小的偏离将导致解逐渐回到它。所以不动点 $x^* = 0$ 是渐进稳定的。

再考虑一个邻近种群 $x^* = 1$ 的种群 $x = x^* - \varepsilon = 1 - \varepsilon$，其中 $\varepsilon > 0$（因此 $x < 1$）；类似地，进行线性近似，得

$$
\begin{aligned}
-\dot{\varepsilon} &= -(1-\varepsilon)\varepsilon(1-4(1-\varepsilon)) \\
&= -(1-\varepsilon)\varepsilon(4\varepsilon-3) \\
&= -(1-\varepsilon)(4\varepsilon^2-3\varepsilon) \\
&= 4\varepsilon^3-3\varepsilon^2-4\varepsilon^2+3\varepsilon \\
&\approx 3\varepsilon
\end{aligned}
$$

$$\dot{\varepsilon} \approx -3\varepsilon$$

于是

$$\varepsilon(t) = \varepsilon_0 e^{-3t}$$

所以 $x^* = 1$ 也是渐进稳定的。

最后，来看一个邻近种群 $x^* = \dfrac{1}{4}$ 的种群 $x = x^* + \varepsilon = \dfrac{1}{4} + \varepsilon$（对于 ε 没有限制），

$$
\begin{aligned}
\dot{\varepsilon} &= -\left(\frac{1}{4}+\varepsilon\right)\left(1-\frac{1}{4}-\varepsilon\right)\left[1-4\left(\frac{1}{4}+\varepsilon\right)\right] \\
&= \left(\frac{1}{4}+\varepsilon\right)\left(\frac{3}{4}-\varepsilon\right)4\varepsilon \\
&\approx \frac{3}{4}\varepsilon
\end{aligned}
$$

因为

$$\varepsilon(t) = \varepsilon_0 e^{\frac{3}{4}t}$$

所以 $x^* = \dfrac{1}{4}$ 不是渐进稳定的。事实上，它是不稳定的。

故在这样的场合，我们发现，策略是 ESS 当且仅当在动态复制中的对应不动点，是渐进稳定的。

定理 6.6　对任意的策略是 A 和 B 的捉对竞争博弈,策略是 ESS 当且仅当在动态复制中的对应不动点,是渐进稳定的。

证明　考虑一个策略是 A 和 B 的捉对竞争博弈。设 x 是用策略 A 的个体的比例,则复制动态是

$$\dot{x} = x(1-x)\left[\pi(A,X) - \pi(B,X)\right]$$

存在 3 种可能的情形:

①某种单一的纯策略 ESS 或者稳定的单态种群;某种两纯策略的 ESS 或者稳定的单态种群;某种混合策略 ESS 或者多态种群。

设 $\sigma^* = (1,0)$,则(对于 $\sigma = (y, 1-y), y \neq 1$)$\sigma^*$ 是 ESS 当且仅当

$$\pi(A, X_\varepsilon) - \pi(\sigma, X_\varepsilon) > 0$$
$$\Leftrightarrow \pi(A, X_\varepsilon) - y\pi(A, X_\varepsilon) - (1-y)\pi(B, X_\varepsilon) > 0$$
$$(1-y)\left[\pi(A, X_\varepsilon) - \pi(B, X_\varepsilon)\right] > 0$$
$$\Leftrightarrow \pi(A, X_\varepsilon) - \pi(B, X_\varepsilon) > 0$$

设

$$x = 1 - \varepsilon, \varepsilon > 0$$
$$-\dot{\varepsilon} = (1-\varepsilon)\varepsilon\left[\pi(A, X_\varepsilon) - \pi(B, X_\varepsilon)\right]$$

一阶近似:

$$\dot{\varepsilon} = -\varepsilon\left[\pi(A, X_\varepsilon) - \pi(B, X_\varepsilon)\right]$$
$$\frac{\mathrm{d}\ln\varepsilon}{\mathrm{d}t} = -\left[\pi(A, X_\varepsilon) - \pi(B, X_\varepsilon)\right]$$
$$\varepsilon = \mathrm{e}^{-\left[\pi(A, X_\varepsilon) - \pi(B, X_\varepsilon)\right]t}$$

所以,$\sigma^* = (1,0)$ 是 ESS 当且仅当 $x^* = 1$ 时是渐进稳定的。

②设 $\sigma^* = (0,1)$,类似地,σ^* 是 ESS 当且仅当

$$\pi(A, X_\varepsilon) - \pi(B, X_\varepsilon) < 0$$

设

$$x = \varepsilon, \varepsilon > 0$$
$$\dot{\varepsilon} = \varepsilon(1-\varepsilon)\left[\pi(A, X_\varepsilon) - \pi(B, X_\varepsilon)\right]$$

一阶近似:

$$\dot{\varepsilon} = \varepsilon\left[\pi(A, X_\varepsilon) - \pi(B, X_\varepsilon)\right]$$
$$\frac{\mathrm{d}\ln\varepsilon}{\mathrm{d}t} = \left[\pi(A, X_\varepsilon) - \pi(B, X_\varepsilon)\right]$$
$$\varepsilon = \mathrm{e}^{\left[\pi(A, X_\varepsilon) - \pi(B, X_\varepsilon)\right]t}$$

所以,$\sigma^* = (0,1)$ 是 ESS 当且仅当 $x^* = 0$ 时是渐进稳定的。

③设 $\sigma^* = (p^*, 1-p^*), 0 < p^* < 1,$,则 σ^* 是 ESS 当且仅当

$$\pi(\sigma^*, \sigma) > \pi(\sigma, \sigma)$$

于是有

$$\pi(B,A)>\pi(A,A)$$
$$\pi(A,B)>\pi(B,B)$$

设

$$x=x^*+\varepsilon,\varepsilon>0$$

则捉对竞争的复制动态是

$$\dot{x}=x(1-x)\big[\pi(A,X_\varepsilon)-\pi(B,X_\varepsilon)\big]$$
$$=(x^*+\varepsilon)(1-x^*-\varepsilon)\{(x^*+\varepsilon)\pi(A,A)+(1-x^*-\varepsilon)\pi(A,B)-$$
$$(x^*+\varepsilon)\pi(B,A)-(1-x^*-\varepsilon)\pi(B,B)\}$$
$$=x^*(1-x^*)\big[x^*\pi(A,A)+(1-x^*)\pi(A,B)-x^*\pi(B,A)-(1-x^*)\pi(B,B)\big]+$$
$$x^*(1-x^*)\big[\varepsilon\pi(A,A)-\varepsilon\pi(A,B)-\varepsilon\pi(B,A)+\varepsilon\pi(B,B)\big]-x^{*2}\varepsilon\big[\pi(A,A)-\pi(B,A)\big]-$$
$$x^*\varepsilon(1-x^*)\big[\pi(A,B)-\pi(B,B)\big]+\varepsilon(1-x^*)x^*\big[\pi(A,A)-\pi(B,A)\big]+$$
$$\varepsilon(1-x^*)^2\big[\pi(A,B)-\pi(B,B)\big]+O(\varepsilon^2)$$
$$=x^*(1-x^*)\big[\pi(A,X)-\pi(B,X)\big](=0)+x^*(1-x^*)\varepsilon$$
$$\{\big[\pi(A,A)-\pi(B,A)\big]+\big[\pi(B,B)-\pi(A,B)\big]\}+-x^{*2}\varepsilon\big[\pi(A,A)-\pi(B,A)\big]-$$
$$x^*\varepsilon(1-x^*)\big[\pi(A,B)-\pi(B,B)\big]+\varepsilon(1-x^*)x^*\big[\pi(A,A)-\pi(B,A)\big]+$$
$$\varepsilon(1-x^*)^2\big[\pi(A,B)-\pi(B,B)\big]+O(\varepsilon^2)$$
$$=x^*(1-x^*)\varepsilon\{\big[\pi(A,A)-\pi(B,A)\big]+\big[\pi(B,B)-\pi(A,B)\big]\}-$$
$$x^{*2}\varepsilon\big[\pi(A,A)-\pi(B,A)\big]-x^*\varepsilon(1-x^*)\big[\pi(A,B)-\pi(B,B)\big]+$$
$$\varepsilon(1-x^*)x^*\big[\pi(A,A)-\pi(B,A)\big]+\varepsilon(1-x^*)^2\big[\pi(A,B)-\pi(B,B)\big]+O(\varepsilon^2)$$
$$=x^*(1-x^*)\varepsilon\{\big[\pi(A,A)-\pi(B,A)\big]+\big[\pi(B,B)-\pi(A,B)\big]\}-$$
$$x^*\varepsilon\big[\pi(A,X)-\pi(B,X)\big]+\varepsilon(1-x^*)\big[\pi(A,X)-\pi(B,X)\big]+O(\varepsilon^2)$$
$$=x^*(1-x^*)\varepsilon\{\big[\pi(A,A)-\pi(B,A)\big]+\big[\pi(B,B)-\pi(A,B)\big]\}+O(\varepsilon^2)$$

一阶近似：

$$\dot{x}=\dot{\varepsilon}=x^*(1-x^*)\varepsilon\{\big[\pi(A,A)-\pi(B,A)\big]+\big[\pi(B,B)-\pi(A,B)\big]\}$$
$$\frac{\mathrm{d}\ln\varepsilon}{\mathrm{d}t}=x^*(1-x^*)\{\big[\pi(A,A)-\pi(B,A)\big]+\big[\pi(B,B)-\pi(A,B)\big]\}$$
$$\ln\varepsilon=x^*(1-x^*)\{\big[\pi(A,A)-\pi(B,A)\big]+\big[\pi(B,B)-\pi(A,B)\big]\}t+c$$
$$\varepsilon=\exp\{x^*(1-x^*)\{\big[\pi(A,A)-\pi(B,A)\big]+\big[\pi(B,B)-\pi(A,B)\big]\}t\}\mathrm{e}^c$$

所以，当 x^* 是不动点时，它是渐进稳定的当且仅当 σ^* 是 ESS。

证毕。

设 x^* 是所有不动点的集合，A 是所有的渐进稳定点的集合。N 是所有的对称纳什均衡策略的集合。E 是对称博弈中所有的 ESS 的集合。那么，我们已经看到，对于两个策略的捉对竞争来说，下列关系对于策略 σ^* 以及对应的种群状态 X 成立：

① $\sigma^*\in E\Leftrightarrow x^*\in A$

$x^*\in A\Rightarrow\sigma^*\in N$

②因为 $\sigma^* \in E \Rightarrow \sigma^* \in N$。

③ $\sigma^* \in N \Rightarrow x^* \in F$。

也就是说,在不混淆符号的情况下,有

$$E = A \subseteq N \subseteq F$$

我们将在下面证明,对两个以上策略的捉对竞争情形,这些关系就变为

$$E \subseteq A \subseteq N \subseteq F$$

3)两个以上策略情形的博弈

假设纯策略的个数为 n,我们就有 n 个方程:

$$\dot{x}_i = f_i(X), i = 1, \cdots, n$$

约束条件: $\sum_i x_i = 1$。

设降维的状态变量为

$$(x_1, \cdots, x_{n-1})$$

方程个数也相应减少为

$$\dot{x}_i = f_i(x_1, \cdots, x_{n-1}), i = 1, \cdots, n-1$$

这样的动力系统也可以写成向量的形式

$$\dot{X} = f(X)$$

这里注意向量的维数减少了一维。

定义 6.9　复制动态是定义在下面单纯形上面的

$$\Delta = \left\{ (x_1, \cdots, x_n) \,\middle|\, 0 \leq \dot{x}_i \leq 1, i = 1, \cdots, n, \sum_i x_i = 1 \right\}$$

一个"不变流形"是指一个联通子集 $M \subset \Delta$,满足如果 $X(0) \in M$,则 $M(t) \in \Delta$,对所有的 t 成立。

从定义立即得到复制动态的不动点就是其不变流形。

单纯形 Δ 的边界(有一些类型不存在的子集)也是不变的,因为有 $x_i = 0 \Rightarrow \dot{x}_i = 0$。

例 6.8　动力系统

$$\dot{x} = x(1 - x + 2y - \overline{\pi}(x, y))$$

$$\dot{y} = y(1 + 2x - y - \overline{\pi}(x, y))$$

显然,不变流形就是不动点和边界 $x = 0$ 和 $y = 0$。边界线 $x + y - 1 = 0$ 是该线上的不变流形,因为

$$\frac{\mathrm{d}(x+y)}{\mathrm{d}t} = (x + y - 1)(1 - \overline{\pi}(x, y)) = 0$$

直线 $x = y$ 也是不变的,因为在该线上有 $\dot{x} = \dot{y}$。

未来得到动力系统解的一种定性图像,我们来考察解在(或者靠近)不变流形上的行为。首先,考察不动点 X^*。通过在不动点对动力系统进行泰勒级数展开,得到动力系统

的线性近似

$$\dot{x}_i = \sum (x_j - x_j^*) \frac{\partial f_i}{\partial x_j}(X^*)$$

定义 $\dot{\xi} = x_i - x_i^*$,有

$$\dot{\xi}_i = \sum_{j}^{n-1} \xi_j \frac{\partial f_i}{\partial x_i}(X^*)$$

它是一个在原点不动点的线性系统 $\dot{\xi} = L\xi$。矩阵 L 的分量都是常数:

$$L_{ij} = \frac{\partial f_i}{\partial x_j}(X^*)$$

它的特征值决定了该线性系统在不动点的行为。如果不动点是双曲形的(即所有特征值都有非零实部),则满秩的,非线性系统的行为都是一样的。将这个信息与其他不变流形上的解的行为结合起来,就足以决定动力系统解的完整定性图像了。

6.6 均衡与稳定性

在复制动态中,设 F 是不动点的集合,A 是渐近稳定不动点的集合。N 是对称纳什均衡策略的集合,E 是对应于复制动态的对称博弈的 ESS 集合。我们将证明,对任意的捉对博弈,对策略 σ^* 以及对应的种群态 X^*,下列关系成立:

①$\sigma^* \in E \Rightarrow X^* \in A$;
②$X^* \in A \Rightarrow \sigma^* \in N$;
③$\sigma^* \in N \Rightarrow X^* \in F$。
即 $E \subseteq A \subseteq N \subseteq F$。
先证明 $N \subseteq F$。

定理6.7 设(σ^*, σ^*)是对称纳什均衡,则种群态 $X^* = \sigma^*$ 是复制动态的一个不动点。

证明 假定纳什均衡策略 σ^* 是纯策略,则每一个参与人都采用某个纯策略 s_j,所以有

$$x_i = 0, i \neq j$$
$$\overline{\pi}(X^*) = \pi(s_j, X^*)$$

因此

$$\dot{x}_i = 0, i \neq j$$

现假定纳什均衡策略 σ^* 是混合策略,假定 S^* 是 σ^* 的支撑。则根据等支付法则有
$$\pi(s, \sigma^*) = \pi(\sigma^*, \sigma^*), \forall s \in S^*$$
这意味着在 $X^* = \sigma^*$ 的多态种群中,必须有

$$\pi(s_i, X^*) = \sum_{j}^{k} \pi(s_i, s_j) x_j$$

$$= \sum_{j}^{k} \pi(s_i, s_j) p_j$$

$$= \pi(s_i, \sigma^*)$$

$$= 常数$$

对于 $s_i \notin S^*$，条件 $X^* = \sigma^*$ 给出 $x_i = 0$，因此有

$$\dot{x}_i = 0$$

对于 $s_i \in S^*$

$$\dot{x}_j = x_j \left(\pi(s_j, X^*) - \sum_{i=1}^{k} x_i \pi(s_i, X^*) \right)$$

$$= x_j \left(\pi(s_j, X^*) - \sum_{i=1}^{k} x_i \pi(s_j, X^*) \right)$$

$$= x_j \left(\pi(s_j, X^*) - \pi(s_j, X^*) \sum_{i=1}^{k} x_i \right)$$

$$= 0$$

证毕。

注：该定理表明种群里并不是有意识进行理性选择的个体，也会在进化过程中形成看起来是理性的行为。

下面给出 $A \subseteq N$ 的证明。

定理 6.8　设 X^* 是复制动态的一个渐进稳定的不动点，则对称策略对 (σ^*, σ^*) 是纳什均衡，其中 $\sigma^* = X^*$。

证明　首先，我们注意到，如果 X^* 是不动点，并且 $x_i > 0$，$\forall i$（即种群里有所有的纯策略类型），则所有的纯策略都获得同样的支付。

因为我们有 $\pi_1(s, \sigma^*) = \pi(s, X^*)$ 对于所有的纯策略 s 成立，所以 (σ^*, σ^*) 是纳什均衡。

现在需要考察种群里没有某些纯策略类型的情形。设存在的纯策略集合为 $S^* \subset S$（即 S^* 是不动点 X^* 及可能的纳什均衡是 σ^* 的支撑）。因为 X^* 是不动点，所以 $\pi(s, X^*) = \overline{\pi}(X^*)$ $\forall s$，$\pi_1(s, \sigma^*) = \pi_1(\sigma^*, \sigma^*)$ $\forall s \in S^*$。

现在假设 (σ^*, σ^*) 不是纳什均衡，则存在某个策略 $s' \notin S^*$ 使得 $\pi_1(s', \sigma^*) > \pi_1(\sigma^*, \sigma^*)$，于是 $\pi(s', X^*) > \overline{\pi}(X^*)$。

假定有一个靠近 X^* 状态但是其中有很小比例为 ε 的策略是 s' 的种群 X_ε，则

$$((1-\varepsilon)\dot{\sigma}_i^* + \varepsilon) = \left[(1-\varepsilon)\sigma_i^* + \varepsilon \right] \left[\pi(s', X_\varepsilon) - \overline{\pi}(X_\varepsilon) \right]$$

其中，σ_i^* 是策略 s' 的选择概率。因为 $s' \notin S^*$，所以 $\sigma_i^* = 0$，故

$$\dot{\varepsilon} = \varepsilon\left[\pi(s', X_{\varepsilon}) - \overline{\pi}(X_{\varepsilon})\right]$$

$$= \varepsilon\left[(1-\varepsilon)\pi(s', X^*) + \varepsilon\pi(s', s') - (1-\varepsilon)^2\overline{\pi}(X^*) - \right.$$
$$\left.(1-\varepsilon)\varepsilon\pi(X^*, s') - (1-\varepsilon)\varepsilon\pi(s', X^*) - \varepsilon^2\pi(s', s')\right]$$

$$= \varepsilon\left[\pi(s', X^*) - \overline{\pi}(X^*)\right] + o(\varepsilon^2)$$

所以 s' 的比例会增加,这与 X^* 是渐进稳定的假设相矛盾。

证毕。

最后,来考察 $E \subseteq A$。

定义 6.10 设动力系统 $\dot{X} = F(X)$ 的不动点是 X^*。则一个纯数函数 $V(X)$,定义其在 $\overset{*}{X}$ 附近允许的状态,具有下面的性质:

①$V(\overset{*}{X}) = 0$;

②$V(X) > 0, X \neq \overset{*}{X}$;

③$\dfrac{V(X)}{\mathrm{d}t} < 0, X \neq \overset{*}{X}$。

则称其为(严格)李雅普诺夫。如果这样的函数存在,则 X^* 就是渐进稳定的。

定理 6.9 在复制动态里,每一个 ESS 都对应一个渐进稳定的不动点。也就是说,如果 σ^* 是一个 ESS,则满足 $X^* = \sigma^*$ 的种群是渐进稳定的。

证明 如果 σ^* 是一个 ESS,则根据定义存在 $\overline{\varepsilon}$ 满足:对所有的 $\varepsilon < \overline{\varepsilon}$,

$$\pi(\sigma^*, \sigma_{\varepsilon}) > \pi(\sigma, \sigma_{\varepsilon}), \forall \sigma \neq \sigma^*$$

其中,$\sigma_{\varepsilon} = (1-\varepsilon)\sigma^* + \varepsilon\sigma'$,特别地,对于 $\sigma = \sigma_{\varepsilon}$ 也是成立的,$\pi(\sigma^*, \sigma_{\varepsilon}) > \pi(\sigma_{\varepsilon}, \sigma_{\varepsilon})$,这就意味着在复制动态里,我们有,对于 $X^* = \sigma^*$,$x = (1-\varepsilon)x^* + \varepsilon x'$ 以及对应所有的 $\varepsilon < \overline{\varepsilon}\pi(\sigma^*, x) > \overline{\pi}(x)$。

现在考虑相对熵函数:

$$V(X) = -\sum_{i=1}^{k} x^*{}_i \ln\left(\frac{x_i}{x_i^*}\right)$$

显然有 $V(X^*) = 0$,并且[利用 Jensen 不等式,对于任何凸函数,譬如对数函数,有 $Ef(x) \geq f(Ex)$]。

$$V(X) = -\sum_{i=1}^{k} x_i^* \ln\left(\frac{x_i}{x_i^*}\right)$$

$$\geq -\ln\left(\sum_{i=1}^{k} x_i^* \frac{x_i}{x_i^*}\right)$$

$$= -\ln\left(\sum_{i=1}^{k} x^i\right)$$

$$= -\ln 1$$

$$= 0$$

$V(X)$沿着复制动态的解轨道的时间导数是

$$\frac{\mathrm{d}V(X)}{\mathrm{d}t} = \sum_{i=1}^{k} \frac{\partial V}{\partial x_i}\dot{x}_i$$

$$= -\sum_{i=1}^{k} \frac{x_i^*}{x_i}\dot{x}_i$$

$$= -\sum_{i=1}^{k} \frac{x_i^*}{x_i}x_i[\pi(s_i,x) - \overline{\pi}(x)]$$

$$= -[\pi(\sigma^*,x) - \overline{\pi}(x)]$$

如果σ^*是一个ESS,则在X^*的某个邻域有

$$[\pi(\sigma^*,x)-\overline{\pi}(x)]>0, X\neq X^*$$

故在不动点的附近有

$$\frac{\mathrm{d}V}{\mathrm{d}t}<0$$

因此V是该区域的严格李雅普诺夫函数,并且不动点X^*是渐进稳定的。证毕。

前面3个定理在ESS集(E)、对称纳什均衡(N)、不动点(F)和渐进稳定不动点(A)之间建立起了下面的关系

$$E\subseteq A\subseteq N\subseteq F$$

一般地,在复制动态里会存在并不对应于ESS的渐进稳定不动点。

6.7 应用例子

例6.9 互联网巨头并购

假定互联网巨头在并购中存在两种策略:合作,竞争。合作意味着双方共谋合作,竞争代表双方恶性哄抬价格。

当两家厂商都选择合作时,双方能够获得新价值链的入口以及相对应的收益,并且所付出的成本是合理的,但是如果有一方合作的同时,另一方却选择竞争即恶性抬价,那么合作的一方要么不能完成并购,要么要以极其昂贵的价格完成收购,而竞争的一方要么能独霸该价值链,要么在该价值链开始时已获得成本优势,双方都竞争的话,双方都将会付出较高的并购成本。

博弈的支付矩阵见表6.2。其中,V是巨头公司合并小企业的正常收益包括合理成本;ΔC是巨头竞争中哄抬增加的并购成本,$V>\Delta C+S$;S是巨头哄抬价格,打压对方所得利益。假定:当合并企业被其他巨头投机时,其并购将失败,所以效用为0。在该博弈中,假设所有巨头中采取合作的概率为X,竞争的概率为$(1-X)$。合作的巨头群体期望收益为

$$E_{\text{合1}}=X(V) \tag{6.3}$$

表 6.2　支付矩阵

巨头 2

		合作	竞争
巨头 1	合作	V,V	$V-\Delta C+S,0$
	竞争	$0,V-\Delta C+S$	$V-\Delta C,V-\Delta C$

竞争的巨头群体期望收益为

$$E_{竞1}=X(V-\Delta C+S)+(1-X)(V-\Delta C) \tag{6.4}$$

巨头群体平均期望收益为

$$\overline{E}_1=XE_{合1}+(1-X)E_{竞1} \tag{6.5}$$

巨头群体的复制动态方程为

$$\frac{1}{X}\frac{DX}{DT}=E_{合1}-\overline{E}_1$$

将式（6.3）至式（6.5）代入，得

$$\frac{DX}{DT}=X(1-X)\left[X(V-S)-(V-\Delta C)\right] \tag{6.6}$$

该复制动态方程可能存在 3 个稳定点，分别为

$$X=0,X=1,X=\frac{V-\Delta C}{V-S}$$

分析：①当 $V>S>\Delta C$ 时，$X=0$ 是演化稳定策略 ESS。由于投机收益大于单纯的合并收益，巨头们都倾向于竞争策略。即使刚开始有个别巨头执行合作策略，也会很快转而执行竞争策略。最终长期所有的巨头都将执行竞争策略，即 $X=0$。合并过程中，当互联网巨头们哄抬并购价格，排挤其他巨头的利益大于单纯并购小企业获得的利益时（$S>V$）。即抢占新兴行业市场份额，夺取先发优势，完成价值链布局等战略价值大于普通的并购收益时，那么巨头们都将纷纷采取竞争策略，但因此也都只能获得单纯的并购收益却白白付出投机成本（$V-\Delta C$）。

②$X=\frac{V-\Delta C}{V-S}$ 是演化稳定策略 ESS。由于竞争等环境因素的影响，巨头中开始合作，并且复制合作策略，直至比例上升到整个巨头行业的 $\frac{V-\Delta C}{V-S}$。当比例超过 $\frac{V-\Delta C}{V-S}$ 时，一些巨头发现竞争策略也是明智的，巨头行业便开始复制竞争策略，最终巨头行业稳定在合作比例为 $\frac{V-\Delta C}{V-S}$ 的状态。当互联网巨头的投机利益小于单纯并购利益（$S<V$），但大于投机成本 $S>\Delta C$ 时，巨头们虽然有投机的动机，但也怕所有巨头都采取竞争策略的后果。因此，会有一部分的巨头采取竞争策略，一部分的巨头采取合作策略，当采取合作的比例达到 $\frac{V-\Delta C}{V-S}$ 时，所有的互联网巨头会达到一种动态均衡的状态，见表 6.3。

③当 $V>\Delta C>S$ 时, $X=1$ 是演化稳定策略 ESS。由于投机的收益小于成本,所以巨头们都会选择合作。当互联网巨头的投机利益小于投机成本($S<\Delta C$)时,巨头们都会衡量成本效益则采取合作的战略,从而获得合并收益(V)。

合并方与被合并方博弈、互联网巨头与被收购的小企业之间的博弈也影响并购结果,但小企业的策略选择受制于合并方与其他巨头的博弈结果。如果合并方之间是相互合作的,由于被合并方多是小企业,议价能力低,所以当个体企业积极配合收购,那么便可以获得合并收益(V),而当其想提高收购价格,合并方便会放弃并购这个小企业,寻找其他小企业,这时这个小企业获得0。

如果合并方之间是相互竞争的,即收购企业相互抬价时,如果单个被收购方积极配合某个收购方时,那么获得合并收益(V),而当被收购方选择提高价格时,则获得合并收益($V+\Delta C$)。

表6.3　巨头与小企业博弈矩阵

		并购方	
		合作(并购方内部)	竞争(并购方内部)
被并购方	合作	V	V
	竞争	0	$V+\Delta C$

求解 ESS:

假设被合并方中合作的比例为 Y,竞争比例为 $1-Y$;合并方合作比例为 X,竞争比例为 $1-X$。

合作的被合并方群体期望收益为

$$E_{合2}=X(V)+(1-X)V \tag{6.7}$$

竞争的被合并方群体期望收益为

$$E_{竞2}=(1-X)(V+\Delta C) \tag{6.8}$$

则被合并方群体平均期望收益为

$$\overline{E}_1=YE_{合2}+(1-Y)E_{竞2} \tag{6.9}$$

则被合并方群体的复制动态方程为

$$\frac{1}{Y}\frac{DY}{DT}=E_{合2}-\overline{E}_1$$

代入式(6.7)、式(6.8)、式(6.9),得

$$\frac{DY}{DT}=Y(1-Y)[V-(1-X)(V+\Delta C)] \tag{6.10}$$

该复制动态方程可能存在 3 个稳定点,分别为

$$Y=0,Y=1,X=\frac{\Delta C}{V+\Delta C}$$

复制动态方程稳定解的条件为一阶导数小于0,对其复制动态方程中的 Y 求偏导

$$\frac{\partial \dfrac{DY}{DT}}{\partial Y} = (1-2Y)\left[V-(1-X)(V+\Delta C)\right] \tag{6.11}$$

结果分析:

(1)当 $0<X<\dfrac{\Delta C}{V+\Delta C}$ 时,$Y=0$,$\dfrac{\partial \frac{DY}{DT}}{\partial Y}<0$,$Y=1$,$\dfrac{\partial \frac{DY}{DT}}{\partial Y}>0$;此时 $Y=0$ 是复制动态方程的均衡

解。这表明,当合并方采取合作的概率小于 $\dfrac{\Delta C}{V+\Delta C}$ 时,被合并方经过长期的演化,最终都会选择竞争策略,当互联网巨头们合并方之间都采取合作的方式时($X=0,S>V>\Delta C$),小企业被合并方也只能配合他们进行合并,获得收益(V)。就算刚开始有的小企业想抬高并购价格,也会由于被巨头们放弃并购的威胁,最终选择合作的策略。

(2)当 $\dfrac{\Delta C}{V+\Delta C}<X<1$ 时,$Y=0$,$\dfrac{\partial \frac{DY}{DT}}{\partial Y}>0$;$Y=1$,$\dfrac{\partial \frac{DY}{DT}}{\partial Y}<0$;此时 Y 是复制动态方程的均衡解,这表明,当合并方采取合作的概率大于 $\dfrac{\Delta C}{V+\Delta C}$ 时,被合并方经过长期的演化,最终都会选择合作策略。当互联网巨头们合并方之间都采取竞争的方式时($X=1,V>\Delta C>S$),小企业被合并方会选择竞争的策略抬高并购价格,获得收益($V+\Delta C$)。如果有的小企业刚开始采取合作的策略,也会追逐自身利益最大化,最终选择竞争策略。

(3)当 $X=\dfrac{\Delta C}{V+\Delta C}$ 时,Y 取任意值,$\dfrac{\partial \frac{DY}{DT}}{\partial Y}$ 都等于0;此时任何 Y 都是稳定的均衡解,这表明,当合并方采取合作的概率正好为 $\dfrac{\Delta C}{V+\Delta C}$ 时,无论被合并方的选择如何,这个状态都是稳定均衡可持续的。但是实际中不大可能出现这种情况,当互联网巨头们合并方之间采取既合作又竞争的均衡方式($X=\dfrac{V-\Delta C}{V-S},V>S>\Delta C$)时。由于 $\dfrac{V-\Delta C}{V-S}>\dfrac{\Delta C}{V+\Delta C}$,即大多数的巨头执行合作策略,小企业也只能选择合作策略,获得收益(V)。

练习题

1.考虑英国性别比博弈,其中女性可以在两种纯策略中进行选择:

s_1:生 n 个子嗣,其中男孩的比例为0.8;

s_2:生 n 个子嗣,其中男孩的比例为0.2。

考虑英国女性,她在一个男性比例为 μ 的种群中采用混合策略($p,1-p$)。

①计算女性的孙子的期望数量;

②证明,在一个单态种群中,唯一可能的进化稳定性别比例为 $\mu = \dfrac{1}{2}$;

③找出一个策略,使得其在单态种群中导出 $\mu = \dfrac{1}{2}$,并且证明其是进化稳定的。

2. 考虑一个 $v \geq c$ 的鹰—鸽博弈。证明采用 H 是 ESS。

3. 考虑一个囚徒困境,其中两个参与人之间的相互作用支付见下表。

		B	
		C	D
A	C	3,3	0,5
	D	5,0	1,1

如果一个种群中的个体玩两两捉对博弈,ESS 是什么?

4. 找出根据以下两人博弈定义的种群博弈的 ESS。

①

		B		
		R	G	B
A	R	1,1	0,0	0,0
	G	0,0	1,1	0,0
	B	0,0	0,0	1,1

②

		B	
		G	H
A	G	3,3	2,2
	H	2,2	1,1

③

		P_2	
		A	B
P_1	A	4,4	0,1
	B	1,0	2,2

④

$$P_2$$

	H	D
H	$-\frac{1}{2},-\frac{1}{2}$	2,0
D	0,2	1,1

P_1 标于左侧。

5.一个鸟类种群是这样分布的,在任何区域,只有两只雌性鸟和两棵树适合筑巢(T_1 和 T_2)。如果这两只雌性鸟选择相同的位置筑巢,则它们分别会有两个子嗣。如果它们选择不同的地方筑巢,它们就容易受到捕食性动物的攻击,分别就只有一个子嗣。这种情形可以用两两捉对博弈模型描述。

①构造两只鸟的博弈支付表,并且给出所有的对称纳什均衡;

②决定哪些纳什均衡是相关种群的 ESS。

6.下列两人博弈定义的种群博弈中,哪些有 ESS?

①

$$P_1$$

	A	B
A	1,1	1,1
B	1,1	1,1

②

$$P_1$$

	E	F
E	1,1	1,2
F	2,1	0,0

③

$$P_2$$

	A	B	C
A	0,0	1,−1	−3,3
B	−1,1	0,0	2,−2
C	3,−3	−2,2	0,0

7. 考虑下面的两两捉对博弈(其中,$a<b$),

P_1

		A	B
P_1	A	$a-b,a-b$	$2a,0$
	B	$0,2a$	a,a

试给出动态复制方程,并找出所有的不动点。

8. 导出鹰—鸽博弈的动态复制动力学,证明任意不在不动点的种群会向着唯一对称纳什均衡演化。

9. 考虑下面的两两捉对博弈($a\neq0$),试找出所有的 $a>0$ 和 $a<0$ 时的 ESS。给出当 A 参与人的比例为 x 时的动态复制方程。找出所有的 $a>0$ 和 $a<0$ 时动态复制方程式的不动点。证明仅仅是对应于 ESS 的不动点是反对称稳定的。

P_1

		A	B
P_1	A	a,a	$0,0$
	B	$0,0$	a,a

第7章　合作博弈：纳什讨价还价谈判解

7.1　纳什讨价还价解

纳什讨价还价模型是纳什在博弈论方面的两大伟大发现之一。大家最熟悉纳什的是纳什均衡概念及其证明，但是，同样作为纳什了不起的发现，纳什讨价还价模型以其优美的结果，出人意外的发现而令博弈论专家入迷。但是，大多数教科书对纳什讨价还价模型的介绍都有缺憾——没有简单易懂的数学证明，令人难以感受其卓越的美感。本章将弥补这一缺憾。

一般来说，每种讨价还价问题的谈判内容都是不同的。为了获得一般性理解，我们把这样的具体问题变成抽象的讨价还价问题来研究。我们要探究：是否存在一个放之四海而皆准的讨价还价解，以致它可以应用于不同内容的讨价还价问题，而这样的解又到底具有什么性质等。

7.1.1　两人讨价还价问题

定义 7.1　两个参与人（$i = 1,2$）间的一个讨价还价问题是一个组合 $\langle S,d \rangle$，其中 $S \subset R^2$ 是可行的效用组合（utility pair）的集合，$d = (d_1, d_2)$ 是两人在不能达成协议的情形下得到的一个效用组合［称为非协议点（disagreement point）］。我们假定 S 是闭的、有界的凸集，$d \in S$，并且存在 $s \in S$ 满足 $s_i > d_i, i = 1,2$。

定义 7.2　用 B 表示所有讨价还价问题的集合。一个讨价还价解是一个函数 $f:B \rightarrow R^2$，它赋予每一个讨价还价问题 $\langle S,d \rangle \in B$ 唯一的一个 S 中的元素。

为了理解如何将一个具体问题采用这种一般性抽象方法表达出来，我们来考察下面 3 个问题。

例 7.1　分饼（风险中性情形）

假设有两个风险中性的个人 1 和 2 就如何分配大小为一个单位的饼进行讨价还价。在未达成协议的情形，每人将分不到任何东西。

例 7.2　分饼（存在风险偏好的情形）

这里除了个人 2 是风险偏好外，其他与例 7.1 是一样的：设 x_i 是 i 所分得的份额，则其效用为 $u_i, i = 1,2$，假设 $u_1(x_1) = x_1$ 和 $u_2(x_2) = x_2^2$（一阶导数递增，所以是风险偏好的）。

例7.3 不可分割商品的分配

参与人 1 有一个苹果，参与人 2 有两个香蕉，假定苹果和香蕉都是不可分割的。每个参与人的效用作为其消费的函数被列在表 7.1 中（其中，a 和 b 分别表示苹果和香蕉，abb 表示消费一个苹果和两个香蕉，依此类推）。在最终未能够达成协议的情形下，他们各自消费自己拥有的资源。

表 7.1 作为消费的函数的效用

消费	没有消费	a	b	ab	bb	abb
局中人 1 的效用	0	4	5	9	10	14
局中人 2 的效用	0	6	4	9	7	12

在前两个问题中，他们需要达成的契约是如何分配这个饼；在第三个问题中，他们需要达成的契约是如何分配苹果和香蕉，并且给定商品的不可分性，契约可以是一个随机性分配的契约。

在例 7.1 中，假设两个代理人的效用函数为 $u_i(x_i)=x_i$，其中，x_i 是 i 所消费的饼的份额，$i=1,2$。所有分配 (x_1,x_2) 符合 $x_1 \geqslant 0,x_2 \geqslant 0$ 和 $x_1+x_2=1$ 便是有效的（efficient）。所有分配 (x_1,x_2) 符合 $x_1 \geqslant 0,x_2 \geqslant 0$ 和 $x_1+x_2 \leqslant 1$ 是可行的（feasible），因为将一部分饼扔掉总是可能的。可行的效用组合集定义为 $S=\mathrm{convexhull}\{(0,0),(0,1),(1,0)\}$ 和非协议组合定义为 $d=(0,0)$，其中 convexhull 表示"凸包"。因此，可行效用组合集 S 是闭的，有界的凸集且存在某个 $s=(s_1,s_2) \in S$，使得 $s_i>d_i,i=1,2$（参见图 7.1（a））。因此，$\langle S,d \rangle$ 是一个符合定义 7.1 的讨价还价问题。

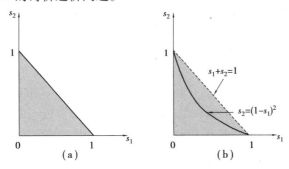

图 7.1 例 7.1、例 7.2 中的讨价还价

注意：两种情形中第二个人的效用函数是不一样的，但是最后的可行集却是相同的。为什么？

在例 7.2 中，设 x_i 是 i 消费的饼的份额，参与人 1 的效用为 $u_1(x_1)=x_1$，参与人 2 的效用 $u_2(x_2)=x_2^2$。那么，给定任意的饼分配方案 $(x_1,x_2=1-x_1)$，有 $u_2(x_2)=(1-x_1)^2=(1-u_1(x_1))^2$。所以，得到的效用组合 $s=(s_1,s_2)$ 一定满足 $s_2=(1-s_1)^2$，即图 7.1（b）中曲线上的点。图中该曲线以下和以左部分的非负效用组合也是可行的，因为将一部分饼扔掉总是可能的。

最后,由该曲线和两轴围成的区域的点可以通过凸化而生成,因而是 S 的一部分。但 S 还包括像该区域之外的效用组合。例如,通过将整个饼以 0.5 的概率分给个人 1 和以 0.5 的概率分给个人 2 的一个契约,效用组合(0.5，0.5)就可以达到。所以,运用这种凸化方法,我们发现可行效用组合集合为 $S = \text{convexhull}\{(0,0),(0,1),(1,0)\}$。

现在考虑例7.3。作为所有可行消费组合的函数的两个参与人的效用组合见表7.2。

表 7.2　作为所有可行消费组合的函数的两个参与人的效用组合

消费组合	0,0	0,a	0,b	0,ab	0,bb	0,abb	a,0	a,b	a,bb	b,0	a,a	b,b	b,ab	ab,0	ab,b	bb,0	bb,a	abb,0
效用组合 (s_1,s_2)	0,0	0,6	0,4	0,9	0,7	0,12	4,0	4,4	4,7	5,0	5,6	5,4	5,9	9,0	9,4	10,0	10,6	14,0

通过在 (s_1',s_2) 空间中描出所有的点且进行凸化,我们发现可行集 $S = \text{convexhull}$ $\{(0,0),(0,12),(5,9),(10,6),(14,0)\}$,且 $(d_1,d_2) = (4,7)$(没有达成协议时,各自的效用是消费自己禀赋的效用),如图 7.2 所示。

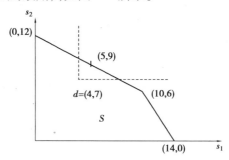

图 7.2　例 7.3 中的可行效用组合集

如果只是将讨价还价解看作一个函数 $f:B \rightarrow R^2$ 的话,可以得出好些讨价还价的解。譬如,考虑下面的一种:$f^d(S,d) = d$。也就是说,根据函数 f^d,每一个讨价还价问题都是以谈判失败而告终,因此,两人得到他们的是非协议点效用。满足定义 7.2 的讨价还价解太多,还需要通过规定解的一些性质来获得唯一的解。

7.1.2　纳什讨价还价解

定义 7.3　我们称 $\langle S',d' \rangle$ 是由讨价还价问题 $\langle S,d \rangle$ 通过变换 $s_i \mapsto \alpha_i s_i + \beta_i, i = 1,2$ 而得到的,如果 $d_i' = \alpha_i d_i + \beta_i, i = 1,2$,且有

$$S' = \{(\alpha_1 s_1 + \beta_1, \alpha_2 s_2 + \beta_2) \in R^2 : (s_1,s_2) \in S\}$$

不难验证,如果 $\alpha_i > 0, i = 1,2$,则 $\langle S',d' \rangle$ 本身就是一个符合定义 7.1 的讨价还价问题。

推论1 如果$\langle S',d'\rangle$是通过某种非零系数线性变换从$\langle S,d\rangle$得到的，则$\langle S,d\rangle$是通过某种线性变换从$\langle S',d'\rangle$得到的。

证明 假设$\langle S',d'\rangle$是通过变换$s_i\mapsto\alpha_i s_i+\beta_i$从讨价还价问题$\langle S,d\rangle$得到的。则$\langle S,d\rangle$是通过变换$s_i\mapsto\alpha_i's_i+\beta_i'$从$\langle S',d'\rangle$得到的，其中$\alpha_i'=1/\alpha_i$和$\beta_i'=-\beta_i/\alpha_i$。

$$[\text{从}\langle S',d'\rangle\text{反求解}\langle S,d\rangle]$$

定义7.4 如果$d_1=d_2$且$(s_1,s_2)\in S$当且仅当$(s_2,s_1)\in S$，则称讨价还价问题$\langle S,d\rangle$是对称的。

我们作出下列4个假定（或公理）：

①等价效用表示的不变性（INV）。假设讨价还价问题$\langle S',d'\rangle$是通过变换$s_i\mapsto\alpha_i s_i+\beta_i, i=1,2$而从$\langle S,d\rangle$得到的，其中$\alpha_i>0, i=1,2$，则$f_i(S',d')=\alpha_i f_i(S,d)+\beta_i; i=1,2$。

②对称性（Symmetry，SYM）。如果讨价还价问题$\langle S,d\rangle$是对称的，则$f_1(S,d)=f_2(S,d)$。

③帕累托有效（Pareto Efficiency，PAR）。假设$\langle S,d\rangle$是一个讨价还价问题，$s\in S$和$t\in S$，且$t_i>s_i, i=1,2$，则$f(S,d)\neq s$。

讨论：我们比较熟悉的一个事实是：博弈均衡不一定是有效率的（事实上经常是没有效率的），这个性质事实上是一个要求而不是必然的结果！——是否如此！（事实上，工会与厂商之间的讨价还价模型给出的解就不是有效率的）

④不相干选择的不相干性（Independence of irrelevant alternatives，IIA）。考虑两个讨价还价问题$\langle S,d\rangle$和$\langle T,d\rangle$。如果$S\subset T$及$f(T,d)\in S$，则有$f(S,d)=f(T,d)$。

根据INV，讨价还价的物质结果不取决于代表每一个局中人偏好的效用函数，只要这个函数是符合这一偏好的。根据INV，在例7.1中，如果当两个参与人的效用函数为$u_i(x_i)=x_i$时，讨价还价问题要求他们平分饼的话，则当$u_1(x_1)=x_1$，但$u_2(x_2)=10x_2$时，讨价还价的结果仍然是平分饼，即使看起来所得到的效用对已经发生了改变。

对称性假定（SYM）也是直观的。它说的是倘若双方在所有方面都是对称的话，讨价还价的结果也一定是对称的。因此，回到例7.1和例7.2，由于d与S两者是对称的，讨价还价结果也一定是对称的。

根据帕累托有效（PAR），不会有任何浪费。讨价还价结果一定位于S的帕累托前沿上。回到例7.1，饼在两个代理人之间的分配必须满足$x_1+x_2=1$；在例7.2中，标出的是一个含有随机性的协议，使得$s_1+s_2=1$。事实上，加上SYM，从PAR得到的结论是，在两个例子中，讨价还价将最终使得双方得到的效用组合为$(0.5,0.5)$。为了实现例7.1中这种效用组合，只需简单地将饼平分即可。对于例7.2，双方同意采用下面的抽彩给奖方式形成契约：将饼以0.5的概率分给个人1和以0.5的概率分给个人2。

最后一个假定IIA所说的是：考虑任意的讨价还价问题$\langle T,d\rangle$，记它的解为s，通过去掉T中某些不同于s和d的效用函数对而生成S（即S是T的子集），这个新的讨价还价问题$\langle S,d\rangle$的解将一定与第一个问题相同。它背后的原理可以用下面的比方来理解。假设我们要挑选出最好的中国运动员，该问题一般是不同于挑选最佳的重庆运动员这一问

题的。然而,如果对于第一个问题的"解"恰好就是一个重庆运动员的话,则他也会是第二个问题的解。尽管如此,不像前三个假定,这个假定 IIA 是具争议的。

讨论:能否举出违反这个假定的例子?

在这里首先给出的是这四个假定如何确定一个唯一的讨价还价结果的基本思路——PAR 保证了讨价还价结果是有效率的,即位于 S 的帕累托前沿上。SYM 和 PAR 一起决定一个对称讨价还价问题的讨价还价结果。根据 INV,对称讨价还价问题就可以转换为一种非对称讨价还价问题(因为,进行仿射变换后就不一定有 $d_1 = d_2$),其中效用组合是从原问题的效用组合的仿射变换。

最后,IIA 使我们将任何的非对称的讨价还价问题与某个对称的讨价还价问题联系起来,这个对称问题是通过在原有问题中增加"劣"的选择而得到的,"不相关"的效用组合构造出来的。由于这个对称的讨价还价问题已经有解,非对称的问题也有解。结果表明这 4 个假定正好足以保证在所有的讨价还价问题中有唯一的一个结果。

定理 7.1(纳什讨价还价解的存在唯一性)　存在唯一的一个由下面给出具体形式的讨价还价解 $f^N:B{\rightarrow}R2$,满足公理 INV,SYM,PAR 和 IIA。

$$f^N(S,d) = \underset{(d_1,d_2) \leqq (s_1,s_2) \in S}{\arg\max} (s_1-d_1)(s_2-d_2)$$

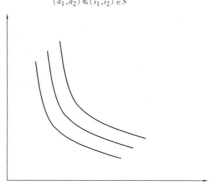

图 7.3　无差异曲线

证明　分若干个步骤来完成证明。

(1)首先,检验 f^N 的定义是完整的。集合 $\{s \in S : s \geq d\}$ 是紧的(事实上是欧氏空间中的有界闭集),并且由 $H(s_1,s_2) = (s_1-d_1)(s_2-d_2)$ 定义的函数 H 是连续的,所以对定义 f^N 的最大化问题有解(维尔斯特拉斯定理,Weierstrass theorem)。进而,H 在 $\{s \in S : s > d\}$ 上是严格拟凹的(quasi concave)[即 H 的上边缘集合(upper contour)是严格凸的]。因此,f^N 的最大化问题的解是唯一的(关于这一点,从下面的分析可以看出):

令 $H(s_1,s_2) = (s_1-d_1)(s_2-d_2) = c, c(>0)$ 是任意常数。

则 $s_2 = d_2 + \dfrac{c}{s_1-d_1}$,因此 H 的无差异曲线是凸向原点的,并且,$\lim\limits_{s_1 \rightarrow +\infty} s_2 = 0$,$\lim\limits_{s_2 \rightarrow +\infty} s_1 = 0$,

$$\frac{\mathrm{d}H(s,s)}{\mathrm{d}s} = 2s - d_1 - d_2 > 0$$

所以，显然 H 是严格拟凹的。

（2）接下来要检验 f^N 满足 4 个假定。

①INV：如果 $\langle S', d' \rangle$ 和 $\langle S, d \rangle$ 如假定所述，则 $s' \in S'$ 当且仅当存在 $s \in S$ 满足 $s_i' = \alpha_i s_i + \beta_i, i = 1, 2$。对这样的效用组合 s 和 s'，有

$$(s_1' - d_1')(s_2' - d_2') = \alpha_1 \alpha_2 (s_1 - d_1)(s_2 - d_2)$$

所以，(s_1^*, s_2^*) 在 S 上最大化 $(s_1 - d_1)(s_2 - d_2)$，当且仅当 $(\alpha_1 s_1^* + \beta_1, \alpha_2 s_2^* + \beta_2)$ 在 S' 上最大化 $(s_1' - d_1')(s_2' - d_2')$。

②SYM：如果 $\langle S, d \rangle$ 是对称的且 (s_1^*, s_2^*) 在 S 上最大化 H，则由于 H 是一个对称函数，(s_2^*, s_1^*) 也在 S 上最大化 H。因为拟凹函数的最大化点是唯一的，有 $s_1^* = s_2^*$。

③PAR：因为 H 对其每个变量都是严格递增的，如果对 $i = 1, 2$，存在 $t \in S$ 满足 $t_i > s_i$，s 就不会在 S 上最大化 H。

④IIA：如果 $T \supset S$ 和 $s^* \in S$ 在 T 上最大化 H，则 s^* 也在 S 上最大化 H。

（3）最后，证明 f^N 是满足这 4 个假定的唯一的讨价还价解。假设 f 是满足这 4 个假定的某个讨价还价解，我们将证明 $f = f^N$。即设 $\langle S, d \rangle$ 是任意的一个讨价还价问题，需要证明 $f(S, d) = f^N(S, d)$。

基本思路：

通过正的仿射变换，将 s 变换为某个 S'，这个变换把 (d_1, d_2) 变为 $(0, 0)$，把 $f^N(s, d)$ 变为 $\left(\dfrac{1}{2}, \dfrac{1}{2}\right)$。

我们将证明 S' 位于过点 $\left(\dfrac{1}{2}, \dfrac{1}{2}\right)$ 的斜率为 -1 的直线左端。

以过点 $\left(\dfrac{1}{2}, \dfrac{1}{2}\right)$ 的斜率为 -1 的直线段作为一个边，构造足够大的对称性矩形 T 包含 S'，根据对称性和帕累托最优条件，$f(T, 0)$ 就是点 $\left(\dfrac{1}{2}, \dfrac{1}{2}\right)$，由于点 $\left(\dfrac{1}{2}, \dfrac{1}{2}\right)$ 在 S' 中，根据第四个假定，就有 $f(s', 0) = \left(\dfrac{1}{2}, \dfrac{1}{2}\right)$。

根据第一个假定，定理得证。

具体证明如下：

第一步：设 $f^N(S, d) \equiv z$。由于存在 $s \in S$ 使得 $s_i > d_i, i = 1, 2$，有 $z_i > d_i, i = 1, 2$。设 $\langle S', d' \rangle$ 是从 $\langle S, d \rangle$ 通过变换 $s_i \mapsto \alpha_i s_i + \beta_i$ 得到的讨价还价问题，使得 $d' = 0$ 和 $f^N \langle S', d' \rangle = (1/2, 1/2)$（4 个未知数和 4 个方程，有解；即 $\alpha_i = 1/(2(z_i - d_i))$ 和 $\beta_i = -d_i/(2(z_i - d_i))$，$d_i' = \alpha_i d_i + \beta_i = 0$ 和 $\alpha_i f_i^N(S, d) + \beta_i = \alpha_i z_i + \beta_i = 1/2, i = 1, 2$）。

因为 f 和 f^N 都满足 INV，有 $f_i(S', 0) = \alpha_i f_i(S, d) + \beta_i$ 及 $f_i^N(S', 0) = \alpha_i f_i^N(S, d) + \beta_i (= 1/2)$，$i = 1, 2$。因此，$f(S, d) = f^N(S, d)$，当且仅当 $f(S', 0) = f^N(S', 0)$。

由于 $f^N(S', 0) = (1/2, 1/2)$，只要证明 $f(S', 0) = (1/2, 1/2)$，证明便完成。

第二步:指出 S' 不含有满足 $s'_1+s'_2>1$ 的点 (s'_1,s'_2)。否则,设 $(t_1,t_2)=((1-\varepsilon)(1/2)+\varepsilon s'_1,(1-\varepsilon)(1/2)+\varepsilon s'_2)$,其中 $0<\varepsilon<1$。由于 S' 是凸的(为什么?),点 (t_1,t_2) 在 S' 中;但是对充分小的 ε,有

$$t_1 t_2 = ((1-\varepsilon)(1/2)+\varepsilon s_1)((1-\varepsilon)(1/2)+\varepsilon s_2)$$

$$= (1-\varepsilon)^2(1/4)+\varepsilon^2 s_1 s_2 + \frac{1}{2}\varepsilon(1-\varepsilon)(s_1+s_2)$$

$$= \frac{1}{4}-\frac{1}{2}\varepsilon+\frac{1}{4}\varepsilon^2+\varepsilon^2 s'_1 s'_2+\frac{1}{2}\varepsilon(s'_1+s'_2)-\frac{1}{2}\varepsilon^2(s'_1+s'_2)\ (\text{且有 } t_i>0,i=1,2)$$

$$= \left(\frac{1}{4}+s'_1 s'_2-\frac{1}{2}(s_1+s_2)\right)\varepsilon^2+\left(-\frac{1}{2}+\frac{1}{2}(s'_1+s'_2)\right)\varepsilon+\frac{1}{4}$$

$>1/4$ 只要 ε 充分小。

与事实 $f^N(S',0)=(1/2,1/2)$ 矛盾;因为 $H(s'_1,s'_2;0,0)$ 已经在 $\left(\dfrac{1}{2},\dfrac{1}{2}\right)$ 取得了最大值 $\dfrac{1}{4}$,它在 S' 上不会还有比 $\dfrac{1}{4}$ 更大的值。

第三步:因为 S' 是有界的,第二步的结果保证了我们能够找到一个矩形 T,它对于 $45°$ 线是对称的,并且包含了 S',在它的边界上就是 $(1/2,1/2)$,如图 7.4 所示。

第四步:由 PAR 和 SYM 有 $f(T,0)=(1/2,1/2)$。

第五步:由 IIA 有 $f(S',0)=f(T,0)$,使得 $f(S',0)=(1/2,1/2)$。

证毕。

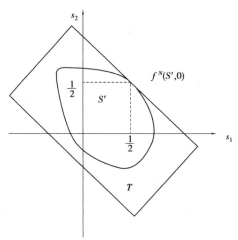

图 7.4　证明中的集合 S' 和 T

我们称 $f^N(S,d)$ 为讨价还价问题 $\langle S,d\rangle$ 的纳什讨价还价解,且在图 7.5 中给出了它的图像。

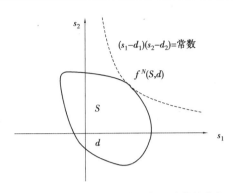

图7.5　讨价还价问题$\langle S,d\rangle$的纳什均衡解

7.2　纳什讨价还价解的应用

7.2.1　几个简单例子

在这里,我们来找出7.1节给出的3个例子中的纳什解。

例7.4　纳什均衡解要求平分饼。即有$x_1=x_2=1/2,s_1=s_2=1/2$;因为$H(s_1,s_2;0,0)=s_1s_2\leqslant s_1(1-s_1)$,$\max(s_1(1-s_1))=\dfrac{1}{4},s_1=s_2=\dfrac{1}{2}$。所以,纳什均衡解恰好与具有不变折现因子的鲁宾斯坦轮流出价的讨价还价博弈中的极限结果相同。在这种意义上,我们说合作解概念是通过非合作博弈来实现的。

例7.5　纳什均衡解要求以0.5的概率把整个饼都给予参与人1,和以0.5的概率把整个饼都给予参与人2。因为,这时仍然有解$s_1=s_2=\dfrac{1}{2}=0.5$(为什么?);根据例7.2的意义,解在可行集的凸包上,所以有此概率解释。他们得到的效用为:$s_1=0.5\times u_1(0)+0.5\times u_2(1)=0.5,s_2=0.5\times u_2(0)+0.5\times u_2(1)=0.5$。将一半的饼给予每个参与人的结果是低效率的,因为尽管风险中性的参与人1在这两种结果之间是无差异的,但爱好风险的参与人2此时得到的效用只有$s_2=u_2(0.5)=0.25$,比前面的随机契约下得到的效用要低。

例7.6　注意有效前沿为连接$(0,12)$与$(5,9)$,$(5,9)$与$(10,6)$,以及$(10,6)$与$(14,0)$的弦所组成,如图7.6所示,并且PAR假定保证纳什讨价还价解一定位于这个前沿上。通过位于这个前沿的约束下选择s以最大化$(s_1-d_1)(s_2-d_2)$,可以发现解$s_1=37/6$和$s_2=83/10$[非线性规划问题,$(s_1-d_1)(s_2-d_2)$的等高线与有效前沿的切点]。该解(s_1,s_2)位于连接$(5,9)$与$(10,6)$的弦上,它是从(b,ab)和(bb,a)得到的效用组合的加权平均。不难检验$(37/6,83/10)$等于$23/30\times(5,9)+7/30\times(10,6)$。所以,这个纳什讨价还价解,可以通过一个随机契约实现,即规定以概率23/30实现配置(bb,a),并以余下7/30的概率实现配置(b,ab)。两个参与人因而获得$s_1=37/6$和$s_2=8.3$的(期望)效用

组合。最后注意到，$(37/6，83/10)$ 也等于 $23/60 × (0，12) + 37/60 × (10，6)$。于是 $s_1 = 37/6$ 和 $s_2 = 83/10$ 可以用以下契约来支撑：以概率 $23/60$ 给予配置 $(0，abb)$，且以余下的概率给予配置 $(bb，a)$。因此，尽管纳什讨价还价解给出了一个唯一的效用组合，但支撑该效用组合的契约不一定是唯一的。

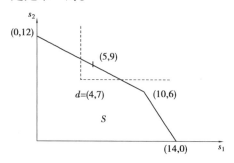

图 7.6 例 7.3 中的可行效用组合集

7.2.2 分配蛋糕的讨价还价

两个参与人 $A，B$ 分配一个大小为 $\pi > 0$ 的蛋糕。可行集是 $X\{(x_A，x_B)：0 \leq x_A \leq \pi$ 且 $x_B = \pi - x_A\}$，其中 x_i 是参与人 i 的分配份额。

对 $\forall x_i \in [0，\pi]$，$U_i(x_i)$ 是参与人获得的效用。无协议点是 $d_i \geq U_i(0)$。

假设存在 $x \in X$，使得 $U_A(x_A) > d_A$，$U_B(x_B) > d_B$。

设效用可行集 $\Omega = \{(u_A，u_B)：存在 x \in X，满足 U_A(x_A) = u_A，U_B(x_B) = u_B\}$。

假设效用函数 $U_A(x_A)$ 是严格单调的，则存在反函数 $x_A = U_A^{-1}(u_A)$，有

$$g(u_A) = U_B(\pi - U_A^{-1}(u_A))$$

它是参与人 A 的效用为 u_A 时参与人 B 的效用。

于是 $\Omega = \{(u_A，u_B)：U_A(0) \leq u_A \leq U_A(\pi)$ 且 $u_B = g(u_A)\}$，是函数 $g：[U_A(0)，U_A(\pi)] \rightarrow R$ 的曲线。

前面描述的纳什讨价还价解是最大化下面问题的唯一效用解，可以用 $(u_A^N，u_B^N)$ 表示：

$$\max_{(u_A，u_B) \in \Theta} (u_A - d_A)(u_B - d_B)$$

其中：

$$\Theta \equiv \{(u_A，u_B) \in \Omega：u_A \geq d_A，u_B \geq d_B\}$$
$$\equiv \{(u_A，u_B)：U_A(0) \leq u_A \leq U_A(\pi)，u_B = g(u_A)，u_A \geq d_A，u_B \geq d_B\}$$

有下列引理：

引理 1 函数 g 是严格递减且凹的。

证明 首先，根据前面的定义

$g(u_A) \equiv U_B(\pi - U_A^{-1}(u_A))$，以及 $U_A，U_B$ 作为效用函数的严格递增性，函数 g 是严格递减的。

$U_A，U_B$ 作为效用函数是被假定为严格凹的（边际效用递减），证明反函数 U_A^{-1} 是严格

凸的。根据凹性和反函数 U_A^{-1} 的严格递增性

$$U_A(\alpha x_A'+(1-\alpha)x_A'')>\alpha U_A(x_A')+(1-\alpha)U_A(x_A''), \alpha\in(0,1)$$

于是有

$$U_A^{-1}(U_A(\alpha x_A'+(1-\alpha)x_A''))>U_A^{-1}(\alpha U_A(x_A')+(1-\alpha)U_A(x_A'')), \alpha\in(0,1)$$

$$\alpha x_A'+(1-\alpha)x_A''>U_A^{-1}(\alpha U_A(x_A')+(1-\alpha)U_A(x_A'')), \alpha\in(0,1)$$

$$\alpha U_A^{-1}(U_A(x_A'))+(1-\alpha)U_A^{-1}(U_A(x_A''))>U_A^{-1}(\alpha U_A(x_A')+(1-\alpha)U_A(x_A''))$$

所以，反函数 U_A^{-1} 是严格凸的。

$$U_B(x_B^3)>\alpha U_B(x_B')+(1-\alpha)U_B(x_B''), \alpha\in(0,1)$$

其中，$x_B'=\pi-U_A^{-1}(u_A')$，$x_B''=\pi-U_A^{-1}(u_A'')$，$u_A'>u_A''$

$$x_B^3=\alpha[\pi-U_A^{-1}(u_A')]+(1-\alpha)[\pi-U_A^{-1}(u_A'')]$$

根据 U_A^{-1} 的凸性，$U_A^{-1}(u_A^3)<\alpha U_A^{-1}(u_A')+(1-\alpha)U_A^{-1}(u_A''), \alpha\in(0,1)$

$$u_A^3=\alpha u_A'+(1-\alpha)u_A''$$

于是

$$\pi-U_A^{-1}(u_A^3)>x_B^3$$

根据 U_B 的严格递增性和凹性，有

$$g(u_A^3)>\alpha g(u_A')+(1-\alpha)g(u_A'')$$

所以 g 是严格凹的。

命题7.1　当 g 可微时，纳什讨价还价解是下面方程的唯一解。

$$-g'(u_A)=\frac{u_B-d_B}{u_A-d_A}\text{和}\ u_B=g(u_A)$$

证明　纳什讨价还价解是最大化 $H(u_A,u_B)=(u_A-d_A)(u_B-d_B)=(u_A-d_A)(g(u_A)-d_B)$ 的（内点解，为什么？）解，一阶条件：

$$\frac{\mathrm{d}(u_A-d_A)(g(u_A)-d_B)}{\mathrm{d}u_A}=(g(u_A)-d_B)+(u_A-d_A)g'(u_A)=0$$

$$-g'(u_A)=\frac{u_B-d_B}{u_A-d_A}$$

推论2　若 g 可微，则参与人 A 在纳什讨价还价解中获得的份额 x_A^N 是下面方程的唯一解：

$$\frac{U_A(x_A)-d_A}{U_A'(x_A)}=\frac{U_B(\pi-x_A)-d_B}{U_B'(\pi-x_A)}$$

且参与人 B 在纳什讨价还价解中的份额是 $x_B^N=\pi-x_A^N$。

证明　利用命题7.1，直接对 g 关于 u_A 求导：

$$g'(u_A)=-U_B'(\pi-U_A^{-1}(u_A))U_A^{-1\prime}(u_A)=-\frac{u_B-d_B}{u_A-d_A}$$

$$U_B'(x_B)\frac{\mathrm{d}x_A}{\mathrm{d}u_A}=\frac{u_B-d_B}{u_A-d_A}$$

$$\frac{U_B'(x_B)}{\dfrac{\mathrm{d}u_A}{\mathrm{d}x_A}} = \frac{u_B - d_B}{u_A - d_A}$$

$$\frac{u_A - d_A}{U_A'(x_A)} = \frac{u_B - d_B}{U_B'(x_B)}$$

$$\frac{U_A(x_A) - d_A}{U_A'(x_A)} = \frac{U_B(\pi - x_A) - d_B}{U_B'(\pi - x_A)}$$

例 7.7 折中规则（split-the-difference rule）

假设对 $x_A, x_B \in [0, \pi]$，$U_A(x_A) = x_A$；$U_B(x_B) = x_B$。

就是说有 $g(u_A) = \pi - u_A$，$d_i \geq 0$；$i = A, B$，现在根据命题 7.1，有

$$-g'(u_A) = \frac{u_B - d_B}{u_A - d_A} = -(\pi - u_A)' = 1$$

$$x_A^N = u_A = d_A + u_B - d_B$$

$$= d_A + \pi - u_A - d_B$$

$$x_A^N = \frac{\pi + d_A - d_B}{2}$$

类似有

$$x_B^N = \frac{\pi + d_B - d_A}{2}$$

或者

$$x_A^N = d_A + \frac{\pi - d_A - d_B}{2}$$

$$x_B^N = d_B + \frac{\pi - d_A - d_B}{2}$$

意思是说，先分给每个人的保留支付 d_i；然后平分剩下的 $\dfrac{\pi - d_A - d_B}{2}$；同时，每个人的份额是自己保留支付的递增函数，是其他人的保留支付的减函数。

例 7.8 风险规避情形

$$x_A, x_B \in [0, \pi]，U_A(x_A) = x_A^\gamma；0 < \gamma < 1；U_B(x_B) = x_B \cdot d_A = d_B = 0；$$

假设对于，即

$$g(u_A) = \pi - u_A^{\frac{1}{\gamma}}$$

根据推论 1

$$\frac{U_A(x_A) - d_A}{U_A'(x_A)} = \frac{U_B(\pi - x_A) - d_B}{U_B'(\pi - x_A)}$$

$$\frac{(x_A^N)^\gamma}{\gamma (x_A^N)^{\gamma - 1}} = \frac{\pi - x_A^N}{1}$$

$$x_A^N = \frac{\gamma\pi}{1+\gamma}$$

$$x_B^N = \frac{\pi}{1+\gamma}$$

x_A^N 是 γ 的递增函数，x_B^N 是 γ 的递减函数。当 $\gamma\to 0$，$x_A^N\to 0$；$x_B^N\to 1$；参与人 B 是风险中性的，参与人 A 是风险规避的，其风险规避度随 γ 递减。

可以证明，当参与人 A 的风险规避度越大时，参与人 A 的份额就越小。

7.3　基于纳什讨价还价解的几个经济学模型

例 7.9　贿赂与控制犯罪问题

假设一个小偷 C 在决定是否去偷钱 $\pi>0$；他在偷钱时被警察 P 抓住的概率是 ζ；警察是可以贿赂的，他会与小偷就贿赂量 b 进行讨价还价；警察得到贿赂后的回报是不向警察局告发 C。

对赃款的可能瓜分的集合是可能的协议集合：$\{(\pi-b,b):0\le b\le\pi\}$。

假设当且仅当没有达成协议时，警察才告发小偷。然后，小偷被要求支付罚金。无协议点是 $(d_C,d_P)=(\pi(1-v),0)$；其中 $v\in(0,1)$ 是罚金率。假设两个人的效用就用他得到的货币量测量。

这里，我们发现可以用例 7.4（折中原则）来模型化这个问题。

直接得

$$u_C^N = \pi(1-v)+\frac{\pi-\pi(1-v)-0}{2}$$

$$= \pi\left(1-\frac{v}{2}\right)$$

$$u_P^N = \frac{\pi v}{2}$$

这样可以发现均衡的贿赂量是 $\frac{\pi v}{2}$。

现在看小偷的决策问题。小偷的期望效用是 $\zeta\pi\left(1-\frac{v}{2}\right)+(1-\zeta)\pi$，小偷不去犯罪的效用是 0；因此，当且仅当 $\zeta\pi\left(1-\frac{v}{2}\right)+(1-\zeta)\pi\ge 0$ 时小偷去犯罪。即犯罪的条件是 $\pi\left(1-\frac{\zeta v}{2}\right)\ge 0$。因为 $\pi>0$，所以犯罪的条件是 $\zeta v\le 2$；因为 $0\le\zeta\le 1$ 且 $0<v\le 1$，意味着 $\zeta v<1$；所以小偷在任何情况下都会去犯罪。

这就意味着，如果通过贿赂可以逃避罚款，那么，这样的罚款完全不能够阻止犯罪。

例7.10 工会——厂商谈判模型

假设厂商与工会就工资率 w 和就业水平 L 进行讨价还价。可能的协议集合是 (w,L)，满足 $w \geq w_u$，$R(L) - wL \geq 0$ 且 $L \leq L_0$，其中 $w_u \geq 0$ 是失业救济金率，$R(L)$ 是厂商雇佣 L 个工人时获得的收益；L_0 是工会的规模，$R(0) = 0$，R 是严格递增且严格凹的。约束条件 $w \geq w_u$ 表示事实上没有工人会在工资率低于失业救济金率条件下工作。约束条件 $R(L) - wL \geq 0$ 表示事实上厂商宁愿关门停产，也不愿意去接受负的利润。假设厂商不能雇佣多于 L_0 的工人。

因此，可能性协议集合是 $X = \{(w,L) : w \geq w_u, L \leq L_0$ 且 $R(L) - wL \geq 0\}$。

如果参与人无法达成协议，厂商就关门，有 L_0 个工人失业。如果达成协议 $(w,L) \in X$，则厂商利润是 $\Pi(w,L) = R(L) - wL$，工会的效用是 $U(w,L) = wL + (L_0 - L)w_u$。因为 $R(0) = 0$，如果没有达成协议，则厂商利润为零。由于工会有 L_0 的成员失业时，工会的效用是 $w_u L_0$。因此，无协议点是 $d = (w_u L_0, 0)$。

经由协议可得的可能性效用对的集合的帕累托边界 Ω^e，可以通过解下面的最大化问题得出：

$\max_{(w,L) \in X} \Pi(w,L)$，满足 $U(w,L) \geq \bar{u}$，其中 $\bar{u}$ 是大于等于 $w_u L_0$ 的某个常数。在这个问题的唯一解处，有 $L = L^*$，其中 L^* 是最优的就业水平，即 $R'(L^*) = w_u$（为什么？——用拉格朗日乘数法）。因此，仅当就业水平 $L = L^*$ 时，效用对 $(u, \pi) \in \Omega^e$。因此，帕累托边界 Ω^e 是以下函数 h 的曲线，定义如下：

对于工会的每一个效用水平 $u \in [w_u L_0, s]$，有 $h(u) = s - u$，其中 $s \equiv R(L^*) + (L_0 - L^*)w_u$。

我们通过命题7.1和例7.4，就知道纳什讨价还价解是

$$\pi^N = \frac{s - w_u L_0}{2}, \quad u^N = w_u L_0 + \frac{s - w_u L_0}{2}$$

现在还可以得出与纳什讨价还价解相关的工资——就业人数对 (w^N, L^N)。已经证明，在纳什讨价还价解处的就业水平 $L^N = L^*$。工资率 w^* 就可以从 $\pi^N = R(L^*) - w^N L^*$ 中得到。

在替换掉 π^N 和 s 后，得出 $w^N = \frac{w_u + R(L^*)/L^*}{2}$。因此，工资率等于失业救济率和平均收入的均值。但是，由于 $R'(L^*) = w_u$，工资率等于边际收入和平均收入的均值。

例7.11 团队生产中的道德风险模型

假设两个参与人 A，B 组成的团队，生产的产出取决于 A 和 B 各自的努力水平：产出 $Q = 2e_A^{\frac{1}{2}} e_B^{\frac{1}{2}}$，其中 $e_i > 0$ 是参与人 i 的努力水平。参与人 i 的努力水平 e_i 的成本是 $C_i = \alpha_i e_i^2 / 2$，其中 $\alpha_i > 0$。

努力水平是不可证实的，所以，无法写入合约中——参与人只能对产出水平签订合约，而产出水平是可证实的。在参与人同时选择各自的努力水平之前，他们将先对产出

的分配规则进行讨价还价。可能性协议的集合是 $X = (0,1)$，其中 $x \in X$ 是参与人 A 获得的产出份额，$1-x$ 是参与人 B 获得的产出份额。如果参与人达成了有关 $x \in X$ 的协议，那么他们同时选择各自的努力水平 $e_A > 0, e_B > 0$；最终，参与人 i 得到的利润是 $x_i Q - C_i$，其中若 $i = A$，则 $x_i = x$；若 $i = B$，则 $x_i = 1 - x$。如果参与人不能达成协议，那么参与人 i 无法获得产出，也没有支付成本，所以，无协议点 $d = (0,0)$。

首先，对每一个可能性的协议 $x \in X$，我们来推导同时行动博弈有关努力水平的纳什均衡。固定任意的 $x \in X$，由于 $x_i Q - C_i$ 对 e_i 是严格凹的。所以唯一的纳什均衡 e_A^* 和 e_B^* 是以下一阶条件的唯一解：

$$x e_A^{-\frac{1}{2}} e_B^{\frac{1}{2}} = \alpha_A e_A, \quad (1-x) e_A^{\frac{1}{2}} e_B^{-\frac{1}{2}} = \alpha_B e_B$$

于是，解出 e_A, e_B，得

$$e_A^* = \frac{x^{\frac{3}{4}} (1-x)^{\frac{1}{4}}}{\alpha_A^{\frac{3}{4}} \alpha_B^{\frac{1}{4}}}, \quad e_B^* = \frac{x^{\frac{1}{4}} (1-x)^{\frac{3}{4}}}{\alpha_A^{\frac{1}{4}} \alpha_B^{\frac{3}{4}}}$$

将这些 e_A, e_B 的纳什均衡值替换后，得出如果达成有关 $x \in X$ 的协议，则参与人的（均衡）利润是：

$$U_A(x) = \beta x^{\frac{3}{2}} (1-x)^{\frac{1}{2}}, \quad U_B(x) = \beta x^{\frac{1}{2}} (1-x)^{\frac{3}{2}}$$

其中，$\beta = \frac{3}{2} (\alpha_A \alpha_B)^{\frac{1}{2}}$。

因为，U_A 在开区间 $\left(0, \frac{3}{4}\right)$ 上是严格递增的，在 $x = \frac{3}{4}$ 处达到最大值，而其在开区间 $\left(\frac{3}{4}, 1\right)$ 上是严格递减的。U_B 在开区间 $\left(0, \frac{1}{4}\right)$ 上是严格递增的，在 $x = \frac{1}{4}$ 处达到最大值，而其在开区间 $\left(\frac{1}{4}, 1\right)$ 上是严格递减的。这意味着经由协议可得的可能性效用集合的帕累托边界是 $\Omega^e = \left\{(u_A, u_B) : \text{存在一个} x \in \left[\frac{1}{4}, \frac{3}{4}\right], \text{满足} U_A(x) = u_A, U_B(x) = u_B\right\}$，如图 7.7、图 7.8 所示。

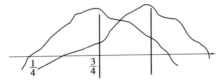

图 7.7　帕累托边界位置

这里描述的讨价还价问题的解应该是这样一个最大化问题的解：

$$\max_{x \in \left[\frac{1}{4}, \frac{3}{4}\right]} U_A(x) U_B(x)$$

得

$$x^N = \frac{1}{2}$$

因此,纳什讨价还价解为

$$(u_A^N, u_B^N) = \left(U_A\left(\frac{1}{2}\right), U_B\left(\frac{1}{2}\right) \right)$$

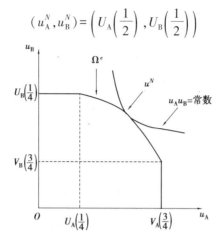

图 7.8   无差异曲线与帕累托边界的切点解

对任意的 α_A, α_B 的值,在纳什讨价还价解中,产出在两个参与人之间平分。这意味着对 α_A, α_B 的任意值,$C_A(e_A^*) = C_B(e_B^*)$(为什么?),相应地,这意味着两个参与人获得的利润相等。因此,即便 $\alpha_A > \alpha_B$(这意味着参与人 A 的努力成本相对较高,且 $e_A^* < e_B^*$),参与人引致的成本也是相等的,他们各自的利润也相等。

例 7.12   贿赂与控制犯罪:扩展的模型

在例 7.5 中,有一个暗含的假设是罪犯 C 在以下意义上是具有有限责任的——即警察 P 所能够获得的最大可能性贿赂等于罪犯所偷的货币数额 π(即 $b \leq \pi$)。且当局能处以的最大可能性罚金等于罪犯所偷的货币数额 π(即 $v \leq 1$)。因此,明显的是——如例 7.5 所得——对于任意罚金率 $v \leq 1$ 和任意被抓的概率 $0 \leq \zeta < 1$,C 会发现实施犯罪是有利可图的。

现在,去掉这个有限责任的假设,只是要求贿赂额 $b \geq 0$,罚金率 $v > 0$——因此,我们允许贿赂和罚金超过所偷的货币数额 π 的可能性存在。如果关于 b 达成协议,则对 C 的支付是 $\pi - b$,P 的支付是 b。因此,经由协议可得的可能性效用对集合的帕累托边界,是如下定义的函数 h 的曲线。

对每一个 $u_C \leq \pi$,$u_P = h(u_C) = \pi - u_C$。无协议点 $(d_C, d_P) = (\pi(1-v), 0)$。

应用折中规则得出纳什讨价还价解是

$$u_C^N = \pi\left[1 - \frac{v}{2}\right], \quad U_P^N = \frac{\pi v}{2}$$

贿赂额是 $b^N = \frac{\pi v}{2}$。虽然这也是例 7.5 得出的解,但是现在 v 是没有上限的——这意味着如果 $v > 2$,则 C 的支付为负。从例 7.5 的论证可得,当且仅当 $v\zeta \geq 2$ 时,犯罪行为不会实施。因此,对任意的 $\zeta < 1$,如果罚金率足够大——特别地,如果 $v > 2/\zeta$——则犯罪行为不会实施。因此,与例 7.5 的结论相反,这一分析成功地挑战了传统的观点。传统的观点认为,如果通过贿赂可以免于支付罚金,则罚金对阻止犯罪行为就起不到任何作用。

练习题

1. 有一个纳什讨价还价$<S,d>$,其中S是如图 7.9 所示的可行效用组合集,它是一个边长为 1 的正方形闭集;$d=(0,0)$。

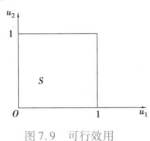

图 7.9　可行效用

试给出纳什讨价还价解。

2. 两个参与人之间就分配 2 000 元进行讨价还价。效用函数是他们获得的金钱数额,$u_1(x)=u_2(x)=x$。如果不能达成协议,则他们都没有所得。在下列情形中,用效用描述其讨价还价博弈,并找出博弈的纳什解。

①在任意的分配下,第一个参与人获得其所有的分配数额,第二个参与人需要交 40% 的税。

②在第一个情形中,第二个参与人交税 60%。

③第一个参与人交税 20%,第二个参与人交税 30%。

3. 两个参与人就分配 2 000 元进行讨价还价。第一个人的效用函数是$u_1(x)=x$,第二个人的效用函数是$u_2(x)=\sqrt{x}$。在下述两种情形中,用效用描述讨价还价博弈,找出纳什均衡。

①如果不能达成协议,则他们都没有任何支付。

②如果不能达成协议,则第一个人获得 16 元,第二个人获得 49 元[注意,此时效用空间中未达成协议点是(16,7)]。

4. 设$S=\left\{x\in R^2:\dfrac{x_1^2}{16^2}+\dfrac{x_2^2}{20^2}\le 1\right\}$,试就以下两种情形找出纳什解:

①非协议点为$(0,0)$;

②非协议点是$(10,0)$。

5. 两个参与人之间分配 2 000 元。他们的支付函数就是分配得到的现金数额$u_1(x)=u_2(x)=x$。如果不能达成协议,则他们都一无所获。试计算下述情形中他们之间讨价还价的纳什讨价还价解。

①第一个参与人的收入不需要交税,但是第二个参与人需要将自己的所得支付 40% 的税。

②第一个参与人支付的税率是 20%。第二个参与人支付的税率是 30%。

第8章 合作博弈：夏普利值

8.1 数学准备：欧氏空间的凸集分离定理

在经济学中，有一个凸分析中的定理是非常重要的，在许多文献中都能看见它，就是著名的凸集分离定理。但是，这个定理的证明需要作许多凸分析方面的准备。对于一般的经济学应用来说，仅限于欧氏空间就可以了，一般的拓扑空间没有太大的用处。但是对于欧氏空间来说，这个定理的证明就比较简单，本节专门给出欧氏空间的凸集分离定理的证明。

R^n 中的凸集分离定理：

8.1.1 预备知识

定义 8.1 对集合 $S \subset R^n$，如果对任意 $x, y \in S$ 和任意 $t \in [0,1]$，有 $tx+(1-t)y \in S$，称 S 为 R^n 中的凸集（convex set）。

定义 8.2 对集合 $S \subset R^n$，如果对任意 $x \in S$，任意 $t \geqslant 0$，有 $tx \in S$，称 S 为 R^n 中的锥（cone），如图 8.1 所示。

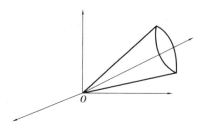

图 8.1 凸锥

命题 8.1 R^n 中超平面 $H = \{x : p^{\mathrm{T}}x = \alpha\}$ 是凸集，这里 $p \in R^n \setminus \{0\}$，$\alpha \in R$。

而且 $H^+ = \{x : p^{\mathrm{T}}x \geqslant \alpha\}$，$H^- = \{x : p^{\mathrm{T}}x \leqslant \alpha\}$，$\mathrm{int}H^+ = \{x : p^{\mathrm{T}}x > \alpha\}$，也是 R^n 中凸集，如图 8.2 所示。

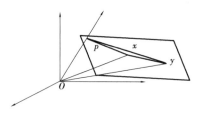

图 8.2 超平面

定义 8.3　对于集合 $S_1,S_2 \subset R^n$ 和超平面 $H = \{x: p^{\mathrm{T}}x = \alpha\}$，

（1）如果 $S_1 \subset H^+, S_2 \subset H^-$，即对任意 $x_i \in S_i, i=1,2$，有 $p^{\mathrm{T}}x_1 \geqslant \alpha \geqslant p^{\mathrm{T}}x_2$，则称超平面 H 分离 S_1,S_2，如果 $S_1 \cup S_2 \not\subset H$，则称超平面 H 正常分离 S_1,S_2；

（2）如果 $S_1 \subset \mathrm{int}H^+, S_2 \subset \mathrm{int}H^-$，则称超平面 H 严格分离 S_1,S_2；

（3）如果 $S_1 \subset H^+(\varepsilon) = \{x: p^{\mathrm{T}}x \geqslant \alpha + \varepsilon\}, \varepsilon > 0, S_2 \subset H^-$，则称超平面 H 强分离 S_1,S_2，如图 8.3 所示。

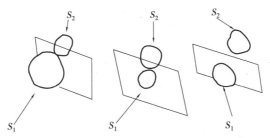

图 8.3　几种凸集分离

定义 8.4　非空集合 $S \subset R^n, y \in R^n$，定义 y 和 S 间的距离如下：

$$\mathrm{dist}(y,S) := \inf_{x \in S} \| y - x \|$$

8.1.2　点与凸集的分离定理

定理 8.1　设 $S \subset R^n$ 为非空闭凸集，$y \notin S$，那么存在 $x^* \in S$，使得

$$\mathrm{dist}(y,S) = \| y - x^* \|$$

称 $x^* \in S$ 为距离最优点。

（这个性质是凸集特有的性质）

证明　证明需要运用平行四边形法则。

引理 8.1　平行四边形法则。设 E 是一个内积空间，则 $\forall x,y \in E$，有平行四边形公式：

$$\| x+y \|^2 + \| x-y \|^2 = 2(\| x \|^2 + \| y \|^2)$$

证明
$$
\begin{aligned}
\| x+y \|^2 + \| x-y \|^2 &= (x+y,x+y) + (x-y,x-y) \\
&= (x,x) + 2(x,y) + (y,y) + (x,x) - 2(x,y) + (y,y) \\
&= 2(\| x \|^2 + \| y \|^2)
\end{aligned}
$$

下面运用引理 8.1 证明定理。

$d = \inf\limits_{x \in S} \| y - x \| = \mathrm{dis} \| y - S \|$，因此存在 S 中的序列 $\{x_n\}$，使得 $\lim\limits_{n \to +\infty} \| y - x_n \| = d$。

根据引理 8.1，有

$$\| x_m - y \|^2 + \| x_n - y \|^2 = 2\left\| \frac{x_m + x_n}{2} - y \right\|^2 + 2\left\| \frac{x_m - x_n}{2} \right\|^2$$

由于 S 是凸集，所以 $\dfrac{x_m + x_n}{2} \in S$，因此 $\left\| \dfrac{x_m + x_n}{2} - y \right\| \geqslant d$，

记 $0 \leqslant 2\left\|\dfrac{x_m - x_n}{2}\right\|^2 \leqslant \|x_m - y\|^2 + \|x_n - y\|^2 - 2d^2$。

令 $m, n \to +\infty$，得 $\|x_m - x_n\| \to 0$。

因为序列 $\{x_n\}$ 是 S 中的 Cauchy 序列，所以根据 S 是闭集，存在 $x^* \in S$，使得

$$x_n \to x^*, \text{并且} \|x^* - y\| = \lim_{n \to +\infty} \|x_n - y\| = \text{dis}\|y - S\|$$

$$\text{dist}(y, S) = \|y - x^*\|$$

下面证明 $x^* \in S$ 是唯一的。如果存在 $x_1, x_2 \in S$，使得

$$\|y - x_1\| = \|y - x_2\| = \text{dist}(y, S)$$

如果根据 S 的凸性，可得 $(x_1 + x_2)/2 \in S$，那么

$$\left\|y - \dfrac{x_1 + x_2}{2}\right\| \leqslant \dfrac{1}{2}\|y - x_1\| + \dfrac{1}{2}\|y - x_2\| = \text{dist}(y, S)$$

进而

$$\|2y - x_1 - x_2\| = \|y - x_1\| + \|y - x_2\|$$

两边平方展开可得

$$(y - x_1)^T (y - x_2) = \|y - x_1\| \, \|y - x_2\|$$

那么可得存在 $t \in R$，使得 $y - x_1 = t(y - x_2)$。由于 $\|y - x_1\| = \|y - x_2\| = \text{dist}(y, S)$，那么 $t = 1$，因此 $x_1 = x_2$。

定理 8.2 设 $S \subset R^n$ 为非空凸闭集，$y \notin S$，$x^* \in S$ 为关于 y, S 的距离最优点当且仅当 $(y - x^*)^T(x^* - x) \geqslant 0$，$\forall x \in S$。

证明 "$\Leftarrow$" 对任意 $x \in S$，有

$$\|y - x\|^2 = \|y - x^* + x^* - x\|^2$$
$$= \|y - x^*\|^2 + \|x^* - x\|^2 + 2(y - x^*)^T(x^* - x) \geqslant \|y - x^*\|^2$$

得证 $x^* \in S$ 为关于 y, S 的距离最优点。

"$\Rightarrow$" 对任意 $t \in [0, 1]$，设 $x' = tx + (1-t)x^*$，因为 $x^* \in S$ 是关于 y, S 的距离最优点，那么

$$\|y - x^*\|^2 \leqslant \|y - x'\|^2 = \|y - (tx + (1-t)x^*)\|^2$$
$$= \|y - x^*\|^2 + t^2\|x^* - x\|^2 + 2t(y - x^*)^T(x^* - x)$$

可得

$$t^2\|x^* - x\|^2 + 2t(y - x^*)^T(x^* - x) \geqslant 0$$

因此当 $t \to 0$，可得 $(y - x^*)^T(x^* - x) \geqslant 0$，$\forall x \in S$。证毕。

定理 8.3（点与凸闭集分离） 设 $S \subset R^n$ 为非空凸闭集，$y \notin S$，那么存在 $\varepsilon > 0$ 和 $p \in R^n \setminus \{0\}$ 使得

$$p^T y \geqslant \varepsilon + p^T x, \ \forall x \in S$$

点与凸集分离，如图 8.4 所示。

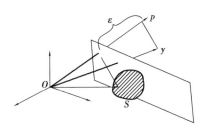

图 8.4 点与凸集分离

证明 根据定理 8.2、定理 8.3，存在 $x^* \in S$ 使得 $\| y - x^* \|$ 最小而且 $(y - x^*)^T(x^* - x) \geq 0, \forall x \in S$，那么从 $(y - x^*)^T(x^* - x) \geq 0, \forall x \in S$。

可得
$$(y - x^*)^T x^* \geq (y - x^*)^T x$$

又因为
$$0 \leq \| y - x^* \|^2 = y^T(y - x^*) - x^{*T}(y - x^*) \leq y^T(y - x^*) - x^T(y - x^*)$$

设 $p = y - x^*$，$\varepsilon = \| y - x^* \|^2$，因此得证
$$p^T y \geq \varepsilon + p^T x, \forall x \in S$$

定理 8.4 （点与凸集分离）设 $S \subset R^n$ 为非空凸集，$y \notin S$，那么存在 $p \in R^n \setminus \{0\}$ 使得
$$p^T y \geq p^T x, \forall x \in cl(S)$$

这里 $cl(S)$ 为 S 的闭包，如图 8.5 所示。

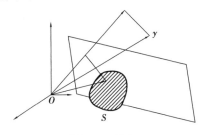

图 8.5 凸包

证明 容易证明 $cl(S)$ 也是凸集（为什么？）。

①如果 $y \notin cl(S)$，那么根据定理 8.4，$p^T y \geq p^T x, \forall x \in cl(S)$，得证。

②如果 $y \in cl(S)$，那么必有 $y \in \partial(S)$，必然存在序列 $\{y^k \notin cl(S)\}$ 满足 $y^k \to y$。对于每一个 k，根据定理 8.4，存在单位向量 p^k 使得
$$(p^k)^T y^k \geq (p^k)^T x, \forall x \in cl(S)$$

因为 $\{p^k\}$ 为有界序列，必然存在收敛子序列，使得 $p^{k_n} \to p$，可得
$$p^T y \geq p^T x, \forall x \in cl(S)$$

8.1.3 凸集与凸集的分离定理

定理 8.5（凸集分离） 设 $S_1, S_2 \subset R^n$ 为非空凸集，$S_1 \cap S_2 = \varnothing$，那么存在超平面 H，使得 $S_1 \subset H^+, S_2 \subset H^-$，如图 8.6 所示。

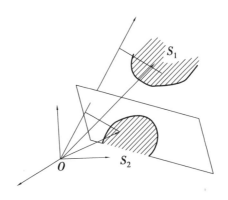

图 8.6　凸集与凸集分离

证明　设 $S=S_2-S_1$，那么 S 为非空凸集（为什么？），由于 $S_1\cap S_2=\varnothing$，可知 $0\notin S$。根据定理 8.5，存在 $p\in R^n\setminus\{0\}$，使得 $0\geqslant p^T(x_2-x_1)$，$\forall x_i\in S_i$。任取 $\alpha\in\big[\sup\limits_{x\in S_2}p^Tx,\inf\limits_{x\in S_1}p^Tx\big]$，那么超平面 $H=\{x:p^Tx=\alpha\}$。

定理 8.6（凸集强分离（图 8.7））　设 $S_1,S_2\subset R^n$ 为非空闭凸集，S_1 有界，$S_1\cap S_2=\varnothing$，那么存在超平面 H 强分离 S_1,S_2，即存在 $\varepsilon>0$ 和 $p\in R^n\setminus\{0\}$，使得

$$\inf_{x\in S_1}p^Tx\geqslant\varepsilon+\sup_{x\in S_2}p^Tx$$

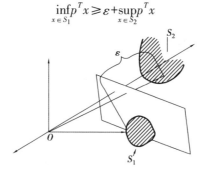

图 8.7　凸集强分离

证明　设 $S=S_2-S_1$，那么 $S=S_2-S_1$ 为非空凸集（为什么？），由于 $S_1\cap S_2=\varnothing$，可知 $0\notin S$。

下面证明 $S=S_2-S_1$ 为闭集。$S=S_2-S_1$ 中的任意 Cauchy 序列 x_k，$x_k\to x$，我们证 $x\in S$。根据 $S=S_2-S_1$，那么存在序列 $\{y_k\}\subset S_2$，$\{z_k\}\subset S_1$ 使得 $x_k=y_k-z_k$，因为 S_1 有界闭集，即紧集，那么 z_k 有收敛子列，不妨假设 z_k 为收敛的，而且 $z_k\to z\in S_1$。因此可得 $y_k=x_k+z_k\to x+z$。又因为 S_2 为闭集，那么 $x+z\in S_2$。于是可得 $x=x+z-z\in S_2-S_1=S$。因此 $S=S_2-S_1$ 为闭集。

根据定理 8.4，存在 $\varepsilon>0$ 和 $p\in R^n\setminus\{0\}$ 使得 $p^T0\geqslant\varepsilon+p^Tx$，$\forall x\in S$，那么可得

$$p^Tx_1\geqslant\varepsilon+p^Tx_2,\ \forall x_i\in S_i$$

我们可取实数 $\alpha=\sup\limits_{x\in S_2}p^Tx$，那么超平面 $H=\{x:p^Tx=\alpha\}$ 强分离 S_1,S_2。

8.2　合作博弈的特征函数与核(CORE)

提出问题：

如果一些人联合起来做某件事情,同时确定总的收入在成员之间的一种分配。问题是:什么样的分配可以导致大家愿意合作做某件事?

尽管纳什讨价还价问题是发生在两个人之间的,也存在许多这样的情形,其中讨价还价发生在两个以上的个人之间。

考虑下面的成本分摊问题:

考虑4个旅客(记为 $i=1,\cdots,4$),他们刚刚下了飞机并打算叫出租车回家。假设机场和4个人的目的地都位于一个线性城市上,且机场位于其最左端。我们还假定出租车费与乘坐的距离成正比。从机场到每个目的地的出租车费为200元、260元和400元(不管有多少乘客)。尽管他们每人都可以单独叫一辆出租车,但通过共同乘一辆出租车要省一些钱。一个自然的问题就是在4个人之间应该怎样分摊总的费用,如图8.8所示。

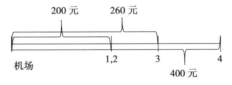

图 8.8　出租车博弈

不难将许多例子看作有类似结构。有一群工人,他们可以独立地进行工作,或在他们中的一个子集中工作,或者一起在整个大联盟中(即由所有参与人组成的联盟)工作。又假如组成大联盟是有效率的,那么每个工人应该得到多少收入?

类似于纳什讨价还价解,在这里并没有给出一个巨细无遗的博弈,即没有说明行动顺序,每个决策结处的行动集合,以及相对于所有可能选择的支付结果,相反,它只是将这样的数据集减少到"联盟形式"。合作博弈理论家必须根据非常有限的数据来预言。这种方法的主要优点,至少在多个参与人的场合,就是其实用性。现实情形很容易表述为联盟博弈,其结构比起非合作博弈来说要更加易于处理。

8.2.1　特征函数

利用特征函数概念,可以很方便地将这类博弈表示出来。考虑一个参与人集合 $N=\{1,2,\cdots,n\}$。我们定义 $v(S)$ 为参与人联盟 $S\subseteq N$ 能够生产出来的最大数量的价值(worth)。称 $v(\cdot)$ 为一个特征函数,并且假定其具有下列性质。

①$v(\phi)=0$, ϕ 表示空集;

②如果 R 和 S 是任意两个不相交的参与人子集,则有

$$v(R \cup S) \geqslant v(R) + v(S)$$

（联合起来可以分工提高效率）

第一个性质是规范化（normalization）：只要联盟中没有成员，它就不会创造任何价值。第二个性质被称为超可加性（superadditivity），含义是两个不相交的参与人子集比起独自生产来说，通过联合总能生产出一个较大的价值（如果不等式是严格成立的，则称为严格超可加的）。

$\langle N,v \rangle$ 被称为特征函数博弈，或一个具有特征函数形式 v 的 n 人博弈。一般性的问题是：每一个参与人将得到多少？将会形成什么样的联盟？在某种重新理解下，这个表述适用于成本分摊问题（类似于前面介绍的出租车博弈）：$v(S)$ 是参与人联盟 S 合作下的最小总成本。此时，我们将假定 $v(\cdot)$ 是次可加的（sub-additive），即（2）改为（2'）：

（2'）如果 R 和 S 是任意两个不相交的参与人子集，

$$v(R \cup S) \leqslant v(R) + v(S)$$

即当两个不相交的联盟合并之后，比两个联盟独立运作下的总成本要低（如果不等式在所有场合都是严格成立的，则称特征函数是严格次可加的）。

8.2.2 估算（Imputations）与核（Core）

如果所有人联盟起来合作，使得联盟的总收入是 $v(N)$，设想这个总收入在所有成员之间分配，设 x_i 表示参与人 i 分配得到的收入；则 n 个参与人得到的分配收入集合形成一个 n 维实数向量，我们可将其记为 $x=(x_1,x_2,\cdots,x_n)$，这个向量又称为特征向量。可将下列3个性质视为基本的性质。

①$v(\{i\}) \leqslant x_i, i \in N, S \in N$，即分配给成员 i 的收入不会小于其单打独斗时获得的收入；否则他会拒绝这样的分配。

②$\sum_{i \in N} x_i = v(N)$，即所有人分配获得的收入加起来等于最大的联盟收入，这是帕累托效率的要求。

③$v(S) \leqslant \sum_{i \in S} x_i, S \subseteq N$ 是 N 的任意子集。这个条件实际上是第一个条件的一般化。

第一个条件是个人理性条件——说的是参与人会得到的收入不能小于其单独可以获得的收入。很难想象有成员会接受小于其单独可以获得的收入。第二个条件是帕累托有效条件：所有成员的收入之和正好等于大联盟的价值。它不可能比这个数更小，否则就会有浪费。第三个条件是群体理性条件（group rationality condition），是第一个条件的一般化。当违反这个条件时，意味着某些参与人的群体可以通过形成一个联盟来获得更大的价值（对于成本分摊问题，不等式①和不等式③应该反过来）。

如果 x 满足不等式①和不等式②，就称其为估算（Imputation）。如果①到③都成立，那么则称 x 在核（Core）中。一般地，核是满足①到③的所有不等式的特征向量的集合。每个在核中的特征向量也称为核配置（core allocation）。存在着强有力的理由相信，只要后者存在，特征函数博弈的最后结果应该落到核中。

我们来看一些特征函数博弈的例子。

例8.1　出租车博弈

参考图8.1。$N=\{1,2,3,4\}$ 是乘客的集合，记 $v(S)$ 为此问题的特征函数。也就是说，$v(S)$ 是子集 $S\{1,2,3,4\}$ 中的成员在各自叫一辆出租车时的最大支出，即 $v(\phi)=0$，$v(\{1\})=v(\{2\})=v(\{1,2\})=-200$，$v(\{3\})=(v\{1,3\})=v(\{2,3\})=v(\{1,2,3\})=-260$，$v(S)=-400$，其中，$S$ 是包含参与人4作为其成员的任意子集。任意这样的支出向量 (x_1,x_2,x_3,x_4) 都在核中，如果 $x_i\le0$ 对所有的 i 成立，$x_1+x_2\ge-200$，$x_1+x_2+x_3\ge-260$ 和 $\sum_i^4 x_i=-400$。特别地，$(-50,-50,-80,-220)$ 是核中的一个配置。显而易见，仅仅在由所有参与人组成的大联盟会形成时，核配置才能得以实现。

例8.2　市场博弈

参与人1有一油画要出卖，参与人2和参与人3为买者。对于油画，他们3人的评估分别为 a，b 和 c 单位货币，其中 $a<b\le c$。特征函数为：$v(\{1\})=a$，$v(\{2\})=v(\{3\})=0$，$v(\{1,2\})=b$，$v(\{1,3\})=c$，$v(\{2,3\})=0$，$v(\{1,2,3\})=c$。

因为这样有：

$$x_1+x_3\ge v(\{1,3\})=c,\ x_1+x_2+x_3=v\{(1,2,3)\}=c,\ x_2\ge v(\{2\})=0$$

所以

$$c\le x_1+x_3\le x_1+x_2+x_3=v\{(1,2,3)\}=c$$

因为 $x_1+x_3=c$，所以有

$$x_2=0$$

因为

$$x_1+x_2\ge v(\{1,2\})=b,\ x_3\ge v(\{3\})=0,\ x_1+x_3=c$$

所以

$$c\ge x_1\ge b$$

因此，核等于：

$\{(x_1,x_2,x_3)\mid b\le x_1\le c,\ x_2=0,\ x_3=c-x_1\}$。任何核配置都可以通过或者是大联盟 $\{1,2,3\}$，或者是两个小联盟 $\{1,3\}$ 和 $\{2\}$ 来实现。

例8.3　全体一致博弈

考虑一个博弈，其中一个联盟 R 的任一成员拥有否决权，使得任何联盟 S 的价值在其为 R 的超集（superset）（即 $S\supseteq R$）时为1，否则为0［例如，盗窃集团 S 中成员的分赃，总的赃款为1；如果有人没有分成，则他退出团队，导致盗窃不成功（可能他会去警察局告发）］。那么，这个集合就可以表达为 $\langle N,w_R\rangle$，其中 w_R 是具有下列性质的特征函数：

$$w_R(S)=\begin{cases}1 & \text{若 }S\supseteq R\\0 & \text{其他}\end{cases}$$

任意收入向量 x 是一个核配置，当且仅当 x 满足 $x_i=0$，$i\in R$ 且 $\sum_{i\in R}x_i=1$，$x_i\ge0$，$i=1,\cdots,N$。特别地，下面的是一个核配置。

$$x_i = \begin{cases} \dfrac{1}{|R|} & \text{若 } i \in R \\ 0 & \text{若 } i \notin R \end{cases}$$

其中，$|R|$ 是集合 R 中的成员数目。

8.2.3 核的存在性

虽然在前面所有的例子中，核总是存在的，这里我们会看到一些不存在核的例子。首先注意，前面的超可加性假定不一定意味着存在核。只要给出一个反例就足以说明了。

例 8.4 生产博弈

考虑有 3 个参与人 1，2 和 3 的博弈。参与人 1 和 2 一起可生产 15 单位，参与人 1 和 3 一起可生产 16 单位，以及参与人 2 和 3 一起可生产 18 单位，进而，大联盟能够生产 24 单位，且每一个参与人独自能够生产 6 单位。

在这里所有成员对应的支付，以及效用是可转移的，即 $v(\{1\}) = v(\{2\}) = v(\{3\}) = 6$，$v(\{1,2\}) = 15$，$v(\{1,3\}) = 16$，$v(\{2,3\}) = 18$ 及 $v(\{1,2,3\}) = 24$。容易验证超可加性成立。

如果 (x_1, x_2, x_3) 是核中的一个元素，则一定有

$$\begin{aligned} x_1 + x_2 &\geq 15 \\ x_1 + x_3 &\geq 16 \\ x_2 + x_3 &\geq 18 \end{aligned} \tag{8.1}$$

不然的话，某两个参与人可以通过组成联盟去取得比 (x_1, x_2, x_3) 规定的更高的收入。但把式（8.1）中的不等式相加后，得到 $2(x_1 + x_2 + x_3) \geq 49$，它与大联盟最多能够生产 24 单位，这样一个事实是不一致的。因此，在这个博弈中不存在核。

我们现在来导出一个条件，在这个条件下联盟博弈的核是非空的。由于核是用一个联立线性不等式组来定义的，这样一个条件就可以从一般的联立不等式组解的存在性条件来导出。然而，由于定义核的不等式组有一个特殊的结构，我们就可以导出一个更加具体的条件。

用 C 表示所有联盟的集合（N 的所有子集），对于任意的联盟 S，用 R^S 表示一个 $|S|$ 维欧氏空间，且用 $l_S \in R^N$ 来表示由下面给出的 S 的特征向量

$$(l_S)_i = \begin{cases} 1 & \text{若 } i \in S \\ 0 & \text{其他} \end{cases}$$

$[0,1]$ 中的一组数 $(\lambda_S)_{S \in C}$ 是一个权数平衡组（balanced collection of weights），如果对于每个参与人 i，l_S 在所有包含 i 的联盟上的和为 1：$\sum_{S \in C} \lambda_S (l_S)_i = 1$。作为一个例子，设 $|N| = 3$。则满足 $\lambda_{\{1,2\}} = \lambda_{\{1,3\}} = \lambda_{\{2,3\}} = 1/2$，其他权数为零的组 (λ_S)，就是一个权数平衡组；另外，$\lambda_{\{1\}} = \lambda_{\{2\}} = \lambda_{\{3\}} = 1$，其他权数为零的组 (λ_S)，也是一个权数平衡组。

定义 8.5 博弈 $\langle N,v\rangle$ 是平衡的,如果有 $\sum_{S\in C}\lambda_S v(S)\leqslant v(N)$ 对所有权数平衡组成立。

对平衡博弈概念的一种理解如下所述。每一个参与人有一单位时间,他必须将其在所有将他作为一个成员的联盟之间进行分配。当联盟 S 所有的成员都在为 λ_S 这个时间段一起作用,此时联盟产生收入 $\lambda_S v(S)$。在这种理解里,权数组是平衡的。如果在参与人的时间配置上是可行的,博弈是平衡的。如果不存在其他可行的时间配置使参与人产生的收入比 $v(N)$ 还多。

下列结果被称为 Bondareva-Shapley 定理,可以看到早期博弈论与线性规划的密切关系。

命题 8.2 一个特征函数博弈有一个非空的核,当且仅当其为平衡的。

证明 (1)必要性

设 $\langle N,v\rangle$ 是一个具有可转移收入的联盟博弈。首先设 x 是 $\langle N,v\rangle$ 核中的一个收入组合,且设 $(\lambda_S)_{S\in C}$ 是一个权数平衡组。

$$\sum_{S\in C}\lambda_S v(S)\leqslant \sum_{S\in C}\lambda_S x(S)=\sum_{i\in N}x_i\sum_{i\in S}\lambda_S=\sum_{i\in N}x_i=v(N)$$

其中,因为 $x(S)=x\cdot 1_S$,所以 $\langle N,v\rangle$ 是平衡的。

(2)充分性(反证法)

现假定 $\langle N,v\rangle$ 是平衡的。则不存在权数平衡组 $(\lambda_S)_{S\in C}$ 满足 $\sum_{S\in C}\lambda_S v(S)>v(N)$。

因此有界凸集 $\{(1_N,v(N)+\varepsilon)\in R^{|N|+1}:1>\varepsilon>0\}$ (为什么它是有界凸集?)与下面的凸锥是不相交的:

$$\left\{y\in R^{|N|+1}:y=\sum_{S\in C}\lambda_S(1_S,v(S)),\text{其中}\lambda_S\geqslant 0,\text{对于所有的}S\in C\right\}$$ (为什么它是凸锥?)

因为有 $1_N=\sum_{S\in C}\lambda_S 1_S$,所以 $(\lambda_S)_{S\in C}$ 是一个权数平衡组,且 $\sum_{S\in C}\lambda_S v(S)>v(N)$。所以,由前面的超平面分离定理(separating hyperplane theorem)可知,存在一个非零向量 $(\alpha_N,\beta)\in R^{|N|}\times R,\alpha\in R$ 满足

$$(\alpha_N,\beta)\cdot y\geqslant\alpha\geqslant(\alpha_N,\beta)\cdot(1_N,v(N)+\varepsilon)\qquad(8.2)$$

对所有在这个锥中的 y 以及所有的 $\varepsilon>0$ 成立。

下面将证明 $\beta<0$。

令 $\lambda_s=0,s\neq N,\lambda_N=1$;则 $y=(1_N,v(N))$ 在锥里,代入式(8.2),有

$$(\alpha_N,\beta)\cdot(1_N,v(N))\geqslant\alpha\geqslant(\alpha_N,\beta)\cdot(1_N,v(N)+\varepsilon)\qquad(8.3)$$

$$\sum\alpha_i+\beta v(N)\geqslant\sum\alpha_i+\beta v(N)+\beta\varepsilon$$

$$0\geqslant\beta\varepsilon$$

所以 $\beta\leqslant 0$。

下面将证明 $\beta\neq 0$,反证法:

如果 $\beta=0$，则令 $\lambda_s=0,\forall s\in C,y=(0,0)$ 在锥里，于是由式(8.2)左端的不等式有
$$\alpha\leqslant 0$$
再根据式(8.2)右端的不等式有
$$0\geqslant\alpha\geqslant\sum\alpha_i$$
令 $\lambda_s=0,\lambda_N=2,y=2(1_N,V(N))$。

由式(8.2)
$$(\alpha_N,\beta)\cdot y\geqslant\alpha\geqslant(\alpha_N,\beta)\cdot(1_N,v(N)+\varepsilon)\tag{8.4}$$
注意：$y\in R^{|M|+1}:y=\sum_{S\in C}\lambda_s(1_s,v(S))$，其中 $\lambda_s\geqslant 0$，对所有的 $S\in C$，有
$$2\sum\alpha_i\geqslant\sum\alpha_i$$
$$\sum\alpha_i\geqslant 0$$
于是 $\sum\alpha_i=0$。

令 $\lambda_{\{j\}}=0$，对某个 $j=1,2,\cdots,N,\lambda_{\{i\}}=1,i\neq j,\lambda_s=0$，其他的 $s\in C$，

由式(8.2)
$$\sum\alpha_i\geqslant\sum\alpha_i+\alpha_j$$
$$\alpha_j\leqslant 0,j=1,2,\cdots,N$$
于是
$$\alpha_j=0,j=1,2,\cdots,N$$
加上 $\beta=0$，于是 $(\alpha_N,\beta)=0$ 这是不可能的。

所以 $\beta<0$。

下面证明 $\alpha=0$。前面已经证明有 $\alpha\leqslant 0$。

令

$\lambda_s=0,\lambda_N=1,y=(1_N,V(N))$，在式(8.2)的右端，令 $\varepsilon\to 0$，得
$$\alpha=\sum\alpha_i+\beta v(N)$$
所以
$$\sum\alpha_i+\beta v(N)\leqslant 0$$
令 $\lambda_s=0,\lambda_N=2,y=2(1_N,V(N))$。

由式(8.2)有
$$2(\sum\alpha_i+\beta v(N))\geqslant\alpha\geqslant(\alpha_N,\beta)\cdot(1_N,v(N)+\varepsilon)=\sum\alpha_i+\beta v(N)+\beta\varepsilon$$
$$\sum\alpha_i+\beta v(N)\geqslant\beta\varepsilon$$
令 $\varepsilon\to 0$，得
$$\sum\alpha_i+\beta v(N)\geqslant 0$$
因此

$$0 \geqslant \sum \alpha_i + \beta v(N) \geqslant 0$$

$$\sum \alpha_i + \beta v(N) = 0$$

$$\alpha = 0$$

于是 $\alpha = 0$，

现设 $x = \alpha_N / (-\beta)$。由于 $(1_S, v(S))$ 对所有 $S \in C$ 都在锥里 $\big[$ 锥 $\big\{ y \in R^{|N|+1} : y = \sum_{S \in C} \lambda_S (1_S, v(S))$，其中 $\lambda_S \geqslant 0$，对于所有的 $S \in C \big\} \big]$，由式(8.2)中左边的不等式，可得对所有的 $S \in C$ 有 $x(S) = x \cdot 1_S \geqslant v(S)$，由式(8.2)中右边的不等式可得 $v(N) \geqslant 1_N x = x(N)$。所以，$v(N) = x(N)$，故收入组合 x 在 $\langle N, v \rangle$ 的核中。

尽管在数学上很简单，但平衡性并不易于应用。存在着一类特征函数博弈，其中的核总是存在的，且其定义容易验证。

定义 8.6　博弈 $\langle N, v \rangle$ 是凸的(convex)如果有

$v(S \cup \{i\}) - v(S) \geqslant v(T \cup \{i\}) - v(T)$ 对所有的 i, S, T 成立，其中 $i \notin S$ 和 $T \subseteq S \subseteq N$；或者等价地 $v(S \cup T) + v(S \cap T) \geqslant v(S) + v(T)$ 对所有的 $S, T \subseteq N$ 成立。

粗略地讲，凸性就意味着规模报酬递增——随着参与人联盟的增大，每个参与人对联盟的边际贡献也就越大。不难看出凸性意味着存在核。考虑一个配置，满足 $x_i = v(\{x_1, \cdots, x_i\}) - v(\{x_1, \cdots, x_{i-1}\})$，$i = 1, \cdots, N$；即参与人轮流到达现场，并取得其对联盟的边际贡献。容易证明这个配置是一个核配置。

然而，核的存在性不一定意味着凸性。考虑一个前面使用过的 3 人特征函数：$v(\{1\}) = v(\{2\}) = v(\{3\}) = 1$，$v(\{1,2\}) = v(\{1,3\}) = v(\{2,3\}) = 4$ 及 $v(\{1,2,3\}) = 6$。注意，$(2,2,2)$ 是一个核配置。因此，核存在但 $v(\cdot)$ 不是凸的。换句话说，凸性是比平衡性更加严格的概念，凸性只是一个纯充分条件。

8.3　夏普利值(SHAPLEY VALUE)

8.2 节提到，如果核存在，则相信最终的讨价还价的结果是在核中间，但若核包含多于一个点，我们能够进行更加精确的预测吗？在这里引入被称为夏普利值(SHAPLEY VALUE)或简单称为价值(VALUE)的合作博弈解可以回答这个问题，它像纳什讨价还价解一样通过一种公理方法来定义。

我们曾用 N 表示参与人集合。当特征函数为 v 时，用 $\varphi_i(v)$，$i = 1, \cdots, n$ 表示特征函数博弈 $\langle N, v \rangle$ 中的参与人 i 的夏普利值。

下面是用到的 4 个公理。

1) 有效性(Pareto Optimality)

个体得到的夏普利值之和等于大联盟的价值，即

$$\varphi_1(v) + \varphi_2(v) + \cdots + \varphi_n(v) = v(N)$$

2）对称性（Symmetry）

如果参与人 i 和 j 对博弈 v 是对称的，则他们获得相等的份额：$\varphi_i(v)=\varphi_j(v)$（参与人 $i,j\in N$ 被称为是对博弈 v 对称的，如果他们对所有联盟都作出同样的边际贡献，即对所有 $S\subset N, i,j\notin S$，有 $v(S\cup i)=v(S\cup j)$）。

3）挂名代表（Dummy）

如果参与人 i 仅仅是个挂名代表，即 $v(S\cup i)-v(S)=0$ 对所有 $S\subset N$ 成立，则 $\varphi_i(v)=0$。换句话说，将零收入赋予其对所有联盟的边际贡献为零的参与人。

4）可加性（Additivity）

如果 v 和 w 是两个博弈且倘若 $v+w$ 满足 $(v+w)(S)=v(S)+w(S)$ 对所有的 $S\subseteq N$ 成立，则

$$\varphi_i(v+w) = \varphi_i(v) + \varphi_i(w)$$

帕累托最优和对称性在这里的作用，基本上同在纳什讨价还价解中的作用一样。帕累托最优保证了讨价还价结果一定位于帕累托前沿上。针对对称性的问题，加上对称性公理，它就决定了讨价还价结果，以及各人的夏普利值。其他的两个公理是新的。挂名代表意即那些在任何联盟中都不会作出任何边际贡献的个人是不配得到收入的，因而收入为零。注意，在全体一致博弈中那些没有否决权的参与人都是挂名代表，事实上前面已经指出了在任何的核配置中他们的收入皆为零。可加性公理起着非常关键的作用。它意味着如果我们能够将特征函数分解为简单特征函数的线性组合（譬如，全体一致博弈中的那些特征函数）并且知道这些简单特征函数下的值的话，则我们就能够决定原有博弈的值。

为此，从前面介绍的全体一致博弈 $\langle N,w_R\rangle$ 开始，对任意非负常数 c，可生成另一全体一致博弈 $\langle N,cw_R\rangle$，其中 $cw_R(S)=c\times w_R(S)$，$S\subseteq N$。利用挂名代表性、对称性和有效性 3 个公理，可立即得到下面的结果。

引理 8.2　对 $c\geq 0,0<r<\infty$，有

$$\varphi_i[cw_R] = \begin{cases} \dfrac{c}{r} & \text{若 } i \in R \\[2mm] 0 & \text{若 } i \notin R \end{cases}$$

其中 $r = \|R\|$。

引理 8.3　任何特征函数 v 都是 $w_R, R\subseteq N$ 的线性组合，即

$$v = \sum_{R\subseteq N} c_R w_R$$

其中，$c_R, R\subseteq N$ 是系数。

证明在后面给出来。

某些信手拈来的简单例子中的经验使得我们相信其是真的。考虑一个 3 人博弈：

$N = \{1, 2, 3\}$，$v(\{1\}) = 1$，$v(\{2\}) = v(\{3\}) = 0$，$v(\{1, 2\}) = v(\{2, 3\}) = 4$，$v(\{1, 3\}) = 8$，$v(\{1, 2, 3\}) = 10$。可以验证有

$$v = 1 \times w_1 + 0 \times w_2 + 0 \times w_3 + 3 \times w_{1,2} + 4 \times w_{2,3} + 7 \times w_{1,3} - 5 \times w_{1,2,3}$$

其中在右端的那些 w_R 就是前面定义的全体一致博弈。

为了说明引理 8.3 和主要定理，需要引用以下的一些数学公式，这些数学公式本身是不难验证的（证明省略）。

1）改变求和顺序

$$\sum_{S \subseteq N} \left[\sum_{T \subseteq S} f(T, S) \right] = \sum_{T \subseteq N} \left[\sum_{T \subseteq S \subseteq N} f(T, S) \right] \tag{8.5}$$

2）二项式展开

$$(1 - x)^k = \sum_{j=0}^{k} \left[\binom{k}{j} (-1)^j x^j \right] \tag{8.6}$$

3）根据以上公式，对 $k \geq 1$，有

$$0 = (1 - 1)^k = \sum_{j=0}^{k} \binom{k}{j} (-1)^j \tag{8.7}$$

4）考虑任意 $S \subseteq N$，任意的 $i \in N$，定义

$$\eta_i(S) \equiv \sum_{\substack{R \subseteq N \\ S \cup \{i\} \subseteq R}} (-1)^{r-s} \frac{1}{r}，\text{其中} \ r = |R|, s = |S| \tag{8.8}$$

则对任意 $S = S' \cup \{i\}$，其中 $i \notin S'$，有 $\eta_i(S) = -\eta_i(S')$。

5）一个积分结果

$$\frac{1}{r} = \int_0^1 x^{r-1} \mathrm{d}x \tag{8.9}$$

6）另一个积分结果

$$\int_0^1 x^{s-1} (1 - x)^{n-s} \mathrm{d}x = \frac{(s-1)! \ (n-s)!}{n!} \tag{8.10}$$

引理 8.3 的证明如下：

设

$$C_R = \sum_{T \subseteq R} (-1)^{r-t} v(T)，\text{其中} \ t = |T| \tag{8.11}$$

我们将证明这些 C_R 满足引理。

事实上，如果 U 是任意的联盟，则

$$\sum_{R\subseteq N} c_R w_R(U) = \sum_{R\subseteq U} c_R$$

$$= \sum_{R\subseteq U}\left(\sum_{T\subseteq R}(-1)^{r-t}v(T)\right) \qquad (8.12)$$

$$= \sum_{T\subseteq U}\left(\sum_{\substack{R\subseteq U\\R\supseteq T}}(-1)^{r-t}\right)v(T)$$

现在，考虑最后一个表达式中的括号部分。对介于 t 和 u 之间的任意 r 值，其中 $u=|U|$；则存在 $\binom{u-t}{u-r}=\binom{u-t}{r-t}$ 个具有 r 个元素的集合 R，满足 $T\subseteq R\subseteq U$。因此，该括号部分就可换成为

$$\sum_{r=t}^{u}\binom{u-t}{r-t}(-1)^{r-t}=\sum_{j=0}^{j=u-t}\binom{u-t}{j}(-1)^{j}$$

但这正好是 $(1-1)^{u-t}$ 的二项式展开（由式（8.6）知）。所以，对 $t<u$ 它将为零，而在 $t=u$ 时为 1。因此，有

$$\sum_{R\subseteq N}c_R w_R(U)=v(U)$$

对所有 $U\subseteq N$ 成立。

我们现在给出主定理：

定理 8.7（夏普利值） 存在唯一的一个价值函数 φ 满足上面 4 个公理。设 s 是 S 中的元素个数（类似地，n 是 N 中的元素个数），则

$$\varphi_i(v)=\sum_{\substack{S\subseteq N/\{i\}\\i\in S}}\gamma_i(S)(v(S)-v(S-\{i\})) \qquad (8.13)$$

$i\in N$，其中

$$\gamma_i(S)=\frac{(s-1)!\ (n-s)!}{n!} \qquad (8.14)$$

证明 利用引理8.3，有

$$\varphi_i(v)=\sum_{R\subseteq N}c_R\varphi_i(w_R) \qquad \text{由公理4（可加性）}$$

我们现在来证明，上面这个方程可以重新写成定理表达中式（8.12）中的那样。注意：c_R 由式（8.10）定义，$C_R=\sum_{T\subseteq R}(-1)^{r-t}v(T)$，其中 $t=|T|$；将其在这里代入，利用引理 8.1，即对 $c\geq0,0<r<\infty$，有

$$\varphi_i(v)=\sum_{R\subseteq N}c_R\varphi_i(w_R)$$

$$=\sum_{R\subseteq N}\sum_{T\subseteq R}(-1)^{r-t}v(T)\varphi_i[w_R]$$

$$=\sum_{\substack{R\subseteq N\\i\in R}}\frac{1}{r}\sum_{T\subseteq R}(-1)^{r-t}v(T)$$

$$\varphi_i[cw_R] = \begin{cases} c/r & 若 i \in R \\ 0 & 若 i \notin R \end{cases}; 得到\left(= \begin{cases} 1/r & 若 i \in R \\ 0 & 若 i \notin R \end{cases}\right)$$

或者

$$\varphi_i(v) = \sum_{\substack{R \subseteq N \\ i \in R}} \frac{1}{r}\left\{ \sum_{S \subseteq R} (-1)^{r-s} v(S) \right\}$$

然后，通过改变求和顺序

$$\varphi_i(v) = \sum_{S \subseteq N} \left\{ \left(\sum_{\substack{R \subseteq N \\ S \cup \{i\} \subseteq R}} (-1)^{r-s} \frac{1}{r} \right) v(S) \right\} = \sum_{S \subseteq N} \eta_i(S) v(S)$$

其中

$$\eta_i(S) = \sum_{\substack{R \subseteq N \\ S \cup \{i\} \subseteq R}} (-1)^{r-s} \frac{1}{r}$$

得到[由式(8.5)知]

$$\varphi_i(v) = \sum_{\substack{S \subseteq N \\ i \in S}} \eta_i(S)(v(S) - v(S - \{i\}))$$

最后要证明 $\eta_i(S)$ 满足式(8.14)。为此，如果有 $i \in S$，可以看到正好存在着 $\binom{n-s}{r-s}$ 个具有 r 个元素的联盟 R 满足 $S \subseteq R$。于是有

$$\eta_i(S) = \sum_{r=s}^{n} (-1)^{r-s} \binom{n-s}{r-s} \frac{1}{r}$$

$$= \sum_{r=s}^{n} (-1)^{r-s} \binom{n-s}{r-s} \int_0^1 x^{r-1} dx \qquad (即式(8.7))$$

$$= \int_0^1 \sum_{r=s}^{n} (-1)^{r-s} \binom{n-s}{r-s} x^{r-1} dx$$

$$= \int_0^1 x^{s-1} \sum_{r=s}^{n} (-1)^{r-s} \binom{n-s}{r-s} x^{r-s} dx$$

$$= \int_0^1 x^{s-1}(1-x)^{n-s} dx \quad (注意二项式展开(1-x)^k = \sum_{j=0}^{k}\left[\binom{k}{j}(-1)^j x^j\right], 即式(8.5))$$

$$= \frac{(s-1)!\,(n-s)!}{n!} \qquad (即式(8.9))$$

这就完成了整个证明。

这个唯一的一个价值函数被称为夏普利值，是根据提出这个概念的研究者来命名的。可以这样理解，夏普利值是参与人对所有联盟的边际贡献的加权平均。为了更加形象地理解它，我们回到前面的例子。在例8.2市场博弈中，夏普利值为：

$$\varphi_1 = \frac{a}{3} + \frac{b}{6} + \frac{c}{2}$$

$$\varphi_2 = -\frac{a}{6} + \frac{b}{6}$$

$$\varphi_3 = -\frac{a}{6} - \frac{b}{3} + \frac{c}{2}$$

可以证明，如果 $a<b<c$，则 $\varphi_1>\varphi_3>\varphi_2$。在例 8.3 全体一致博弈中，夏普利值是：

$$x_i = \begin{cases} \dfrac{1}{|R|} & \text{若 } i \in R \\[2mm] 0 & \text{若 } i \notin R \end{cases}$$

最后，在例 8.4 生产博弈中，夏普利值为 (43/6，49/6，52/6)。注意，由于在此博弈中不存在核，夏普利值就不在核中。

8.4 夏普利值的一些应用

8.4.1 所有权市场 (Market for Ownership)

尽管其一般性表达是很复杂的，但是夏普利值在特定的博弈中会以一种非常简单的形式出现。下列例子可进一步说明。

假设一个资产的老主人打算退休且想要以最高的价格将其卖掉。如果由被称为 1 和 2 的两个参与人来共同使用这个资产，这个资产会带来 100 单位的产值；否则它带来的产值为零。在生产中不扮演任何角色的第三个人也对得到这个资产感兴趣。假设举行一个公开的英式拍卖，使得 3 人中出价最高者获得它；假设 3 个报价者没有合谋，谁将最终赢得这个资产呢？

这个博弈的思想来自由 Grossman，Hart 和 Moore（以下简称 GHM）所开创的不完全合同与企业理论的产权方法研究。然而，这个结果，即均衡结果下的所有权结构，与 GHM 的最优所有权却大易其趣。

我们假定，一旦所有权问题得到解决后，就用夏普利值去解决事后的讨价还价。如果第三个人是资产所有者，他将不得不与参与人 1 和 2 合作。那么特征函数博弈 $\langle N,v \rangle$ 事实上就是一个全体一致博弈了。对任何 $N=\{1,2,3\}$ 的真子集 $S,v(S)=0$，而 $v(N)=100$。夏普利值给出在事后讨价还价里按照相同的份额分配产值（100）且每一个参与人预期可以得到的产值为 100/3。那么，这 3 个参与人的支付组合为 (100/3, 100/3, 100/3 - p_3)，其中 p_3 为参与人 3 付出的价格，而正是这个价格使得他成为拍卖的赢家。

如果参与人 1 是资产所有者，他将不得不与参与人 2 合作，而代理人 3 是无足轻重的，因而可以排除。那么，特征函数博弈 $\langle N,v \rangle$ 此时也是一个全体一致博弈，其中 $N=\langle 1,2,3 \rangle$ 和 $v(S)=100$ 对任何 $S \supseteq \{1,2\}$ 成立，否则 $v(S)=0$。夏普利值意味着参与人 1 和 2 平分剩余 100，而参与人 3 什么都得不到。将参与人 1 为了获得这个资产所付出的价格考虑进来，3 个参与人的支付组合为 (50 - p_1, 50, 0)（参与人 2 为所有者的情形，与参与人 1 为所有者的情形是对称的）。

现在比较在这两种情形下的收入。参与人 3 没有得到资产的支付为零,有得到资产的支付为 $100/3-p_3$,于是他愿意付出最高价格为 $100/3$ 的价钱来买那资产。参与人 1 没有得到资产的支付为 $100/3$,有得到资产的支付为 $50-p_1$,他为这个资产所愿意付出的最高价格是 $50/3$。同理,参与人 2 为这个资产所愿意支出的最高价格是 $50/3$。因此,有点不可思议的是,参与人 3 将成为赢家。

下面假定,在所有权已经决定后,参与人 1 和 2 可以对其人力资本进行投资。每个参与人若投资 5 个单位,总产值增加 12 个单位。显然,进行投资是帕累托改善,但是下面的博弈均衡却让这样的帕累托改善实现不了:

①阶段 0:资产被拍卖出去且所有权固定。

②阶段 1:给定所有权,参与人 1 和 2 进行(如果可能)同时独立决定投资零个单位或者 5 个单位。

③阶段 2:生产,并以夏普利值分配剩余。

很容易验证,有下面几个结论成立。

①(帕累托)最优的结果(first best outcome)应该是每个参与人(1 和 2)都进行投资。

②在阶段 1,若参与人 3 是所有者,均衡是参与人 1 和 2 都不会投资;因为投资增加的收入为 12,参与人 1 和 2 获得的分配是 12/3 = 4<5。

③在阶段 1,若参与人 1 或参与人 2 是所有者,两人都投资是一个纳什均衡;因为投资增加的收入为 12,参与人 1 和 2 获得的分配是 12/2 = 6>5。

④在拍卖中,代理人 3 将赢得拍卖并成为资产的主人。因此,得到的是一种非最优(non-optimal)的所有权。

Grossman-Hart(1986)和 Hart-Moore(1990)的开创性文献只考察了阶段 1 和阶段 2。他们的目的是考察什么是最优的所有权安排,深信一旦所有权确立,这样的最优所有权安排将在资产贸易市场上实现(阶段 0)。然而,上面的这个由 Gans(2004)最早进行了的研究,在形式上增加了阶段 0,表明最优的所有权安排是不会实现的。在一定程度上,这可解释为什么在美国不活跃的制度外部人会在上市企业里拥有大量的投资。为什么比尔·盖茨不持有微软的大多数股份!这里有一个与其有关的例子:外部人愿意为股份付出一个比尔·盖茨所不愿意付出的价格。

8.4.2 通过非合作博弈实现夏普利值

合作博弈论与非合作博弈论是非常不同的理论。自然就要问我们是否可以构造一种非合作博弈使得该博弈的均衡就是合作博弈论所预言的均衡。最早提出这个问题的不是别人正是纳什本人,因而被称为纳什纲领(Nash program)。Rubinstein 的轮流出价讨价还价博弈可以被看作贯彻了纳什讨价还价解的最重要的工作。跟随 Rubinstein 之后的最近的研究是试图在两方讨价还价中澄清非一致点(disagreement point)与外部选择(outside option)的不同。由 Chiu(1998)与 de Meza 及 Lockwood(1998)所完成的最近工作

表明,在这两者之间的详细区别对于 GHM 产权文献里的最优所有权问题来说具有深刻的意义。这里我们要集中讨论夏普利值的贯彻。换句话说,我们能够构造一种扩展式博弈使得其均衡收入就是由夏普利值所预言的那样吗? 在这里,我们给出关于这个问题的两项最近的研究成果。

1）序贯双边匹配（Sequential Bilateral Matching）

Gul 首先为夏普利值提供了一种非合作博弈基础。在他的模型里是个参与人随机匹配的模型。每次相遇时天公决定一方为建议者,另一方为接受建议者。建议的内容为前者向后者购买其资产的价钱,后者如不答应,建议便作废,他们散伙重新等候随机匹配。后者如答应,即接受把资产卖给他,他自己以后永远为前者打工,前者便带着后者回到人群,并等候下一次的随机匹配,或者兼并别人,或者待价而沽。对任意给定的博弈进行路径,拥有资产的参与人 j 的支付是由其现金流减去他支出给其他参与人的资源之现值给出。

Gul 将他的研究限于博弈稳定子博弈完美均衡（Stationary Subgame Perfect Equilibrium, SSPE）上,即参与人在时期 t 的行动只依赖于时期 t 的资源配置的均衡。他指出 SSPE 结果在最大化所有参与人的均衡支付总和这种意义上可能是无效率的,但他继续证明在任意的非延迟性均衡（no-delay equilibrium）（即所有相遇的对都以达成协议结束博弈的均衡）中当折现因子趋于 1 时,参与人的支付收敛于潜在的博弈之夏普利值。但是,倘若沿着均衡路径发生了延迟,则即使 δ 接近于 1,结果也可能不会接近夏普利值。在其主要定理中,Gul 的原始公式要求某种有效性条件。但是,Hart 和 Levy（1999）在一个例子中表明有效性并不意味着即时的协议。在一个回答中,Gul（1999）指出如果潜在的联盟博弈是严格凸的[因此,不是他在 1989 年原文那样指出的只要具备较宽松的"超加性的"（superadditivity）即可],则在他的模型里有效性的确意味着没有延迟。

2）需求承诺博弈（Demand Commitment Game）

参与人的夏普利值是参与人对所有联盟的边际贡献的加权平均。Dasgupta 和 Chiu（1998）研究了简单需求承诺博弈（Simple Demand Commitment Game, SDCG）,对这种洞察有一个最为直观性的总结。下面介绍 SDCG。在博弈开始时,以相等的概率随机地在所有可能的顺序中挑选出各参与人进场的顺序。参与人顺序被挑选出来并且成为共识之后,各参与人按顺序行动。不失一般性,我们考虑参与人 $1, 2, \cdots, n$ 按顺序行动。

每个进场后的参与人 i（其中 $i \neq n$）有两个选择。第一个选择是提出一个价钱 $d_i \in R$,以后进场的参与人 j 要是想成立一个包括 i 的联盟,都要付出这个价钱 d_i 给 j。第二个选择是主动组成一个联盟,他或者选择与前面开出了价钱而还没有参加任何联盟的参与人组成一个联盟,或者形成只包含他自己的单元素联盟。倘若参与人 i 作出第一个选择,第二个参与人 $i+1$ 就开始行动。如果参与人 i 作出第二个选择,则 i 选择的联盟就形成了（它应包含 i）且博弈结束。博弈以这种方式进行下去直到或者有一个联盟形成,或者轮到参与人 n 行动了。在后一种情形,参与人 n 就必须形成一个联盟（可能一个单元素联盟只包含他自己）来结束博弈。

参与人的支付如下。那个主动组成联盟的人（譬如参与人 i）必须满足联盟内其他成员之前提出的需求。用 S 表示形成的联盟，用 d_j 表示参与人 j 的需求，$j \in S \setminus \{i\}$。则每个 j 获得 d_j 而 i 得到 $v(s) - \sum_{j \in S \setminus \{i\}} d_j$。如果参与人 k 不被包含在 S 中，则 k 得到 $v(\{k\})$。正如在赢利的定义中所表明的那样，不存在折现。

Dasgupta 与 Chiu 证明了两个结果。第一，假设 $\langle N, v \rangle$ 是严格凸的，若参与人 1，2，$\cdots$，n 按顺序行动，则存在唯一的子博弈精炼均衡结果，其中大联盟 N 总会成立，使得参与人 i 获得 $v(\{i, \cdots, n\}) - v(\{i+1, \cdots, n\})$（其中 $i = 1, \cdots, n-1$），以及参与人 n 得到 $v(\{n\})$。把随机性考虑进来，夏普利值便是一个唯一的子博弈完美均衡结果。第二，假设 $\langle N, v \rangle$ 是凸的，夏普利值仍然是子博弈完美均衡结果，尽管不是唯一的子博弈完美均衡结果。

这个需求承诺博弈的实质十分接近夏普利的原初思想。在他那篇著名论文的最后，夏普利想象了一种序贯讨价还价博弈，其中参与人们按照随机顺序到来并且产生需求。然而，夏普利断言，每一个参与人都将产生一个需求并且被给予一个等于其对于由前面的参与人所形成联盟的边际贡献的数量。也就是说，每一个参与人 i 获得 $v(S \cup \{i\}) - v(S)$，其中 S 是先于参与人 i 到达的参与人的集合。因此，在夏普利原来的想象里，参与人具有迟到优势，而不是在博弈里所发现的先到优势。

他们还证明，对 SDCG 的一种相对较小的修改，不管何种特征函数，夏普利值都能够实现。技巧就是通过对联盟值增加一个转移性支出（或礼物）来凸化特征函数，这种转移性支付（transfer payment）随着联盟规模的增大而迅速增加。接着，为了保证预算平衡——即回复到原来的特征函数——在参与人身上再施加上一个税收体系，税收只取决于行动的顺序。更加具体地，设计者（或仲裁人）对原有博弈再附加上下面的规则。在联盟形成的阶段，如果联盟 S 已经形成，计划者对联盟 S 许诺 $|S|^2 M$ 元的礼物，其中 M 是一个很大的数。这个计划者还声明在联盟的形成阶段之后，不管其结果是什么，他就按照下列程序向参与人课税。在随机挑选顺序中的第一个参与人（用于需求制定和联盟形成阶段）将被课以 $(n^2 - (n-1)^2)M$ 元的税；第二个将被课以 $((n-1)^2 - (n-2)^2)M$ 元的税等。最后一个参与人将被课以 M 元的税。不难证明，在 M 足够大时，有以下结果：存在唯一的子博弈精炼均衡结果，当把随机性考虑进来时，此结果带来夏普利值，而各个参与人在均衡中的净课税为零。

8.4.3 基于网络增信的商业银行与电商平台合作博弈

商业银行与电商平台在网络增信方面的合作最终会落实在中小企业贷款产品上，一款贷款产品创造价值的主要流程包括"产品设计—获客—风控—贷后管理"等环节。合作博弈是按照不同经济主体对联盟的贡献来分配合作得到的总收益。因此，基于利润贡献作为商业银行与电商平台合作博弈的分配依据，对影响利润的因素进行分析。其中，

银行主要完成产品设计流程,电商平台主要完成获客流程,风控和贷后管理流程需要银行和电商平台共同完成。以下对上述流程中银行和电商平台各自的成本投入变量进行详细分析:

1)产品设计的成本投入

产品设计的成本投入主要包括市场调研费用、产品设计成本、产品实现成本等,这些成本属于贷款产品的固定成本。其中,市场调研需要电商平台与银行共同完成,因为在开发电商平台上的中小企业客户需要银行设定产品的适用范围和目标人群,该项成本应该按比例分别计入电商平台和银行的成本投入中;产品设计包括产品设计思想的生成和初步筛选、概念发展与评估、经济分析和市场测试等。这需要行政管理、市场营销、法律、会计、信息技术等部门的参与,电商平台在这一环节也需要融入人脸识别技术、动作捕捉和深度学习技术等,所以产品设计成本中也有电商平台的成本投入;产品实现包括借款额度、借款期限、定价、审批方式、审批流程、是否需要抵押物、提前还款条款、逾期处理条款等的设计,其中的每一个环节都需要电商平台的参与和支持。总的来说,中小企业贷款产品开发需要电商平台和银行共同的成本投入,只是这一部分中电商平台所占比例相对较少。

2)获客的成本投入

获客的成本投入主要包括银行计算机系统资源的使用成本、电商平台上的电商企业客户获客成本、客户关系管理成本等。其中,银行信贷人员获客的主要方式为被动型,即信贷人员较少主动拓展中小企业客户,因其高风险的属性,加之银行实行的贷款第一责任人制度和贷款责任终身追究制,要求信贷人员承担调查失误、风险分析失误和贷后管理不力的责任,对调查的情况、发放的贷款要负全责,实行包发放、包管理、包收回、包赔偿,这促使信贷人员不愿意主动接触中小企业客户,因此贷款客户主要来源于电商平台。区别于银行物理网点获客的特点,电商平台获客渠道主要为线上,在一定程度上降低了银行获客的成本投入。如果银行与电商平台在合作过程中完成的贷款数量与质量有增不减,会增加电商平台合作中的谈判能力;客户关系管理成本是银行为客户建立的提供创新式个性化客户交互服务系统,旨在了解客户的真正需求,提高客户满意度与忠诚度,实行交叉销售以提高盈利性。在一定规模内,这些成本为固定成本,但是电商平台上的电商企业客户获客成本会随着业务量的增长而增长,因此,这一变量属于变动成本。

3)风控的成本投入

风控的成本投入主要包括贷款申请受理成本、贷前调查成本、客户信用评级成本、贷款损失准备金占用资本的成本等。其中,贷款申请受理作为银行风险防范的第一道关口,需要有经验的信贷人员依据自身的专业知识和技能作出职业判断,该成本记入银行成本投入;贷前调查分为现场调查和非现场调查,而现场检查是银行最常用、最重要的方法,包括现场会谈和实地考察。非现场调查是电商平台主要使用的方法,依靠互联网以及大数据的优势,平台将中小企业从生产到销售环节的数据连接起来,能积累大量中小企业客户的信用数据和交易数据,利用数据采集和模型分析等手段,对客户还款能力及还款意愿进行评估。所以银行和电商平台共同记入贷前检查成本投入;客户信用评级可以反映中小企业客户违约风险的大小,采用各类违约概率模型分析法,需要将借款人各项有关数据输入信用评级系统中,所以客户信用评级成本记入银行成本投入中;贷款损失准备金分为一般准备金、专项准备金和特别准备金三类,是商业银行在成本中列支、用以抵御贷款风险的准备金,是中小企业贷款中最重要的成本。以上这些成本会随着贷款笔数的增加而增加,属于变动成本。

4）贷后管理的成本投入

贷后管理的成本投入主要包括对借款人的贷后监控成本、风险预警成本、信贷业务到期处置成本、档案管理成本等。其中,电商平台负责对借款人的贷后监控,因中小企业客户在电商平台上进行商品交易,平台便可全程监控企业的销售收入增减变动、日常生产经营资金变动和大额异常资金流动的情况,所以应将此部分计入电商平台成本投入中;风险预警需要银行设计风险预警的程序、指标体系等,当出现风险时暂停发放新的贷款或收回已发放的授权额度,同时需要通知电商平台将其列入重点观察名单,电商平台也需要运用大数据、云计算、机器学习等方面的技术,设计交易反欺诈、信用反欺诈模型,提供全方位全流程、实时高效的反欺诈服务;为避免电商平台与借款人合谋,出现贷款欺诈风险,需要银行与平台共同对不良贷款负责,避免信任危机出现,所以信贷业务到期处置需要银行和电商平台共同的成本投入;档案管理是确定借贷双方法律关系和权利义务的重要凭证,应计入银行的成本投入中。以上这些成本会随着贷款笔数的增加而增加,属于变动成本。将上述变量进行整理,见表8.1。

表8.1　变量含义与符号

变量含义	符号	变量含义	符号
商业银行	B	客户关系管理成本	CRM
电商平台	I	贷款申请受理成本	LAC
银行的成本投入	XB	贷前检查成本	PIC
电商平台的成本投入	XI	客户信用评级成本	CRC
银行电商贷款产品的利润	Profit	贷款损失准备金占用资本成本	LLR
银行电商贷款产品的收益	Revenue	对借款人的贷后监控成本	PMC
市场调研成本	ME	风险预警成本	RPC
产品设计和实现成本	PDC	信贷业务到期处置成本	DNAC
银行计算机系统资源使用成本	RUC	档案管理成本	AMC
电商平台中电商企业客户获客成本	CRUC	电商平台或银行的其他固定成本	OFC

根据上述定义,中小企业贷款产品的所有成本 TC 可表示为:

$$TC = ME + PDC + RUC + CRUC + CRM + LAC + PIC + CRC + LLR + PMC + RPC + DNAC + AMC$$

$$(8.15)$$

中小企业贷款产品获得的利润为 $\text{Profit} = \text{Revenue} - TC$。总成本由固定成本和变动成本组成，表示为 $TC = FC + VC$。总成本同样也由银行和电商平台的共同成本投入组成，表示为

$$TC = TC^B + TC^I = FC^B + VC^B + FC^I + VC^I \qquad (8.16)$$

其中，根据上面对中小企业贷款流程的成本投入分析可得：

$$FC^B = ME^B + PDC^B + RUC^B + CRM^B \qquad (8.17)$$

$$VC^B = LAC^B + PIC^B + CRC^B + LLR^B + RPC^B + DNAC^B + AMC^B \qquad (8.18)$$

$$FC^I = ME^I + PDC^I \qquad (8.19)$$

$$VC^I = CRUC^I + PIC^I + PMC^I + RPC^B + DNAC^I \qquad (8.20)$$

则银行和电商平台的成本投入可分别表示为：

$$TC^B = ME^B + PDC^B + RUC^B + CRM^B + LAC^B + PIC^B + CRC^B + LCR^B + RPC^B + DNAC^B + AMC^B$$

$$(8.21)$$

$$TC^I = ME^I + PDC^I + CRUC^I + PIC^I + PMC^I + RPC^I + DNAC^I \qquad (8.22)$$

在这里，贷款损失准备金占用资本的成本是银行最主要的成本，贷前调查成本是电商平台最主要的成本。中小企业贷款产品的利润高低与贷款价格直接相关，贷款价格由贷款利率、贷款承诺费、隐含价格和补偿余额 4 部分组成，其中，贷款利率是贷款价格的主要成分，因此本文省略其他 3 个因素，将贷款利率视为中小企业贷款产品的主要利润来源。本文对贷款利率的测算采用成本加成定价法。成本是贷款利率的基础，在对中小企业贷款时要考虑资金成本和经营成本。所以，贷款利率等于可贷资金成本、非资金性经营成本、违约风险的补偿费用和预期利润之和。如下，将要讨论银行与电商平台合作前后的利益变化以及如何进行利益分配。

8.4.4　模型的建立与求解

1）参与人

商业银行用 B 表示，电商平台用 I 表示，则集合 $N = \{I, B\}$ 代表了所有参与人的集合，集合中的每一个元素都是一个独立的利益个体。

2）特征函数

合作博弈需要定义一个在参与人集合 N 幂集上的函数，表示不同的参与人个体合作下的所有支付成本水平。记 $|S| = 2^N = 4$，于是对银行与电商平台在贷款信息方面的合作，就有 $S = \{\phi, \{I\}, \{B\}, \{I, B\}\}$。下列定义一个在 S 上的特征函数 $v(\cdot)$：

联盟为空集时，$v(\phi) = 0$。

因为没有利益主体参与的合作，必然不会有利益产生。

双方没有达成合作联盟的情况下：

商业银行的特征函数值，即收益：

$$v(\{B\}) = v_B = R_B n^L - C_B^H n^L - f_B^H \tag{8.23}$$

这是商业银行不与电商平台合作时的贷款收益。其中，R 表示每笔贷款业务的利息收入，n 表示贷款业务的笔数，c 表示每笔贷款业务的服务成本，f_B 表示银行发放中小企业贷款的固定成本和其他固定成本。

银行在不与电商平台合作的情况下，代表银行继续延续传统的贷款业务流程给企业提供贷款，则贷款收益全部归银行所有。同时，因为没有合作，银行就无法获得电商平台提供的客户资源，所以此时我们认为贷款业务笔数相对较少，用带有 L 的上角标表示；并且非合作发放的贷款单位成本或自己组织放贷的经营成本也相对较高，致使发生的其他固定成本也会增加，用带有 H 的上角标表示。根据上述分析，有

$$v(\{I\}) = v_I = R_I n^L - C_I^H n^L - f_I^H \tag{8.24}$$

表示电商平台没有与银行合作时的贷款收益，字母含义与银行的特征函数相同。其中，因双方没有合作，电商平台受自有资金限制无法服务更多的电商企业，所以此时我们认为贷款业务笔数相对较少，用带有 L 的上角标表示；并且非合作没有银行资源的协同效应，发放的贷款单位成本或自己组织放贷的经营成本也相对较高，致使发生的其他固定成本也会增加，用带有 H 的上角标表示。当银行与电商平台战略合作后，联盟的总收益为：

$$v(\{I,B\}) = v_{I,B} = \beta R_n^H - C_I^L n^H - f_I + (1-\beta) R_n^H - C_B^L n^H - f_B \tag{8.25}$$

其中，$\beta R_n^H - C_I^L n^H - f_I$ 代表电商平台获得的贷款收益，R 为合作后贷款收益的分配比例；平台的变动成本 $VC^I = C_I^L n^H$、固定成本 $FC^I = f_I$。因为电商平台上聚集着众多中小企业，银行通过电商平台接触到中小企业的数量会比银行自己开拓中小企业客户的数量相对较多，所以用带有 H 的上角标表示此时的贷款业务笔数，此外由于电商平台协助银行进行获客、贷前调查、贷后管理等环节可以节约部分人力成本和系统成本，所以我们认为此时每笔贷款业务的服务成本会降低，用带有 L 的上角标表示。

$(1-\beta) R_n^H - C_B^L n^H - f_B$ 表示银行在让渡了部分贷款收入后获得的收益，其中银行变动成本 $VC^B = C_B^L n^H$，固定成本 $FC^B = f_B$。

3）利益分配原则

合作博弈的利益分配是建立在集体理性之上的，其合作时的利益最优分配由 Shapely 值决定，公式如下：

$$\phi_i(v) = \sum_j \frac{(|S_{ij}|-1)! \, (n-|S_{ij}|)!}{n!} [v(S_{ij}) - v(S_{ij} - \{i\})] \tag{8.26}$$

其中，$\phi_i(v)$ 表示第 i 个利益个体的合理分配比例，S_{ij} 为包含个体 i 的第 j 个子集，$|S_{ij}|$ 为 S_{ij} 中元素的个数，N 为参与人个数，这里为 2。夏普利值表示成员 i 对于联盟 S 增加成本 $[v(S_{ij}) - v(S_{ij} - \{i\})]$ 的加权平均数，权数 $\dfrac{(|S_{ij}|-1)! \, (n-|S_{ij}|)!}{n!}$ 表示在 n 个参与人的任意排列中，i 仅属于联盟 S 的概率。利用 Shapley 值公式便可计算出商业银行与电商平台

战略合作后的利益分配比例,即为 R 值。

8.4.5 模型的求解

对于银行来说,合作后的收益一定不小于其单独发放贷款的收益,所以可以得出:

$$(1 - \beta)Rn^H - C_B^L n^H - f_B \geq Rn^L - C^H n^L - f_B^H \qquad (8.27)$$

则

$$\beta \leq 1 - \frac{n^L}{n^H} + \frac{(C^H n^L - C_B^L n^H) + (f_B^H - f_B)}{Rn^H} \qquad (8.28)$$

将 $\frac{n^L}{n^H}$ 定义为 α,表示银行与电商平台合作后,中小企业客户的获客系数,系数越小说明从电商平台获客的数量越多,平台在收益分配中越具有话语权。可将上述约束公式变为: $\beta \leq 1 - \alpha + \alpha\frac{C^H}{R} - \frac{C_B^L}{R} + \frac{f_B^H - f_B}{Rn^H}$ 。当 n^H 的值越大,式中的 $\frac{f_B^H - f_B}{Rn^H}$ 越小,表示当贷款客户规模足够大时,固定成本可忽略不计,所以上式可以变为: $\beta \leq 1 - \alpha + \alpha\frac{C^H}{R} - \frac{C_B^L}{R}$ 。而对于平台来说,其在合作中的收益至少要大于0,所以 $\beta Rn^H - C_I^L n^H - f_I \geq 0$ 。整理得: $\beta \geq \frac{C_I^L n^H + f_I}{Rn^H}$ 。当 n^H 的值越大时,式中的 $\frac{f_I}{Rn^H}$ 越小,所以上式可变为: $\beta \geq \frac{C_I^L}{R}$ 。此为电商平台收益分配的底线,这里的 $R > C^H$ 。

说明 R 的约束范围后,下面利用夏普利值公式求解模型中的 R 值:

$$\phi_I(v) = \frac{1}{2}(v(I) - 0) + \frac{1}{2}(v_{I,B} - v_B) = \frac{1}{2}v_I + \frac{1}{2}v_{I,B} - \frac{1}{2}v_B \qquad (8.29)$$

$$\phi_B(v) = \frac{1}{2}(v(B) - 0) + \frac{1}{2}(v_{I,B} - v_I) = \frac{1}{2}v_B + \frac{1}{2}v_{I,B} - \frac{1}{2}v_I \qquad (8.30)$$

则

$$\phi_I(v) + \phi_B(v) = v_{I,B} \qquad (8.31)$$

在银行与电商平台合作中,双方会根据夏普利值的比例作为收益分配的比例,所以有:

$$\frac{\phi_I(v)}{\phi_I(v) + \phi_B(v)} = \frac{\beta Rn^H - C_I^L n^H - f_I}{v_{I,B}} \qquad (8.32)$$

$$\frac{\phi_B(v)}{\phi_I(v) + \phi_B(v)} = \frac{(1 - \beta)Rn^H - C_B^L n^H - f_B}{v_{I,B}} \qquad (8.33)$$

将式(8.29)和式(8.31)代入式(8.19)中便得到电商平台从中小企业贷款收益中应该提取的比例 R 的表达式:

$$\beta = \frac{R\left(1 - \dfrac{n^L}{n^H}\right) + \left(C_I^L - C_B^L + C^H \dfrac{n^L}{n^H}\right) + \dfrac{1}{n^H}(f_I - f_B - f_B^H)}{2R}$$

$$= \frac{1}{2}\left(1 - \frac{n^L}{n^H}\right) + \frac{1}{2R}\left(C_I^L - C_B^L + C^H \frac{n^L}{n^H}\right) + \frac{1}{2Rn^H}(f_I - f_B - f_B^H) \quad (8.34)$$

$$= \frac{1}{2}(1 - \alpha) + \frac{1}{2R}(C_I^L - C_B^L + C^H \alpha) + \frac{1}{2Rn^H}(f_I - f_B - f_B^H)$$

当式(8.34)中的 n^H 越大时，$\dfrac{1}{2Rn^H}(f_I - f_B - f_B^H)$ 的值越小，则表达式可简化为：

$$\beta \approx \frac{1}{2}(1 - \alpha) + \frac{1}{2R}(C_I^L - C_B^L + C^H \alpha) \quad (8.35)$$

分析式(8.22)，它是一个关于 $\acute{a}$ 的减函数($R > C^H$)，电商平台获得收益比例的多少与自身获客的能力成正比，与银行的成本成正比。由上文可知，$\acute{a}$ 表示中小企业客户的获客系数。当电商平台获客能力越强时，$\acute{a}$ 值越小，当 $\acute{a} \rightarrow 0$ 时，$\beta \rightarrow \dfrac{1}{2R}(C_I^L - C_B^L + C^H)$。此时为电商平台收益分配最大值，银行为最小值；反之，$\acute{a}$ 值越大，当 $\acute{a} \rightarrow 1$ 时，

$$\beta \rightarrow \frac{1}{2R} + \frac{C_I^L - C_B^L}{2R}$$

①此时为电商平台收益分配最小值，银行为最大值。而银行要想在收益分配中获得优势，需要尽量降低每笔贷款的服务成本 C^H。

②求解电商平台利润表达式，式(8.33)可以转换为：

$$\beta = \frac{1}{2}\left(1 - \frac{n^L}{n^H}\right) + \frac{1}{2Rn^H}(C_I^L n^H - C_B^L n^H + C^H n^L) + \frac{1}{2Rn^H}(f_I - f_B + f_B^H)$$

$$= \frac{1}{2}\left(1 - \frac{n^L}{n^H}\right) + \frac{1}{2Rn^H}(VC^L - VC^B - C^H n^L) + \frac{1}{2Rn^H}(FC^I - FC^B + f_B^H) \quad (8.36)$$

其中，式(8.36)第二项表示可变成本与总收益之间的比例，$\dfrac{1}{Rn^H}VC^L$ 表示合作后的电商平台可变成本的增加量占总收益的比例，这部分将在银行支付的佣金中得到补偿。

$$\frac{1}{Rn^H}(C_n^{HL} - VC^B)$$

表示银行因合作所影响的可变成本降低量占总收益的比例，因为银行这部分成本的降低与双方合作有关，所以电商平台将从银行得到这部分降低的成本，作为合作的回报。式(8.33)第三项表示固定成本与总收益之间的比例，其存在的关系与第二项类似，在此不再赘述。

若将式(8.15)至式(8.19)代入式(8.36)中，得

$$\beta = \frac{1}{2}\left(1 - \frac{n^L}{n^H}\right) +$$

$$\frac{1}{2Rn^H}\left[\begin{array}{l}(CRUC^I + PIC^I + PMC^I + RPC^I + DNAC^I) - \\ (LAC^B + PIC^B + CRC^B + LLR^B + RPC^B + DNAC^B + AMC^B) + C^H n^L\end{array}\right] +$$

$$\frac{1}{2Rn^H}\left[(ME^I + PDC^I) - (ME^B + PDC^B + RUC^B + CRM^B) + f_B^H\right]$$

(8.37)

式(8.37)更详细地展示出，银行与电商平台合作后，银行成本降低量和电商平台成本增加量占总收益的比例对电商平台收益分配比例的影响。

根据式(8.36)和特征函数所表示的双方合作后电商平台的收益函数，可以得到电商平台在合作中获得的利润，即

$$\text{profit}_I = \beta Rn^H - C_I^L n^H - f_I$$

$$= \frac{1}{2}Rn^H\left(1 - \frac{n^L}{n^H}\right) + \frac{1}{2}(VC^I - VC^B + C^H n^L) + \frac{1}{2}(FC^I - FC^B + f_B^H) - VC^I - FC^I$$

$$= \frac{1}{2}Rn^H(1 - \alpha) + \frac{1}{2}(C^H n^L - VC^I - VC^B) + \frac{1}{2}(f_B^H - FC^I - FC^B)$$

$$= \frac{1}{2}Rn^H(1 - \alpha) + \frac{1}{2}(C^H n^L - VC) + \frac{1}{2}(f_B^H - FC)$$

$$= \frac{1}{2}Rn^H(1 - \alpha) +$$

$$\frac{1}{2}\left[\begin{array}{l}C^H n^L - (CRUC^I + PIC^I + PMC^I + RPC^I + DNAC^I) - \\ (LAC^B + PIC^B + CRC^B + LLR^B + RPC^B + DNAC^B + AMC^B)\end{array}\right] +$$

$$\frac{1}{2}\left[f_B^H - (ME^I + PDC^I) - (ME^B + PDC^B + RUC^B + CRM^B)\right]$$

(8.38)

8.4.6 模型结论

通过对上述模型进行的一系列分析，我们得到影响合作博弈收益分配的两个因素，分别是获客系数 á 与成本变动差额 $C^H n^L - VC$ 和 $f_B^H - FC$。对获客系数 á，$á = \frac{n^L}{n^H}$ 反映的是电商平台对电商企业客户的获客能力方面的优劣势。如果优势越大，则获客系数越小，说明电商平台这一获客渠道相较于银行自身或其他渠道来说，获客能力均较强。通过合作，银行的电商贷款业务量增加，因此电商平台在收益分配时的比重就会相应增加。而影响 á 值大小的主要因素为银行与电商平台在中小企业中的渗透程度。从当前的现实出发，电商平台在中小企业中的渗透率高于银行，因为银行仅仅掌握着与自己有过存贷关系的那部分中小企业客户的数据，并且多为金融数据，如果企业没有与这家银行有过业务往来，银行对该企业的经营情况属于空白。但是，对于电商平台来说，其主要经营的

就是商业贸易,主要客户为中小企业与个人,这个天然的中介属性使其接入的数据除了金融方面之外,还有关于物流、经营表现、客户交互、进出口数据、上下游评价等方面的数据信息,能够较为完整地刻画出中小企业画像,可以不受地域限制,主动了解电商企业的金融需求。因此,如果银行想要在合作中占据优势,则需要提高自身对中小企业客户的挖掘能力。

第二大影响因素是成本变动差额。从模型中的式(8.23)可以看出,合作前,银行单独开展电商贷款的可变成本和固定成本与合作后银行所发生的可变成本差额($C^H n^L - VC$)和固定成本差额($f_B^H - FC$),同样影响着收益分配比例的多少。若成本差额越大,说明两者越需要通过彼此合作来降低成本,则双方合作的可行性越大,并且对差额贡献率越大的一方在收益分配中越占优势。因此,银行若能优化中小企业贷款管理成本(C^H),就能在收益分配中提高分配比重。其中,贷款技术在风控和贷后管理的成本投入中占有较大比重。因为贷款技术上的差别、银行与电商企业的信息不对称,造成银行更偏重对贷前调查与贷后监控的线下依赖程度,因此投入的成本较大;对于电商平台来说,由于网络数据的接入,使贷前风控与贷后管理环节主要依赖线上审批与监控,线下操作作为辅助手段,大大降低了成本投入。因此,在实际中,电商平台在中小企业获客、贷前调查和贷后监控等方面具有相对优势,因为银行在合作后所产生的变动成本差额较小,所以从变动成本角度分析,电商平台因变动成本优势分配的收益要高于银行;而从固定成本角度分析,因为合作关系的产生,双方共享了计算机和客户关系管理系统等固定成本,对于规模相对较小的电商平台来说,也满足了其服务自身平台上电商企业客户的金融需求。

练习题

1. 给出下列联盟博弈的核,这些博弈都满足 $N = \{1, 2, 3\}$, $v(N) = 90$。

(1) $v(1,2) = 20, v(1,3) = 30, v(2,3) = 10$

(2) $v(1,2) = 30, v(1,3) = 10, v(2,3) = 80$

(3) $v(1,2) = 10, v(1,3) = 20, v(2,3) = 70$

(4) $v(1,2) = 50, v(1,3) = 50, v(2,3) = 50$

(5) $v(1,2) = 70, v(1,3) = 80, v(2,3) = 60$

所有的上述博弈都是归 0 化的。

2. 给出下列 3 人博弈的核。

$v(1) = 5, v(2) = 10, v(3) = 20, v(1,2) = 50, v(1,3) = 70$

$v(2,3) = 50, v(1,2,3) = 90$

3. 设 $(a_i)_{i \in N}$ 是非负实数,v 是特征函数。

$$v(S) = \begin{cases} 0 & \text{如果 } |S| \leq k \\ \sum_{i \in S} a_i & \text{如果 } |S| > k \end{cases}$$

试计算当 $k = 0, 1, 2, \cdots, n$ 时，博弈 (N, v) 的核。

4. 联盟博弈 (N, v) 被称为是可加的，如果每一个联盟 S 都满足 $v(S) = \sum_{i \in S} v(i)$。试问可加博弈中每一个参与人 i 的夏普利值是什么？

5. 设 $a \in R^N$ 是一个向量。试计算按照下列定义的联盟博弈的夏普利值：
$$v(S) = \left(\sum_{i \in S} a_i \right)^2, \phi \neq S \subseteq N$$

6. 设 $(a_i)_{i \in N}$ 是非负实数，v 是特征函数：
$$v(S) = \begin{cases} 0 & \text{如果 } |S| \leq k \\ \sum_{i \in S} a_i & \text{如果 } |S| > k \end{cases}$$

试计算当 $k = 0, 1, 2, \cdots, n$ 时，博弈 (N, v) 的夏普利值。

7. 一个联盟博弈 (N, v)（合作博弈）被称为是可加的，如果对任意联盟 S 都满足：$v(S) = \sum_{i \in S} v(i)$。那么，对可加联盟博弈，参与人的夏普利值是多少？

8. 设向量 $a \in R^n$，试计算联盟博弈 (N, v) 的夏普利值，其中该联盟博弈定义为
$$v(S) = \left(\sum_{i \in S} a_i \right)^2, \phi \neq S \subseteq N$$

9. 设 $(a_i)_{i \in N}$ 是实数。v 是下列联盟特征函数
$$v(S) = \begin{cases} 0 & |S| \leq k \\ \sum_{i \in S} a_i & |S| > k \end{cases}$$

试计算当 $k = 0, 1, 2, \cdots, n$ 时，博弈 (N, v) 的夏普利值。

参考文献

[1] 衷凤英,杜朝运.互联网金融监管适度性分析:以进化动态博弈模型为例[J].财会月刊,2018(9):144-150.

[2] 王招治.互联网金融企业与传统商业银行的合作博弈分析[J].海南金融,2015(5):7-10.

[3] 龙怡,李国秋."互联网+政务"视域下G2C电子政务中信息共享的合作博弈研究[J].情报科学,2017,35(5):34-41.

[4] 朱成章.美国加州电力危机和美加大停电对世界电力的影响[J].中国电力,2003,36(11):1-6.

[5] 吴杰康,龙军,王辑祥.电力市场中市场力的评估与发电竞标策略[J].中国电力,2003,36(6):23-26.

[6] 赵学顺,戴铁潮,黄民翔.电力市场中风险规避问题的研究(二):差价合约分析系统的实现[J].电力系统自动化,2001,25(8):16-19.

[7] 马新顺,刘建新,文福拴,等.计及风险并考虑差价合约的发电公司报价策略研究[J].北电力大学学报,2005,32(1):37-41.

[8] 赵波,卢志刚.一种采用博弈论降低电力市场中市场力的方法[J].贵州工业大学学报(自然科学版),2002,31(2):19-22.

[9] 张洪青,范晓音.电力市场中差价合约策略的博弈论分析[J].华北电力大学学报(社会科学版),2008,(5):11-14.

[10] 胡军峰,李春杰,赵会茹,等.单边开放电力市场下最优差价合约[J].现代电力,2009,26(6):70-76.

[11] 徐群,薛禹胜,辛耀中.竞争充分性对电力市场稳定性的影响[J].电力系统自动化,2003,27(8):21-26.

[12] 薛禹胜,李天然,尹霞,等.广义阻塞及市场力的研究框架[J].电力系统自动化,2010,34(21):1-10.

[13] 薛禹胜,刘强,Zhaoyang Dong.关于暂态稳定不确定性分析的评述[J].电力系统自动化,2007,31(14):1-6.

[14] 陈皓勇,付超.统一价格和PAB竞价的实验分析[J].电力系统自动化,2007,31(4):12-17.

[15] 刘贞,任玉珑,唐松林,等.基于Swarm的不同合约发电市场中多主体博弈仿真[J].管理工程学报,2007,21(4):140-143.

[16] 夏清,黎灿兵,江健健,等.国外电力市场的监管方法、指标与手段[J].电网技术,2003,27(3):1-4.

[17]张新华,叶泽.考虑价格限制与差价合约的发电容量投资分析[J].系统工程理论与实践,2014,34(9):2220-2227.

[18]王长军,张少华,李渝曾,等.考虑差价合同交易的电力市场均衡模型[J].上海大学学报(自然科学版),2001,7(4):349-352.

[19]赵波,卢志刚.一种采用博弈论降低电力市场中市场力的方法[J].贵州工业大学学报(自然科学版),2002,31(2):19-22.

[20]叶泽,喻苗.电力市场中差价合约的合谋效应[J].长沙理工大学学报(社会科学版),2006,21(3):67-70.

[21]张洪青,范晓音.电力市场中差价合约策略的博弈论分析[J].华北电力大学学报(社会科学版),2008(5):11-14.

[22]张维迎.博弈论与信息经济学[M].上海:格致出版社,2012.

[23]段宏波,朱磊,范英.能源-环境-经济气候变化综合评估模型研究综述[J].系统工程学报,2014,29(6):852-868.

[24]胡军峰,李春杰,赵会茹,等.单边开放电力市场下最优差价合约[J].现代电力,2009,26(6):70-76.

[25]马新顺,刘建新,文福拴,等.计及风险并考虑差价合约的发电公司报价策略研究[J].华北电力大学学报(自然科学版),2005,32(1):37-41.

[26]慕银平,李韵雅.寡头竞争企业的最优产量及碳排放量联合决策[J].系统工程学报,2014,29(1):1-7.

[27]宋依群,侯志俭,文福拴,等.电力市场三种寡头竞争模型的市场力分析比较[J].电网技术,2003,27(8):10-15.

[28]吴杰康,龙军,王辑祥.电力市场中市场力的评估与发电竞标策略[J].中国电力,2003,36(6):23-26.

[29]曾鸣,童明光,张艳馥,等.我国未来电力市场中的经济风险:市场力风险及其防范问题[J].电网技术,2004,28(9):44-49.

[30]赵波,卢志刚.一种采用博弈论降低电力市场中市场力的方法[J].贵州工业大学学报(自然科学版),2002,31(2):19-22.

[31]赵学顺,戴铁潮,黄民翔.电力市场中风险规避问题的研究(二):差价合约分析系统的实现电力系统自动化[J].电力系统自动化,2001,25(8):16-19.

[32]朱成章.美国加州电力危机和美加大停电对世界电力的影响[J].中国电力,2003,36(11):1-6.

[33]张洪青,范晓音.电力市场中差价合约策略的博弈论分析[J].华北电力大学学报(社会科学版),2008(5):11-14.

[34]干春晖,吴一平.规制分权化、组织合谋与制度效率:基于中国电力行业的实证研究[J].中国工业经济,2006(4):23-28.

[35]姜红星.中国电力产业规制改革研究[D].北京:中国社会科学院研究生院,2017.

[36]李鹏.电力要先行:李鹏电力日记[M].北京:中国电力出版社,2005.

[37]李治.中国电力行业规制集权化效果研究[D].昆明:云南师范大学,2016.

[38]梁树广.中国发电行业规制效果的实证研究[D].沈阳:辽宁大学,2012.

[39]阿伯西内·穆素.讨价还价理论及其应用[M].管毅平,郑丹秋,等译.上海:上海财经大学出版社,2005.

[40]戚聿东,李峰.垄断行业放松规制的进程测度及其驱动因素分解:国际比较与中国实践[J].管理世界,2016(10):72-87.

[41]汪红梅.市场力量与政府规制的均衡:2014年诺贝尔经济学奖得主梯若尔的主要学术贡献[J].江汉论坛,2015(2):27-31.

[42]王德华,刘戒骄.美国电力改革及对中国的启示[J].经济与管理研究,2017,38(11):58-68.

[43]吴一平.规制分权化对电力行业发展的影响:基于中国省级面板数据的经验研究[J].世界经济,2007,30(2):67-74.

[44]道尔·奥拉泽姆.生产经济学:理论与应用[M].吴敬业,等译.北京:农业出版社,1984.

[45]肖兴志,孙阳.中国电力产业规制效果的实证研究[J].中国工业经济,2006(9):38-45.

[46]叶泽方.当前我国电力工业市场化改革的难点及对策分析[J].中国工业经济,2001(9):20-29.

[47]于良春,赵西亮.中国电力行业的改革与发展[J].中国工业经济,2000(4):53-57.

[48]朱波.我国政府推进售电侧改革研究[D].桂林:广西师范大学,2019.

[49]杨素,马莉,武泽辰,等.日本售电侧市场放开的最新进展及启示[J].南方电网技术,2018,12(4):56-59.

[50]杨力俊,乞建勋,谭忠富,等.寡头垄断市场中不同价格形成机制的市场力分析[J].中国管理科学,2005,13(1):82-89.

[51]BUDHRAJA V S. California's electricity crisis[J]. IEEE Power Engineering Review, 2002,22(8):6-7.

[52]MENSAH-BONSU C,OREN S. California electricity market crisis. Causes,remedies,and prevention[J]. IEEE Power Engineering Review,2002,22(8):4-5.

[53]SCHMALENSEE R, GOLUB B W. Estimating effective concentration in deregulated wholesale electricity markets[J]. The Rand Journal of Economics,1984,15(1):12-26.

[54]ALVARADO F L. Market power:a dynamic definition[C]. Proceedings of bulk power systems dynamics and control IV:Restructuring conference, August 24-28,1998,Santorini,Greece.

[55]JIAN Y,JORDAN G,POWER EAIA,et al. System dynamic index for market power mitigation in the restructuring electricity industry[C]//2000 Of Power Engineering Society

Summer Meeting,(Cat. No. 00CH37134),Seattle,WA, IEEE,2002:2217-2222.

[56]BIALEK J W,POWER EAIA,COMPONENTS C. Gaming in the uniform-price spot market:quantitative analysis[C]//IEEE transactions power systems,2002:768-773.

[57] BRENNAN T J. Mismeasuring Electricity Market Power [J]. Regulation, 2003, 26 (1):60.

[58]DAVID A K,WEN F. Strategic bidding in competitive electricity markets:a literature survey[C]//2000 Power Engineering Society Summer Meeting(Cat. No. 00CH37134). Seattle,WA,USA. IEEE,2002:2168-2173.

[59]BORENSTEIN S,BUSHNELL J,KNITTEL C R. Market power in electricity markets:Beyond concentration measures[J]. The Energy Journal,1999,20(4):65-88.

[60]WANG J H,BOTTERUND A,CONZELMANN G,et al. Market power analysis in the EEX electricity market:an agent-based simulation approach [C]//2008 IEEE Power and Energy Society General Meeting:Conversion and Delivery of Electrical Energy in the 21st century. Pittsburgh,PA. IEEE,2008:1-8.

[61]ELIA E,MAIORANO A,SONG Y H,et al. Novel methodology for simulation studies of strategic behavior of electricity producers[C]//2000 Power Engineering Society Summer Meeting,(Cat. No. 00CH37134). Seattle,WA,USA. IEEE,2002:2235-2241.

[62]NAM Y W,PARK J K,YOON Y T,et al. Quantifying the effect of long-term contract offered to pivotal suppliers on mitigating market power[J]. European Transactions on Electrical Power,2008,18(5):518-531.

[63]QI L,HUANG W. The impact of contract for difference on the market power in the restructured Zhejiang electricity market[C]//IEEE PES Power Systems Conference and Exposition. New York,NY,USA. IEEE,2005:874-880.

[64]ALESINA A,ARDAGNA S,NICOLETTI G,et al. Regulation and Investment[J]. Journal of the European Economic Association,2005,3(4):791-825.

[65]ARMSTRONG M,SAPPINGTON D E M. Regulation,Competition,and Liberalization[J]. Journal of Economic Literature,2006,44(2):325-366.

[66]ANDERSON E J,XU H. Supply function equilibrium in electricity spot markets with contracts and price caps[J]. Journal of Optimization Theory and Applications, 2005, 124 (2): 257-283.

[67]BOMPARD E,NAPOLI R,WAN B. The effect of the programs for demand response incentives in competitive electricity markets [J]. European Transactions on Electrical Power,2009,19(1):127-139.

[68]BORENSTEIN S,HOLLAND S P. On the efficiency of competitive electricity markets with time-invariant retail prices[J]. RAND Journal of Economics,2005,36(3):469-493.

[69]BUDHRAJA V S. California's electricity crisis[J]. IEEE Power Engineering Review,

2002,22(8):6-7,14.

[70]BOMPARD E,LU W,NAPOLI R,et al. A supply function model for representing the strategic bidding of the producers in constrained electricity markets[J]. International Journal of Electrical Power & Energy Systems,2010,32(6):678-687.

[71]BRIGGS R J,KLEIT A. Resource adequacy reliability and the impacts of capacity subsidies in competitive electricity markets[J]. Energy Economics,2013,40:297-305.

[72]BRANDTS J,PEZANIS-CHRISTOU P,SCHRAM A. Competition with forward contracts: a laboratory analysis motivated by electricity market design[J]. The Economic Journal, 2008,118(525):192-214.

[73]CHAO H P,OREN S,WILSON R. Reevaluation of vertical integration and unbundling in restructured electricity markets[M]//Competitive Electricity Markets. Amsterdam:Elsevier,2008:27-64.

[74]JOSKOW P, TIROLE J. Retail Electricity Competition [J]. The RAND Journal of Economics,2006,37(4):799-815.

[75]CHUANG A S,WU F,VARAIYA P. 2001. A game-theoretic model for generation expansion planning:problem formulation and numerical comparisons[J]. IEEE Power Engineering Review,2001,21(10):63.

[76]CHENG C T,CHEN F,LI G,et al. Market equilibrium and impact of market mechanism parameters on the electricity price in yunnan's electricity market[J]. Energies,2016,9 (6):463.

[77]DEFEUILLEY C. Retail competition in electricity markets[J]. Energy Policy,2009,37 (2):377-386.

[78]EXIZIDIS L,KAZEMPOUR J,PAPAKONSTANTINOU A,et al. Incentive-compatibility in a two-stage stochastic electricity market with high wind power penetration[J]. IEEE Transactions on Power Systems,2019,34(4):2846-2858.

[79]El KHATIB S,GALIANA F D. Negotiating bilateral contracts in electricity markets[J]. IEEE Transactions on Power Systems,2007,22(2):553-562.

[80]FANG D,WANG X. A double auction model for transaction between generation companyand large customer in electricity market [J]. Power System Technology,2005,29(6): 32-36.

[81]FEHR N H M Ã,Harbord D. Spot market competition in the UK electricity industry[J]. The Economic Journal,1993,103(418):531-546.

[82]GREEN R J,NEWBERY D M. Competition in the British electricity spot market[J]. Journal of political economy,1992,100(5):929-953.

[83]HAO S Y. A study of basic bidding strategy in clearing pricing auctions[C]//Proceedings of the 21st International Conference on Power Industry Computer Applications. Connecting

Utilities. PICA 99. To the Millennium and Beyond (Cat. No. 99CH36351). Santa Clara, CA,USA,IEEE,2002:55-60.

[84] HOBBS B F,ROTHKOPF M H,HYDE L C,et al. Evaluation of a truthful revelation auction in the context of energy markets with nonconcave benefits[J]. Journal of Regulatory Economics,2000,18(1):5-32.

[85] JEAN T. The Theory of Industrial Organization[M]. Boston: MIT Press,1988a.

[86] JOSKOW P,TIROLE J. Reliability and Competitive Electricity Markets [J]. The RAND Journal of Economics,2007,38(1):60-84.

[87] LAFFONT J J,TIROLE J. Using Cost Observation to Regulate Firms[J]. Journal of Political Economy,1986,94(3,Part 1):614-641.

[88] LITTLECHILD S. The CMA energy market investigation,the well-functioning market,Ofgem,Government and behavioural economics[J]. European Competition Journal,2015,11 (2/3):574-636.

[89] JOHNSEN T A,OLSEN O J. Regulated and unregulated Nordic retail prices[J]. Energy Policy,2011,39(6):3337-3345.

[90] KIRSCHEN D S,STRBAC G,CUMPERAYOT P,et al. Factoring the elasticity of demand in electricity prices[J]. IEEE Transactions on Power Systems,2000,15(2):612-617.

[91] LUCIA J J,SCHWARTZ E S. Electricity prices and power derivatives:Evidence from the nordic power exchange[J]. Review of derivatives research,2002,5(1):5-50.

[92] LITTLECHILD S. Smaller suppliers in the UK domestic electricity market:experience, concerns and policy recommandations[J]. OGFEM report,London,2005:1-74.

[93] LITTLECHILD S. Retail competition in electricity markets-expectations,outcomes and e-conomics[J]. Energy Policy,2009,37(2):759-763.

[94] POLLITT M. Electricity reform in Argentina:Lessons for developing countries[J]. Energy Economics,2008,30(4):1536-1567.

[95] MCAFEE R P. A dominant strategy double auction [J]. Journal of Economic Theory, 1992,56(2):434-450.

[96] MENSAH-BONSU C,Oren S. California electricity market crisis:Causes, remedies and prevention[J]. IEEE Power Engineering Review,2002,22(8):4-5.

[97] NAM Y W,YOOM Y T,HUR D H,et al. Effects of long-term contracts on firms exercising market power in transmission constrained electricity markets[J]. Electric power systems research,2006,76(6/7):435-444.

[98] NIU H,BALDICK R,ZHU G D. Supply function equilibrium bidding strategies with fixed forward contracts[J]. IEEE Transactions on Power Systems,2005,20(4):1859-1867.

[99] NEWBERY D M. Competition,contracts,and entry in the electricity spot market[J]. The RAND Journal of Economics,1998,29(4):726.

［100］GORE O，VILJAINEN S，MAKKONEN M，et al. Russian electricity market reform：Deregulation or re-regulation？［J］. Energy Policy，2012，41：676-685.

［101］PULLER S L，WEST J. Efficient retail pricing in electricity and natural gas markets［J］. A American Economic Review，2013，103（3）：350-355.

［102］QI L，HUANG W，et al. The Impact of Contract for Difference on the Market Power in the Restructured Zhejiang Electricity Market［C］//IEE PES Power Systems Conference and Exposition. New York，NY，USA. IEEE，2005：874-880.

［103］HAAS R，AUER H. The prerequisites for effective competition in restructured wholesale electricity markets［J］. 2006，31（6-7）：857-864.

［104］STOFT S. Power system economics：designing markets for electricity［M］. Piscataway，NJ：IEEE Press，2002.

［105］SOUSA F，LOPES F，SANTANA J，et al. Multi-agent electricity markets：a case study on contracts for difference［C］//Proceedings of the 2015 26th International Workshop on Database and Expert Systems Applications（DEXA）. New York：ACM，2015：86-90.

［106］STRBAC G. Demand side management：Benefits and challenges［J］. Energy Policy，2008，36（12）：4419-4426.

［107］SU X J. Have customers benefited from electricity retail competition？［J］. Journal of Regulatory Economics，2015，47（2）：146-182.

［108］KALPANA T. The energy market investigation：CMA's provisional findings and recommendations on the reform of ofgem's statutory duties［J］. SSRN Electronic Journal，2016.

［109］von der FEHR N H M，HANSEN P V. Electricity retailing in Norway［J］. The Energy Journal，2010：25-45.

［110］WILSON R. Architecture of power markets［J］. Econometrica，2002，70（4）：1299-340.

［111］WOO C K，LLOYD D，TISHLER A. Electricity market reform failures：UK，Norway，Alberta and California［J］. Energy Policy，2003，31（11）：1103-1115.

［112］SATCHIDAN-ANDAN B，DAHLEH M A. An efficient and incentive-compatible mechanism for energy storage markets［J］. IEEE Transactions on Smart Grid，2022，13（3）：2245-2258.

［113］YU N P，TESFATSION L，LIU C C. Financial bilateral contract negotiation in wholesale electricity markets using Nash bargaining theory［J］. IEEE Transactions on Power Systems，2012，27（1）：251-267.

［114］ZOU P，CHEN Q X，XIA Q，et al. Incentive compatible pool-based electricity market design and implementation：A Bayesian mechanism design approach［J］. Applied Energy，2015，158：508-518.

［115］MASCHLER M，SOLAN E，ZAMIR S. Game Theory［M］. Cambridge ：Cambridge University Press，2013.

[116] CHERRY-GARRARD A. The Worst Journey in The World[M]. New York: Carrol and Graf, 1989.

[117] SMITH J M. Evolutionary Genetics[M]. Oxford: Oxford University Press, 1989.

[118] SMITH J M. Evolution and the Theory of Games[M]. Cambridge: Cambridge University Press, 1982.

[119] HAMMERSTEIN P, SELTEN R. Game Theory and Evolutionary Biology [M]// Handbook of Game Theory, 1994: 929-993.

[120] WEIBULL J W. Evolutionary Game Theory[M]. Cambridge, Mass. : MIT Press, 1995.

[121] POOL R. Putting game Theory to the Test[J]. Science, 1995, 267(5204): 1591-1593.

[122] TAYLOR P D, JONKER L B. Evolutionary stable strategies and game dynamics[J]. Mathematical Biosciences, 1978, 40(1/2): 145-156.

[123] WEBB J N. Game theory: Decisions, interaction and evolution[J]. Kybernetika, 2008, 44(1): 131-132.